时尚服装设计实战书系

YIDALI LITI CAIJIAN JIQIAO
GAOJI NUZHUANG ZHIYANG SHEJI

意大利立体裁剪技巧
高级女装纸样设计

王建明 ◎等著

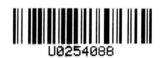

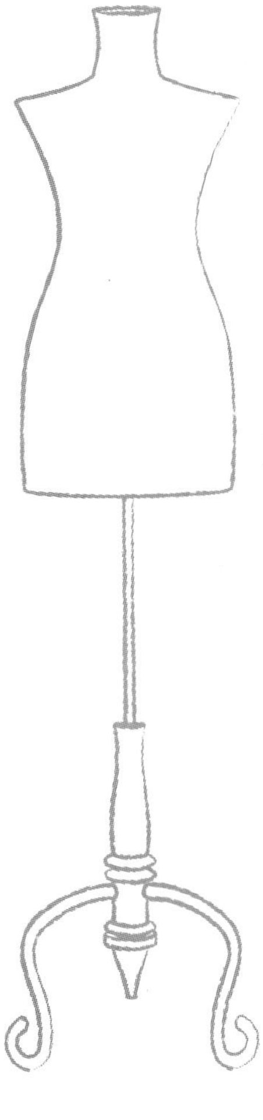

化学工业出版社
·北京·

《意大利立体裁剪技巧——高级女装纸样设计》以丰富的款式风格、多样的轮廓造型展示了意大利服装立体裁剪的方法与技巧。全书共十章，包括女衬衫、塑身衣、女西服上衣、女裙、女裤、女大衣、婚纱、礼服等经典款式的成衣制板。步骤详细，讲解规范，内容系统完整。学习者能够通过经典款式的讲解触类旁通，掌握立体裁剪的理论和技巧。

本书内容由浅入深、通俗易懂，直观实用性强。可作为服装专业院校的专业教材，也适用于广大服装设计师、制板师以及服装爱好者参考阅读。

图书在版编目（CIP）数据

意大利立体裁剪技巧：高级女装纸样设计/王建明等著. —北京：化学工业出版社，2016.11（2021.2重印）
时尚服装设计实战书系
ISBN 978-7-122-28166-1

Ⅰ.①意… Ⅱ.①王… Ⅲ.①女服-服装量裁
Ⅳ.①TS941.717

中国版本图书馆CIP数据核字（2016）第231682号

责任编辑：崔俊芳　　装帧设计：史利平
责任校对：陈　静

出版发行：化学工业出版社（北京市东城区青年湖南街13号　邮政编码100011）
印　　装：中煤（北京）印务有限公司
787mm×1092mm　1/16　印张13½　字数556千字　2021年2月北京第1版第6次印刷

购书咨询：010-64518888　售后服务：010-64518899
网　　址：http://www.cip.com.cn
凡购买本书，如有缺损质量问题，本社销售中心负责调换。

定　　价：49.00元

前言

笔者从1979年开始接触服装裁剪工作，现已从事服装裁剪制板工作36年。关于服装制板与裁剪的理论和实际操作，总结了一些经验技巧，还有一些心得体会，在此与大家分享交流。

现代服装工程由款式造型设计、结构设计、工艺设计三个部分组成。结构设计也叫制板，是款式造型设计的延伸和发展，也是工艺设计的准备和基础，具有承上启下的作用，所以制板是整个服装设计中最重要的一个环节。

通常来说，制板有平面裁剪和立体裁剪两种方法。平面裁剪法，主要以公式和原型为基础，包含比例法、基型法、原型法等；立体裁剪法，是一种模拟人体穿着状态的裁剪方法，具有直观性、适应性、灵活性、准确性等特征。

笔者认为：平面裁剪是一把普通钥匙，只能开启某一把锁；立体裁剪则是一把万能钥匙，能解开服装结构与造型设计的任何疑惑。

为什么这么说呢？

《易经》象数理论说："象能生数，数能生理，理能生象……宇宙间有象即有数，有象有数即有理，三者相因相互相为，象数创生万有"。

象、数、理这三个字的含义对应着服装制板的三要素：造型、结构和尺寸。象数理论为服装制板提供了理论框架。如果能充分理解服装制板三要素的象数理论，设计、制板工作中的很多难题就会迎刃而解。比如某些时装和礼服上的造型设计在平面裁剪中根本找不到原型或数据，但是通过立体裁剪，就可以在人台上实现所追求的造型，再将立裁人台上面的立裁纸样放在桌面上展开铺平就能得到一个完整合理的平面制图，这就叫作"象生数"。

"象（造型）"从何而来呢？通过设计理念转换成为想像力，在人的脑海中产生了一个具体的形象，这个形象就是服装的造型、轮廓、线条以及感觉等；在这个围绕着设计理念的造型过程中又产生了突破性的结构设计……

"理（尺寸）"如何得来呢？在完成了预想的服装造型与结构的设计过程中，由此产生了新的数据与纸样；再将这些新的数据归纳总结出公式，又诞生了新的制板设计依据；这些依据再次给制板师提供科学合理的理论根据，如尺寸、放松量、省量、角度等平面制板的重要数据，而这个数据决定了平面制板的板型结构，即"数能生理"。

所以，立体裁剪的造型、结构、尺寸三要素可以完美地相因相互相为，从而创生万有。

笔者师从意大利柯菲亚国际服装学院院长乔万尼大师，并在多年的摸索和实践中对意大利立体裁剪技术进行改进和升华。通过这种改进的意大利立体裁剪技术，笔者为历界奥委会主席制作西服礼服造型，为毛泽东、周恩来、邓小平等国家领导人蜡像制作服装造型，赢得了大量国际、国内品牌公司的样品开发和高级定制任务。

《意大利立体裁剪技巧——高级女装纸样设计》以丰富的款式风格、多样的轮廓造型展示了意大利服装立体裁剪的方法与技巧。全书共十章，分为基本操作部分和经典款成衣操作部分，基本操作部分侧重手法的操作技法和基本要领，经典款成衣实例操作部分强调立体造型的综合应用；步骤详细，讲解规范，内容系统完整。学习者能够通过经典款式的讲解触类旁通，掌握立体裁剪的理论和技巧。

感谢姜蕾、张荣生以高度认真负责的态度协助完成了本书大量的编写工作，感谢赵明、孙清、王炜、毛继东、梁苏娟、丛叶琼、王彦君、王燕、昌艳梅等在本书制作和出版过程中给予的大力帮助和支持。书中难免有不足之处，恳请读者朋友们批评指正。愿成为您在服装设计与制板工作中的忠心朋友！

王建明

2016年8月24日

目录

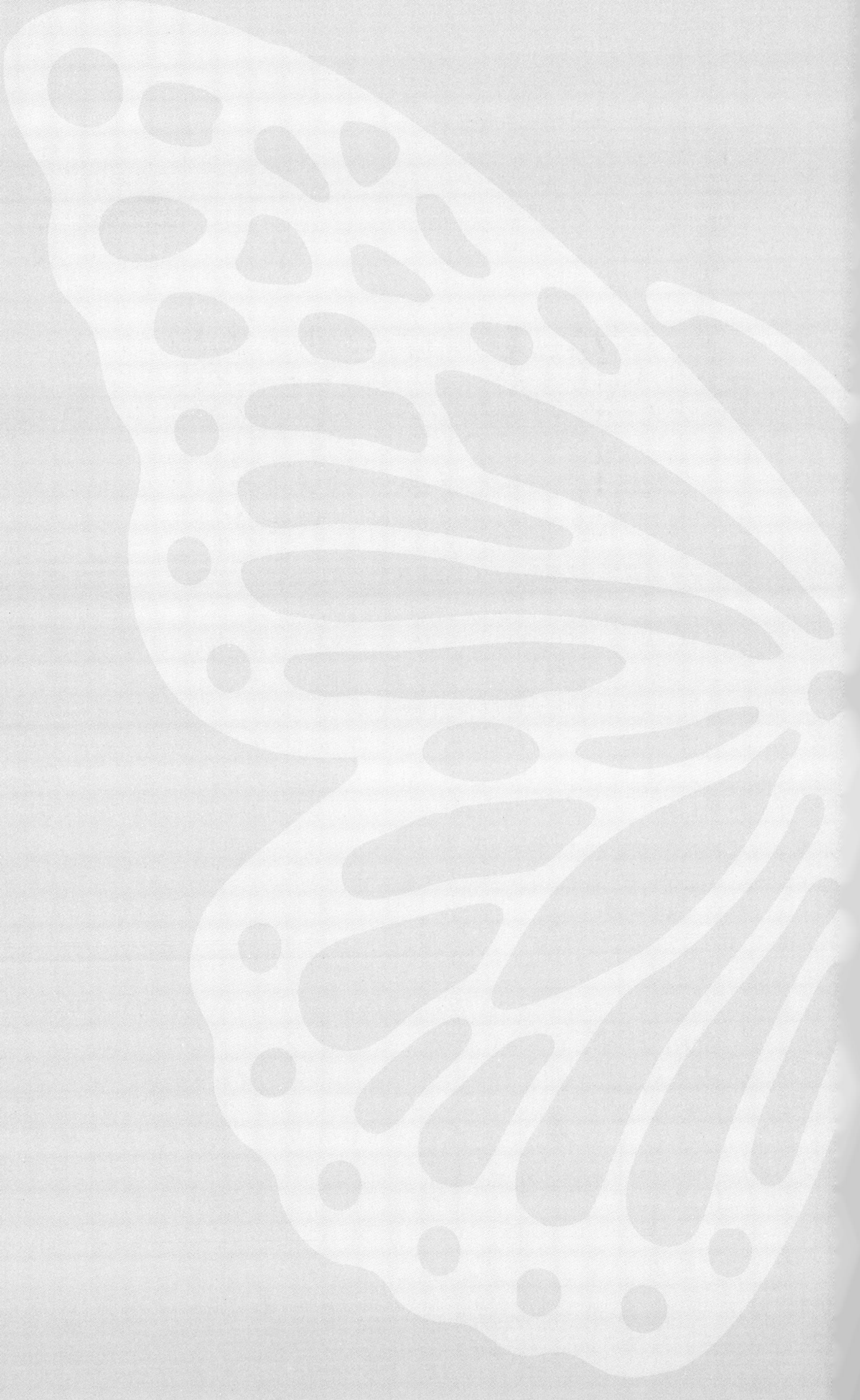

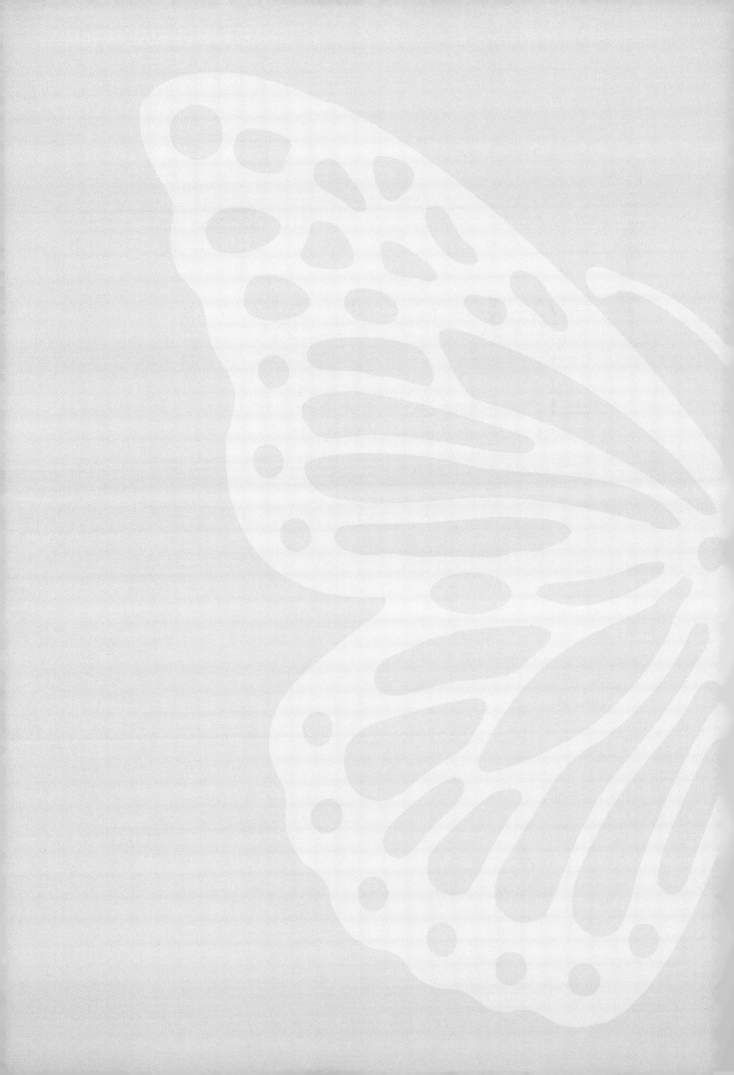

第一章

意大利立体裁剪基础知识

一、意大利立体裁剪与日本立体裁剪的不同

1. 运用材料不同

意大利立体裁剪的材料为纸，纸完全符合梭织面料的特点规律，制出来的纸样不易变形，而每开纸的成本仅为0.5元。

日本立体裁剪的材料为白坯布，虽然白坯布与服装面料的质感相似，但是用白坯布做出来的样板也不一定与实际面料的特点相同；同时，白坯布在制板过程中，有些容易松懈变形。每米白坯布成本5 ~ 10元，是立裁纸成本的十几倍。

2. 前期准备不同

意大利立体裁剪所用白纸无需整理；人台需要提前标记前后中线、腰节线、领围线。

日本立体裁剪所用的白布需先整烫，布丝缕归正；制作中布上需画结构线；人台要标出前后中线、腰节线、前后公主线、领围线、臀围线、肩线、侧缝线等，前期工作烦琐。

3. 成衣纸样的后期整理不同

意大利立体裁剪把纸样从人台上取下，经过修整可直接制作成衣。

日本立体裁剪需把布料取下，先拓在纸上做成纸样，再制作成衣，工作重复。

4. 难易程度不同

对初学者而言，意大利立体裁剪操作简单，易理解，操作失误时可在原基础上修改，无需重新制作。

日本立体裁剪在操作时需要考虑的因素较多，如丝缕正斜、布料的松紧等，一旦操作出现错误往往要重新制作，不易弥补。

二、关于人台

人台是立体裁剪的主要工具，人台的比例、尺寸是否合理，决定了服装的最终效果。市场上有许多类型的人台，但并无统一标准。选择结构准确的人台，对制板工作是有很大帮助的。

本书使用的人台是笔者根据30多年工作经验，总结设计出来的符合现代人体结构的人台。人台尺寸为胸围84cm、腰围68cm、臀围92cm、胸高25cm。

1. 人台标记线的操作步骤

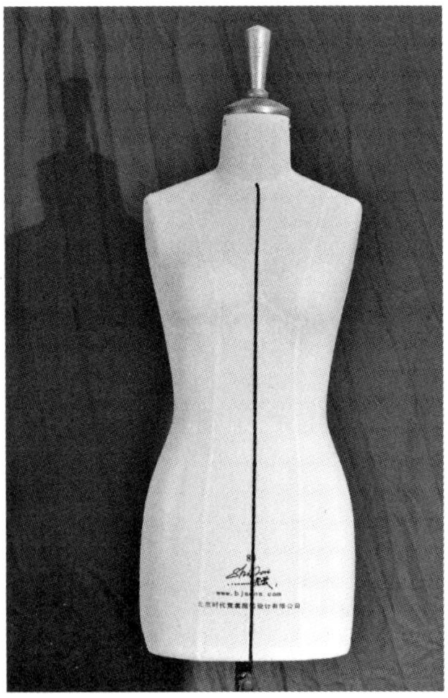

① 首先，取一条标记带，在前领窝下将大头针全部插进人台中，垂直于地面拉一条直线，将标记带固定在人台上，为前中线。

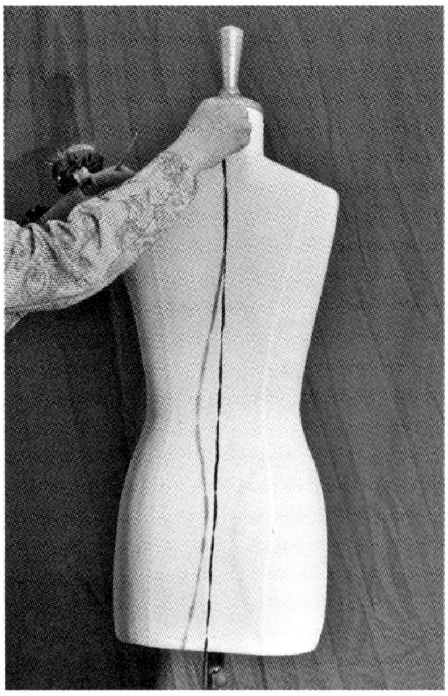

② 再取一条标记带，在后领中间位置下将大头针全部插进人台中，垂直于地面拉一条直线，将标记带固定在人台上，为后中线。

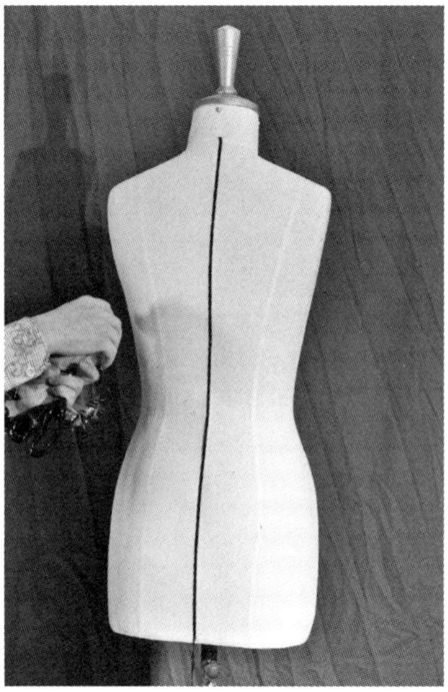

③ 后背、腰节部位有凹凸的位置都要用大头针固定。

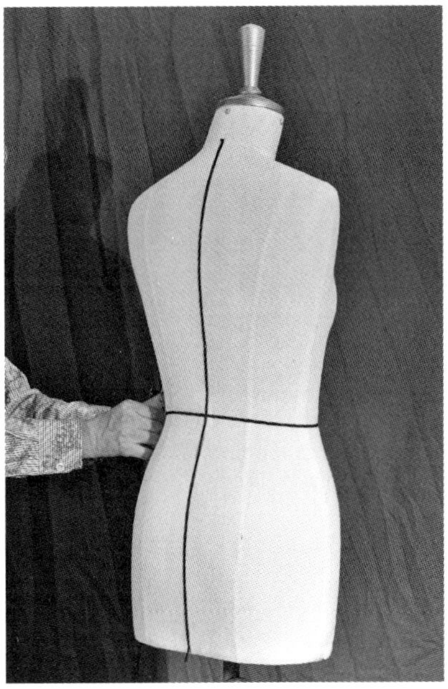

④ 中腰的位置也要用标记带水平于地面做一圈标记，为腰节线。

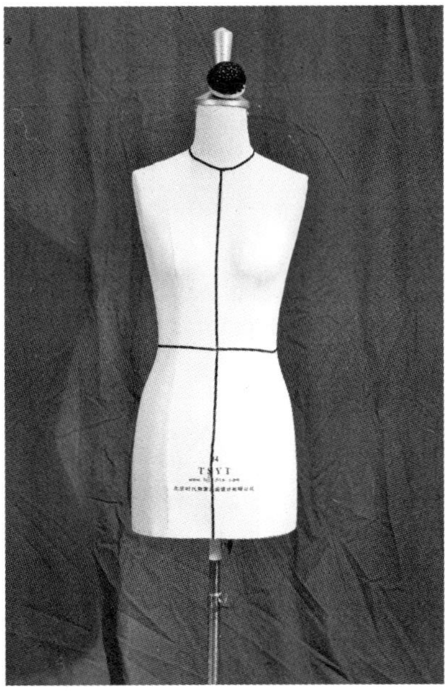

⑤ 在人台脖子的最底部，用标记带做一圈标记，为领围线。

2. 人台垫肩的操作步骤

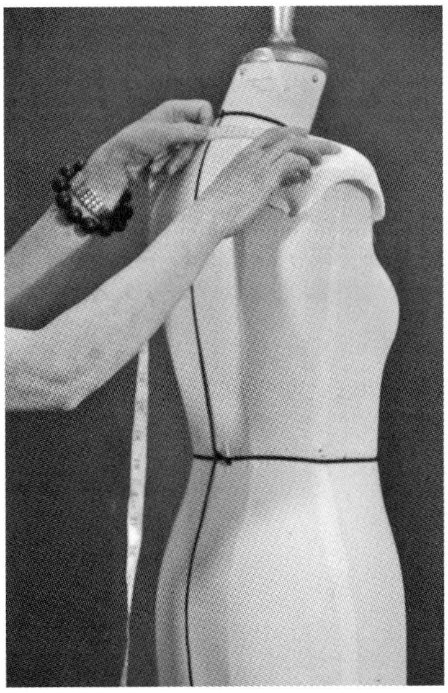

① 取来一个女装垫肩放在人台的肩上，先确定所设计服装的肩宽尺寸，肩宽尺寸量一半即可。

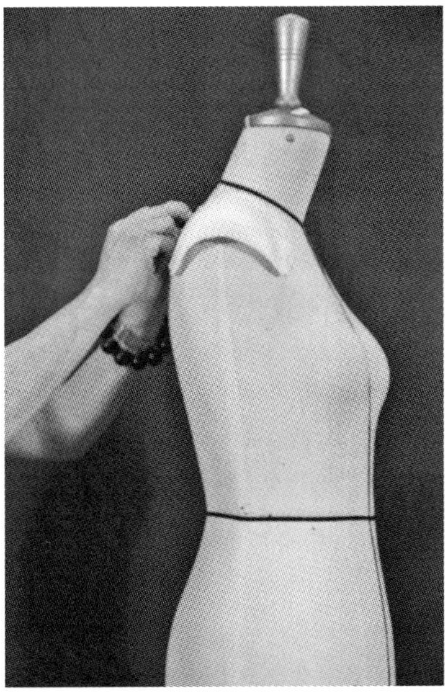

② 确定好肩宽尺寸后，使垫肩的边缘与人台侧面有一定距离，以保障胳膊的正常活动空间，然后把垫肩固定在人台上。

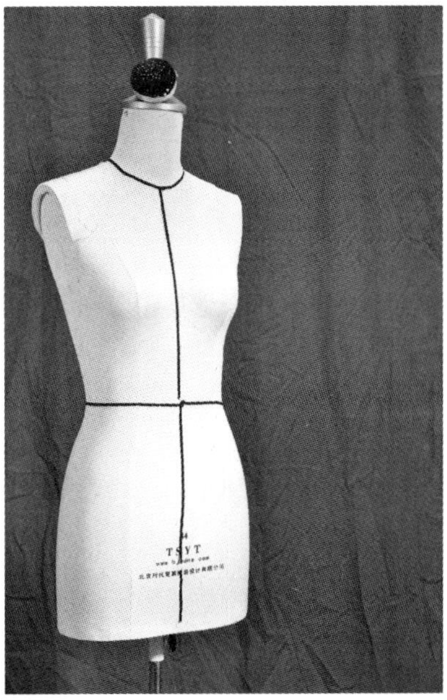

③ 这是垫肩完成后的效果。

三、关于立裁纸

立裁纸，质感较薄，有很好的柔韧性，可用手揉搓，纸张不会因为针扎而裂开。
立裁纸因为较薄，所以呈半透明状，方便复制及折叠，使用非常方便。

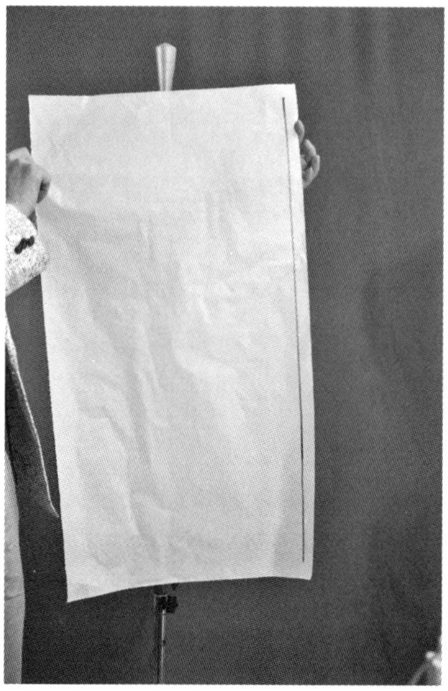

四、其他所需工具

在立裁制板中还会用到一些工具，包括软尺、曲线尺、压轮、针插、立裁专用大头针、记号笔、双面胶带、纸质单面胶带、剪刀、铅笔、橡皮等。这些工具比较常见，在其他多数书籍中都有说明，因此在这里就不再详做介绍。

第二章

女衬衫

第一节 女装原型基础板型

一、前片制板步骤

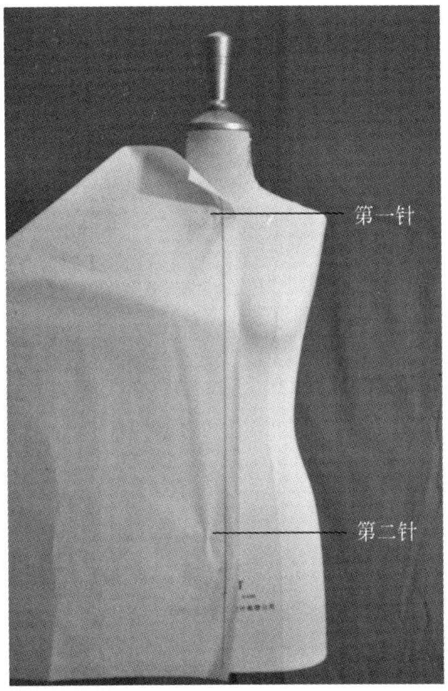

①将适合衬衫前片大小的纸留出搭门量，在前领窝下固定第一针，在人台臀围位置固定第二针。

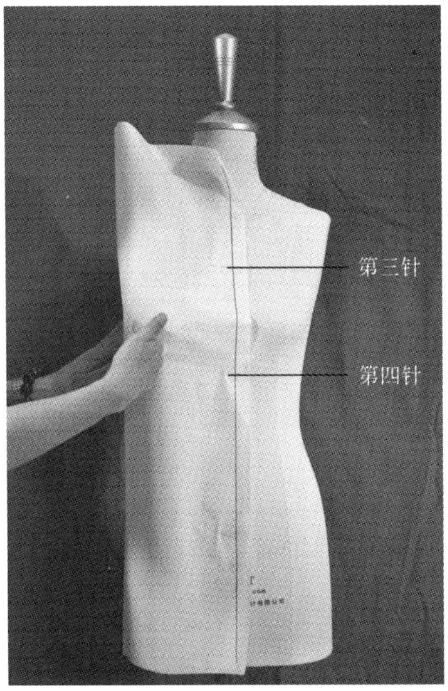

②在胸上、胸下分别固定第三针和第四针。注意确保前中线垂直于地面。将立裁纸沿胸围线向后推送，将纸圆顺地围在人台上。注意保持纸张整体的平衡。

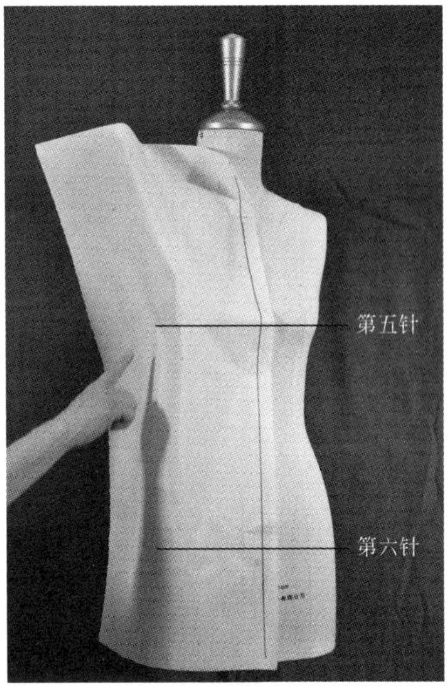

③在人台侧面上、下分别固定第五针和第六针，注意要加适量的放松量。

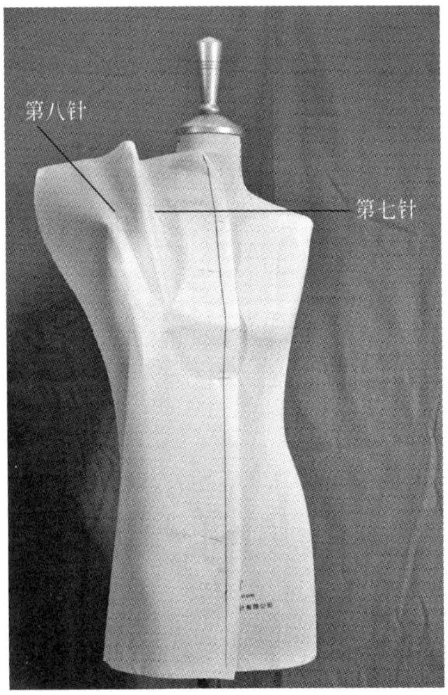

④在前肩靠近脖子的位置固定第七针，将多余的量用手轻轻送到第七针旁边，固定第八针。注意保持纸张整体平衡。

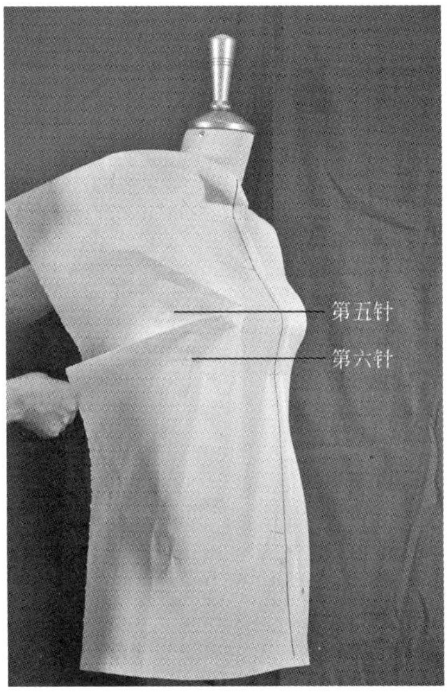

⑤可将肩上的省道转移到腋下，并重新固定第五针、第六针。

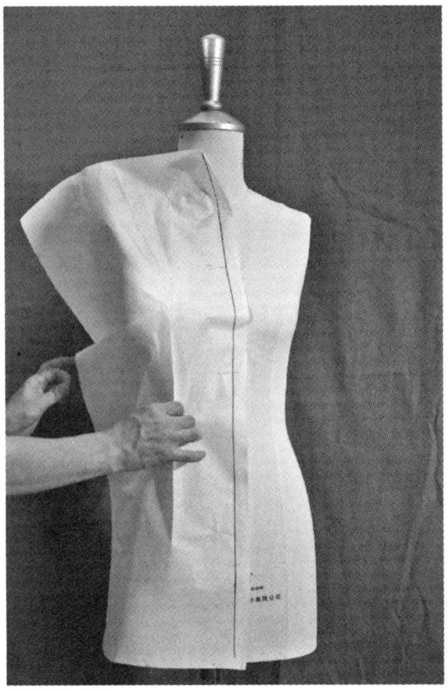

⑥胸点向下将前腰省做好。注意保持纸张平衡。

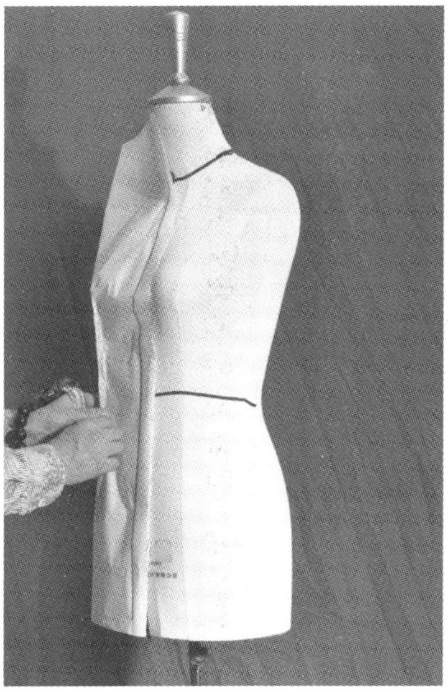

⑦用剪刀剪掉多余部分，沿人台侧缝折出侧缝线，注意线要垂直地面。

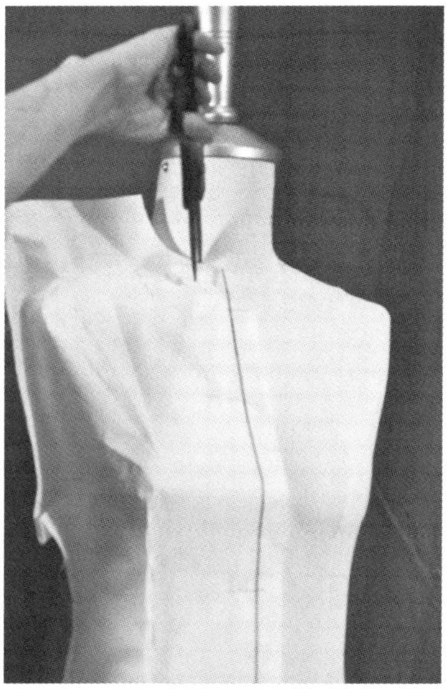

⑧按领窝净线留出缝份，剪出领窝，使脖子及肩部纸样服帖在人台上。剪刀垂直领窝净线打剪口，剪口不能剪过净线。折出肩斜线。

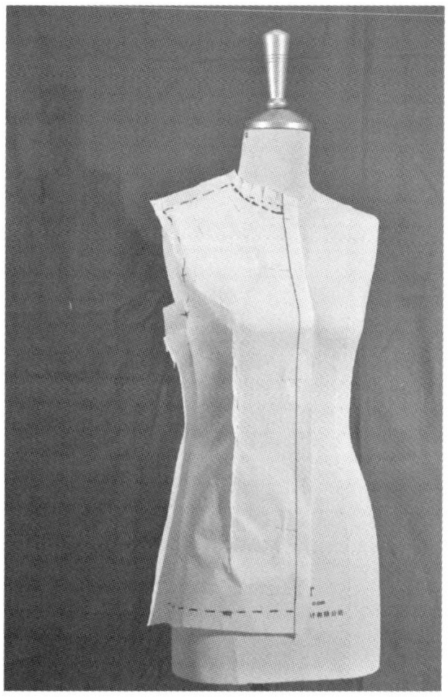

⑨根据肩宽点、前胸宽点和袖窿深点，画出袖窿弧线，并用剪刀剪出来。确定的纸样轮廓线，用笔描出来，前片纸样就完成了。

二、后片制板步骤

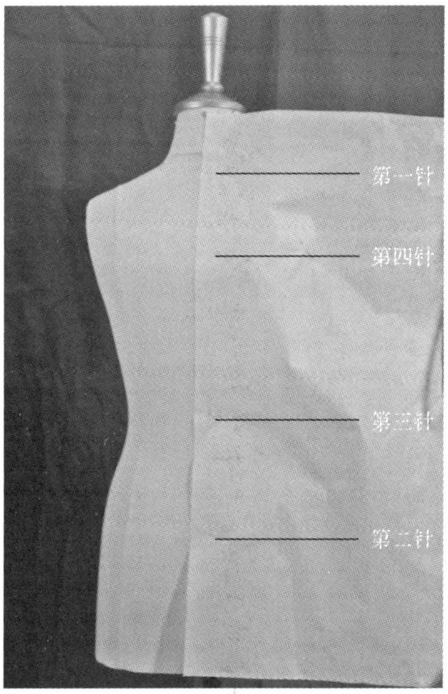

①纸边对齐后中缝，后领窝下固定第一针，臀围位置固定第二针，后腰节（按实在人台上）固定第三针，后背位置固定第四针。

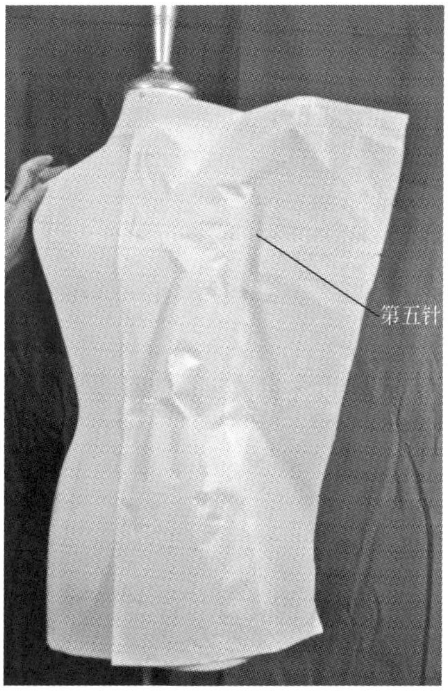

②将立裁纸圆顺地转在人台上，在肩胛骨位置固定第五针。

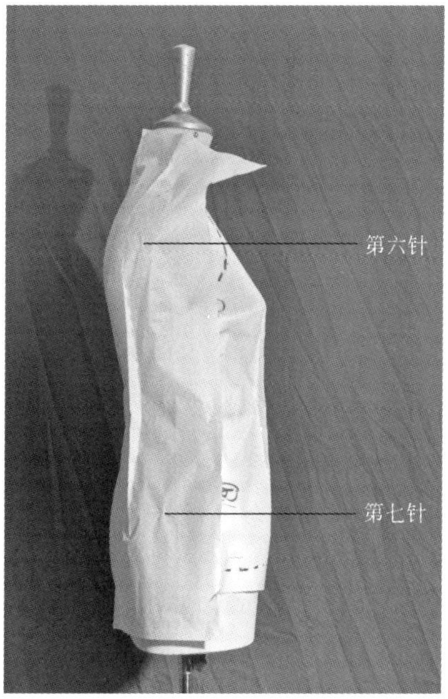

③在后侧面上、下分别固定第六针和第七针。

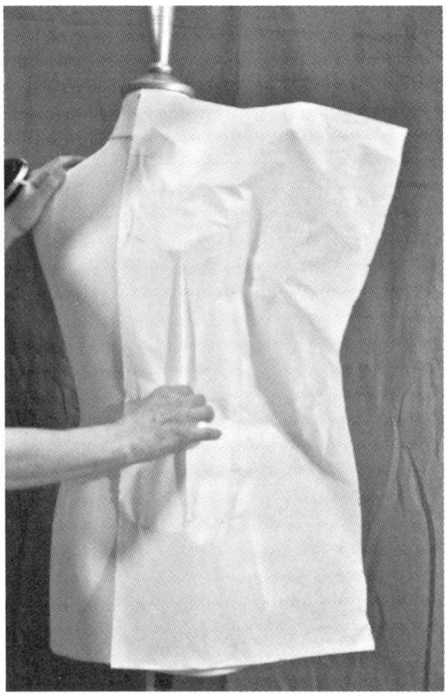

④ 在肩胛骨下方开始，垂直地面捏出后腰省。

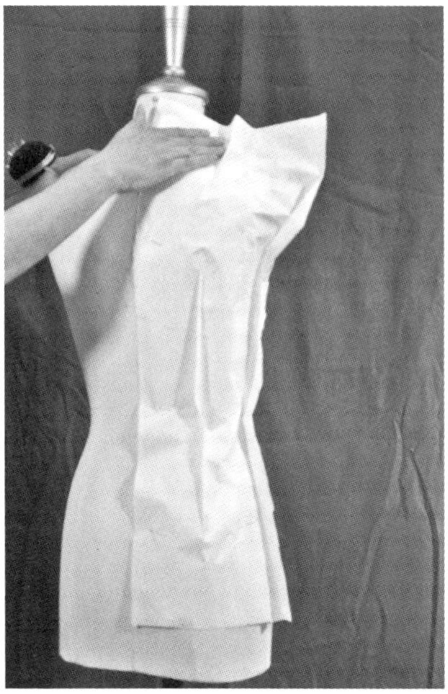

⑤ 将肩胛骨推平，多余量为肩省量。

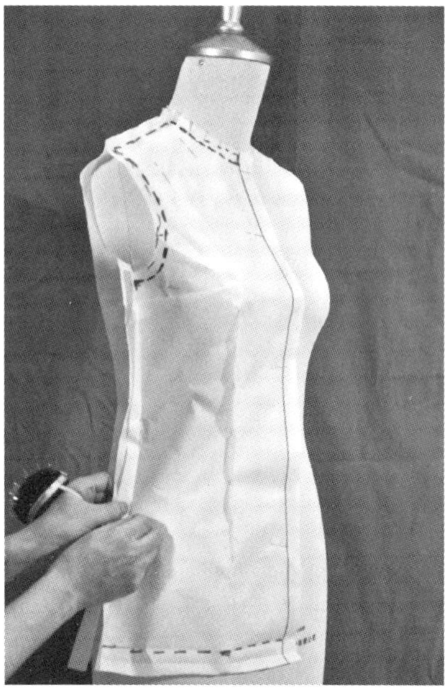

⑥ 剪出后领窝及肩斜线，并将前后片的侧缝线连接起来。

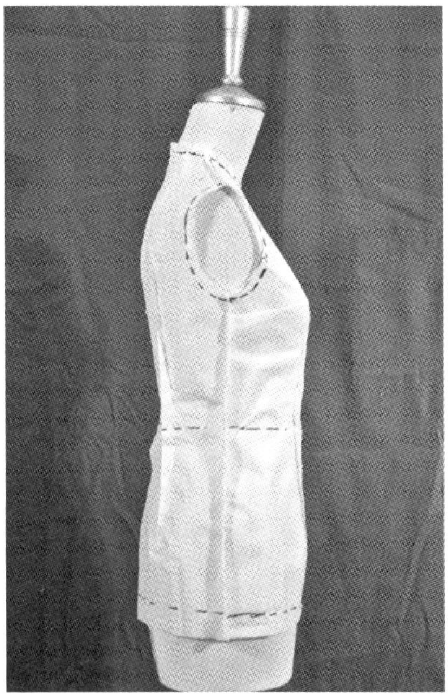

⑦ 折出侧缝线，剪掉侧缝多余部分，留适量缝份，注意侧缝线要垂直地面。画出袖窿。

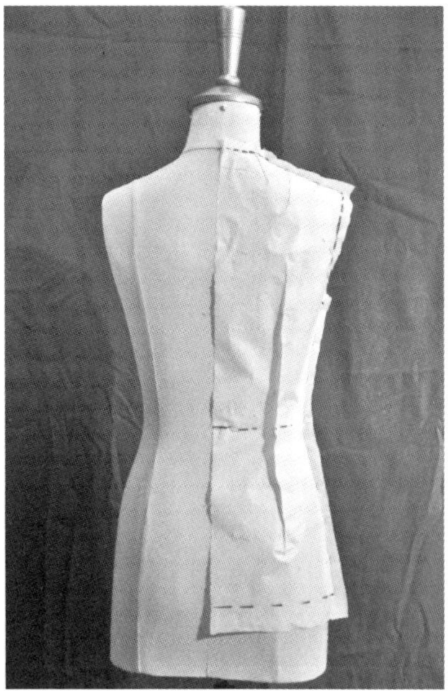

⑧ 画出轮廓线、腰节线、下摆线。

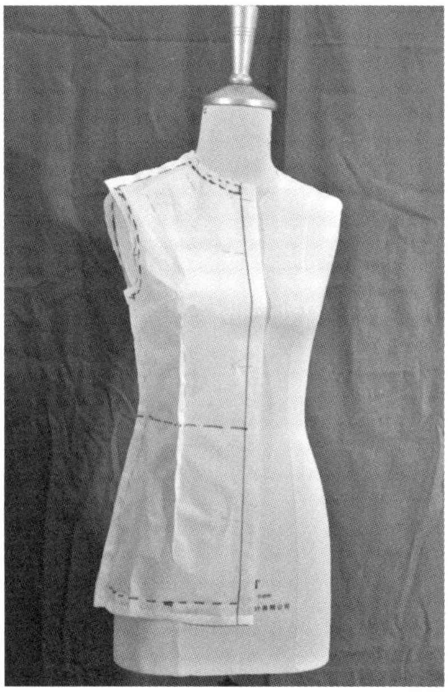

⑨ 完成整个衣身效果图。

第二节 衬衫袖子的结构与制板

一、一片袖的制板步骤

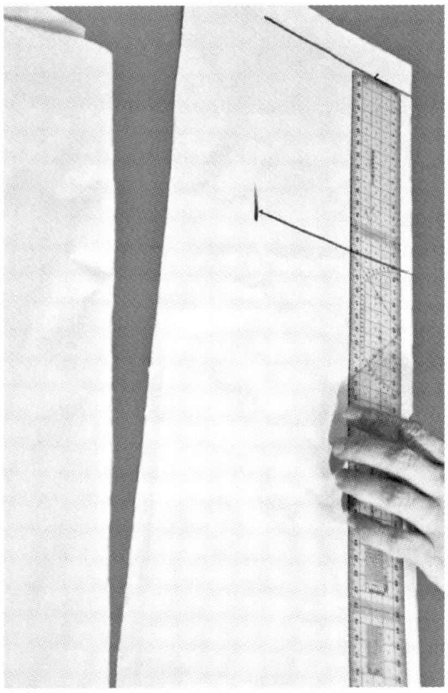

① 将立裁纸对叠后（纸张够袖子的长度和肥度）先画上平线，从上平线向下量出袖山高的尺寸（袖山高可以在人身上测量出来）。

② 找到袖肥的宽度，在第二条线上做标记，袖肥点与上平线如图连线，这条线的长度为这款袖子的AH值。

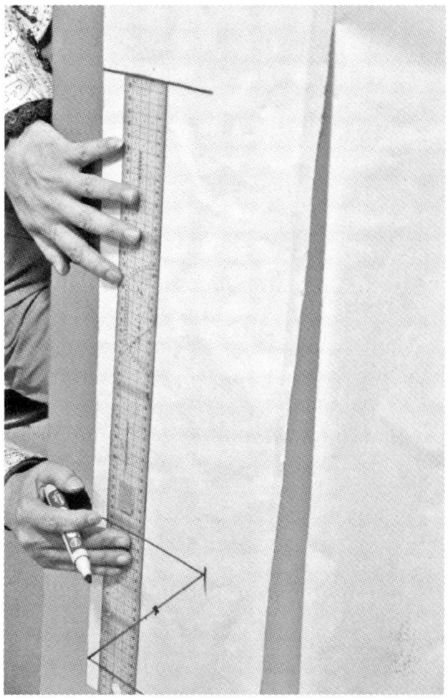

③ 在AH线上找中心点，中心点向袖肥点方向移2cm取一点。

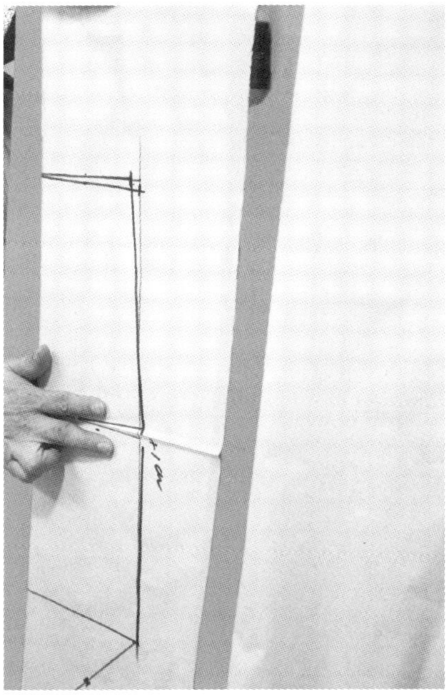

④ 在袖肘的位置做一个肘省，省量为1cm，省长为四分之一袖肘围。

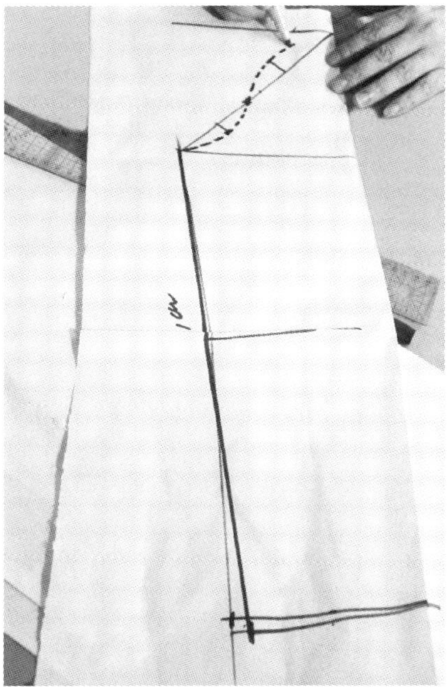

⑤ 在AH线上半部向外2.5cm位置取一点，在AH线下半部向外1.4cm位置取一点，经过袖山顶点、2.5cm的点、AH线中点向下移2cm的点、1.4cm的点、袖肥点，连接画一条圆顺的曲线。

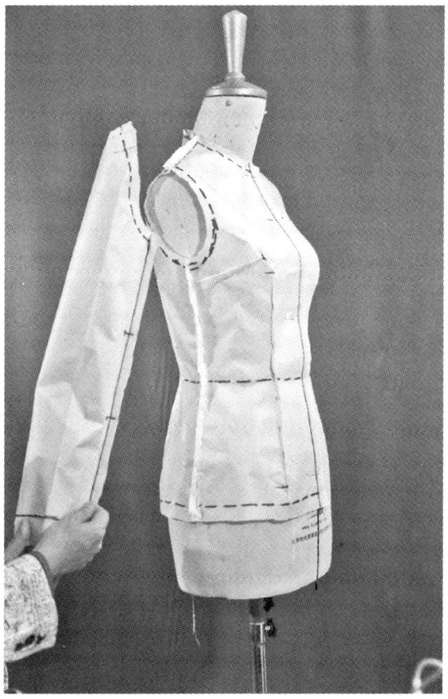

⑥ 刚刚画的“S”形曲线就是袖山弧线，现在对袖山上半部的弧线用大头针做假缝，使袖子出现袖山包。

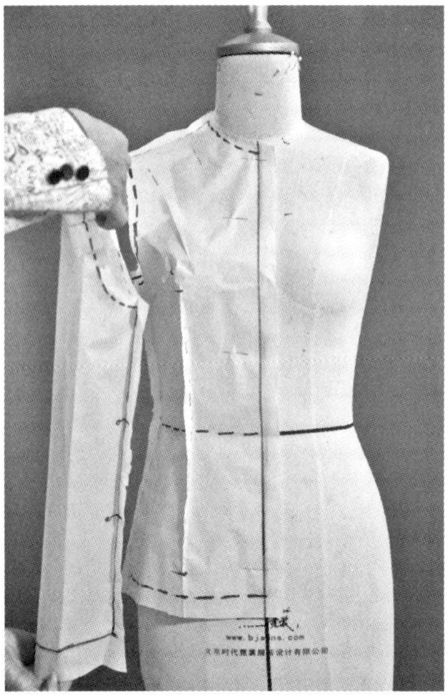

⑦ 袖山弧线的吃量是多少合适呢，这要从袖子的侧面看，袖弧线成为一条直线，袖山的吃量就合适了。

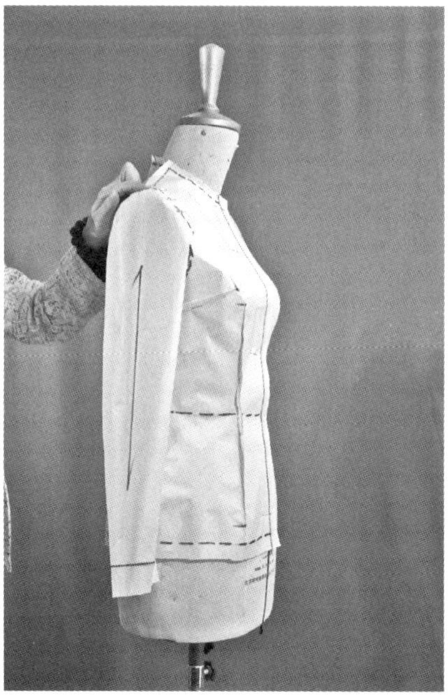

⑧ 将袖子的袖山顶点固定在衣身上，与上衣的肩斜线对齐，用大头针固定。

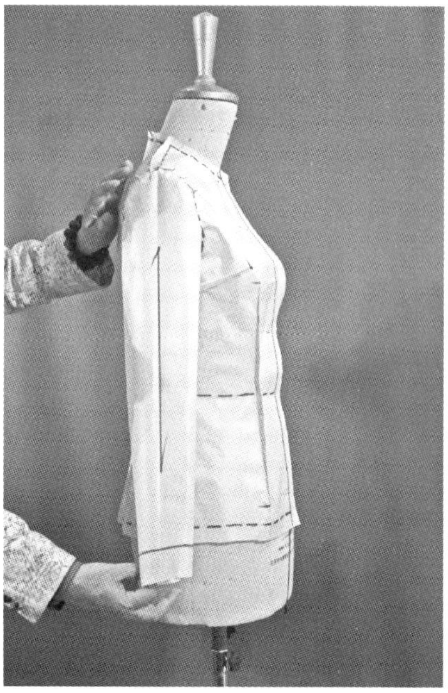

⑨ 调整袖子的角度，使袖口向前移一点点，这样更符合人体结构。

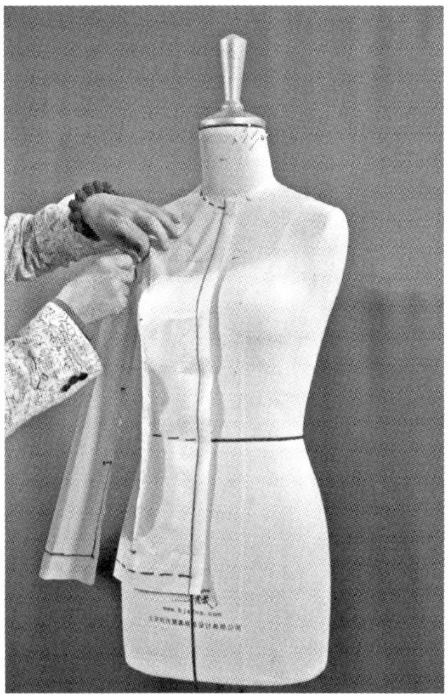

⑩ 假缝的袖窿弧线与衣身上的袖窿弧线合在一起，并将弧线调整圆顺。在袖子的袖窿弧转角点打剪口，将袖子的下半部弧线与衣身相接。

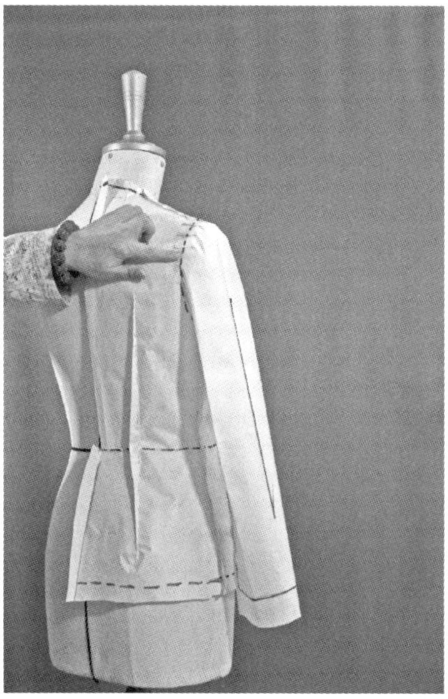

⑪ 后面与前面的做法相同。

⑫ 将袖子与衣身连接好后，用笔将调整好的弧线画清楚，并做好前后衣片与前后袖窿的记号（做记号是为了控制袖窿吃量的位置和大小）。

二、泡泡袖的制板步骤

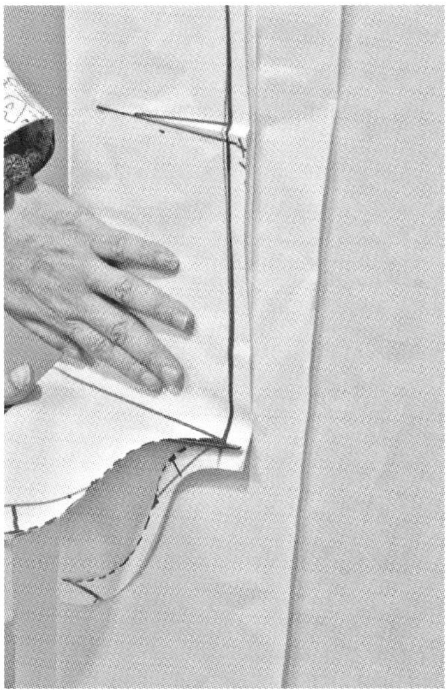

①按照一片袖方法，先做好一个标准袖子，将袖山弧线剪成净线。

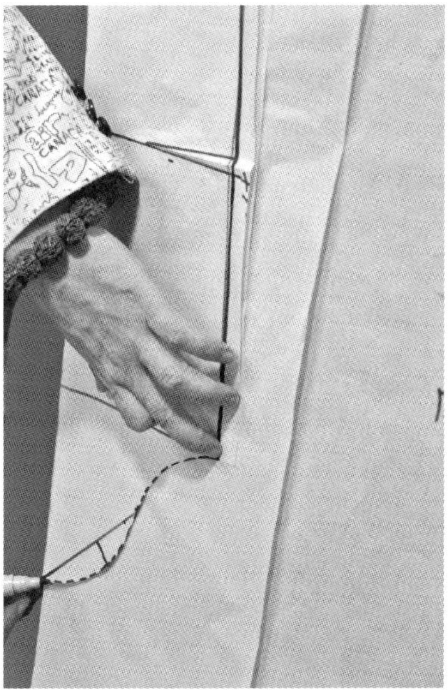

②将立裁纸对叠后（纸张够袖子的长度和肥度），将袖子标准板按图上所示放在立裁纸上。

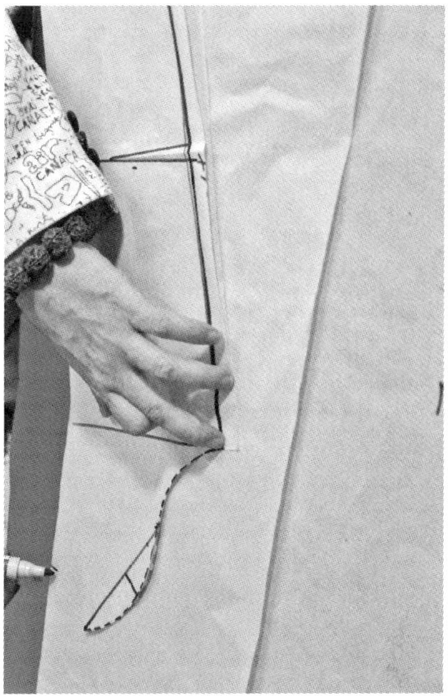

③以袖肥点为轴心点，转动袖子，转动后的结果如上图所示。

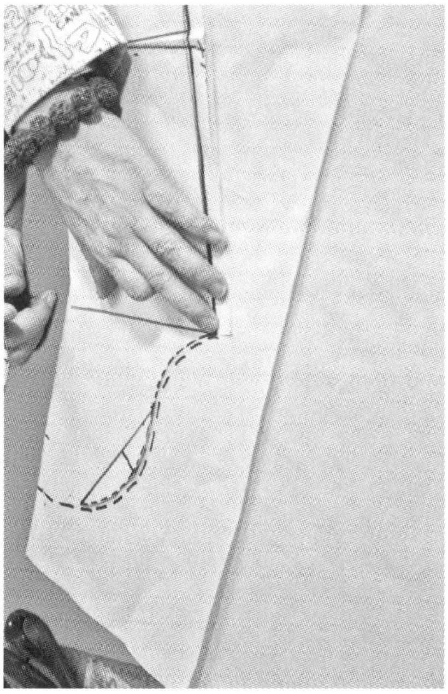

④袖窿线下半部按标准袖板画（因为袖子的变化一般都是在袖山上半部，将新设计出来的袖山上半部弧线画出来）。

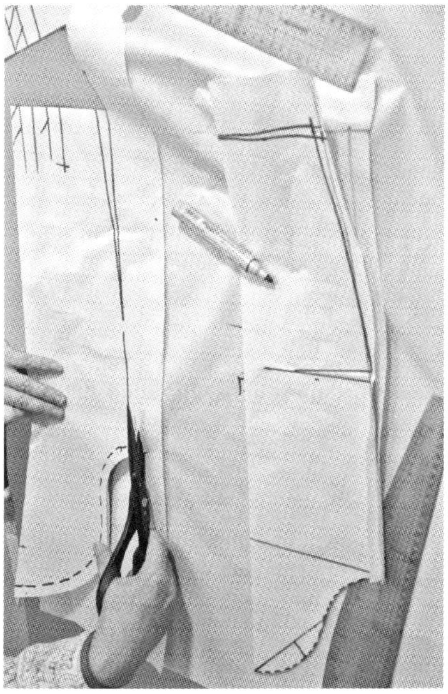

⑤袖山设计好后，将袖子也复制下来，并做袖子的省道转移，来完成整个袖子的造型设计。

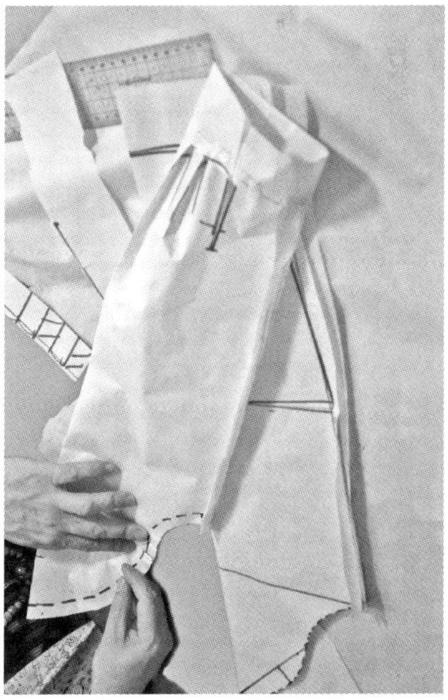

⑥将袖口的活褶做出来，假缝上一个袖口。再将袖上半部弧线用大头针假缝，按设计图做出泡泡袖的造型。

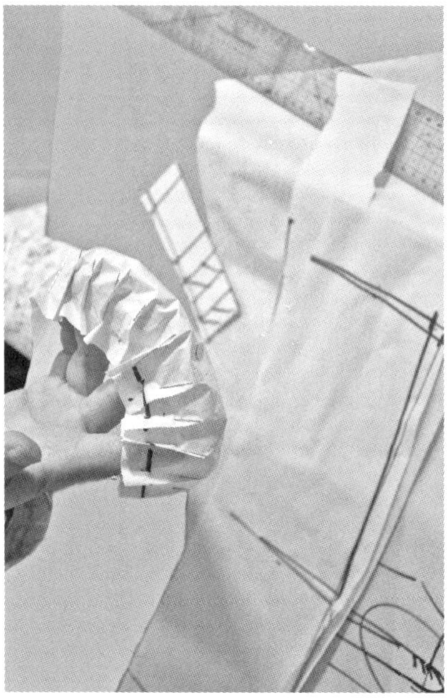

⑦ 从袖子的侧面看，袖弧线成为一条很圆顺的弧线，假缝就成功了。

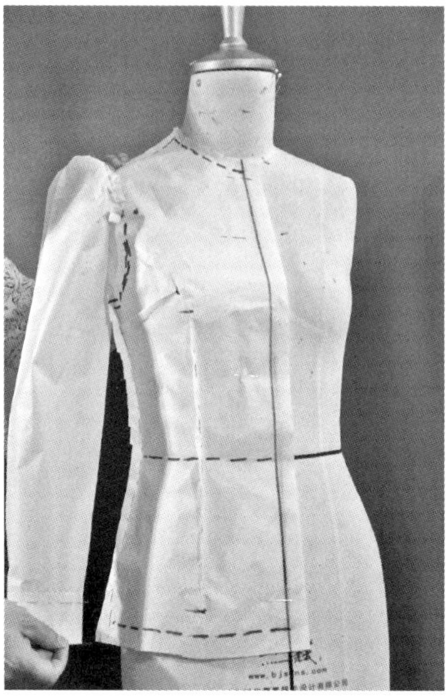

⑧ 将袖子的袖山顶点用大头针固定在衣身上，与上衣的肩斜线对齐，并调整袖子的角度，使袖口向前移一点儿，这样更符合人体结构。

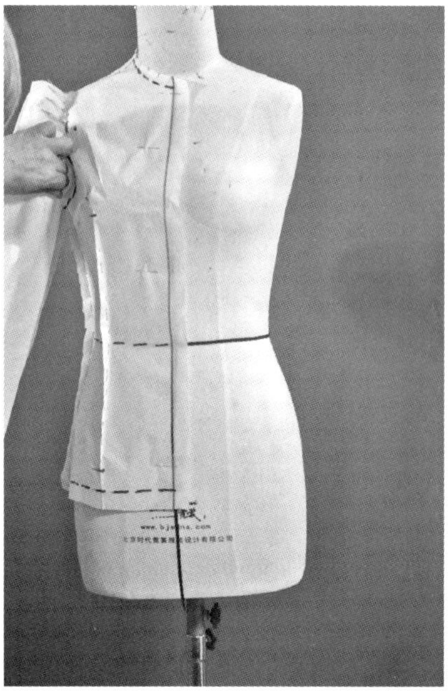

⑨ 假缝的袖窿弧线与衣身上的袖窿弧线合在一起，并将弧线调整圆顺。

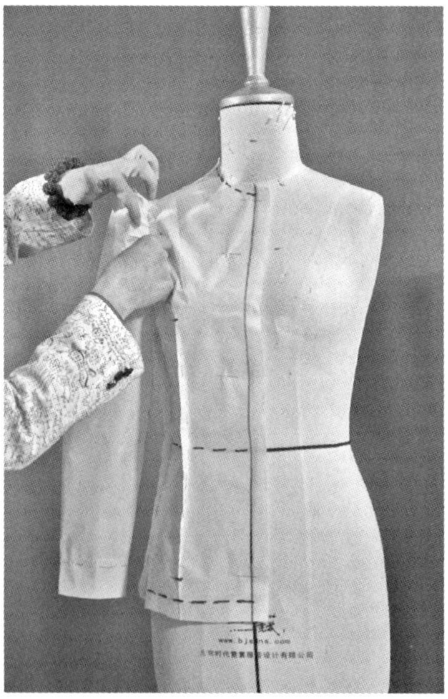

⑩ 在袖子的袖窿弧转角点打剪口，将袖子的下半部弧线再与衣身相接。安装袖子时，注意衣身要保持平衡。

⑪ 后面与前面的做法相同。

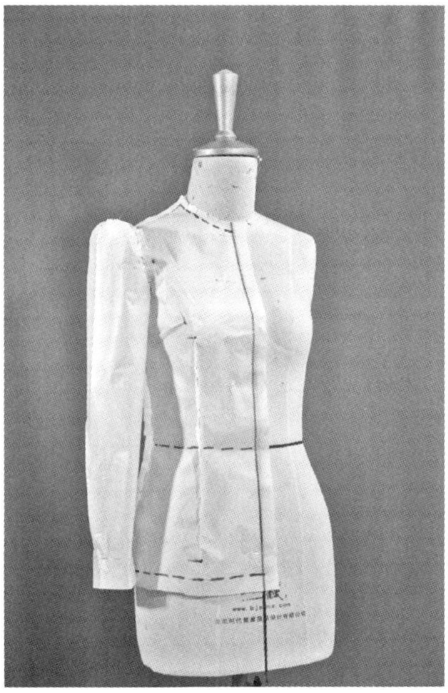

⑫ 将袖子与衣身连接好后，用笔将调整好的弧线画清楚，并做好前后衣片与前后袖窿的记号。

三、灯笼袖的制板步骤

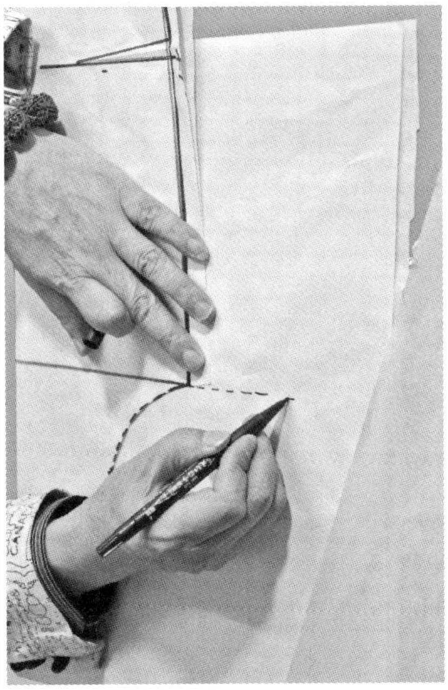

①同样将标准袖板作为设计新袖型的模板，这次设计袖型是灯笼袖，需要加大袖子的肥度，具体加多少，根据设计要求来确定。

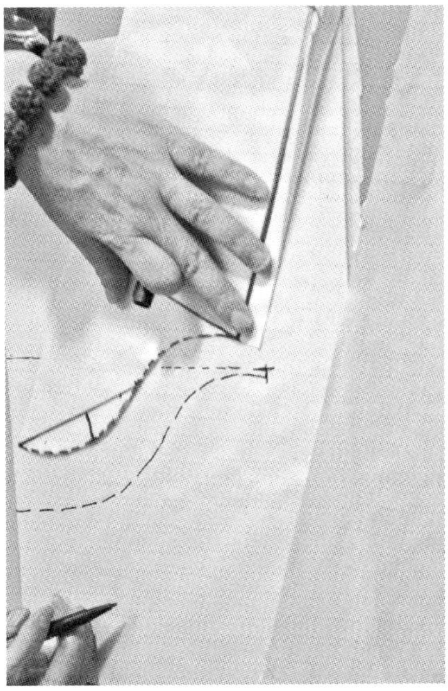

②袖窿线下半部按标准袖板画（因为袖子的变化一般都是在袖山上半部），将新设计出来的袖山上半部弧线画出来。虽然加了袖肥，但是袖窿弧线下半部的弧线还是没有变化的，有变化的还是在袖窿弧线的上半部。

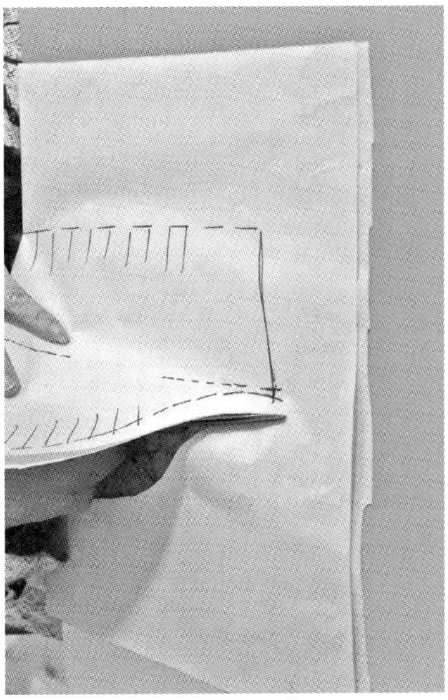

③灯笼袖的特点是上下加量捏褶，使中间部分像灯笼一样鼓起来，所以先大概画出捏褶的位置。

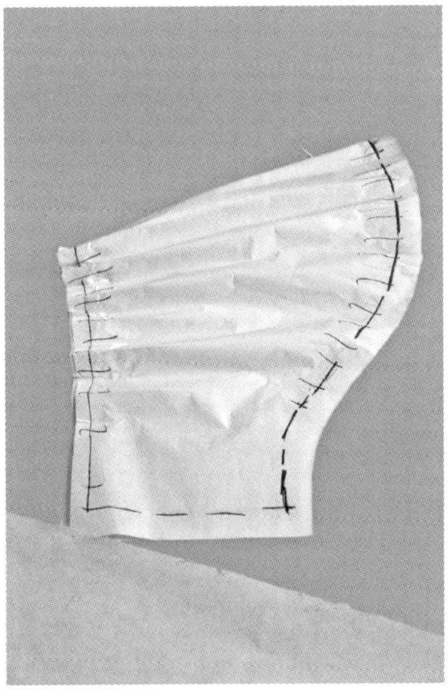

④捏好褶的效果。

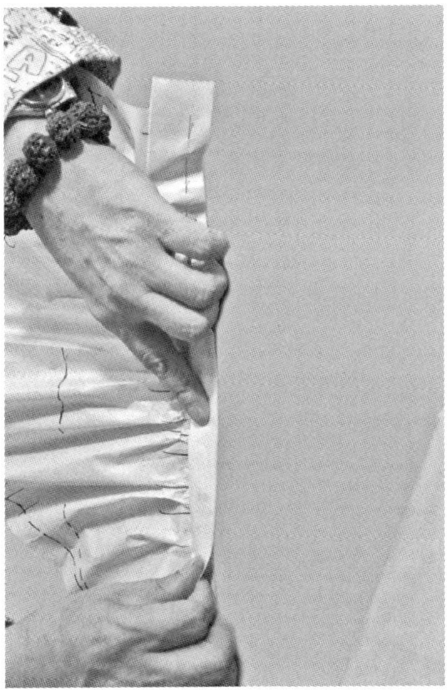

⑤现在要做假缝，给袖子加上一个袖口，以便于根据整体效果来调整袖型。

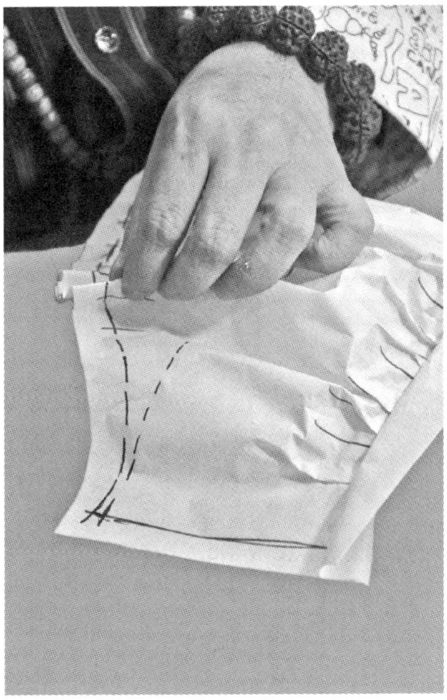

⑥将袖子上半部弧线用大头针假缝，按设计图做出灯笼袖的造型。

⑦ 袖子不只有一种安装方式，也可以先从袖底固定。用大头针先将袖底弧线与衣身上的袖底弧线固定在一起，根据具体效果调节弧线的弧度。

⑧ 袖底弧线安好后，在袖子的袖窿弧转角点打剪口，将袖子的上半部弧线再与衣身相接。

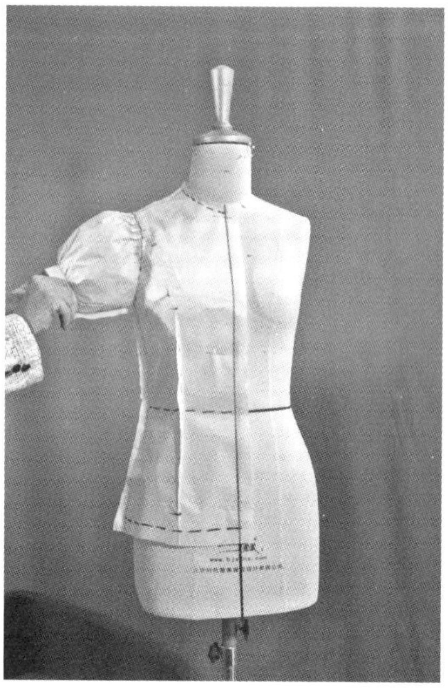

⑨ 一边安装袖子一边确定袖子的角度，根据设计要求调整袖子的方向和角度。

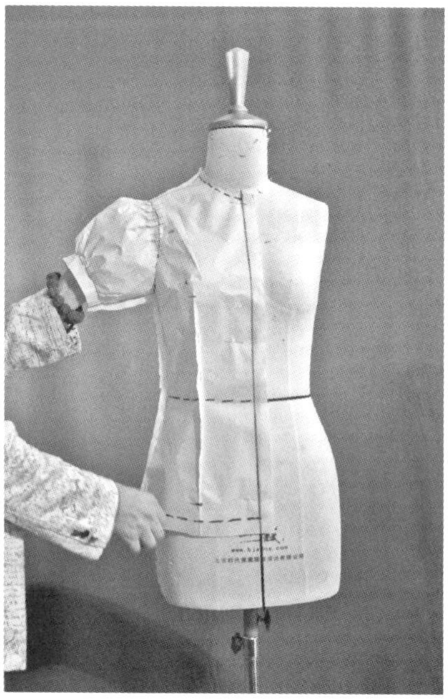

⑩ 安装袖子时，注意衣身与袖子要保持平衡，保证衣身平整，没有不规则的褶皱。

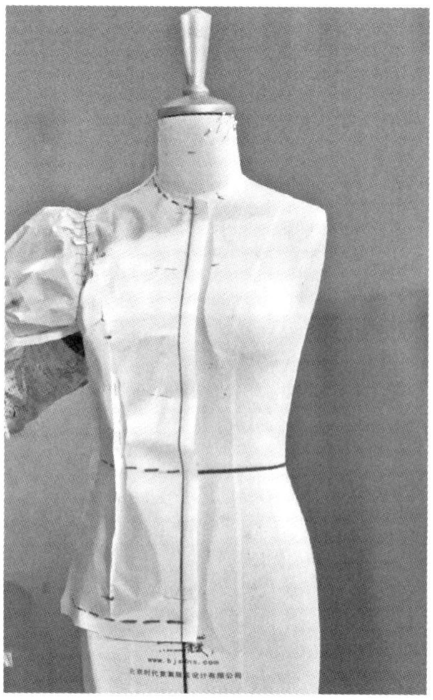

⑪ 后面与前面的做法相同。

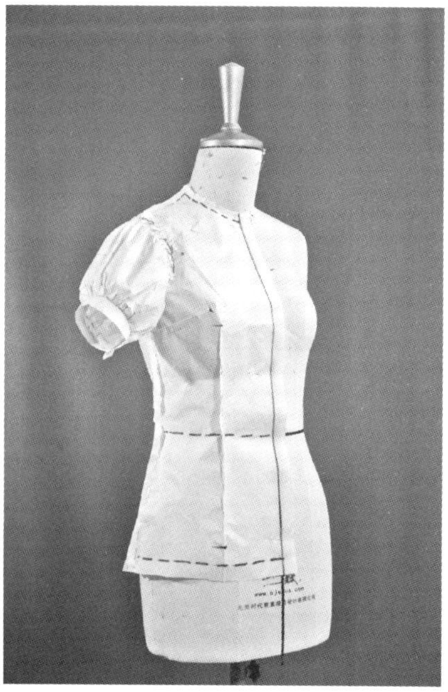

⑫ 将袖子与衣身连接好后，用笔将调整好的弧线画清楚，并做好前后衣片与前后袖窿的记号。

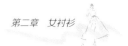

第三节 衬衫领子的结构与制板

一、标准领型

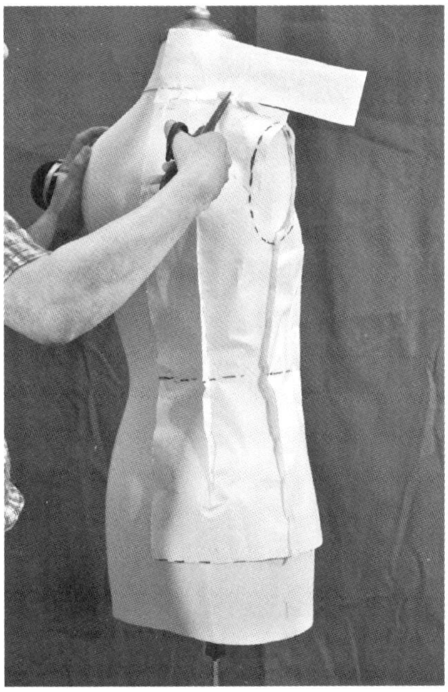

①取一张合适的立裁纸，折出领子的后中线，与衣身的后中线对齐，用大头针固定。领子的底边用剪刀打剪口。

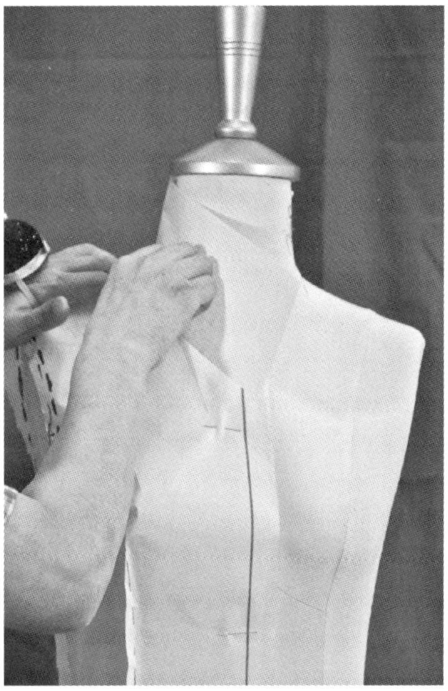

②根据设计的领子角度和形状，按衣身上设计好的领围线，用大头针固定领子。

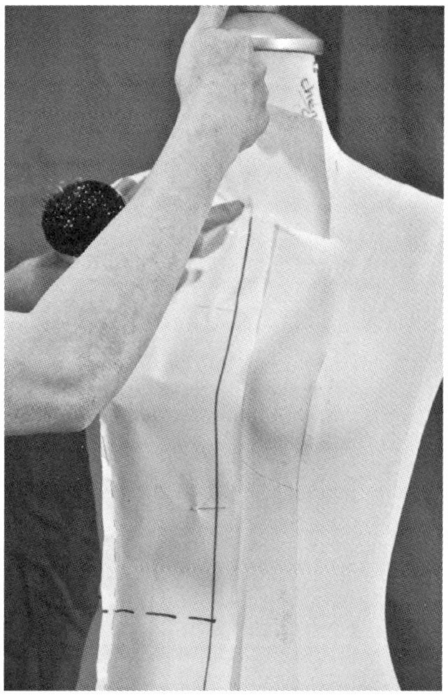

③从前领窝点向下1cm的位置固定领子。

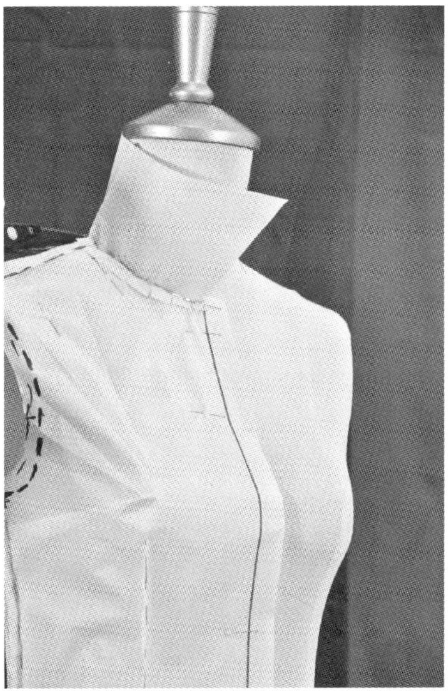

④固定好领子的角度和底边。再根据设计要求确定领子的宽窄、领尖的大小和角度，用剪刀剪出设计好的领子形状。

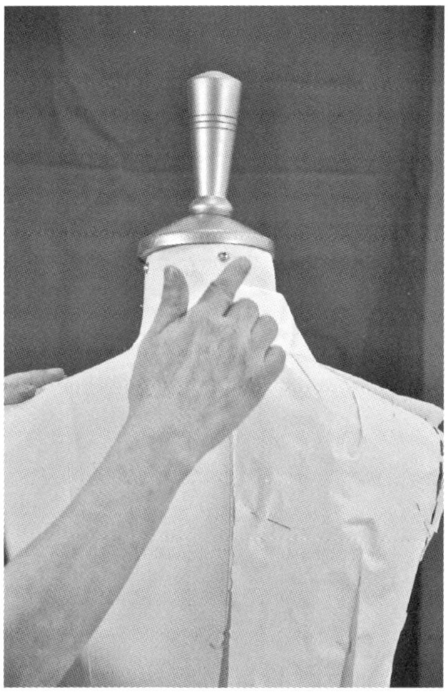

⑤将领子与衣身连接后，将领子翻下来，注意翻下来的领子后中线也要与衣身后中线对齐，保持与地面垂直。

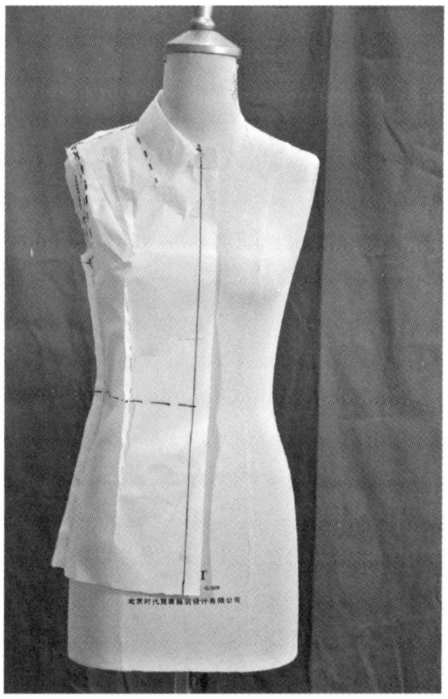

⑥这是女衬衫标准领子完成后的效果。

二、立领

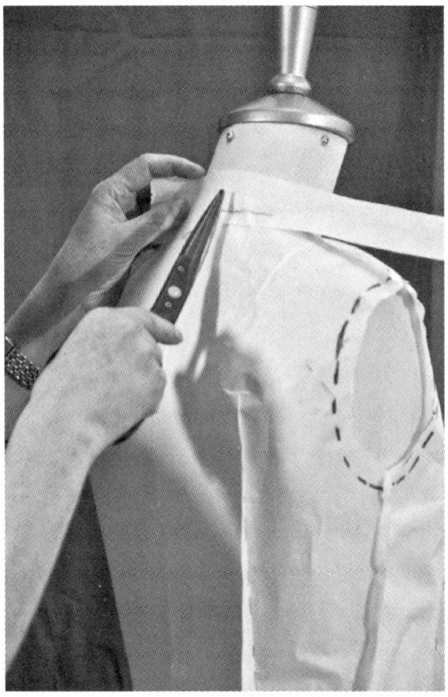

①取一张合适的立裁纸，折出领子的后中线，与衣身的后中线对齐并固定。

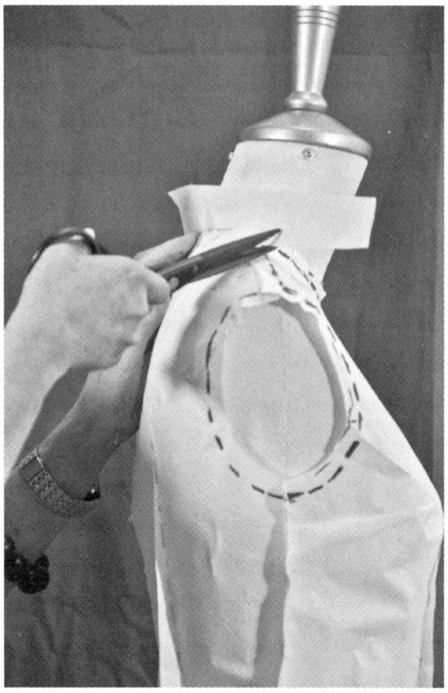

②领子的底边用剪刀打剪口。

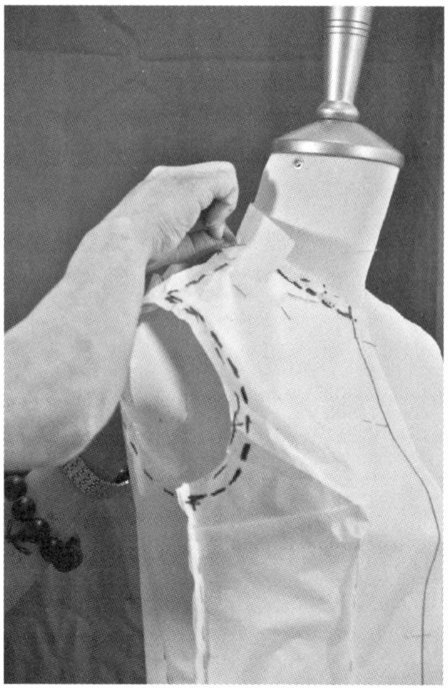

③根据设计的领子角度和形状，将领子的底边按衣身上设计好的领围线用大头针固定。

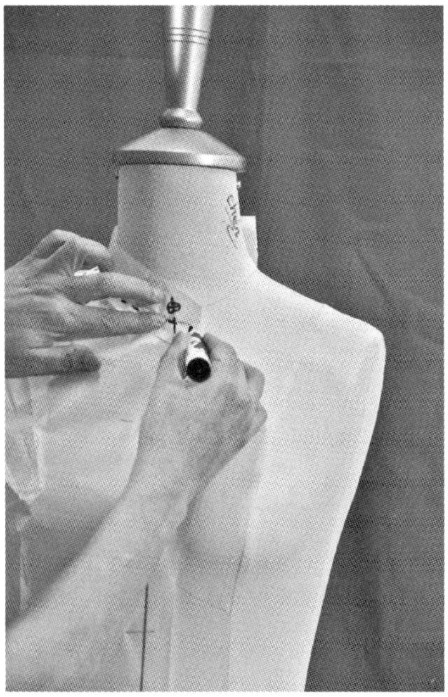

④从前领窝点向下1cm的位置固定领子，然后用笔按大头针印描出领子底部的净线，画出扣位。

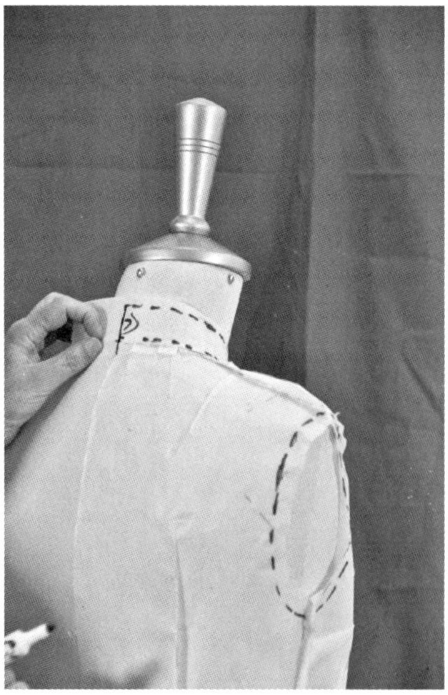

⑤根据设计效果图或者设计要求，设计领子的宽度、领头的造型，可以用笔画出来。根据衣身后中线垂直折出领子的后中线，并画出连折符号，以表示领子后中线不分开。

⑥这是立领完成后的整体效果。

三、盆领/披肩领

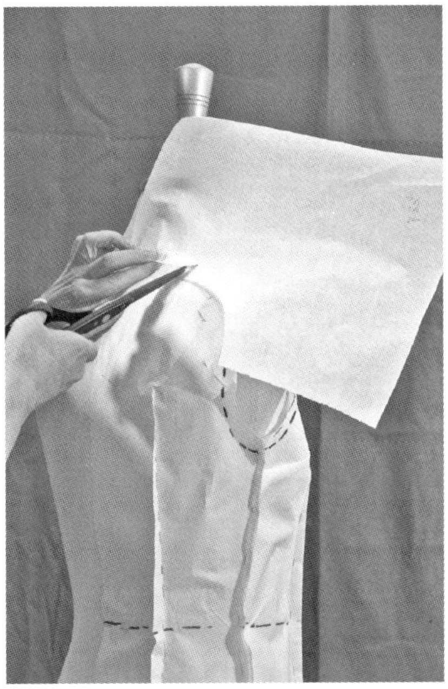

①取一张合适的立裁纸，折出领子的后中线，与衣身的后中线对齐，用大头针固定。领子的底边用剪刀打剪口。

②根据设计的领子角度和形状，将领子的底边按衣身上设计好的领围线用大头针固定。从前领窝点向下1cm的位置固定领子。

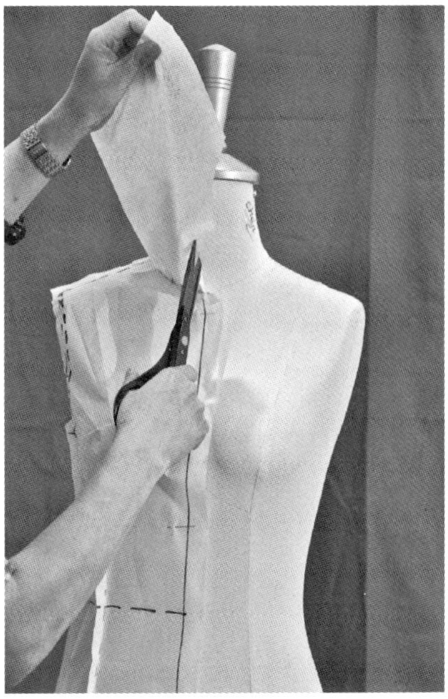

③按衣身纸样的前中线，剪出领子前面的大概轮廓线。

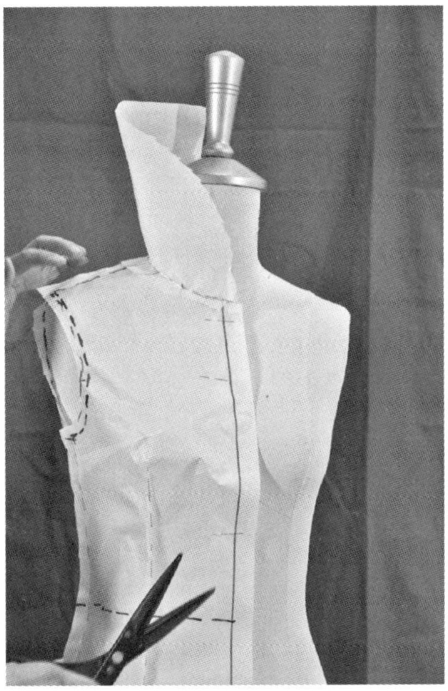

④根据设计要求修剪成型。领子的外边缘要修剪圆顺、平滑。此为盆领的造型效果。

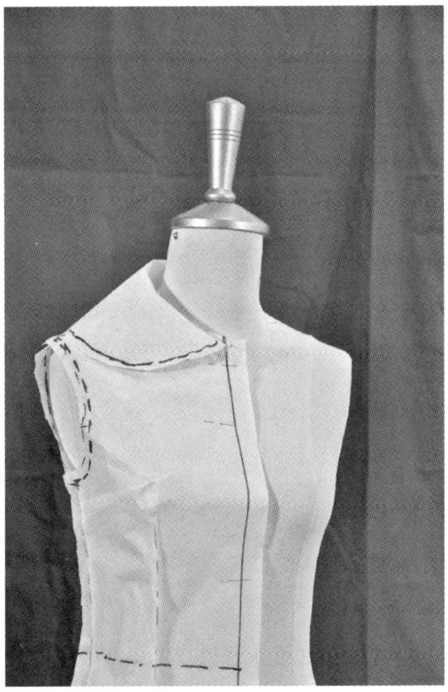

⑤将盆领翻下来，就是披肩领。

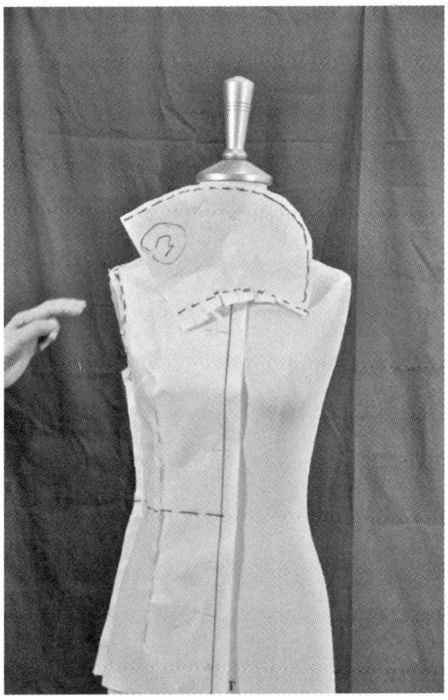

⑥此为这款领子展开后的效果。

第四节 宽松型女衬衫

一、衬衫前片制板步骤

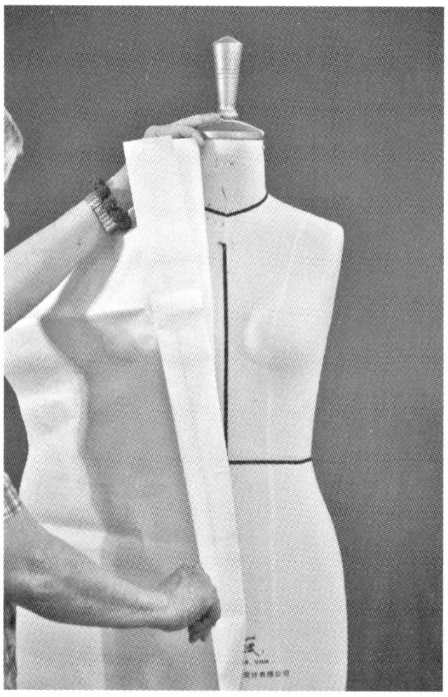

①取一张立裁纸，先折出一个5 ~ 7cm的贴边。

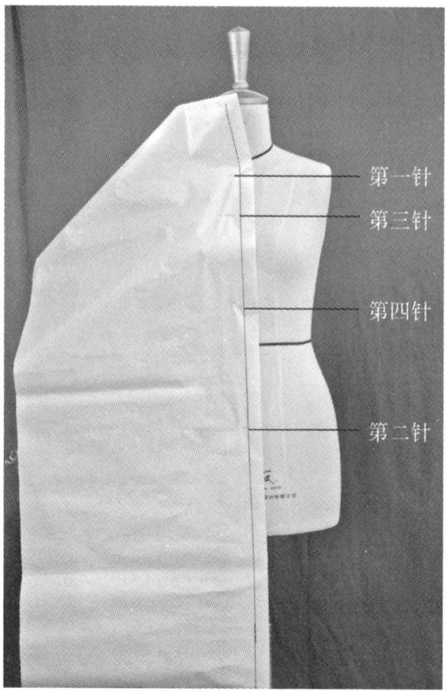

②再画出2 ~ 2.5cm宽的搭门量，将纸的前中线对齐人台的前中线，在前领窝下固定第一针，在人台臀围位置固定第二针，在胸上、胸下各固定第三、第四针。注意确保前中线垂直于地面。

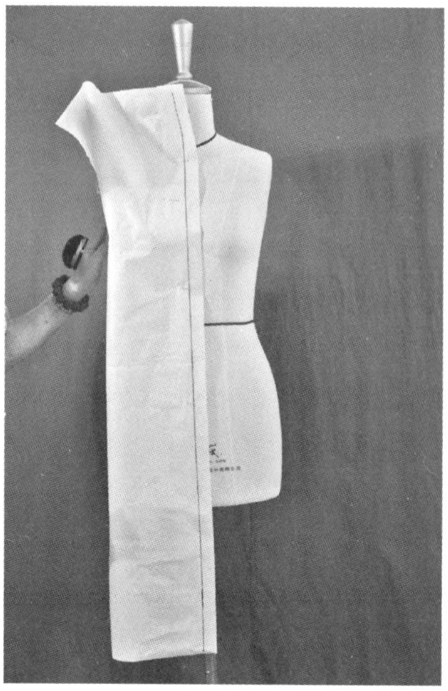

③将立裁纸沿胸围线向后推送，将纸圆顺地围在人台上。因为这款是宽松型的女衬衫，所以宽松量要预留多些。操作时要注意保持纸张整体的平衡。

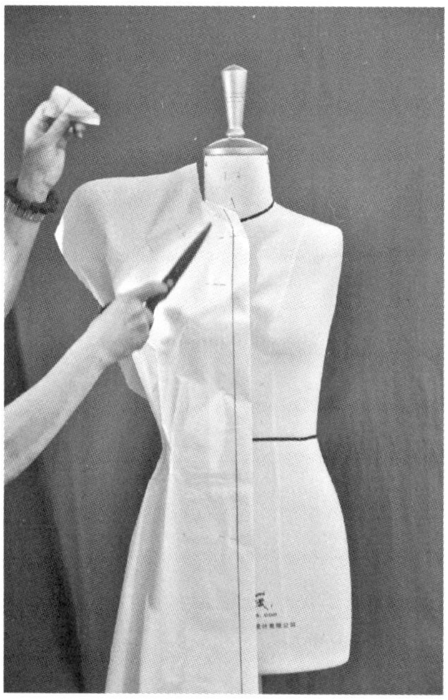

④按领窝净线留出缝份，剪出领窝，使脖子及肩部纸样服帖在人台上。

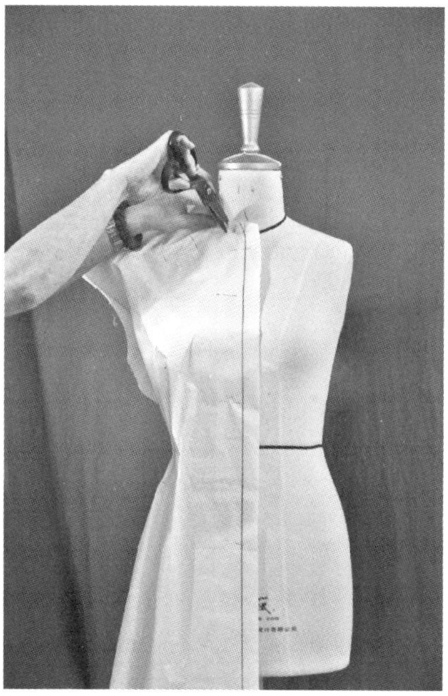

⑤剪刀垂直领窝净线打剪口，剪口不能剪过净线。

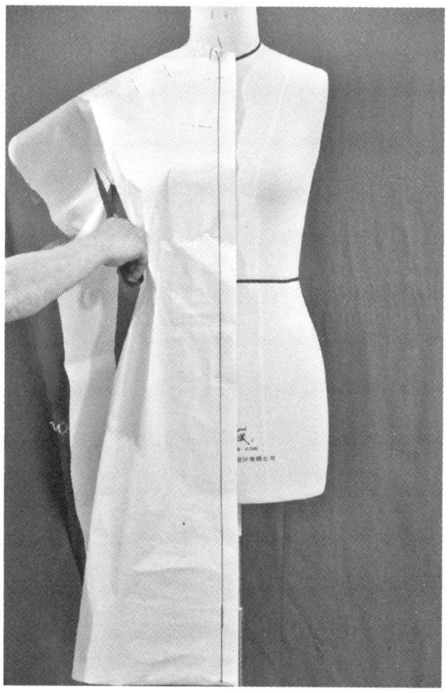

⑥按人台的侧缝线剪掉纸样多余的部分。

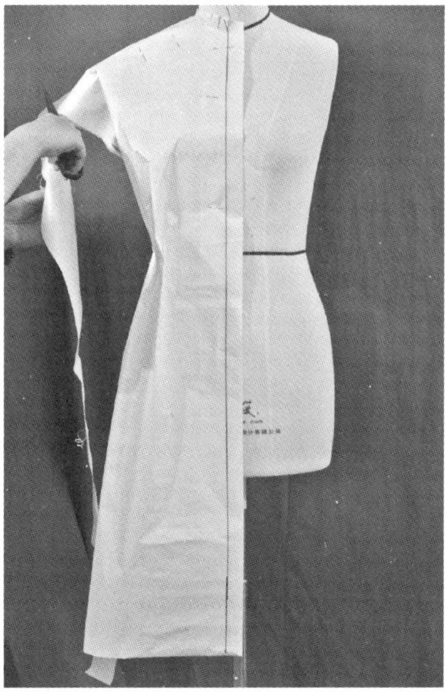

⑦剪到袖窿部分时要注意多预留一些余量，因为要为落肩做准备。

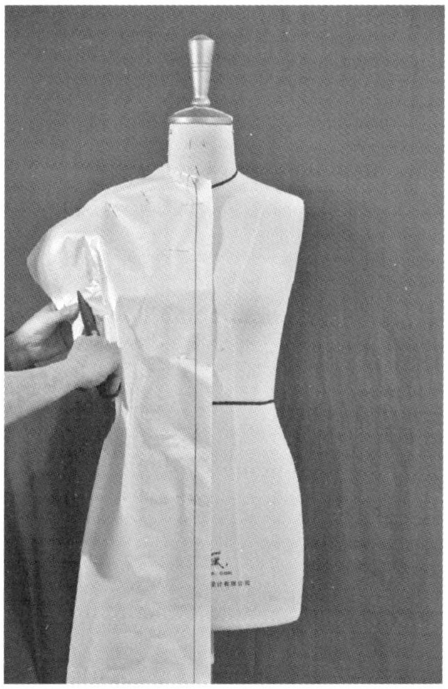

⑧将衬衫的宽松量推到前面，剪出衣身的袖窿弧线。

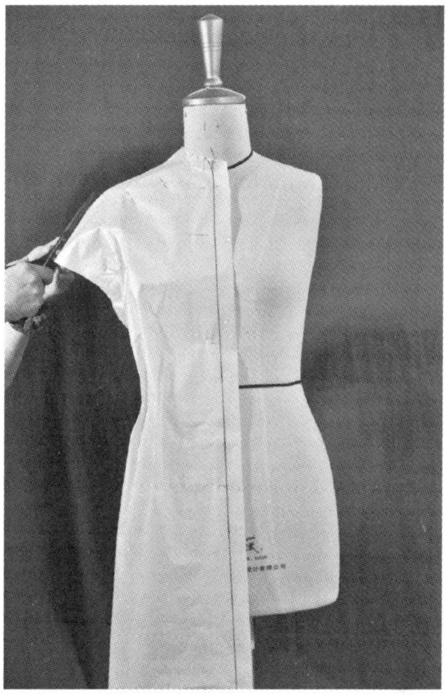

⑨修剪衣身纸样的肩斜线，注意肩点到袖子的部分要剪出一点儿弯度。

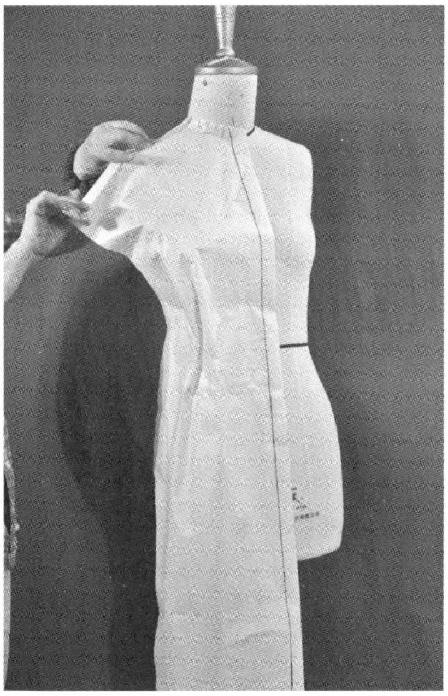

⑩按人台的肩斜线折出纸样的肩斜线，注意袖子位置要有角度，使整个肩斜线成为一条圆顺的弧线。

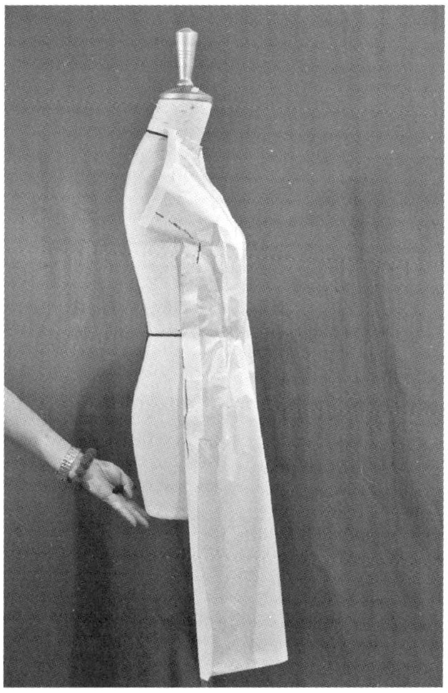

⑪按人台的侧缝线折出纸样的侧缝线，要保证侧缝线是垂直于地面的直线。

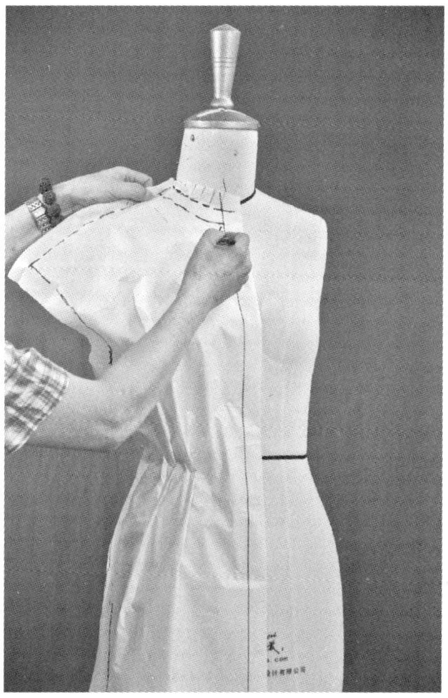

⑫画出纸样前片的轮廓线。领口部分的两条线，贴近人台脖子的是原型领窝线。

二、衬衫后片制板步骤

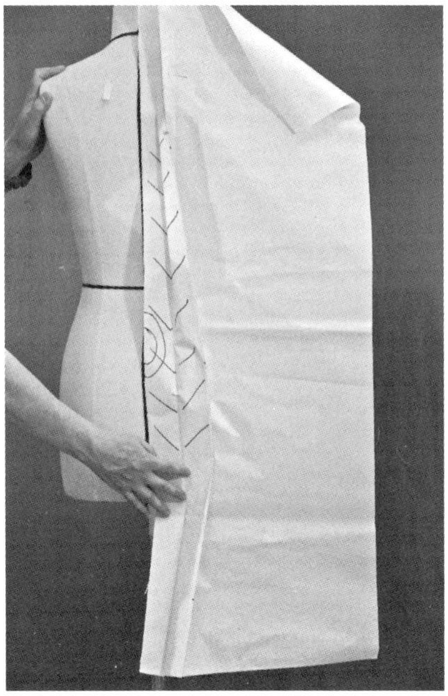

①衬衫后中线设计了一个对褶，褶量的大小根据设计风格确定，加褶的目的是使衬衫的宽松量更大。

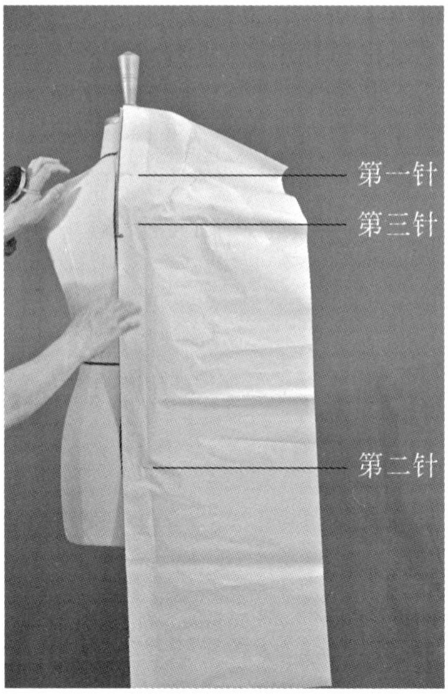

②设计一个明褶的终点。将褶边与人台的后中线对齐。在后领窝下固定第一针，臀围位置固定第二针，后背位置固定第三针。

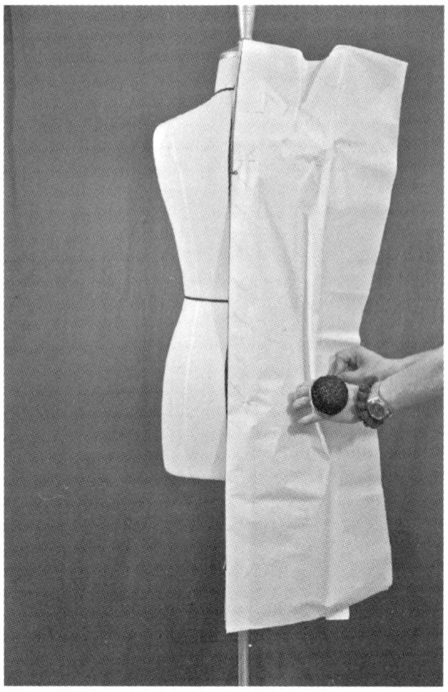

③预留足够的宽松量，具体宽松多少要根据款式的整体风格来确定。确定好宽松度后，在侧面胸围线、臀围线的位置各固定一针。

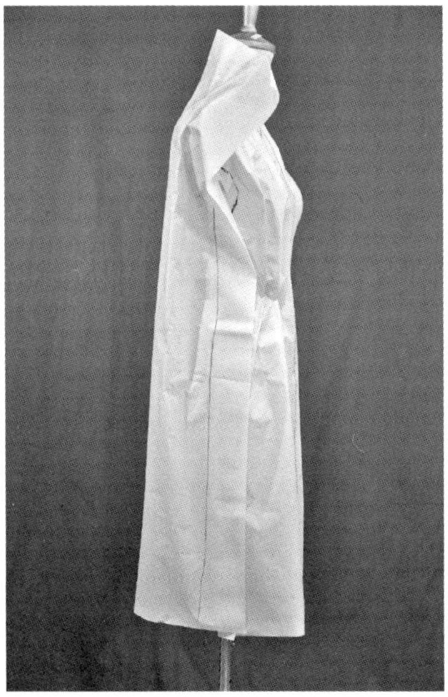

④用笔根据纸样前片侧缝线的轮廓线画出后片纸样的侧缝线。

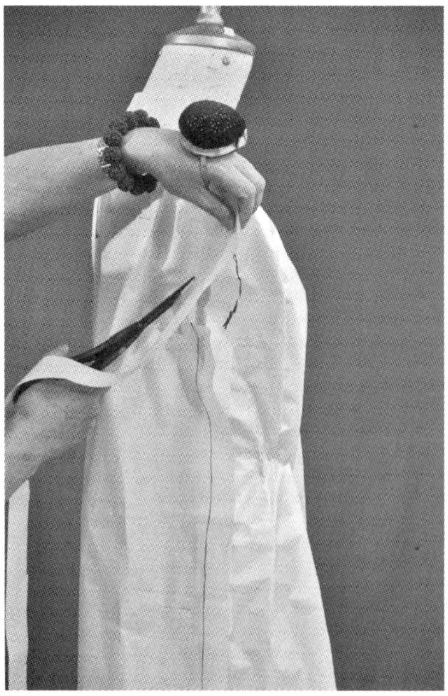

⑤按画好后片的侧缝线，预留缝份，剪掉多余的部分。注意剪到袖子部分时要预留出落肩的量。

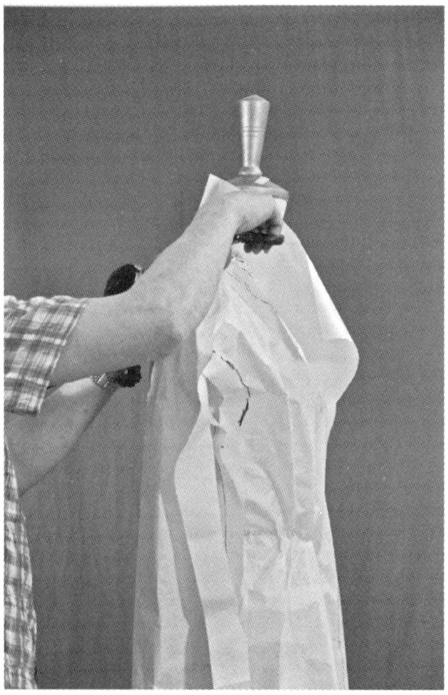

⑥按人台的后领窝线预留缝份，剪出纸的后领窝。

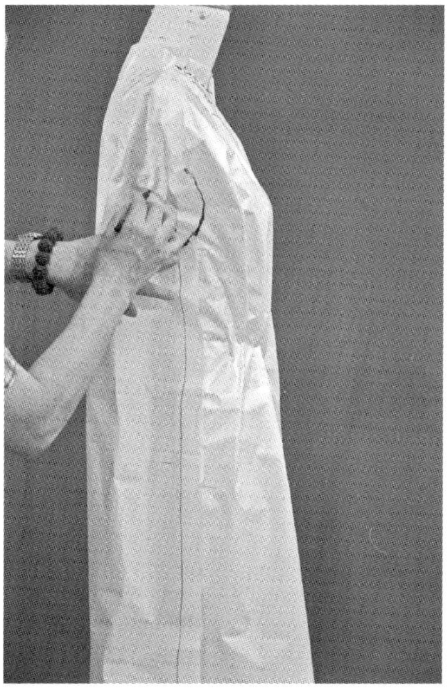

⑦ 将衬衫的宽松量推到后片，再根据前片袖窿弧线画出后片的袖窿弧线。

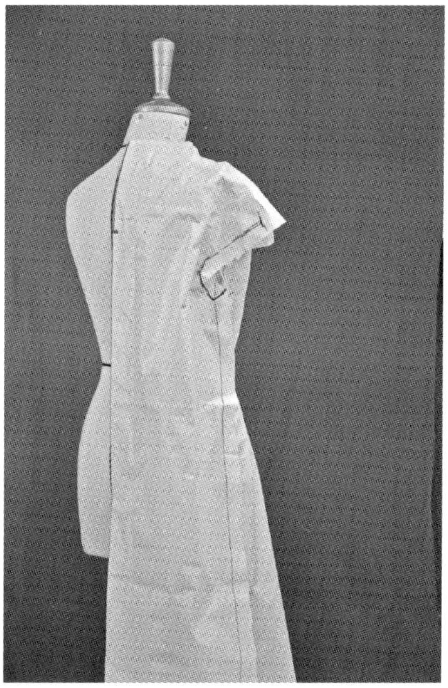

⑧ 图中所示是纸样袖窿弧线画好后的线条。

⑨ 根据人台的肩斜线，将纸样前后片的肩斜线用大头针连接起来。

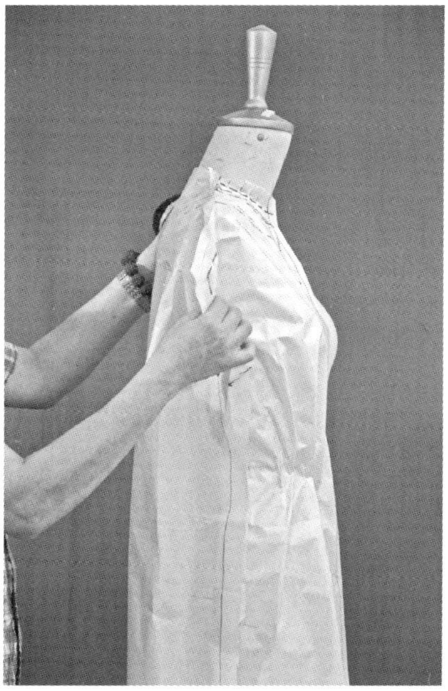

⑩ 连接到袖子落肩部分时，要先将两片纸样落肩的部分合在一起，与人台的侧缝线对齐，使两片纸样平衡后再将肩线连接完成。

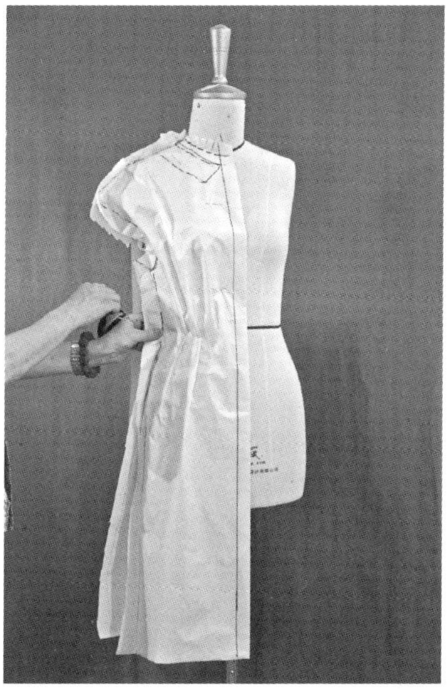

⑪ 将纸样前后片的宽松量全部往前中、后中方向推，使纸样的侧缝线贴在人台上，按照人台的侧缝再将纸样的前后片用大头针连接起来。侧缝线要保证是一条垂直于地面的直线。

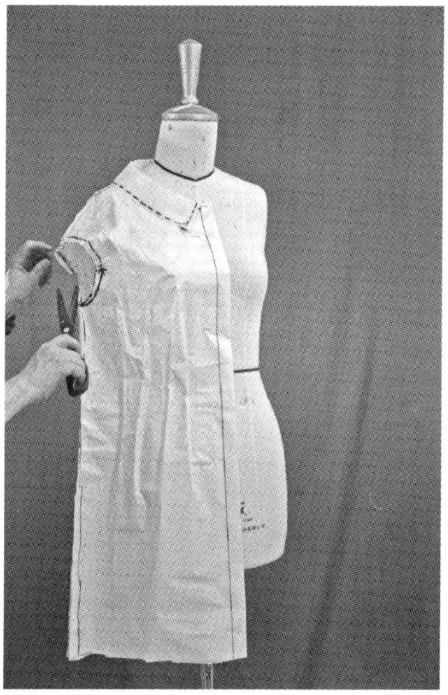

⑫ 根据设计要求和款式风格，修剪纸样的衣长，纸样的衣身部分就完成了。根据纸样的整体效果稍微调整肥瘦、长短等，没有问题再修剪纸样的轮廓线，预留1cm缝份。

三、衬衫领子制板步骤

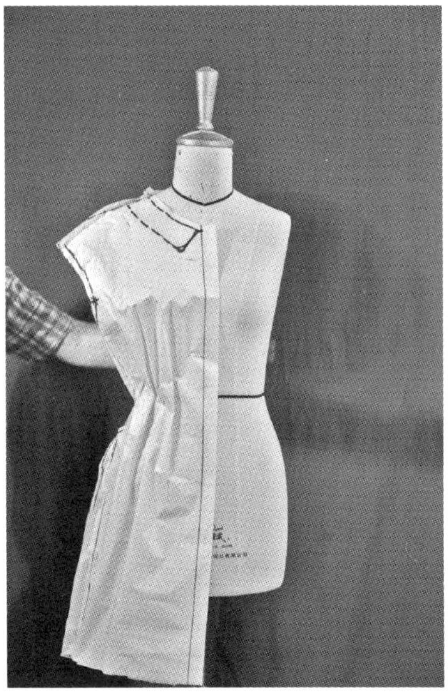

①先按设计要求或款式风格画出衬衫领子的造型。

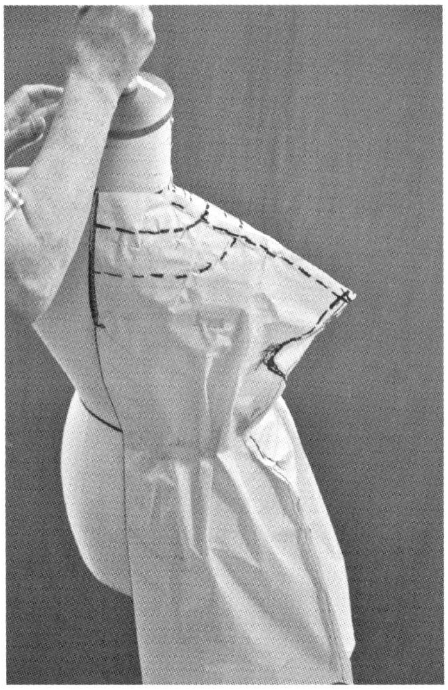

②画后片时要注意与前片领子对齐，后片领窝和领子边都是一条与地面平行的水平线。

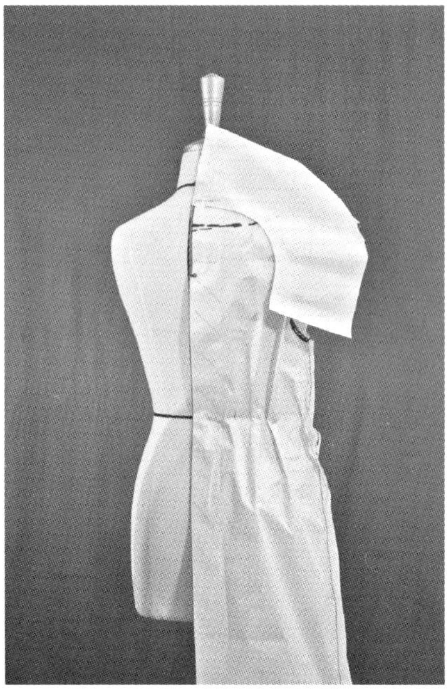

③取一张合适的立裁纸，剪出领子的大概形状。折出领子的后中线，与衣身的后中线垂直对齐，用大头针固定。

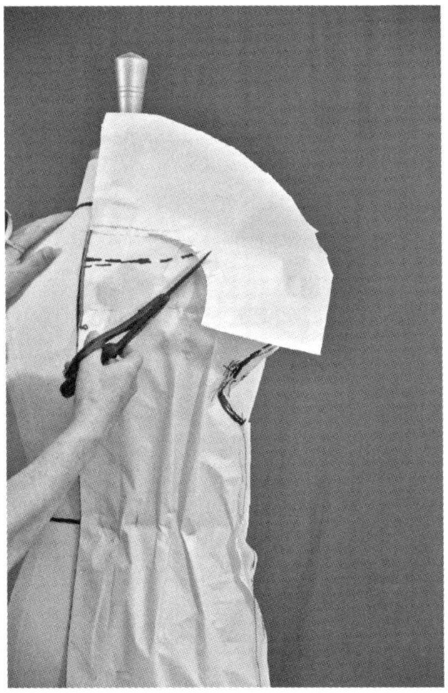

④领子的下边用剪刀打剪口。

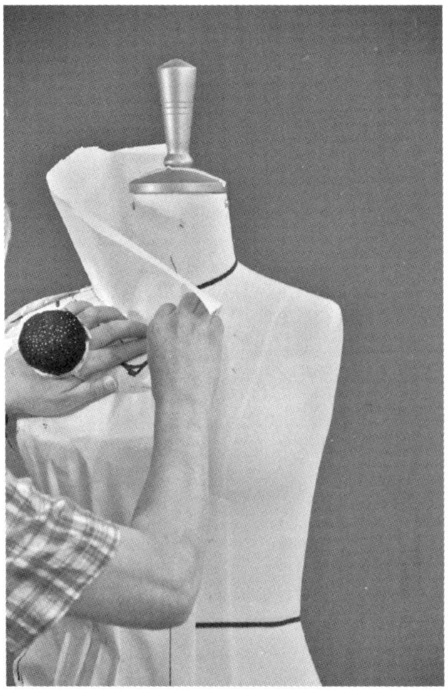

⑤按衣身上设计好的领窝线，将领子固定在衣身上。

⑥调整领子各部分的角度及平衡度。使领子的角度、坡度都与人台的脖子保持平衡。

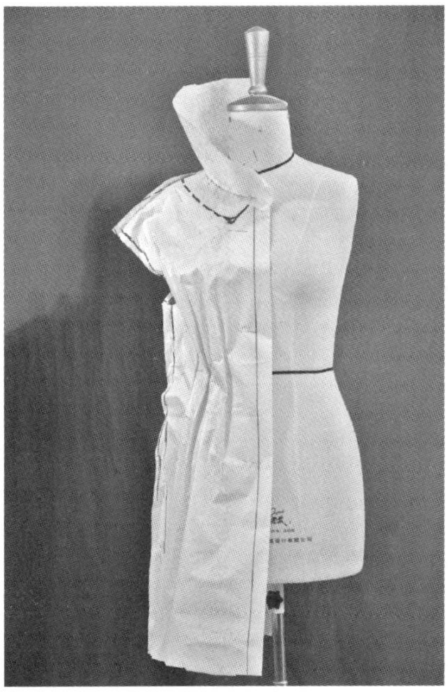

⑦ 图示为固定完成后领子的效果。注意观察领子的角度及平衡度是什么样子的。

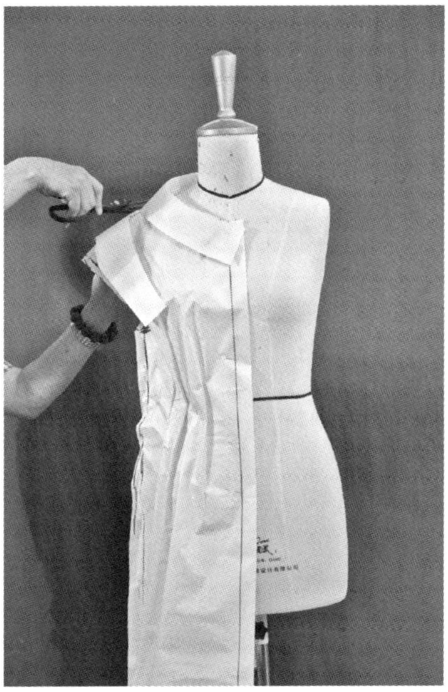

⑧ 将固定好的领子翻下来。根据设计要求修剪成型。领子的外边缘要修剪圆顺、平滑。

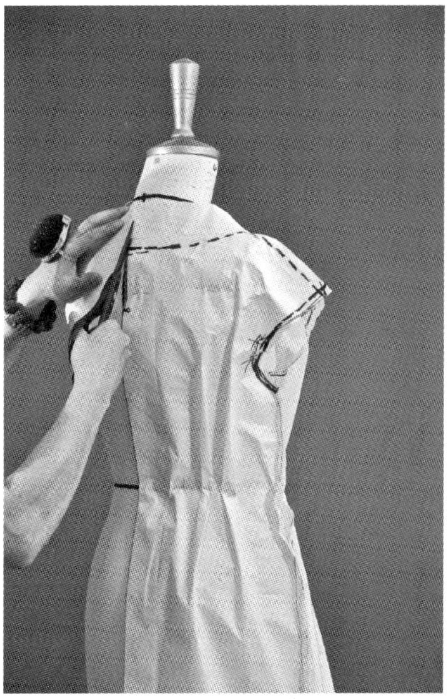

⑨ 注意领子的后中线要与人台的后中对齐，与纸样衣身的后中线对齐。

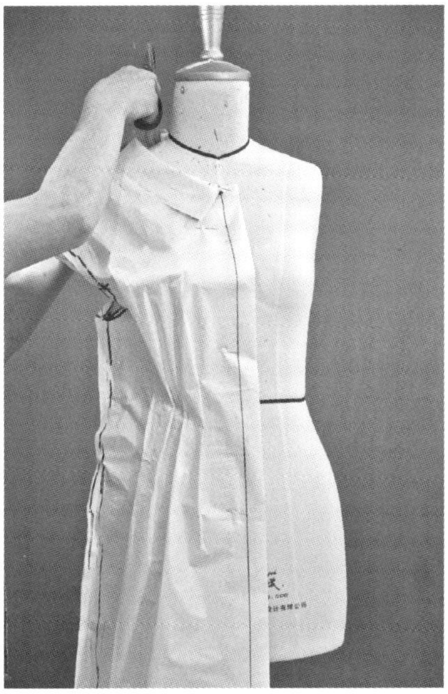

⑩ 调整领子的角度，达到款式设计的风格。

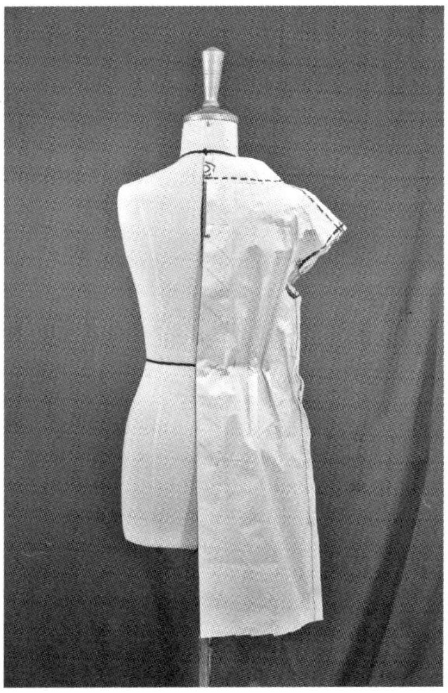

⑪ 画出领子后中线的连折符号，画出后领子的轮廓线。

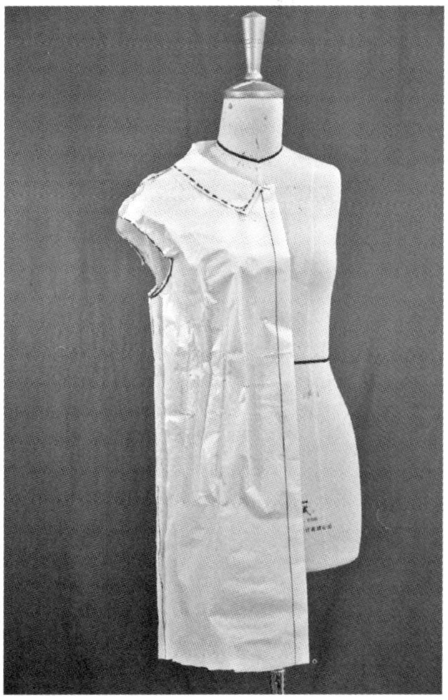

⑫ 根据后领子的轮廓线画出前领子的轮廓线。这是领子完成后的效果。

四、衬衫袖子制板步骤

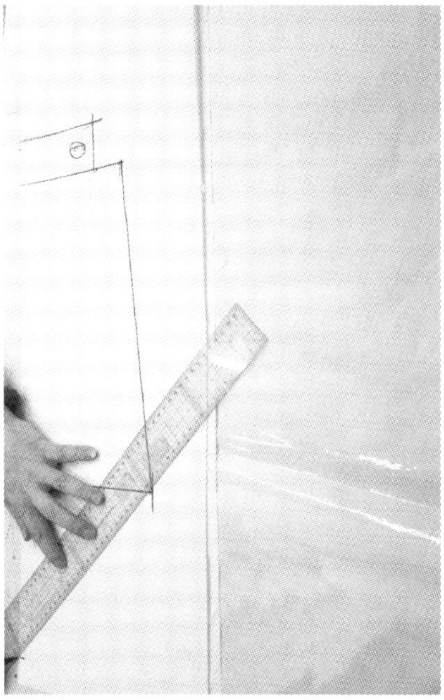

① 将适量立裁纸对叠后（纸张够袖子的长度和肥度），先画上平线，从上平线向下量出袖山高的尺寸（袖山高可以在人身上测量出来），确定袖肥及袖口尺寸。

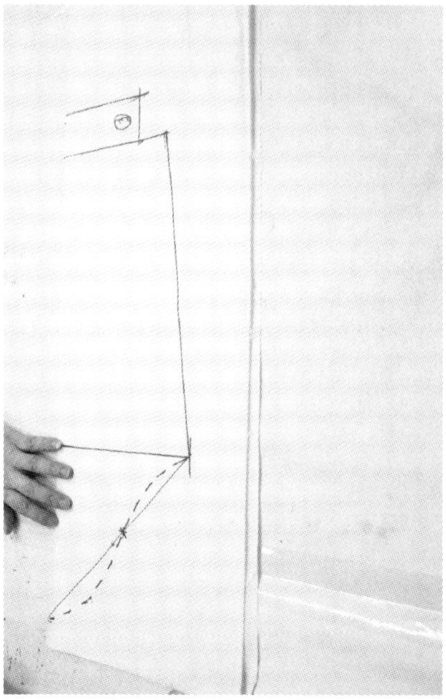

② 再将袖肥点和袖山高顶点用直线连接（这条线就是AH线）。在AH线上半部向外1.5cm位置取一点，在AH线下半部向外1cm位置取一点，经过袖山顶点、1.5cm的点、AH线中点向下移2cm的点、1cm的点、袖肥点，连接画成圆顺的曲线。

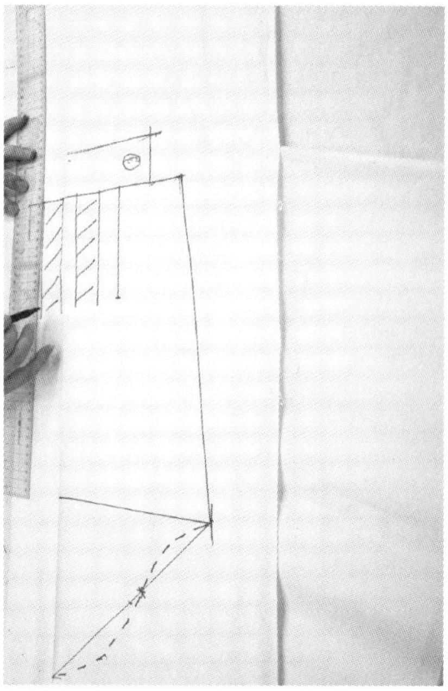

③ 画出袖口开叉及设计好的两个褶量。袖口比袖克夫多出来的部分就是两个褶的褶量。

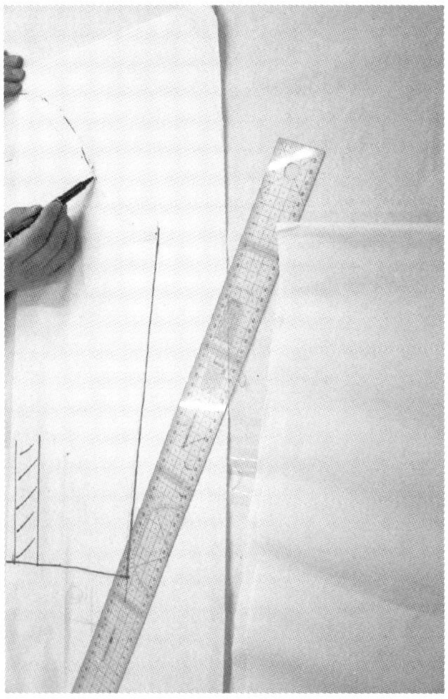

④ 立裁纸反过来复制袖子的另一半。

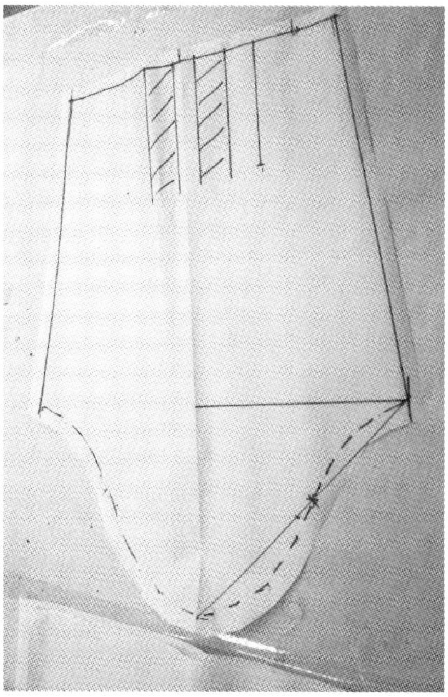

⑤ 将袖子的基本型预留缝份剪下来。注意两个袖口，一个在前片，一个在后片。

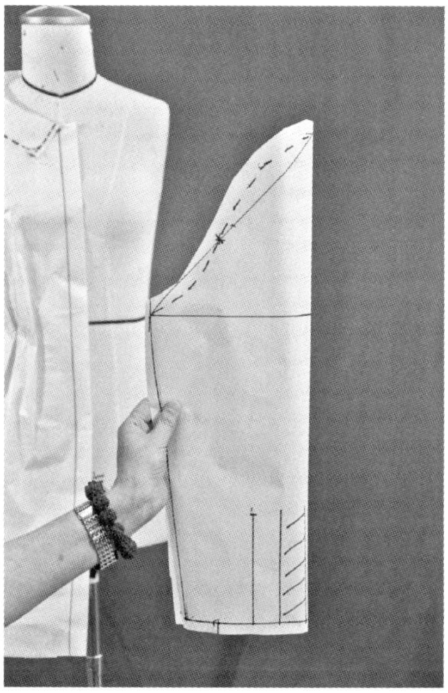

⑥ 基本袖型完成效果。

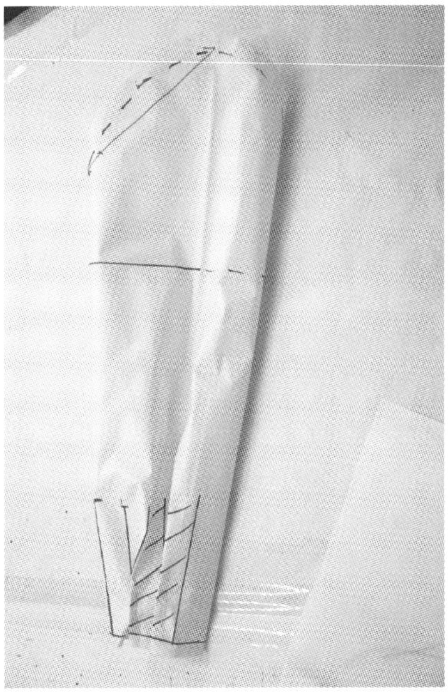

⑦ 将两个褶量叠好用大头针固定好。

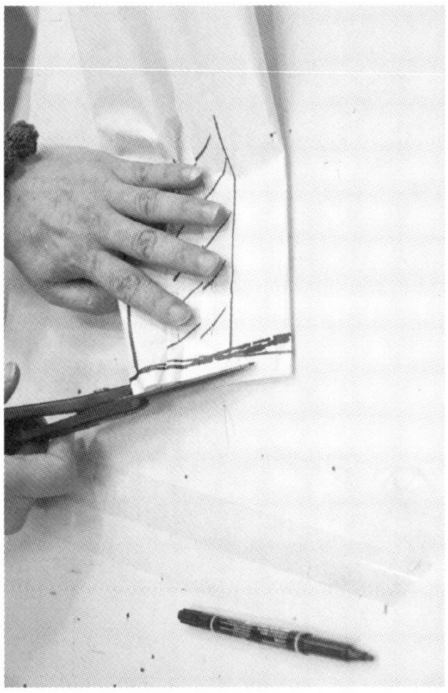

⑧ 袖口后边要比前边长出1cm，这是根据人体结构特点得来的验证结果。

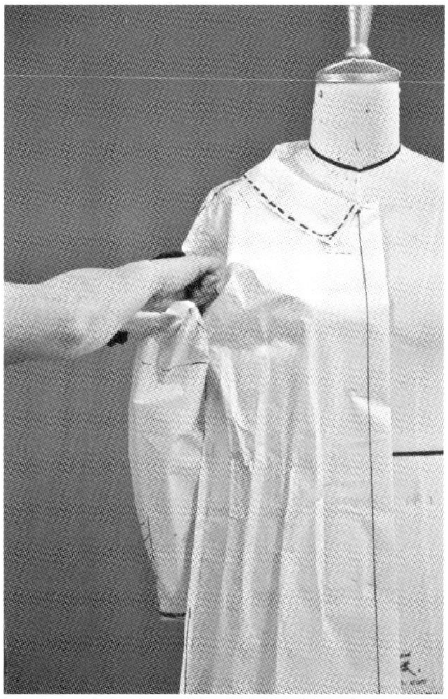

⑨ 先将袖子的底部与衣身袖窿底部固定。

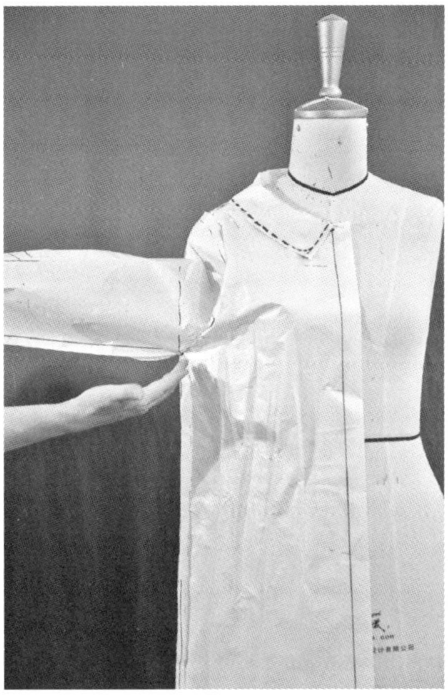

⑩ 将袖子前后片的底部与衣身连接好。注意保持纸样整体平衡，不能出现纠结的情况。

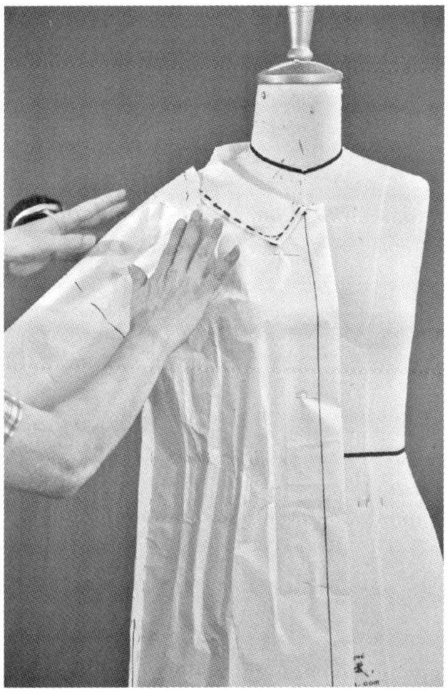

⑪ 将袖子的中线与衣身的肩斜线对齐。袖窿的上半部要平铺在衣身上，用大头针固定。

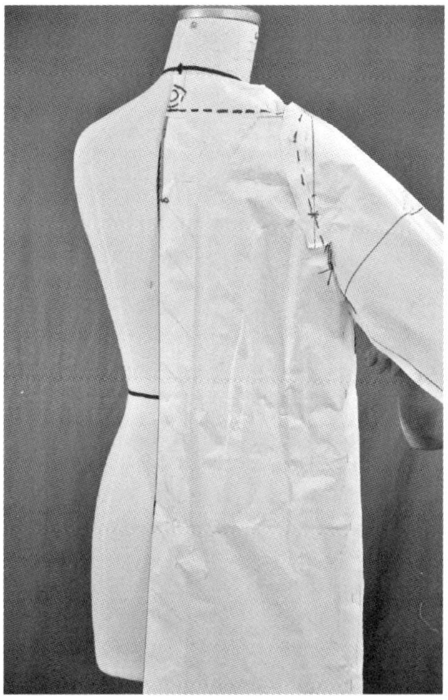

⑫ 后面也是同样的操作，用大头针固定好。

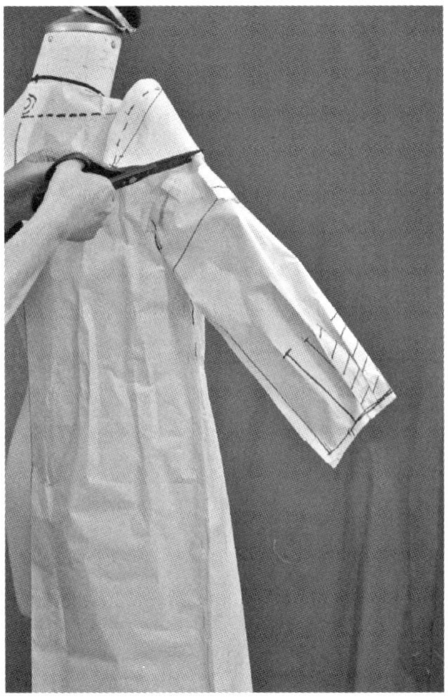

⑬ 画出袖窿弧线，预留缝份，剪掉袖子上半部多余的部分。

⑭ 前片也是同样的处理方法。

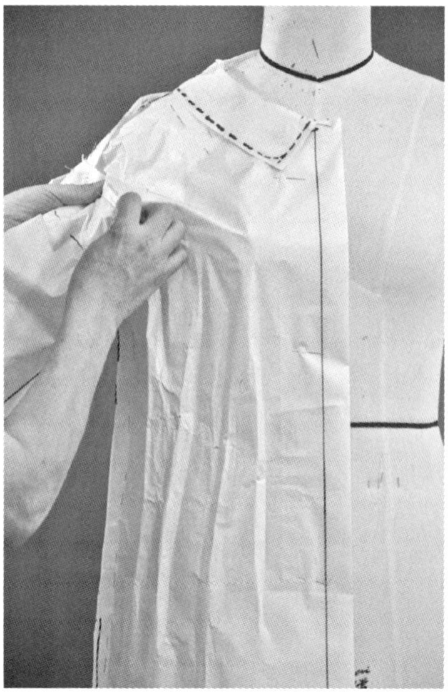

⑮ 用大头针把袖子与衣身连接起来。注意纸样整体的平衡，不要出现纠结不平整的情况。

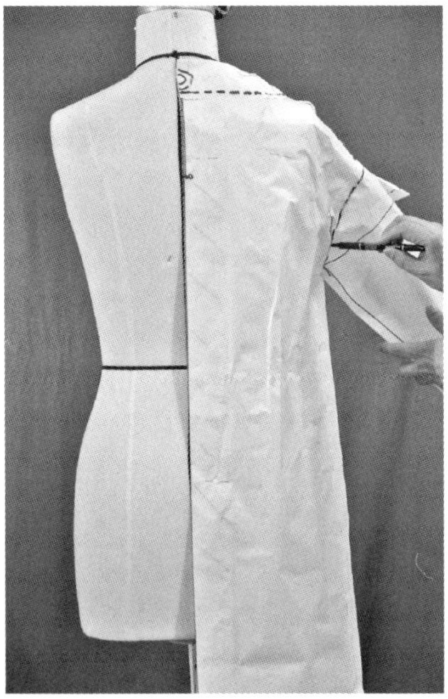

⑯ 观察连接后的效果，根据大头针印画出袖子新的袖窿弧线。

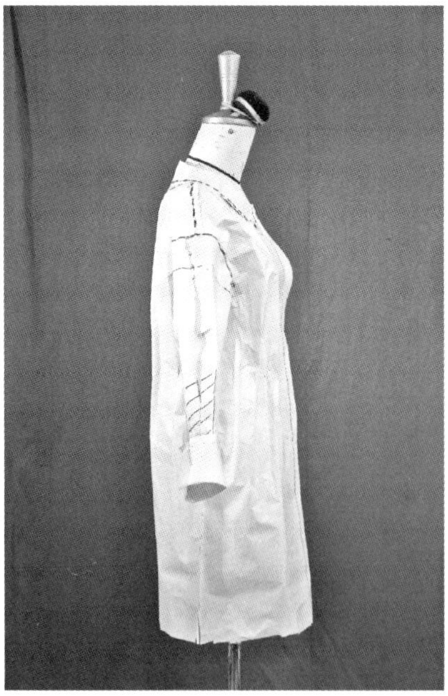

⑰ 注意袖子的新袖窿弧线连接完成后是一条圆顺的弧线。袖口的两个褶要偏后一些，褶的位置可以根据款式整体效果移动或调整。

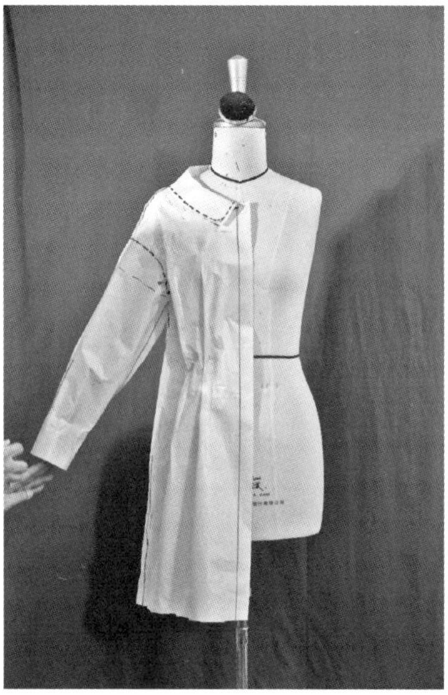

⑱ 图示为宽松女衬衫完成后的整体效果。

第三章

塑身衣

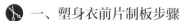

第一节　塑身衣款式一

一、塑身衣前片制板步骤

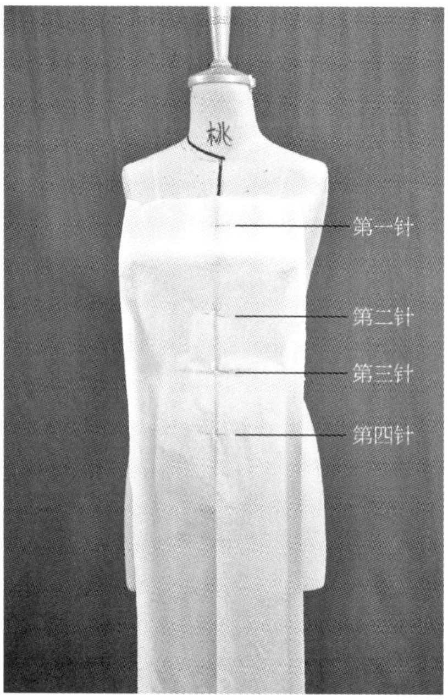

①取适量立裁纸，中间画出纸样的前中线，将纸样的前中线与人台的前中线对齐。在胸上围、胸下围、腰节线、臀围线处各固定一针。

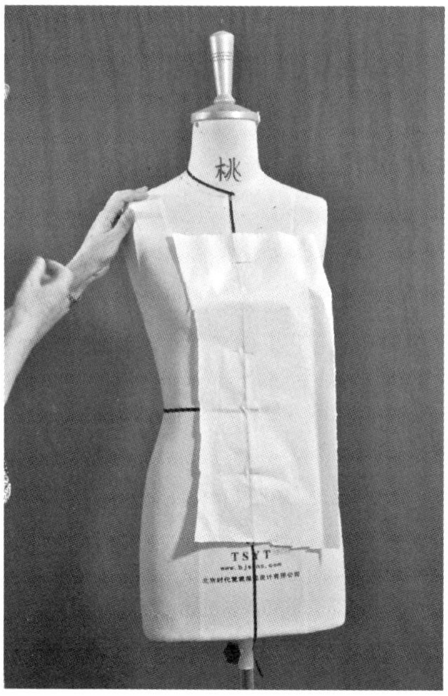

②用剪刀按人台的公主线剪出前片的轮廓线。

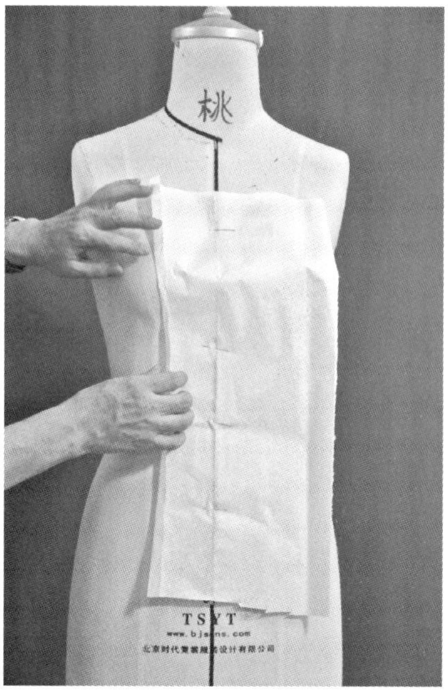

③在公主线靠前中线一边折出纸样前片的净线。

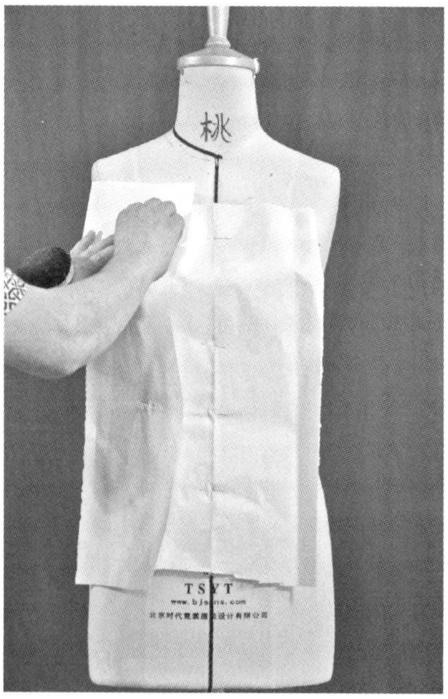

④再取适合做前侧面的适量立裁纸，正面面对人台的前侧，在腰围线、臀围线和胸部转折点处各一针将纸固定在人台上。注意纸样要平铺在人台。这一片纸样要偏前中线一点，因为还要再做一片前侧片。

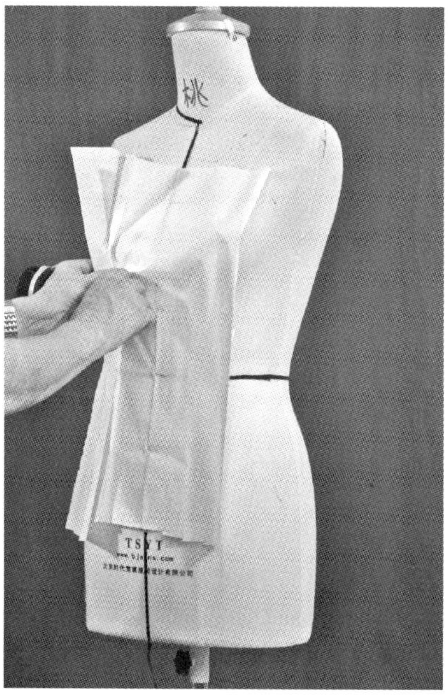

⑤正面面对公主线，确定两片纸的平衡度。将前片和侧片按人体形状平衡地合在一起。

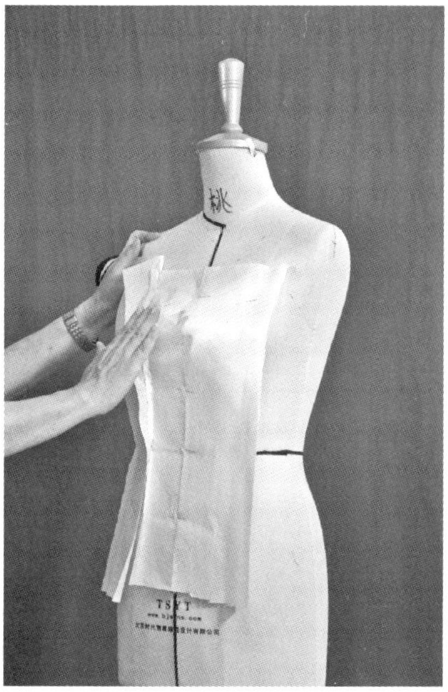

⑥公主线从正面看应该是X型，上下两头要稍稍向外一点儿。

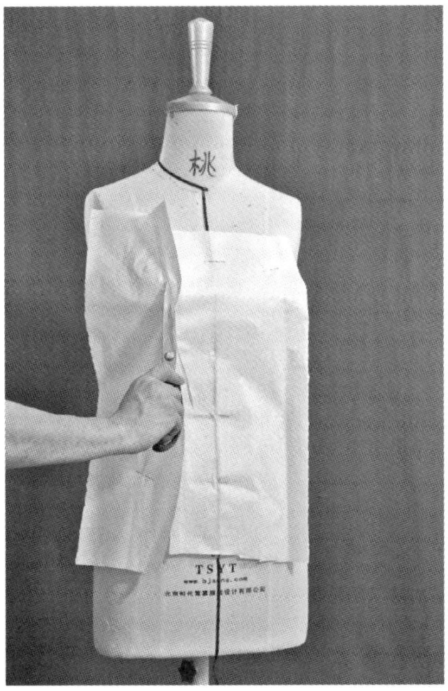

⑦将公主线上半部多余的缝份剪掉。

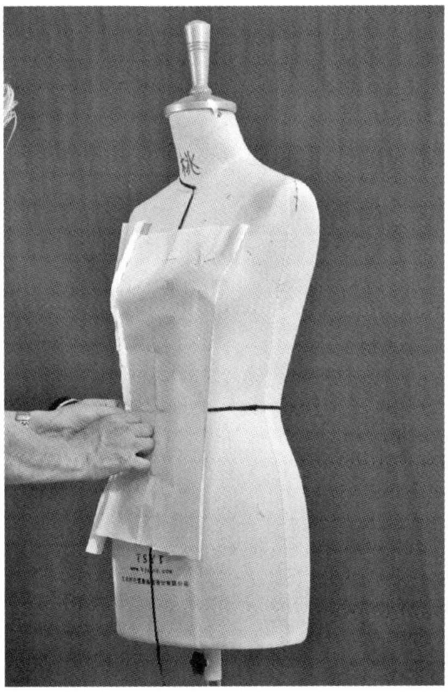

⑧再根据塑身衣的造型，将公主线的下半部也用大头针连接起来。

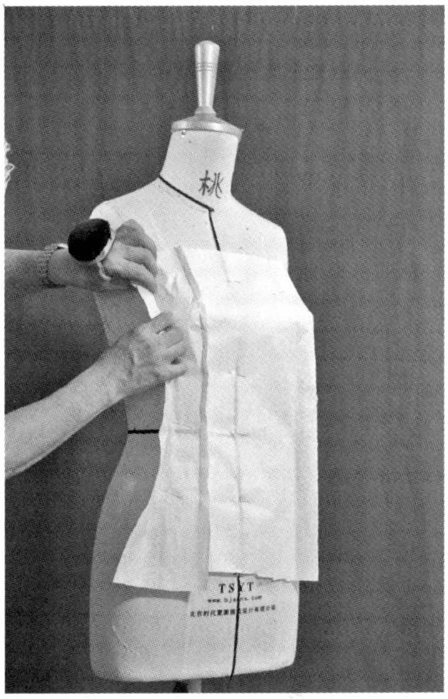

⑨现在根据人体侧面的转折点，折出塑身衣的刀背缝的净线。

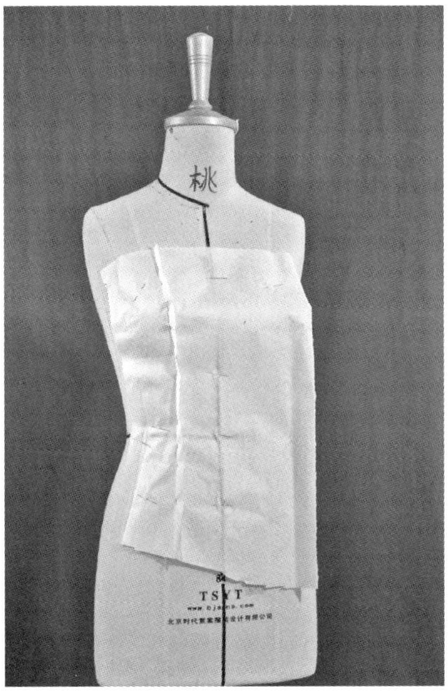

⑩修剪塑身衣下摆的大概造型轮廓线。

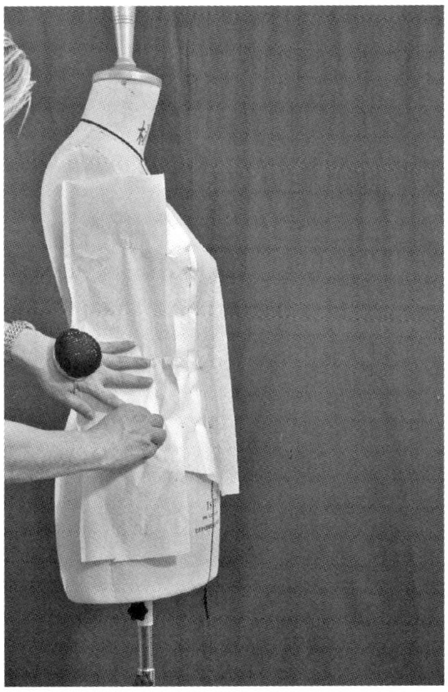

⑪取适量的立裁纸，正面面对人台的侧面，用大头针在腰围线、臀围线及胸部转折点处各一针将纸固定在人台上。

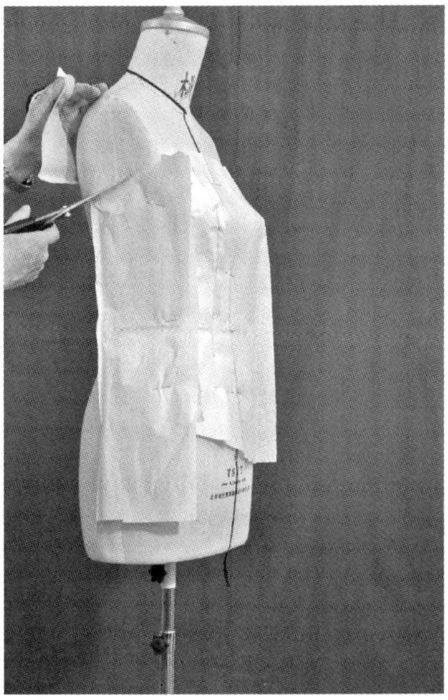

⑫修剪出纸样袖窿的大概轮廓线。

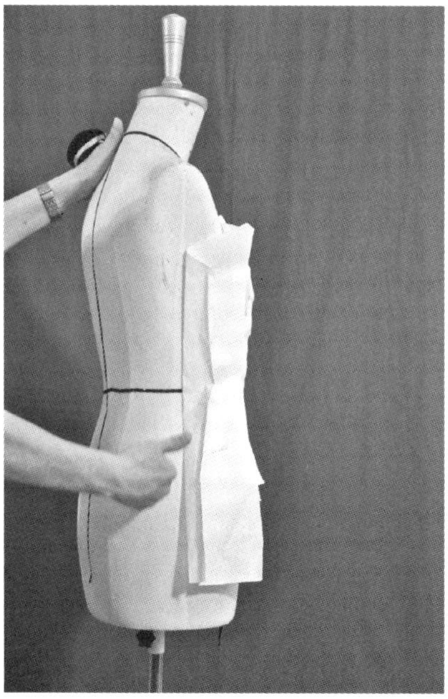

⑬按照人台侧缝线折出纸样的侧缝线，正面面对人台的侧面时，纸样的侧缝线是一条垂直于地面的直线。

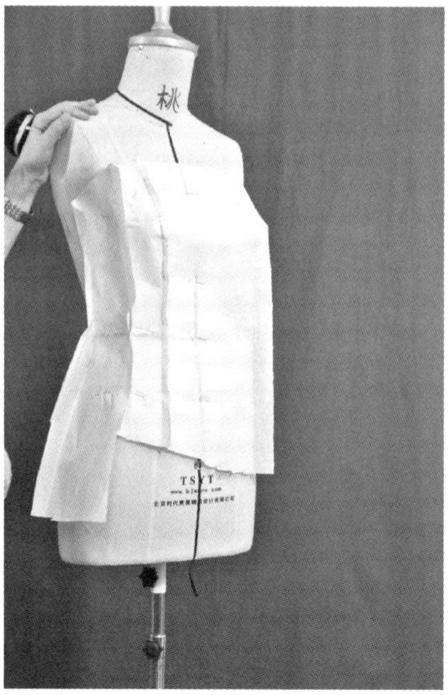

⑭在正面面对人台的前正面时，纸样的侧缝线则是一条X型的曲线。

⑮将纸样的小刀背缝用大头针连接起来。注意因为这条缝里面的鱼骨有聚拢胸部及腋下肌肉的作用，所以线条要做得偏直一些，不要有很大弯度。

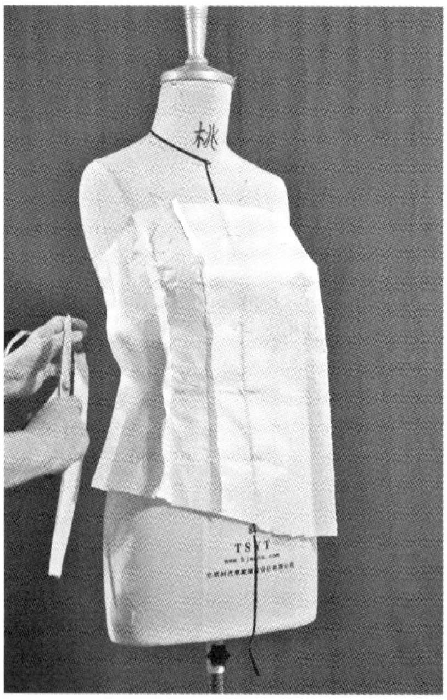

⑯按人台的侧缝线，预留缝份，剪掉多余部分的立裁纸。

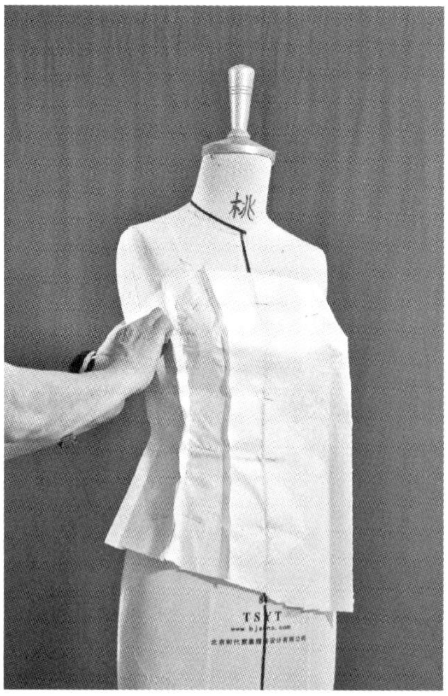

⑰再整体观察前片纸样各片的宽度，以及每一片的整体比例是否合理。如有不妥之处，再进行调整。

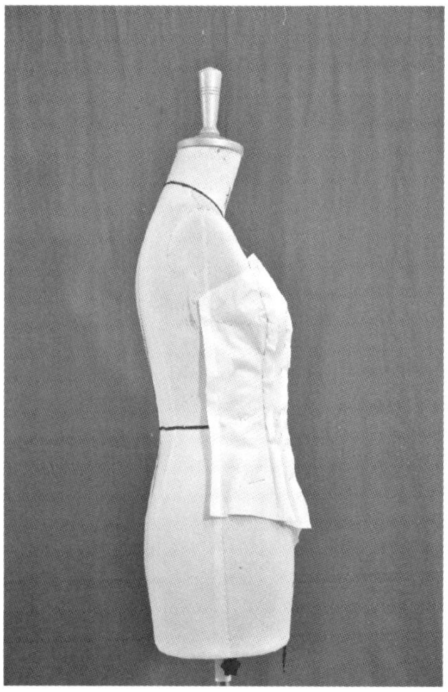

⑱图示是前片完成后的初步效果。

二、塑身衣后片制板步骤

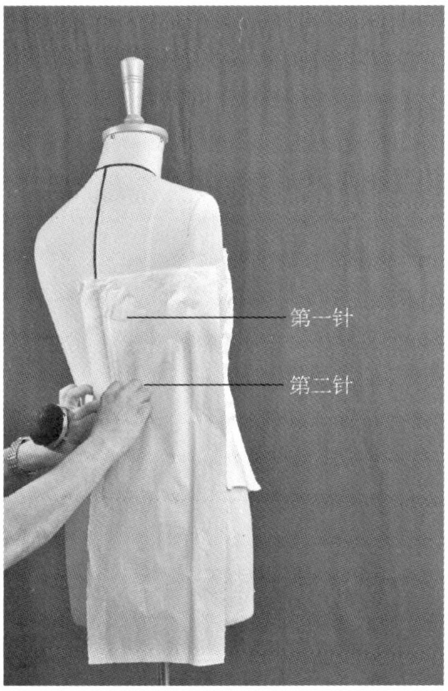

①取适量立裁纸，折出后中线。将纸样的后中线与人台的后中线对齐，用大头针在胸围线及腰围线上各固定一针。

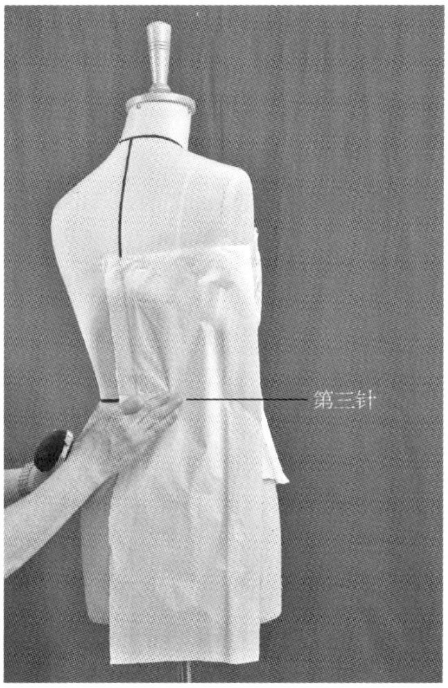

②在后中线腰节缝份的位置打剪口。在腰围线的大头针处再向侧缝方向水平移3 ~ 4cm的位置再固定一针，这样可以使塑身衣更合体、更贴体。

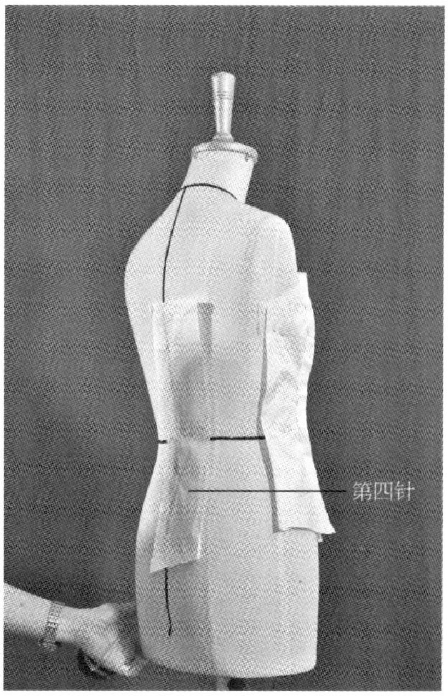

③在臀围线上再固定一针。用剪刀剪出大概的轮廓。

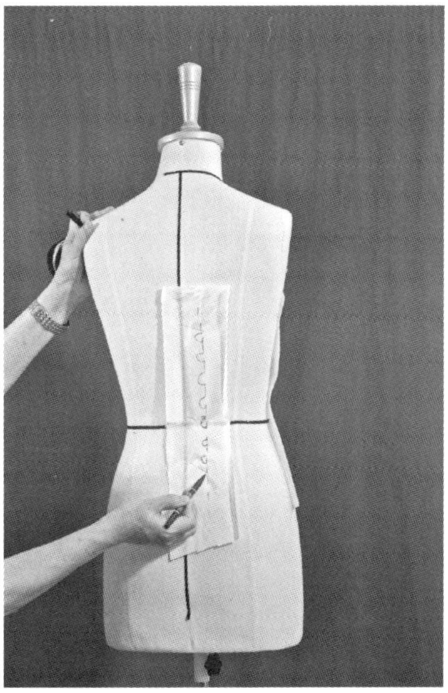

④在后片公主线偏后中方向折出后片公主线的净线。在这片纸样中间的位置设计塑身衣的绑带，并做简单标记。

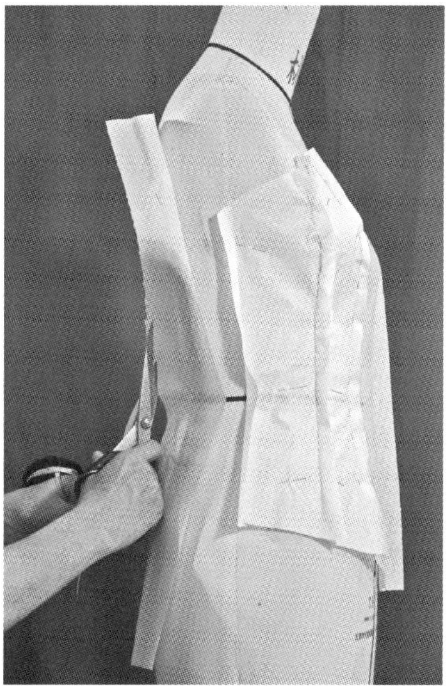

⑤再取适合做后侧面的适量立裁纸，正面面对人台的后侧，用大头针在胸围线、腰围线、臀围线各一针将纸固定在人台上。注意纸样要平铺在人台上。这一片纸样要调整一下角度，要偏后中线一点，因为也要再做一片后侧片。

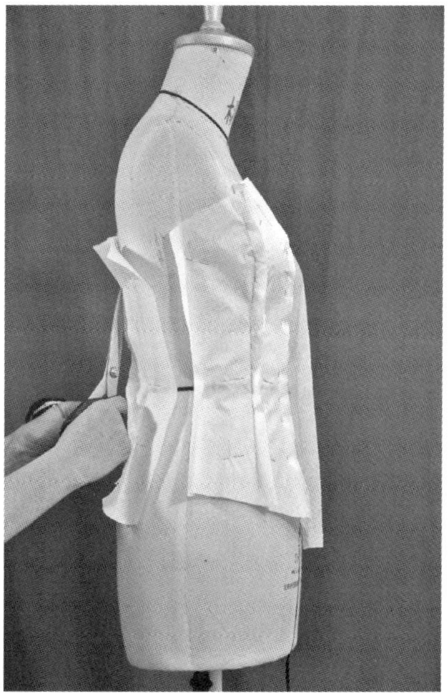

⑥将这片纸样修剪出大概轮廓造型。

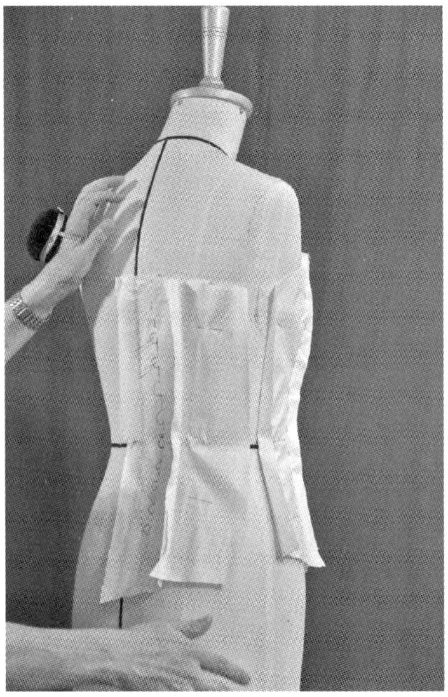

⑦将后面的公主线用大头针连接起来，注意两张纸样的平衡，保证公主线的线条流畅。

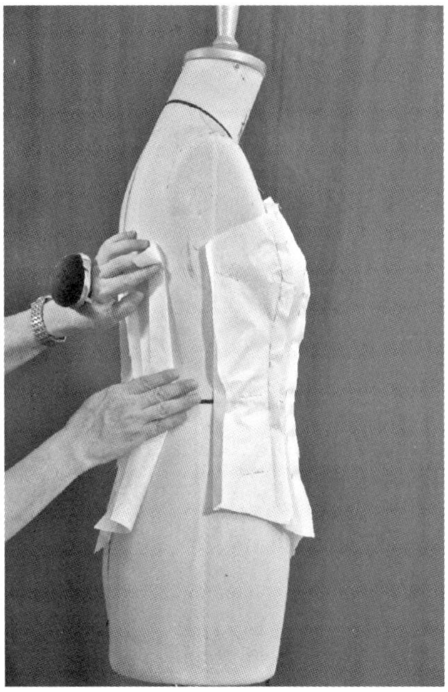

⑧折出后片的小刀背缝的净线。注意这片纸样的宽度及整体效果。

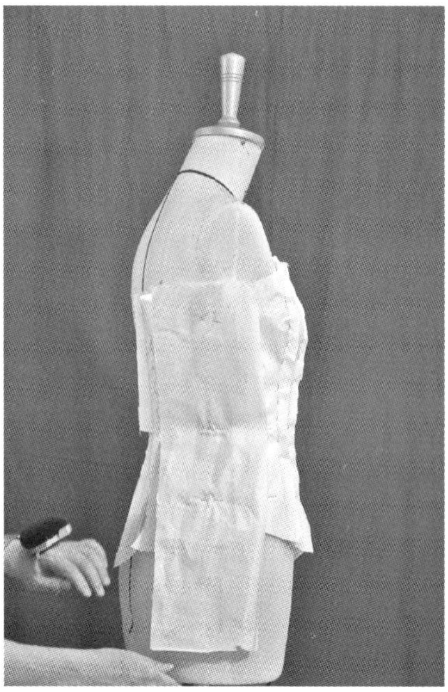

⑨取适量的立裁纸，正面面对人台的侧面，用大头针在胸围线、腰围线、臀围线上各一针，将纸固定在人台上。

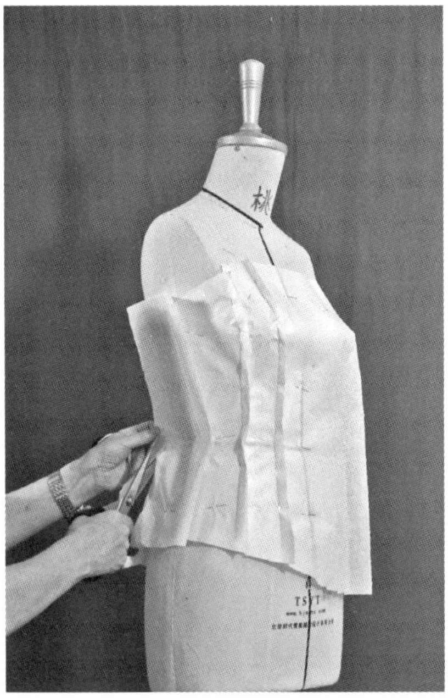

⑩修剪这片纸样的大概轮廓线。

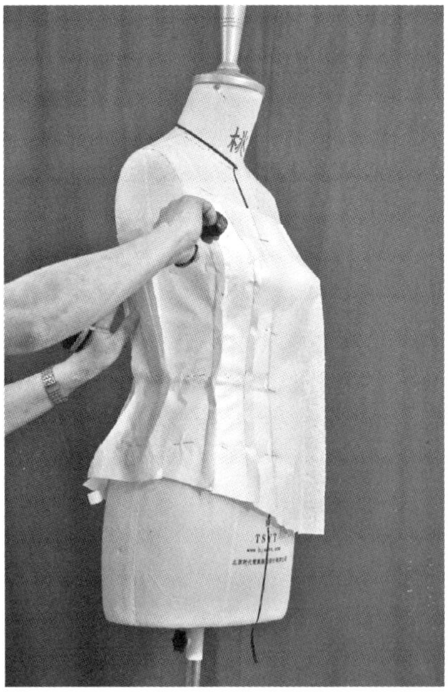

⑪修剪出纸样袖窿的大概轮廓线。

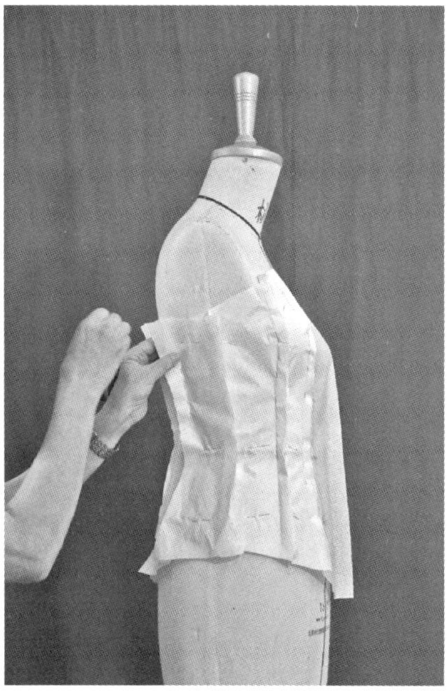

⑫将纸样的小刀背缝用大头针连接起来。注意连接时纸样的平衡及线条流畅。

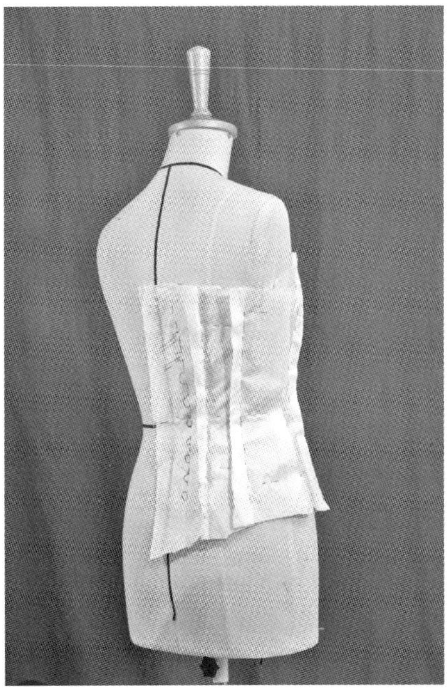

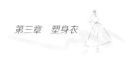

⑬ 观察两片纸样后片的宽度及整体比例是否合适，两条缝份线条是否流畅。

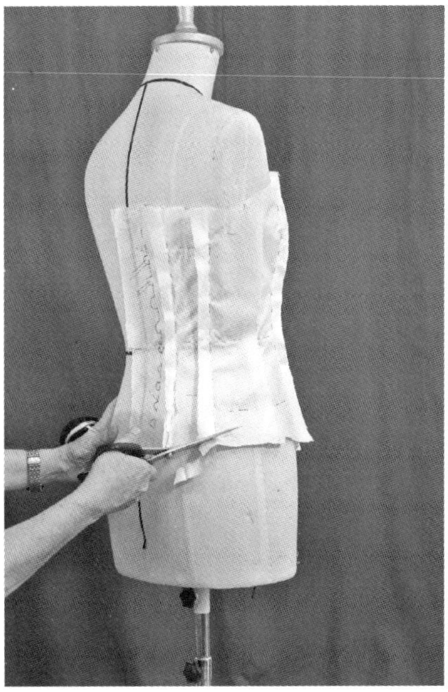

⑭ 再次修剪塑身衣后片下摆的长短及造型线条。

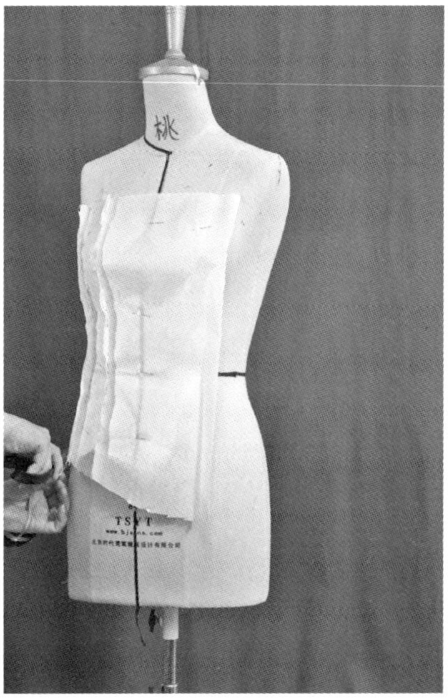

⑮ 根据后片下摆的长短及造型线条，修剪前片纸样的下摆。

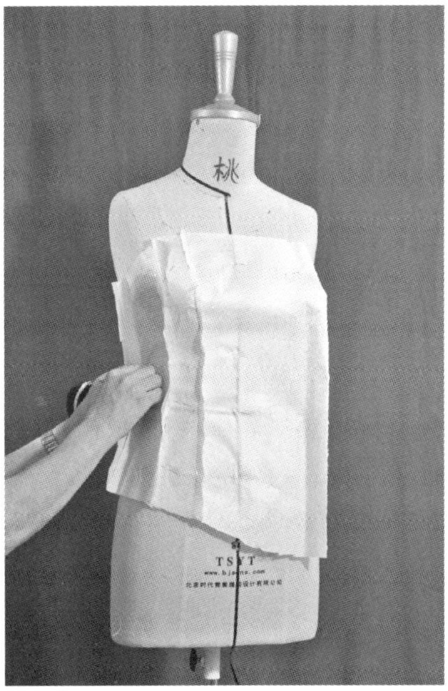

⑯ 根据人台的侧缝线，连接纸样的侧缝线。保证线条的流畅和纸样结构的准确。

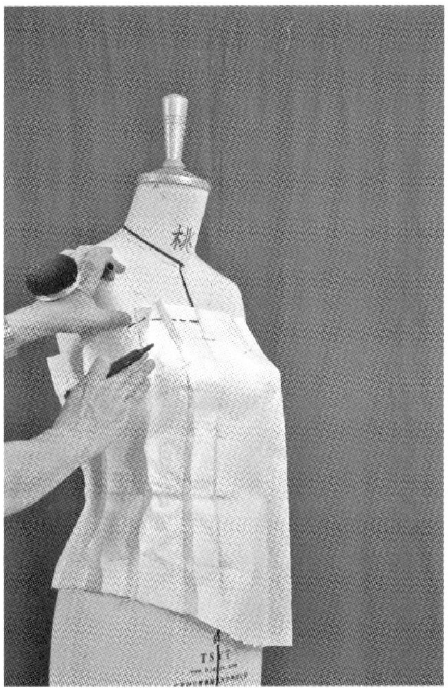

⑰ 现在设计塑身衣上面轮廓线的造型。塑身衣属于内衣，所以上面的轮廓线可以设计得稍低一些。

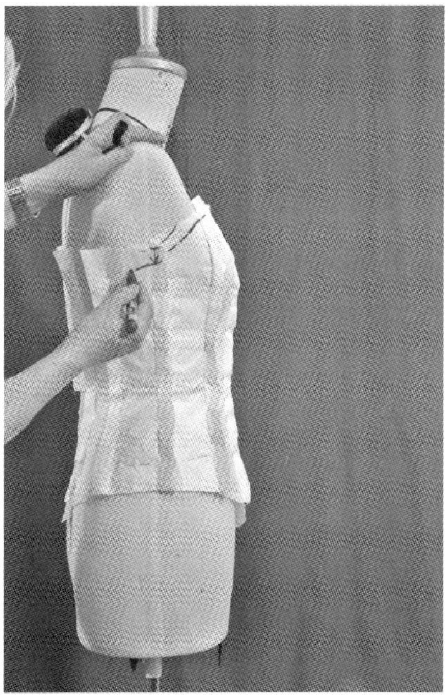

⑱ 塑身衣袖窿部位比原型袖窿要低 2 ~ 3cm，这样穿在身上鱼骨才不会硌到人。

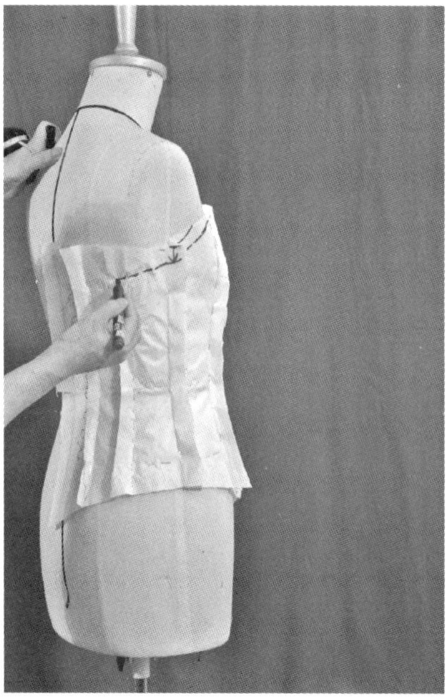

⑲ 后面的线条也可以更低一点儿，把肩胛骨露出来，这样更方便人体的活动。

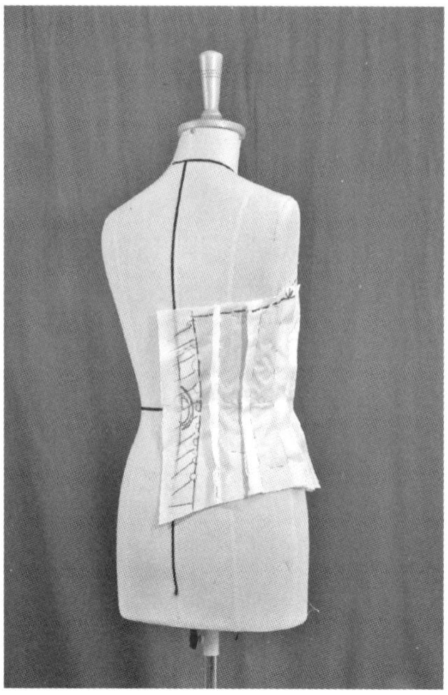

⑳ 后中这片纸样从中间位置再剪掉一片（用于加绳套、串绳子、缝挂钩等，可调节肥瘦），另外缝份。剪掉的那块画连折符号，并加宽一些，作为塑身衣的垫底布。

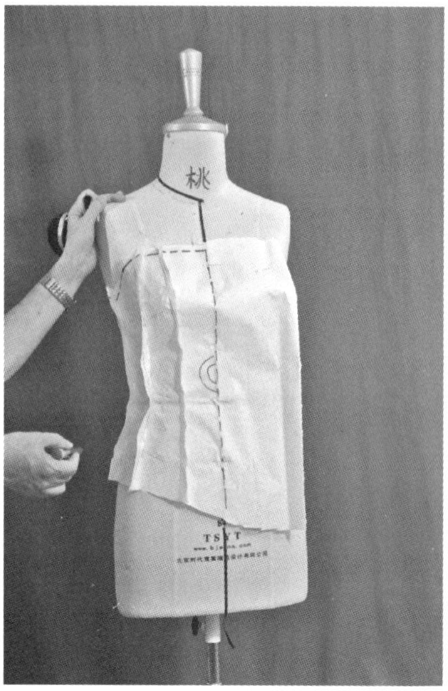

㉑ 画出纸样的前中线，并画连折符号。

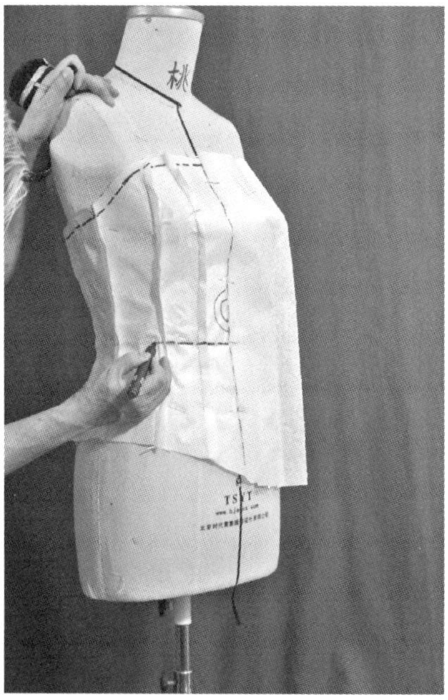

㉒ 整体观察塑身衣前后的每一片纸样的宽度、大小、比例，看衣缝线条是否流畅。没有问题后，画出纸样的腰节线。

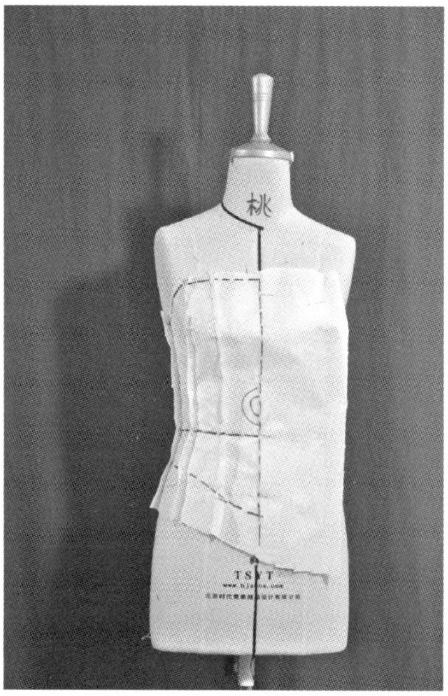

㉓ 最终确定塑身衣的长度。一般塑身衣侧缝处的底边都是在人体胯骨以上位置，这样方便人们穿着时活动。

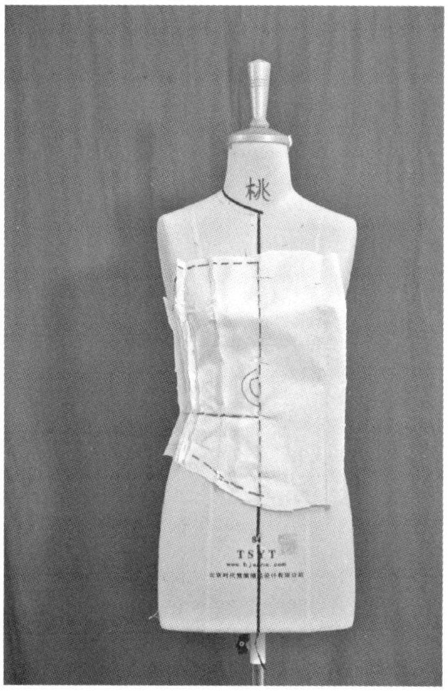

㉔ 按画好的下摆线，预留缝份，剪掉多余的部分。

第二节　塑身衣款式二

一、塑身衣前片制板步骤

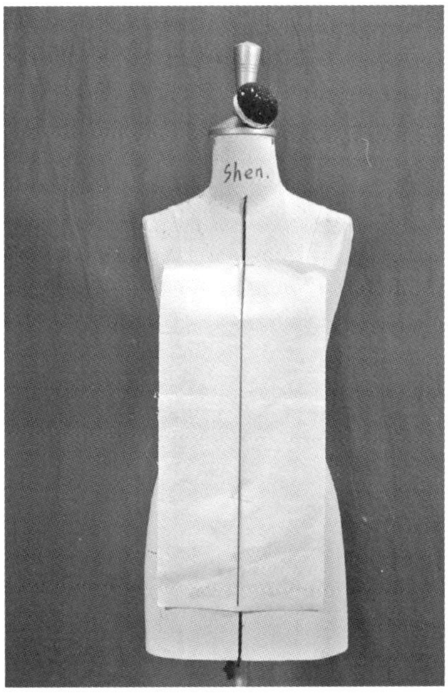

①取适量的立裁纸，中间画出前中线。将纸样的前中线对齐人台的前中线，在胸上线、胸下线、腰节线、臀围线各固定一针。

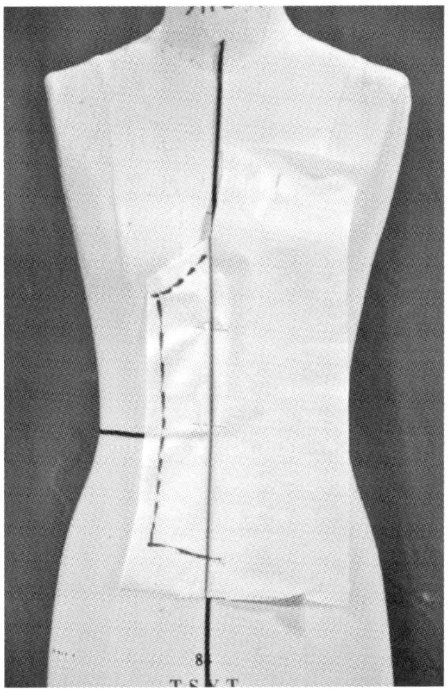

②根据这款塑身衣设计图要求，画出前中片的大概轮廓线，并预留缝份，用剪刀剪掉多余部分。

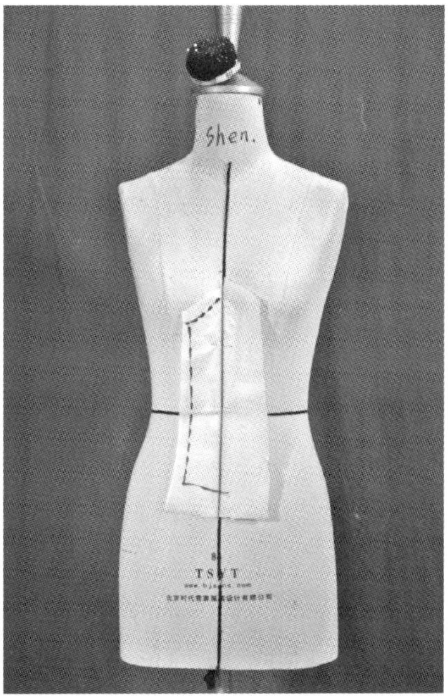

③为了方便整体的观察，将另外一边也修剪出大概的轮廓线。要注意的是，这款塑身衣前胸窝的部位是贴体的，两胸之间是凹下去的。

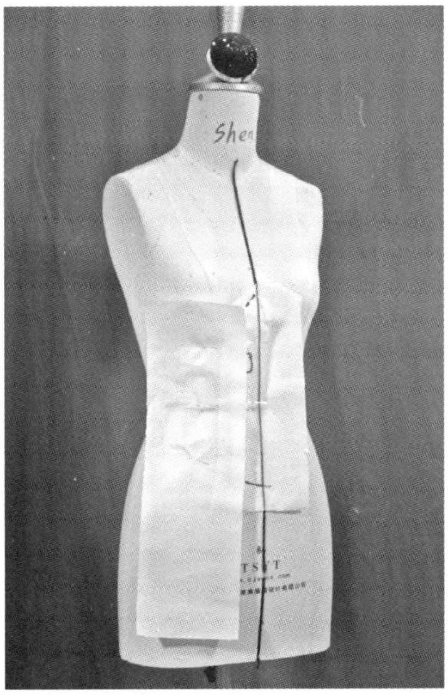

④再取适合做前侧面的适量立裁纸，用大头针在胸下线、腰围线、臀围线处各一针将纸固定在人台上。注意纸样要平铺在人台上，这一片纸样要偏前中线一点，因为还要再做一片前侧片。

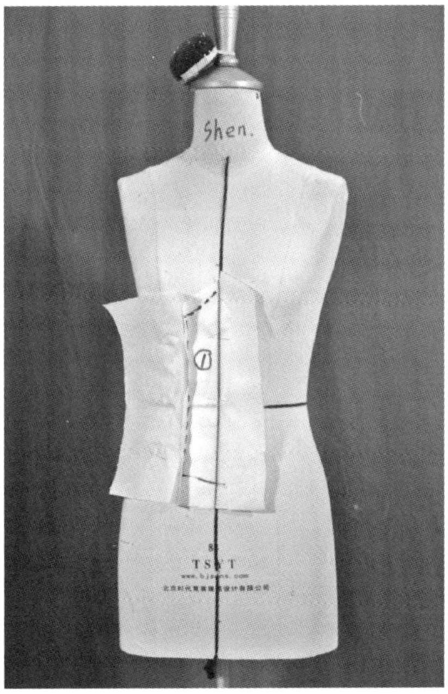

⑤剪出纸样的大概造型轮廓。

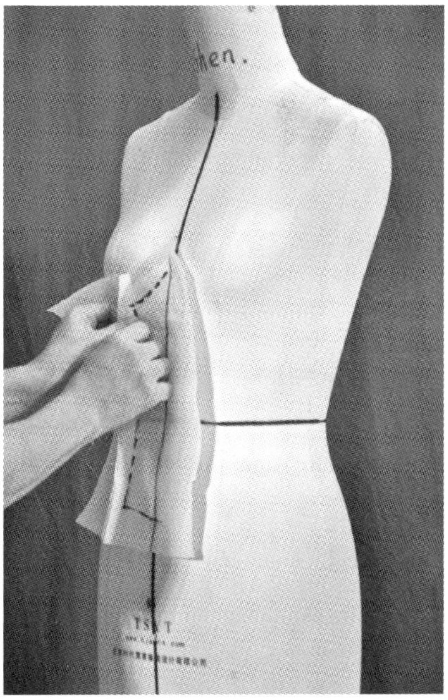

⑥正面面对公主线，确定两片纸的平衡度。将前片和侧片按人体形状平衡地合在一起。

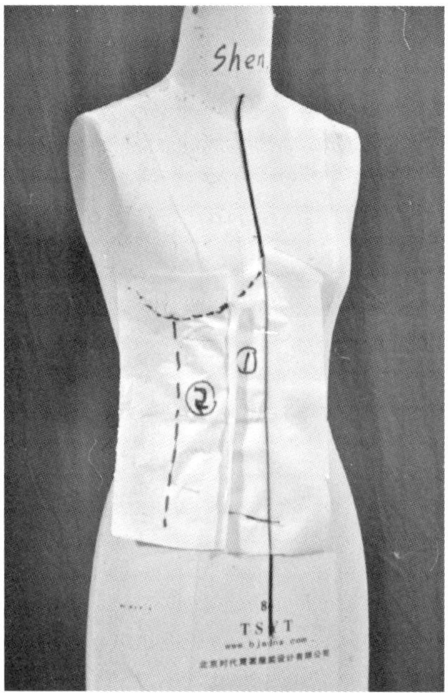

⑦这款塑身衣是单独制作胸衣部分，易塑造体型曲线。用笔画出纸样大概的轮廓线，纸样上沿净线按照人台胸下的弧线描出即可。

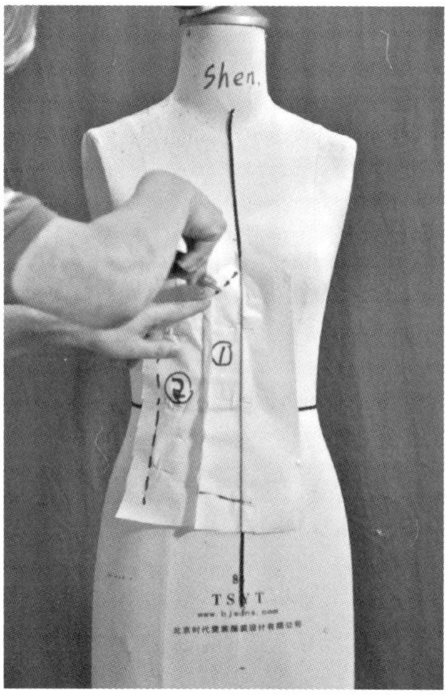

⑧在纸样胸部位置的缝份上用剪刀打剪口，这样纸样才能更好地贴合在人体上。

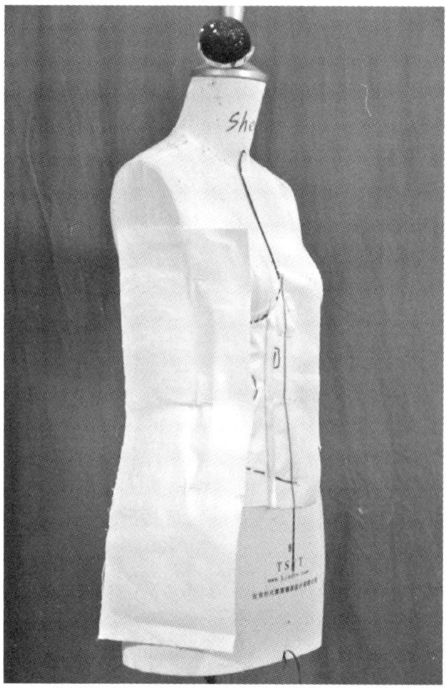

⑨取适量立裁纸，面对人台的侧面，用大头针在腰围线、臀围线及胸部转折点处各一针将纸固定在人台上。

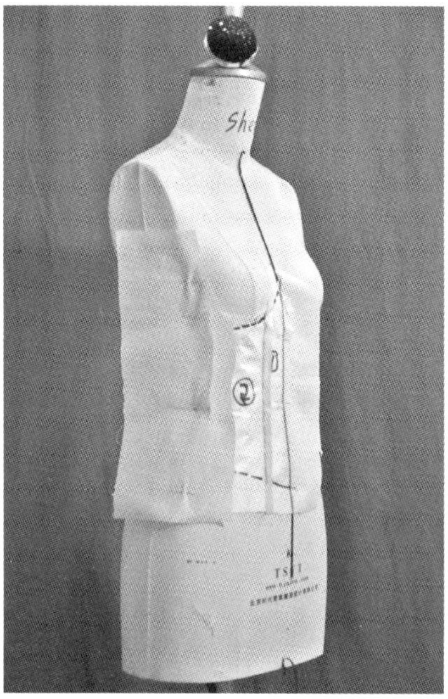

⑩用剪刀修剪出纸样的大概造型轮廓。

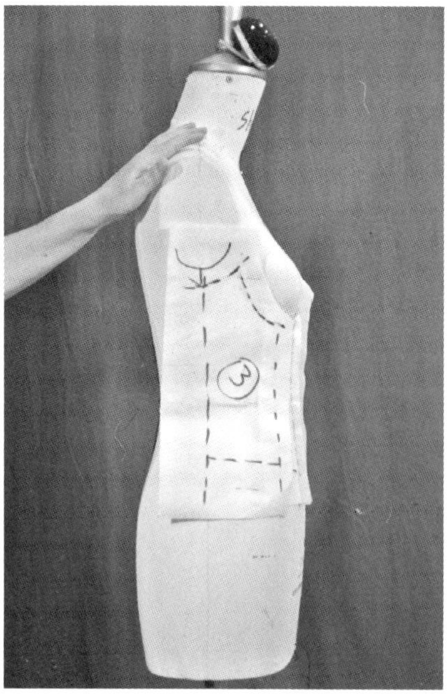

⑪用笔先设计出这片纸样的大概造型轮廓线。袖窿部位比袖窿原型要低2～3cm，这样穿在身上鱼骨才不会硌到人。

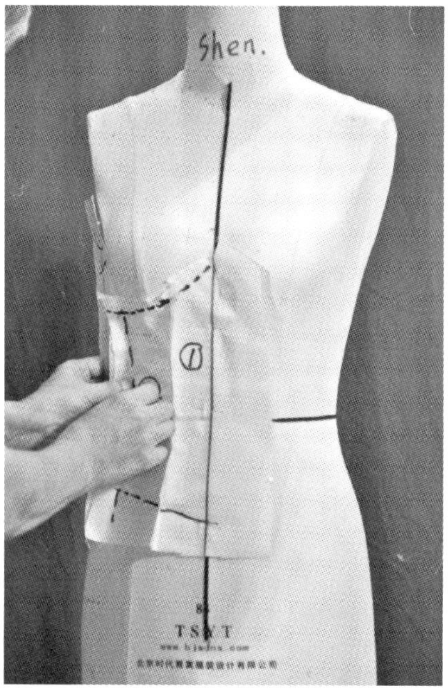

⑫将纸样的小刀背缝用大头针连接起来。注意这条缝份里的鱼骨要短一些，不要顶到上面的净线，这样穿着时才比较舒服。

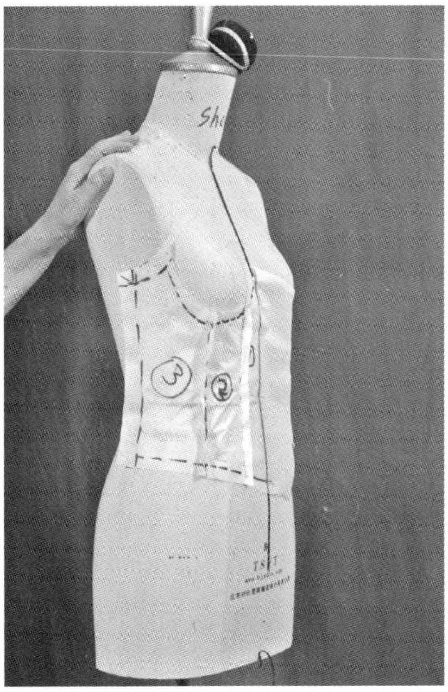

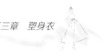

⑬ 根据设计好的轮廓线，预留缝份，用剪刀剪掉多余的部分。

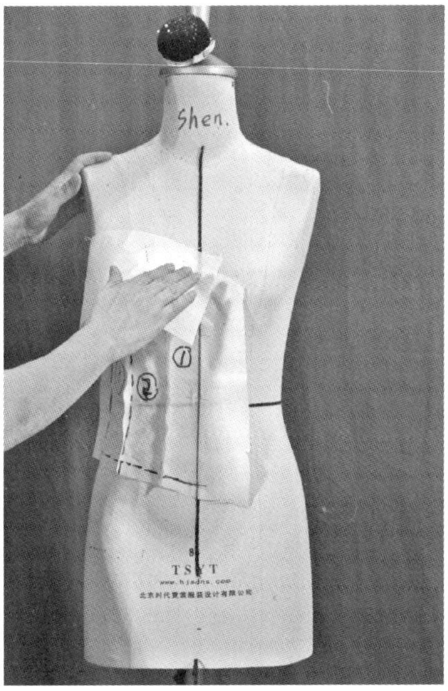

⑭ 现在做胸衣部分。取适量的立裁纸，使纸平铺在胸部的上半部，用大头针固定。

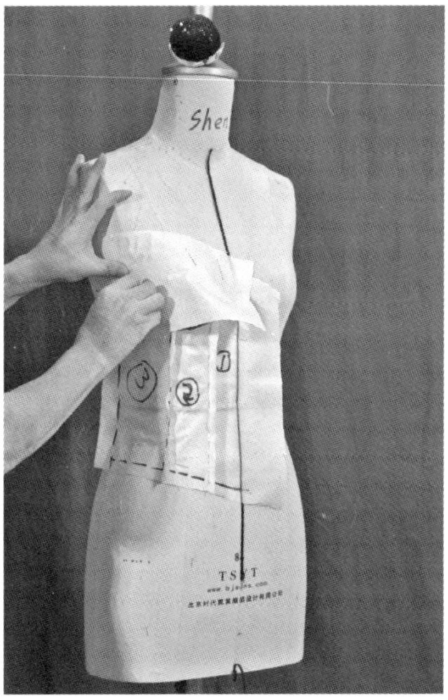

⑮ 使纸圆顺地裹住胸部侧面，用大头针固定。注意保持纸样的平衡。

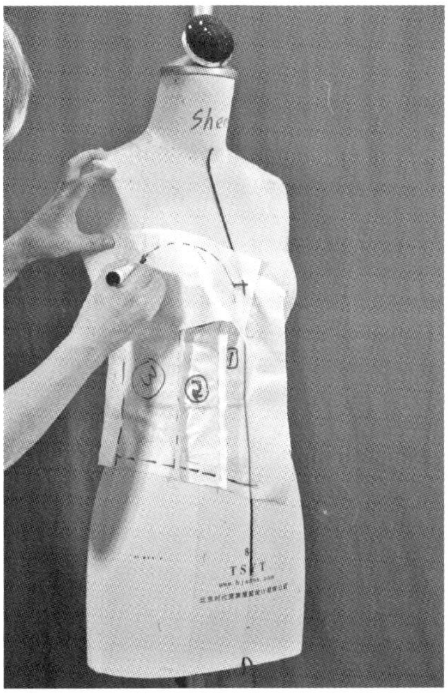

⑯ 设计胸衣上边缘的线条造型。边缘同样和基本型相同，可以设计得低一点儿，避免穿着外衣时露出来。

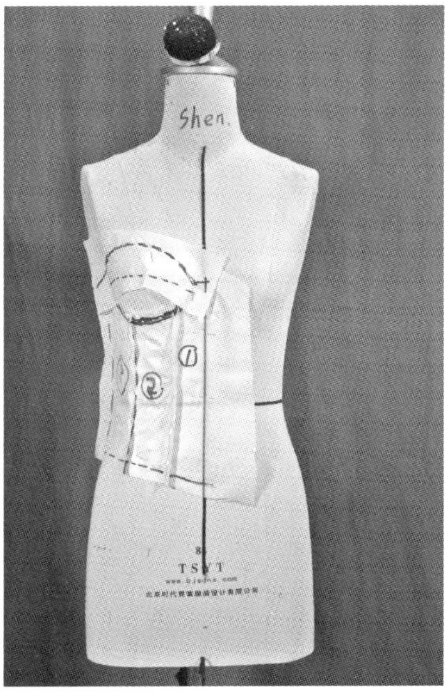

⑰ 设计胸衣上半圆与下半圆的分割线，用笔画出来。

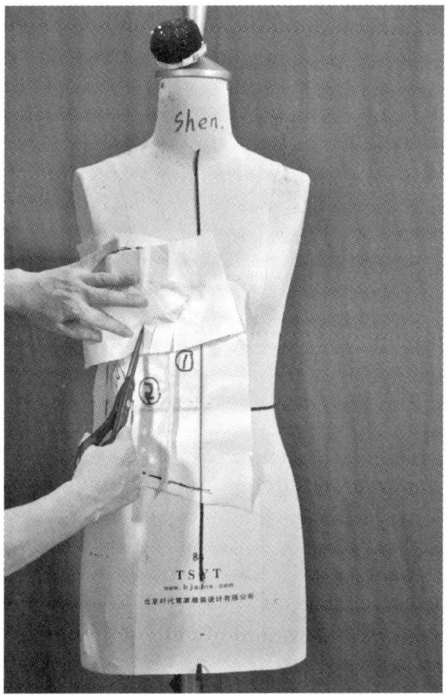

⑱ 另取一张适量的立裁纸，在前中位置用大头针将纸固定在人台上。按胸下纸样的净线，用剪刀在缝份外打剪口，使纸样更贴体。

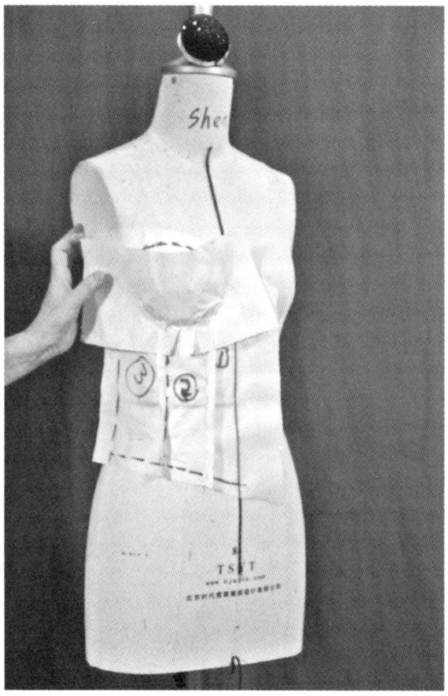

⑲ 按下面纸样净线，用大头针将胸衣的下半圆与衣身相接。

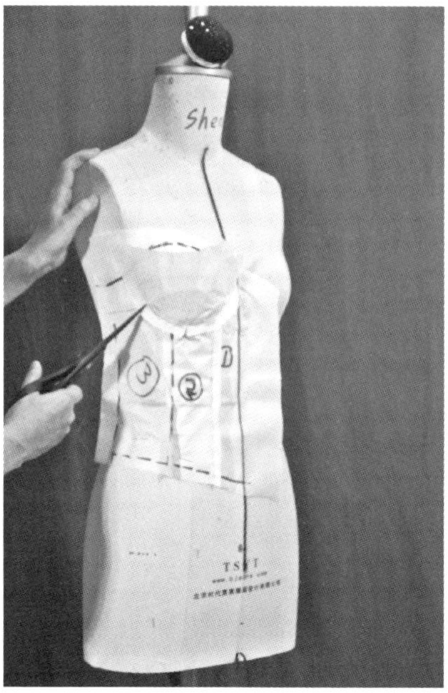

⑳ 预留足够的缝份，剪掉多余的部分。

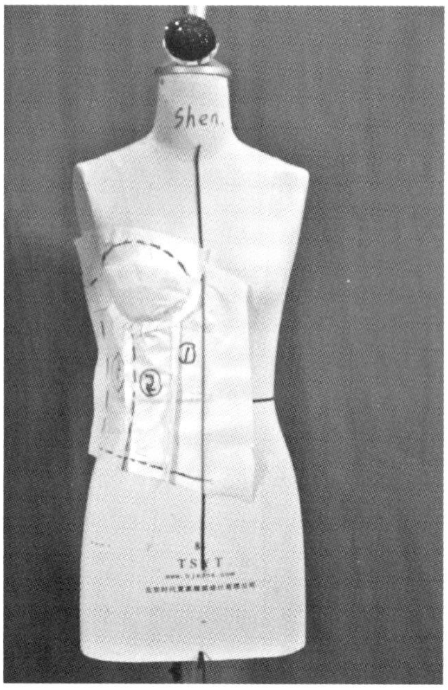

㉑ 根据胸衣上半圆的拼接线，将胸衣下半圆的拼接线预留缝份，用剪刀修剪成型。

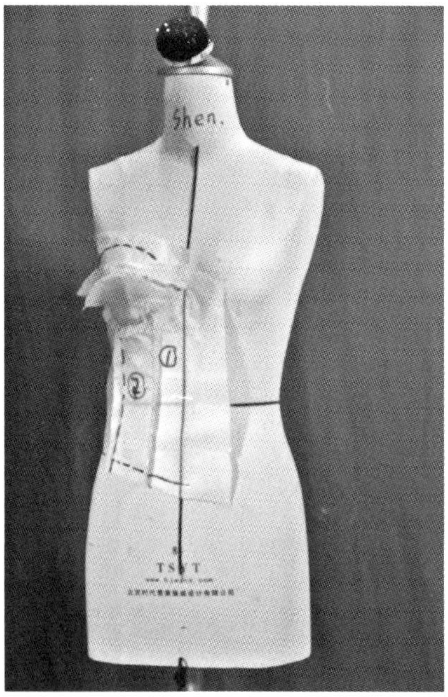

㉒ 将胸衣上下两半圆的拼接线，按照人台胸部结构用大头针连接起来。

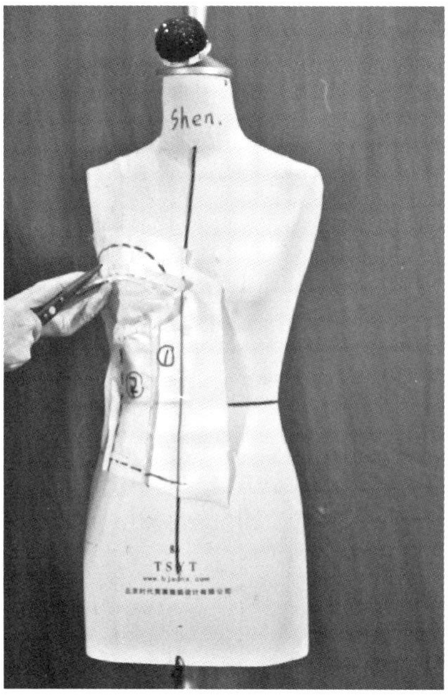

㉓ 为了让纸样更合体，用剪刀在两个拼接线的缝份上打剪口。因为胸部线条弧度较大，所以剪口要打得近一点儿、多一点儿。

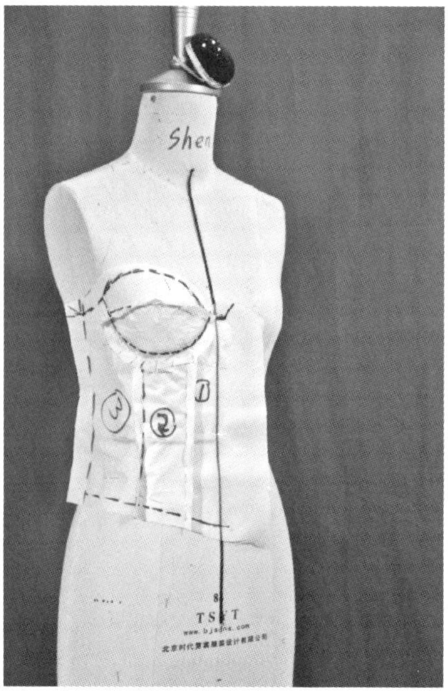

㉔ 预留缝份，修剪掉多余部分。图示为塑身衣前片完成后的效果。

二、塑身衣后片制板步骤

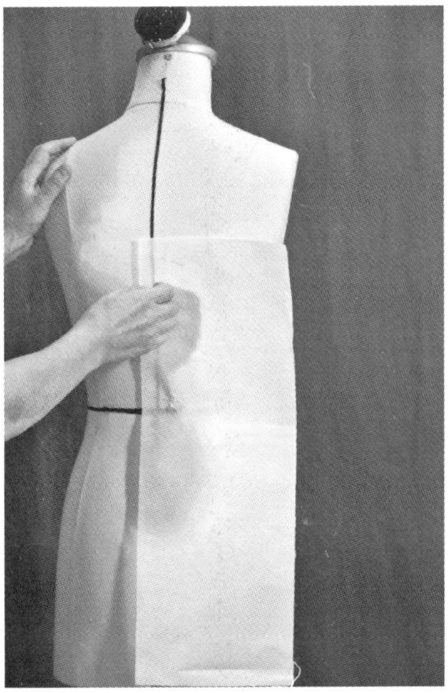

①取适量立裁纸，折出后中线。将纸样的后中线与人台的后中线对齐，用大头针在胸围线及腰围线上各固定一针。

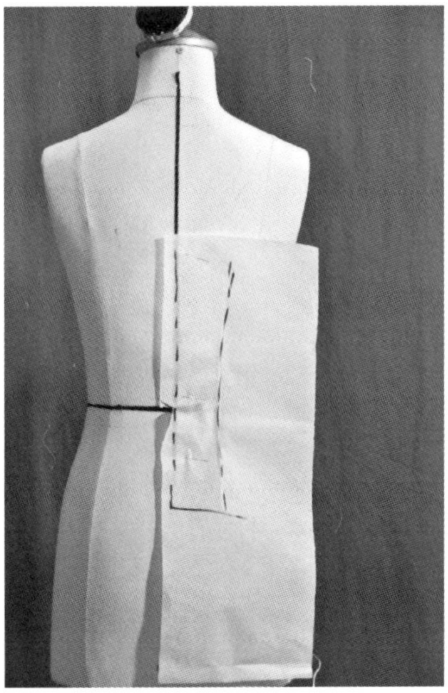

②在后中腰节缝份的位置打剪口。在腰围线的大头针处再向侧缝方向水平移3 ~ 4cm的位置再固定一针，这样可以使塑身衣更合体、更贴体。画出后片的大概轮廓线。

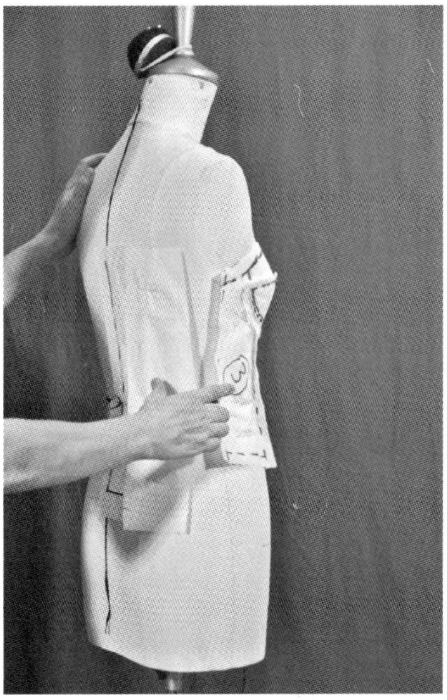

③按后片画好的轮廓线，用剪刀剪掉多余部分，预留足够的缝份。再取适合做后侧面的适量立裁纸，面对人台的后侧用大头针在胸围线、腰围线、臀围线各一针将纸固定在人台上。

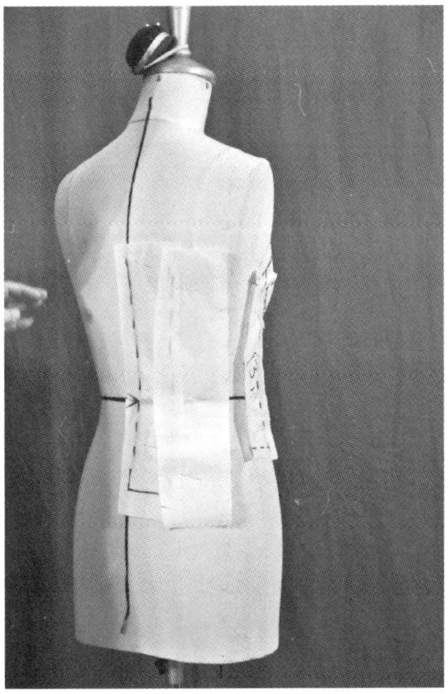

④注意纸样要平铺在人台上，这片纸样要偏后一点，因为还要再做一片后侧片。将这片纸样修剪出大概轮廓造型。

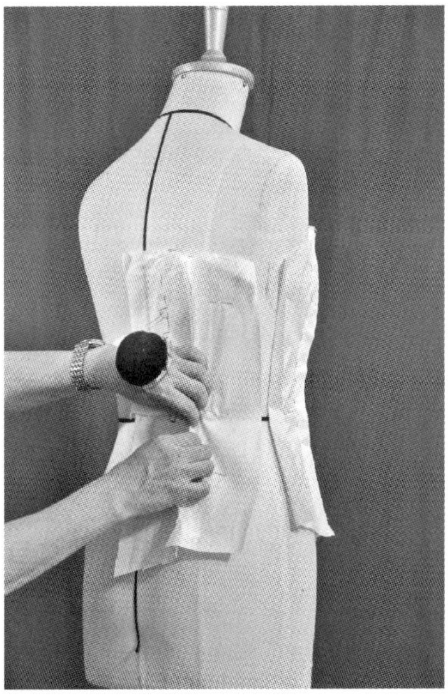

⑤将后面的公主线用大头针连接起来。注意两张纸样的平衡，保证公主线的线条流畅。

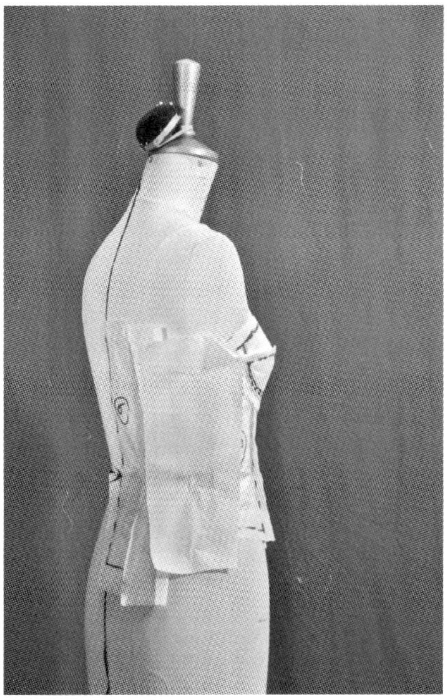

⑥取适量的立裁纸，面对人台的侧面，用大头针在胸围线、腰围线、臀围线上各一针，将纸固定在人台上。

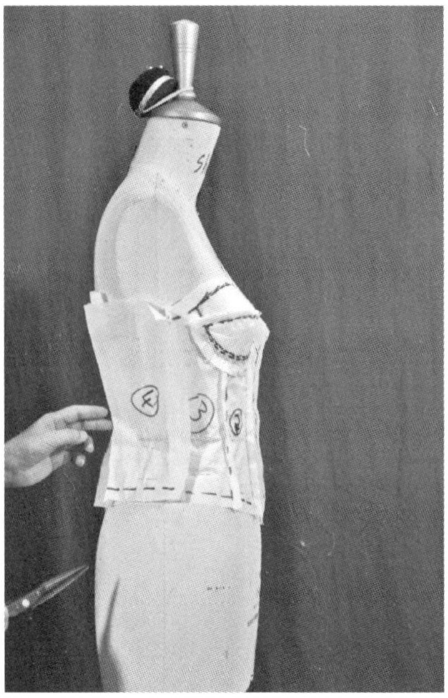

⑦根据前片下摆的轮廓线，继续画出后片下摆的结构轮廓线，并用剪刀修剪。侧面的轮廓线一般都是在胯骨以上的位置，方便穿着者活动。

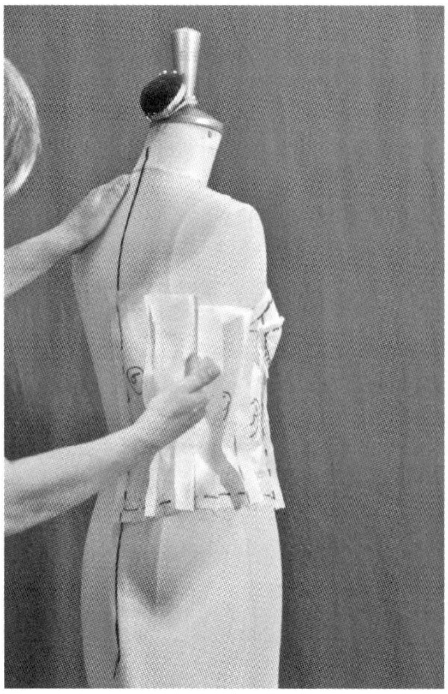

⑧修剪这片纸样的大概轮廓线，并折出纸样的净线。

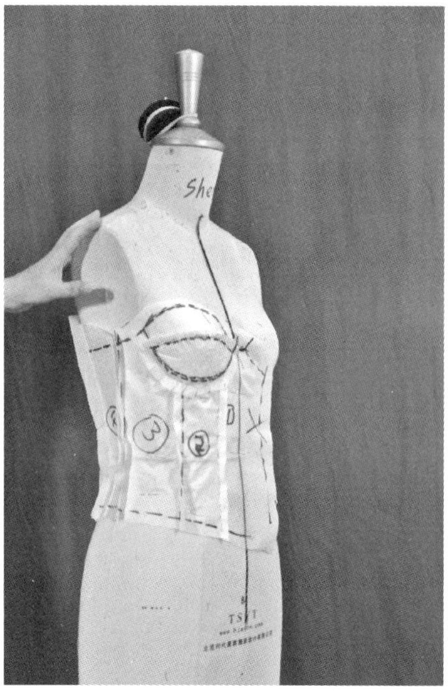

⑨根据人台的侧缝线，连接纸样的侧缝线，保证线条的流畅和纸样结构的准确。大概设计纸样袖窿部位的轮廓线。

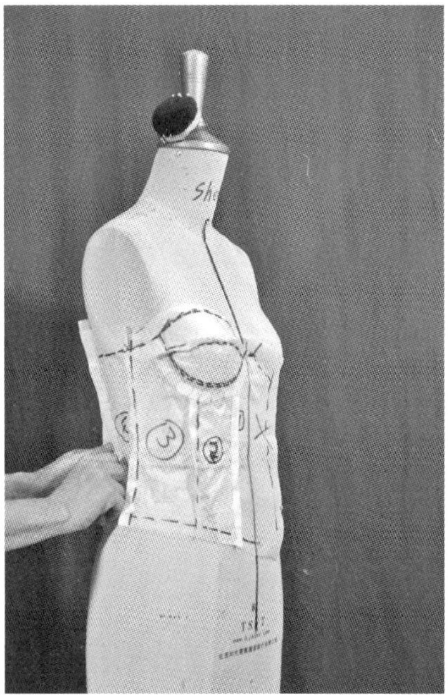

⑩将纸样的小刀背缝用大头针连接起来，注意连接时纸样的平衡及线条流畅。

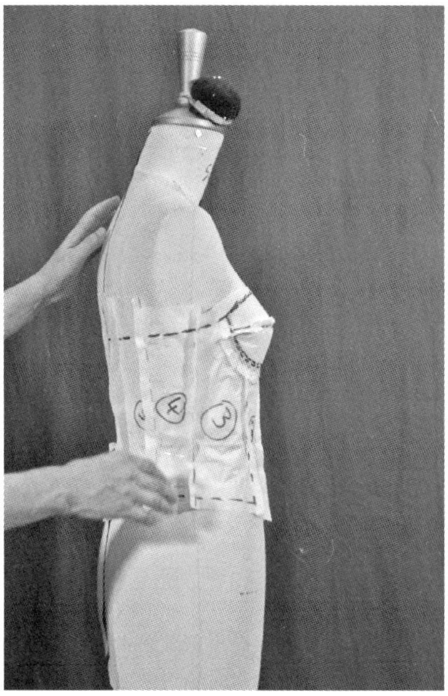

⑪后面的线条也可以放低一点儿，把肩胛骨露出来，这样更方便人体的活动。

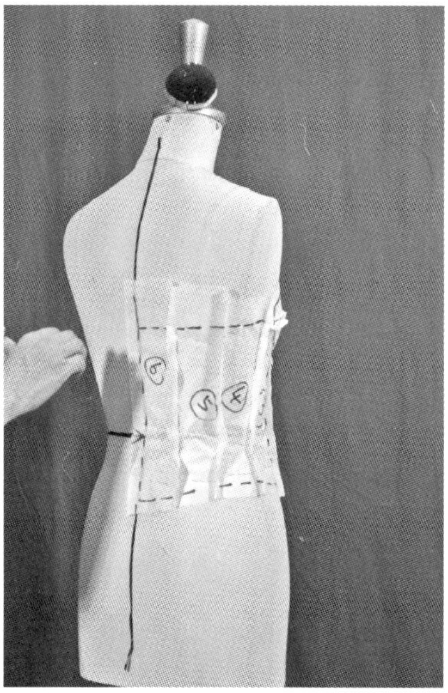

⑫整体观察塑身衣的后面每一片纸样的宽度、大小、比例，保证衣缝线条流畅。

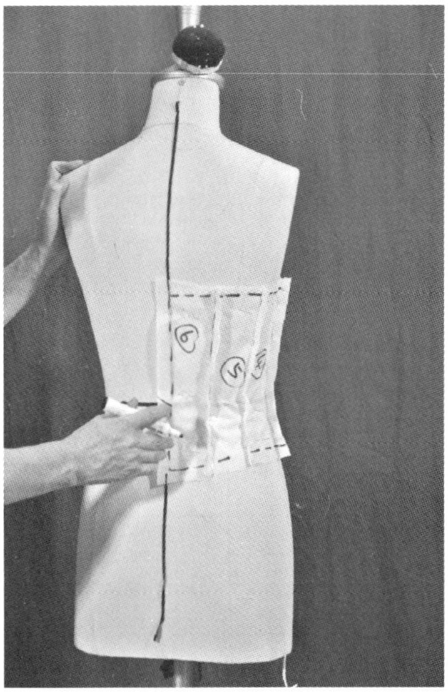

⑬ 按照设计，修剪塑身衣上边的轮廓线，预留缝份，剪掉多余的部分。

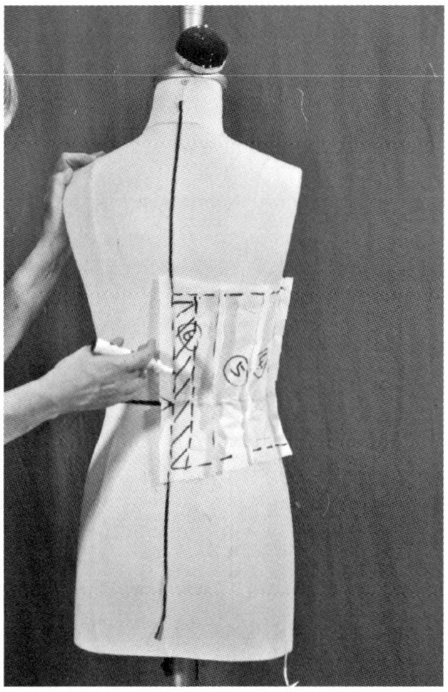

⑭ 后中纸样从中间位置再剪掉一片（用于加绳套、串绳子、缝挂钩等，可调节肥瘦），再另外加缝份。

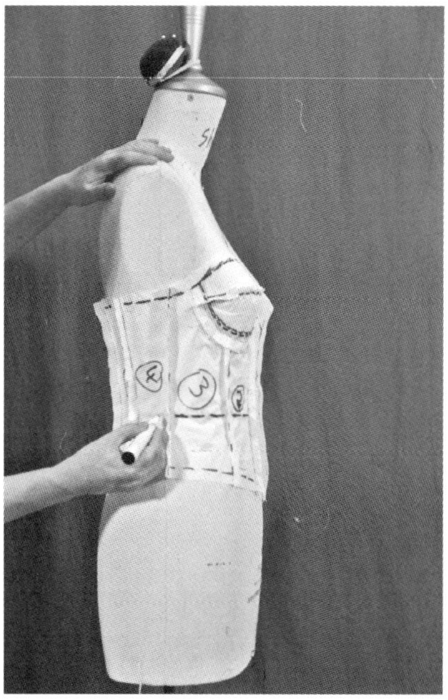

⑮ 整体观察塑身衣每一片纸样的宽度、大小、比例，看衣缝线条是否流畅。没有问题后，画出纸样的腰节线。

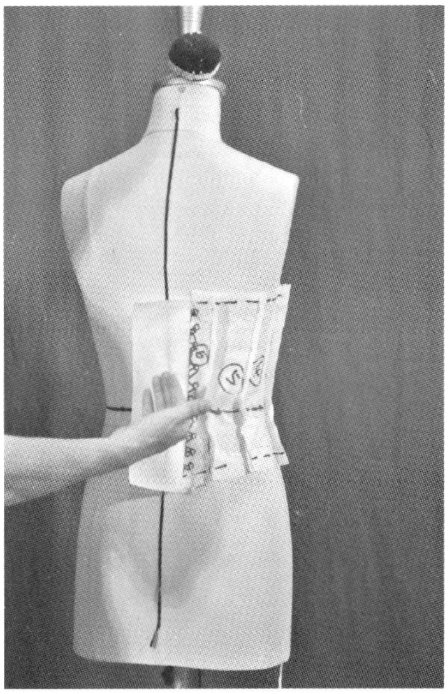

⑯ 剪掉的那部分，再取一张适量的立裁纸，与后片新的后中缝相接，作为塑身衣的垫底布。

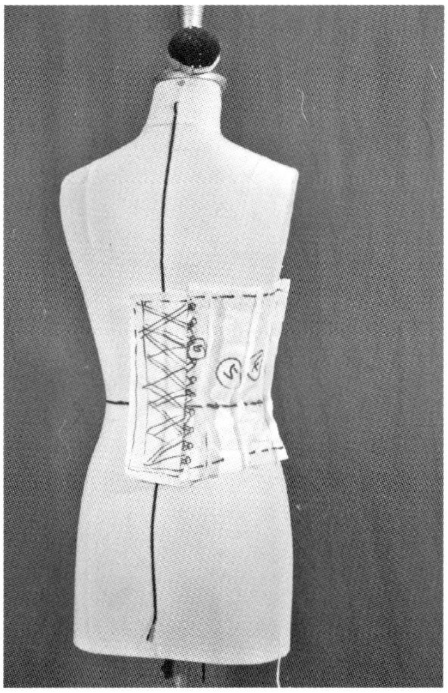

⑰ 图示为塑身衣后片完成后的整体效果。

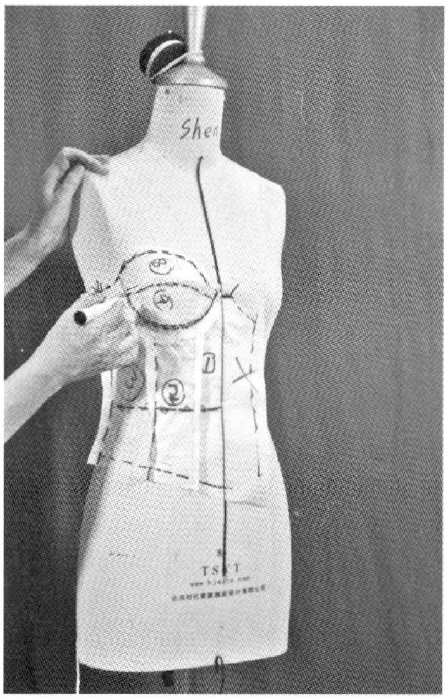

⑱ 图示为塑身衣前后片完成后的整体效果。

第四章

女西服上衣

第一节　合体女西服上衣（三幅身）

一、上衣前片制板步骤

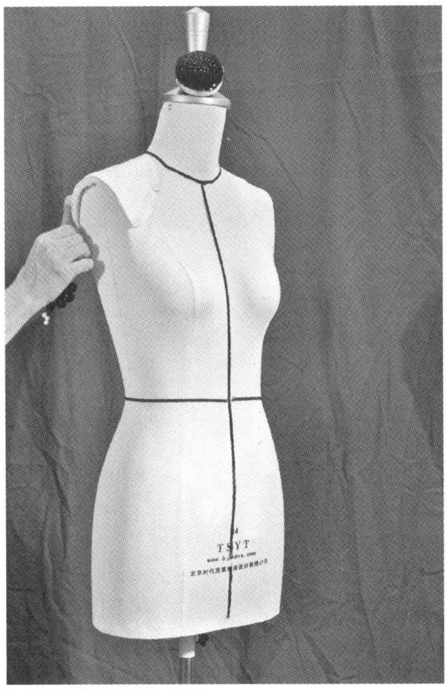

① 做西服时都要加垫肩，先将一个女式西服垫肩固定在人台上，并确定好肩宽。

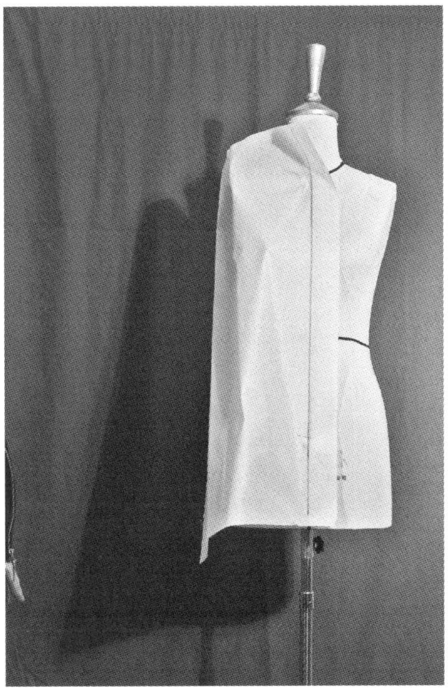

② 按照操作原型女衬衫的方法，取适合衣长及宽度的立裁纸，画好前中线，留出搭门量（这里预留了4cm），注意两胸之间的纸不要按实在人台上。

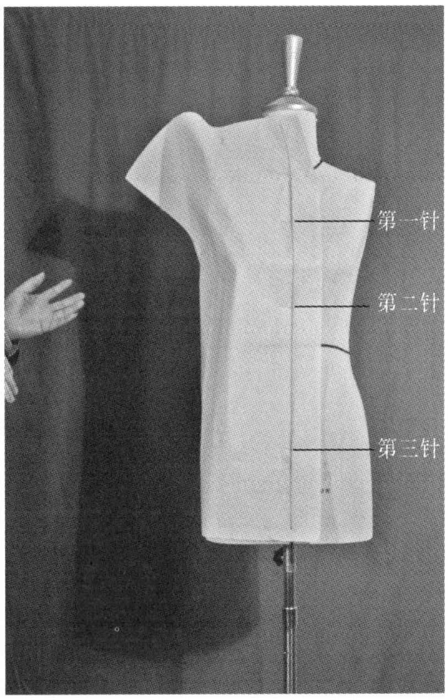

③ 将立裁纸平衡地裹在人台上，使立裁纸呈圆柱形。分别在胸围线、腰围线、臀围线位置各固定一针。

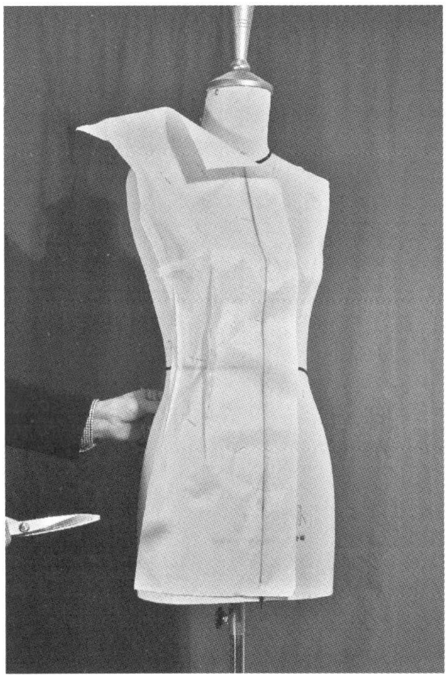

④ 三片式西服的刀背线要设计在靠近侧缝一些，这样穿着显瘦，而且袖子会将接缝挡住更加美观。沿着设计好的刀背线，留出相对多的缝份（便于后面的调整和修改），剪掉多余的部分。

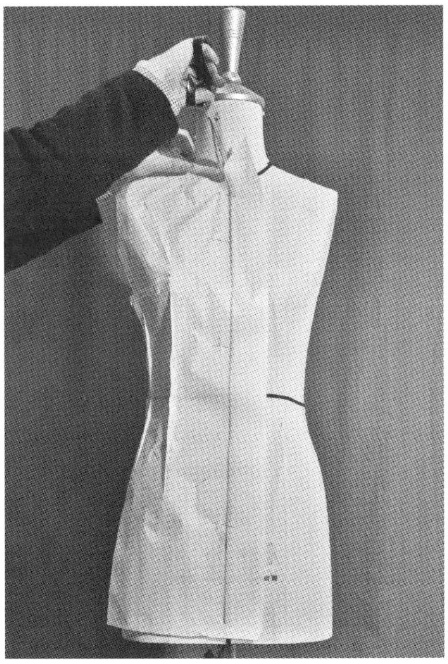

⑤ 剪出前领窝线并打剪口使立裁纸服帖在人台上。西服反驳头的地方要多预留些量，便于设计西服驳头的大小和开口的高低。

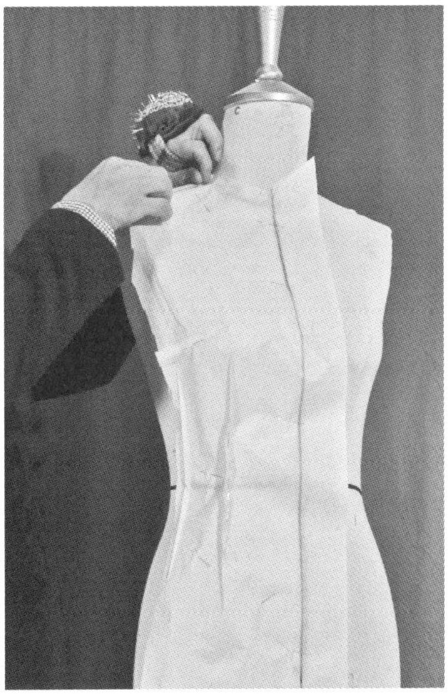

⑥ 对准人台的肩线，折出纸样的肩斜线。

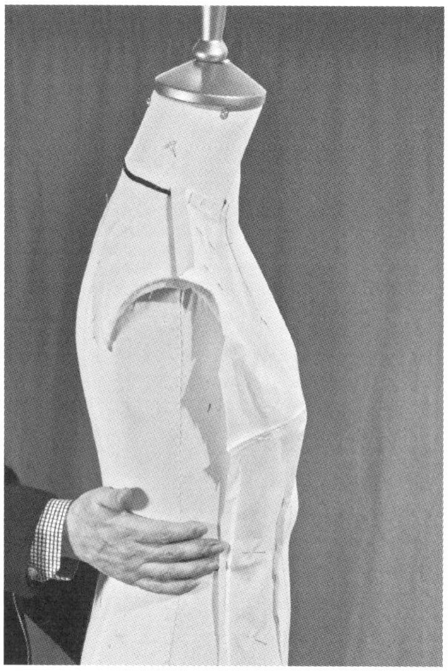

⑦无论做什么造型的肩型，俯视时都应该是一条直线。

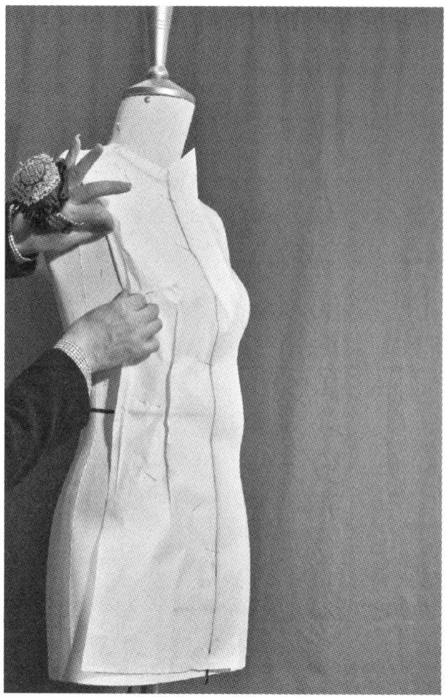

⑧按照设计好的刀背线的走向，折出前片刀背线的净线，注意线条的平顺。

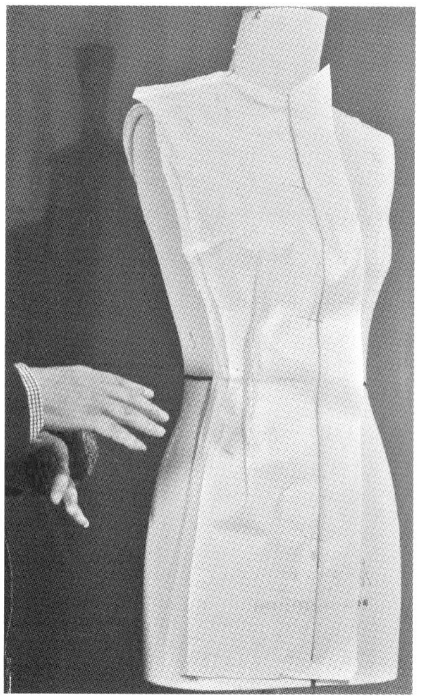

⑨注意这里已将西服的胸省量转移到刀背缝里面去了。这是前片的完成效果。

二、上衣后片制板步骤

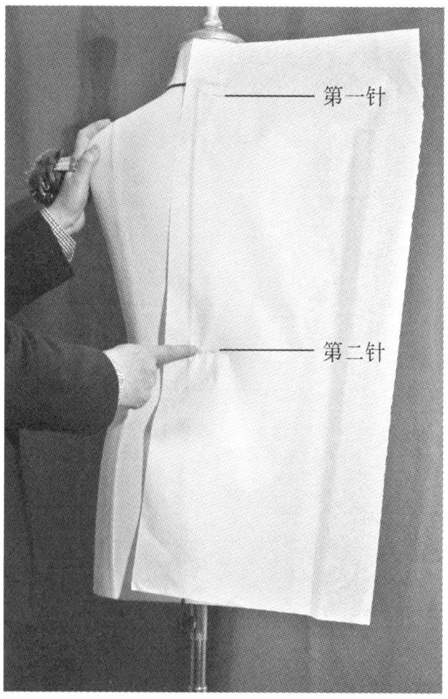

①取适合后面大小纸张，留出2cm的缝份，在后领窝下别第一针，中腰部分向里移2cm别第二针。

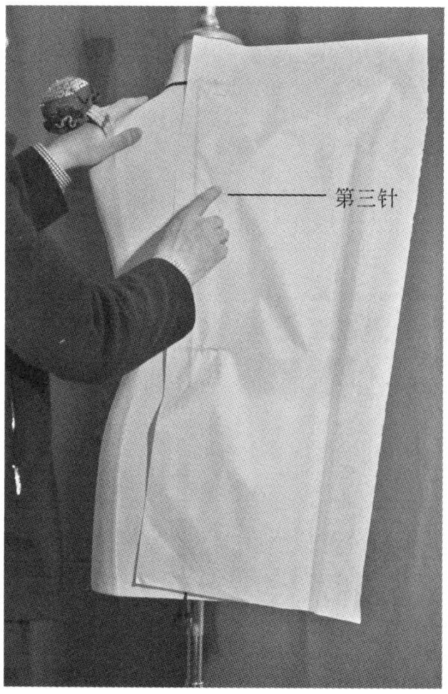

②在后中线与肩胛骨中间的位置固定第三针。

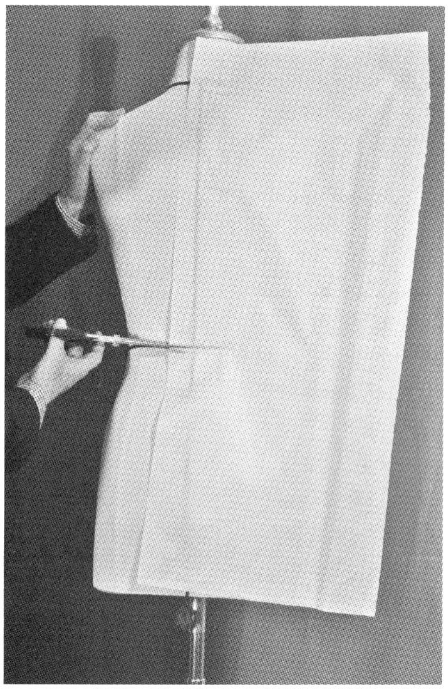

③在中腰线及上、下对着后中净线剪三刀，注意不要剪过后中净线。

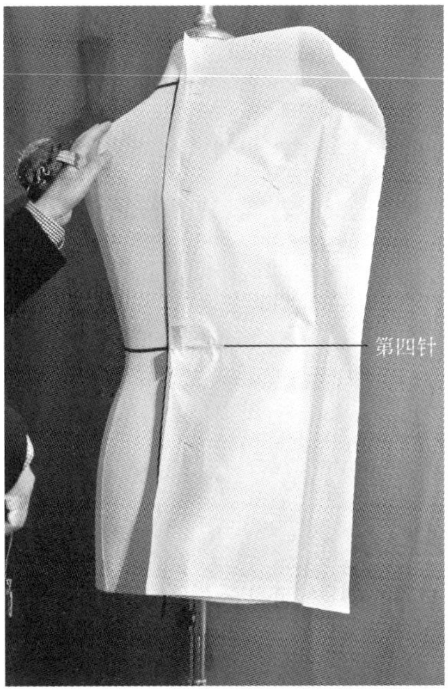

④ 将后面下半部保持纸张的平衡向下，在臀围线位置别第四针。

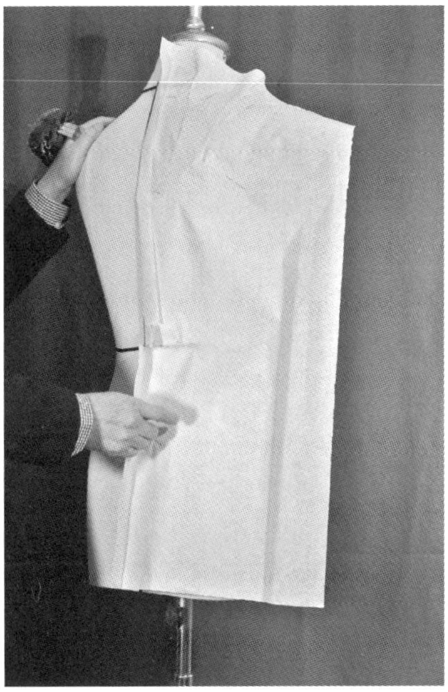

⑤ 从肩胛骨用右手食指和中指向上推，使纸张服帖在人台上。将后片多余的部分捏成肩胛省。

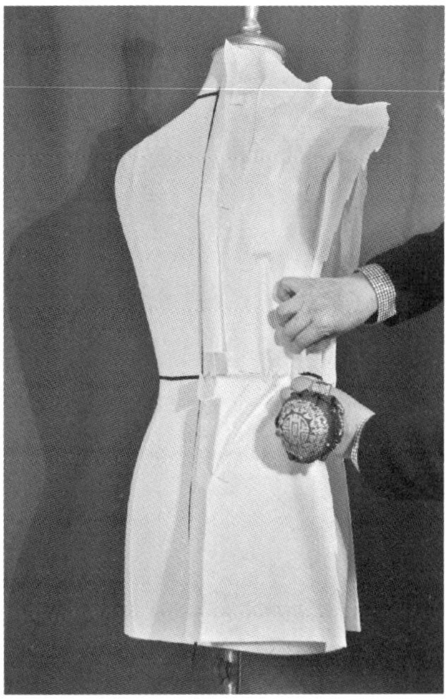

⑥ 根据服装的设计和衣片的比例，捏出后片刀背线的净线，注意中腰线部位要开剪口，在制作衣服时这里应该有拔量。

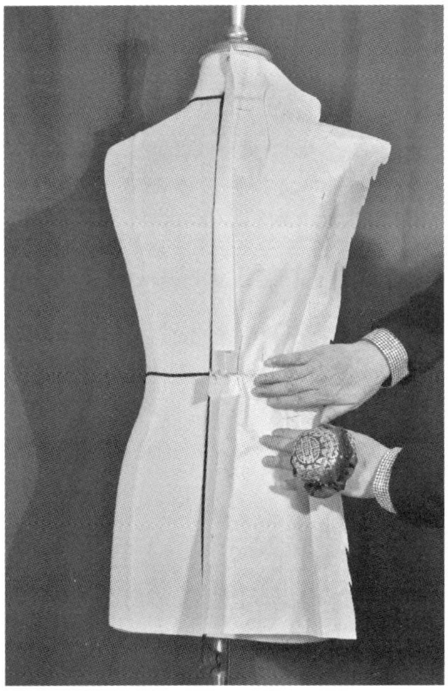

⑦ 注意随时调整纸样的平衡度，使纸样在人台上不出现不规则的褶皱。

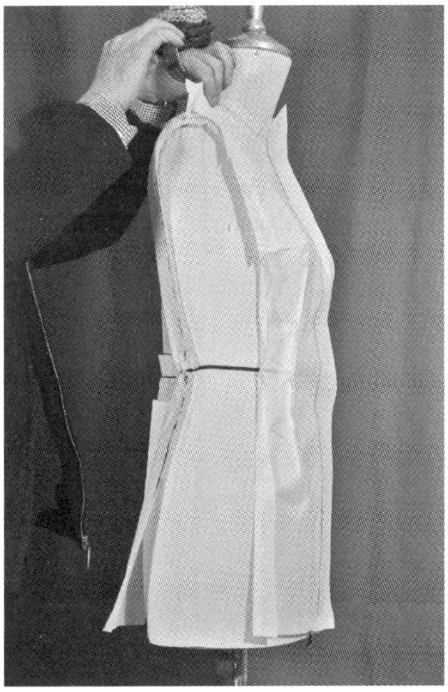

⑧ 剪出肩斜线和后领窝线，在后领口打剪口。将前后片的肩斜线用大头针连接起来。

⑨ 画出后片的轮廓线。这是后片完成的效果。

三、上衣侧片制板步骤

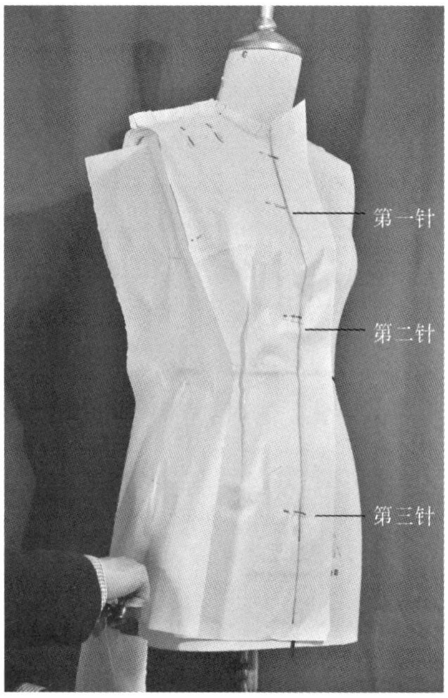

①取适合衣长及宽度的立裁纸，平衡服帖地放在人台上，在胸围线、腰围线、臀围线上各固定一针。

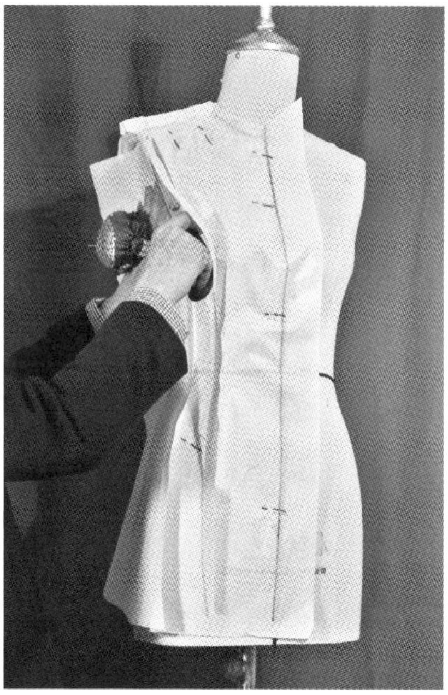

②沿着前后片刀背线的轮廓，预留出修改量，剪掉多余的部分。

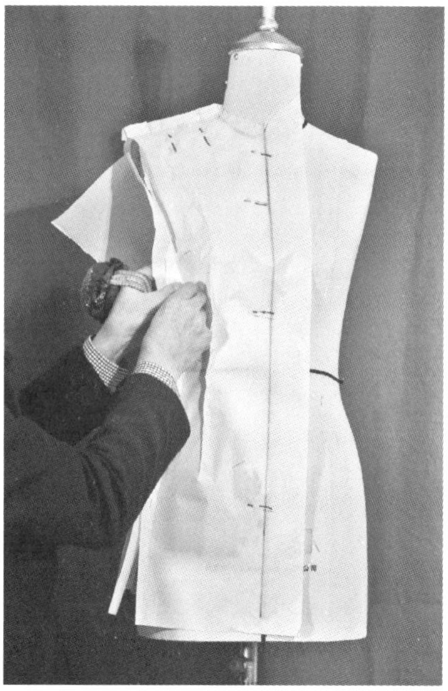

③将衣身的侧片与前后片用大头针连接起来。

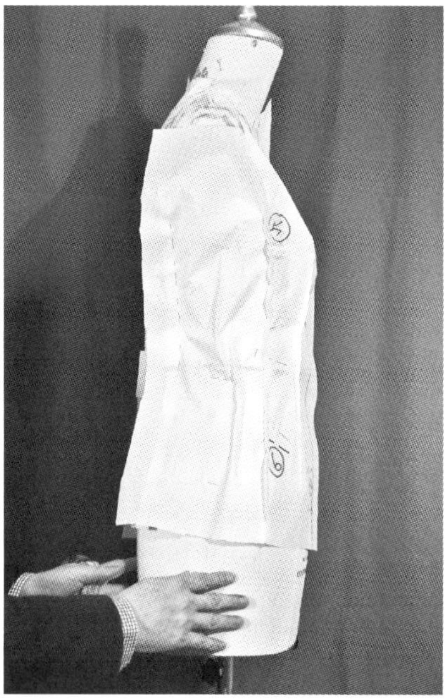

④将三片衣片连接起来，并留出适当的放松量。注意保持纸张的平衡。

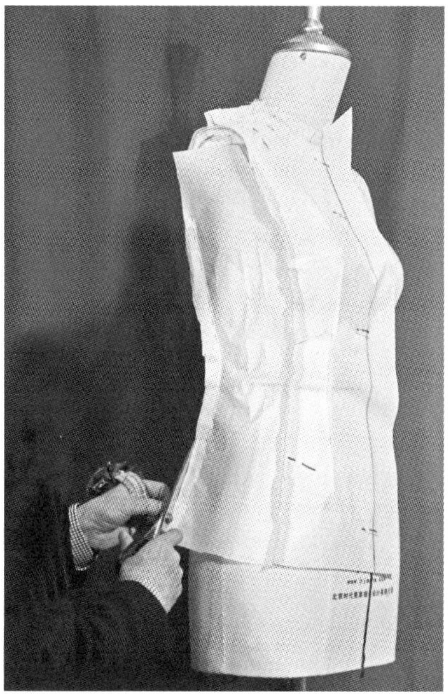

⑤把刀背线条调整平顺，留缝份，剪掉多余部分。

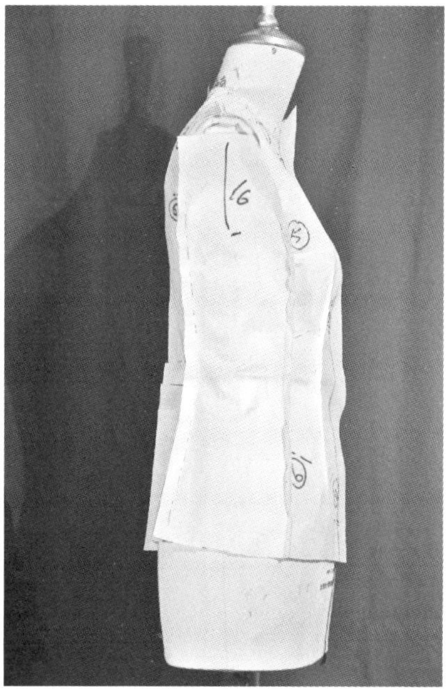

⑥可根据衣服的国标尺寸、款式或者设计师要求等方法确定衣服的袖窿深。

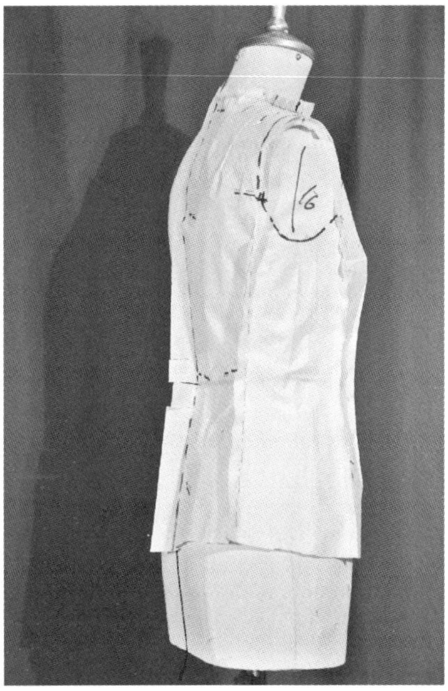

⑦ 根据尺寸确定好肩宽、前胸宽、后背宽，圆顺地画好袖窿弧线。

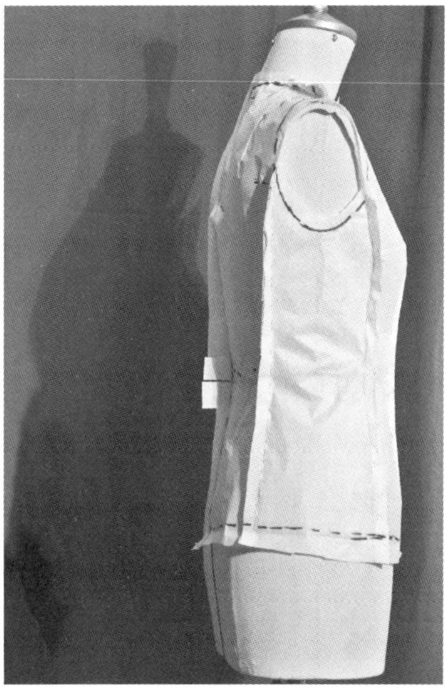

⑧ 将衣身的袖窿弧按照画好的弧线留缝份，剪掉多余部分。

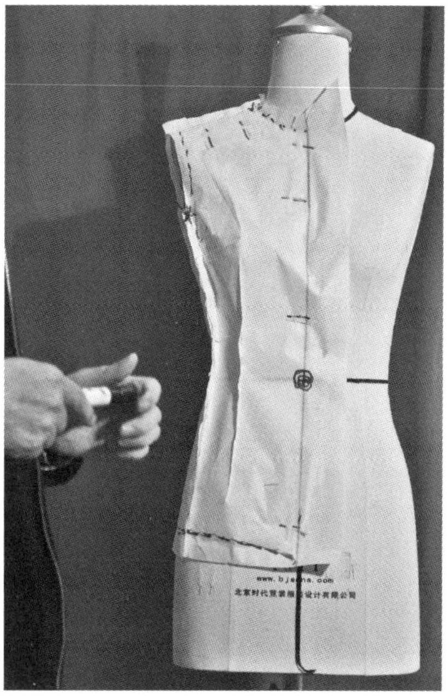

⑨ 三副身女西服衣身完成效果。

四、西服领子制板步骤

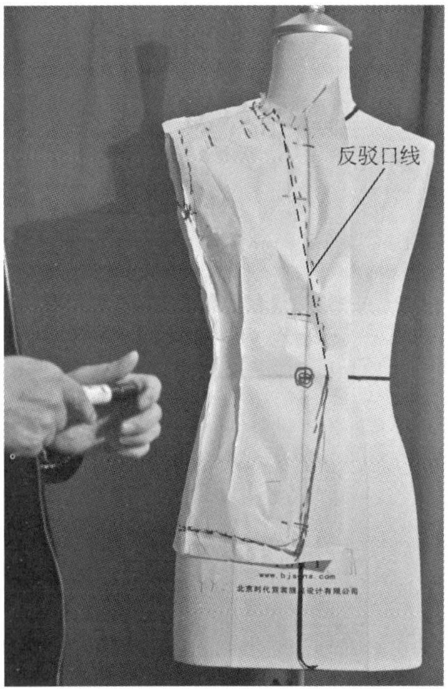

① 根据设计要求确定第一粒扣子的位置。从扣子向外2cm取一点，在衣领肩颈点向脖子方向2cm取一点，将两点连接，为西服的反驳口线。在衣领肩颈点向里1cm，平行脖子画一条直线。

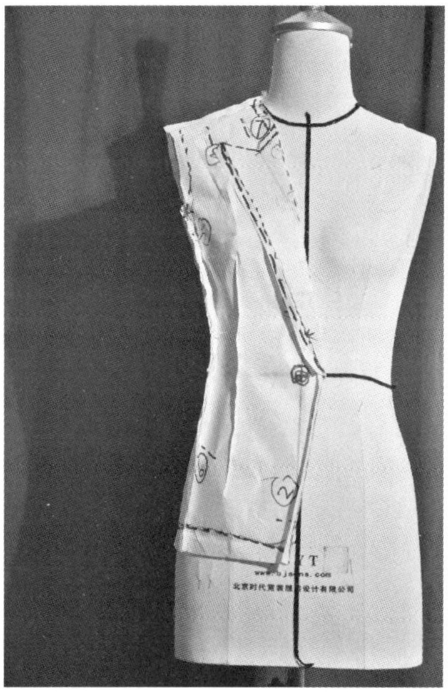

② 按照驳口翻折印把前门翻过来，按照设计图或者自己设计画出戗驳头的大小、方向、角度等。按画好的净线剪掉多余的部分。

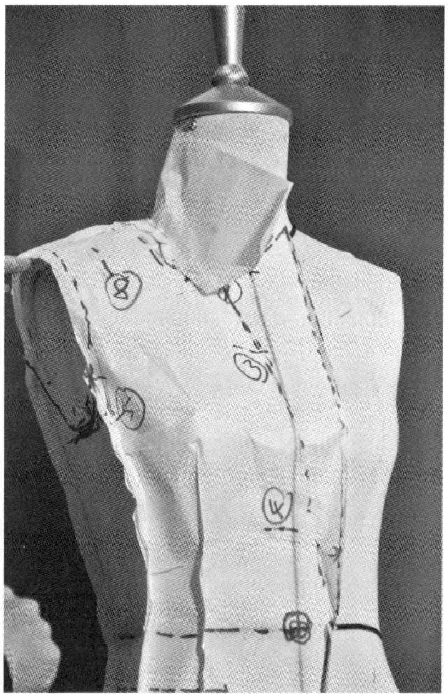

③ 将做好的驳头翻回前中线与人台前中线对齐。取适合领围长和领宽的一张立裁纸，取一直边与后中线对齐，沿画好的领口线把领子固定好，注意领子底部打剪口等操作要点。

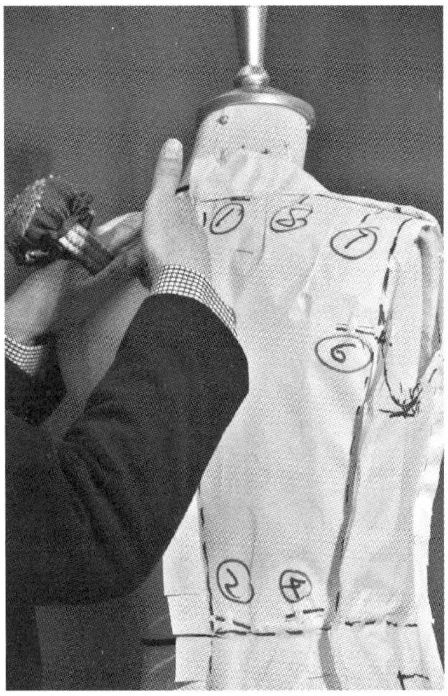

④将领子翻下来，注意领子翻下来后，领子与人台的后中线要对齐。

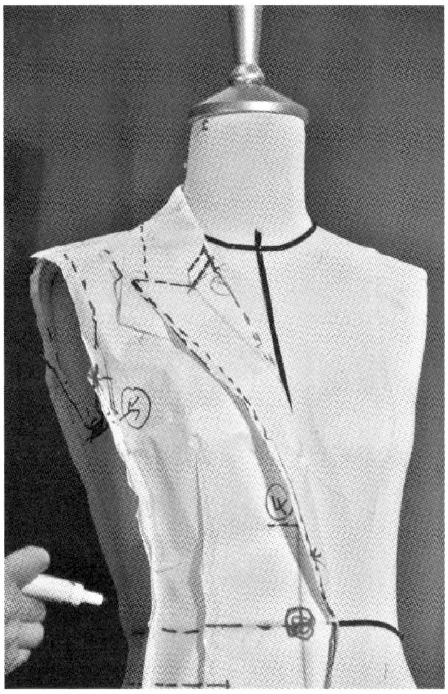

⑤将领子多余的部分与驳口固定好，保持领子和驳头平顺、整齐、服帖。

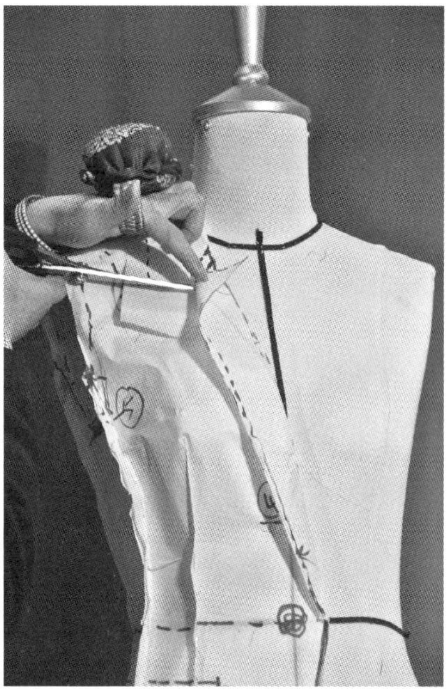

⑥将驳头分开的部分用剪刀剪开，标记净线，连接部位用笔或者压轮做好记号。

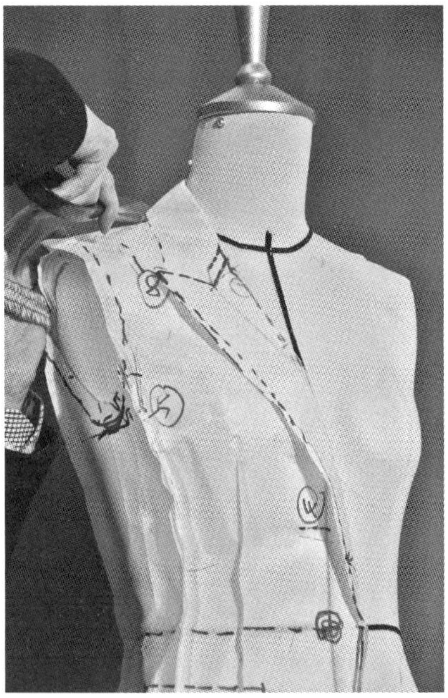

⑦标准的西服领子要比驳头略微小一点，剪掉领子的多余部分。

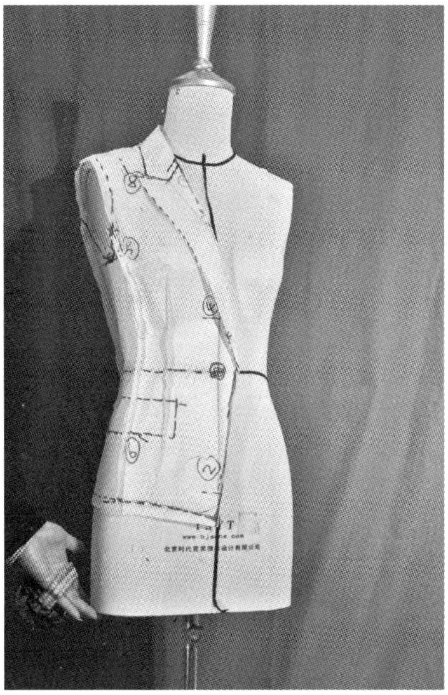

⑧领子的高度是根据设计来设定的，领子的宽度是翻下来后顶着脖子以没有褶皱为最好。最后根据设计要求画出口袋盖的大小和位置，确定衣长，画出下摆线和前衣襟角度。

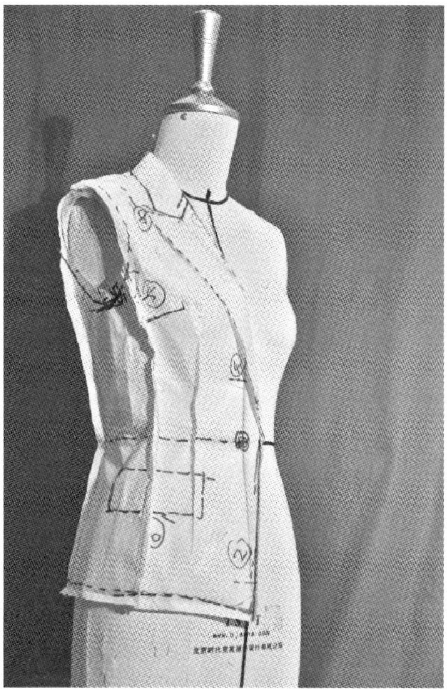

⑨图示为衣身和领子完成后的整体效果。

五、西服袖子制板步骤

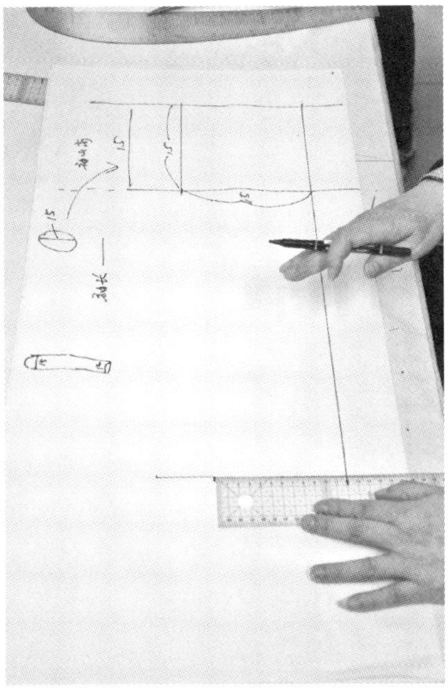

①画出上平线和分割大小时的辅助线，确定袖子的长度。袖山的高度是从袖窿上肩缝连接点到袖窿底点的长度。袖山和袖肥在本款式中是一样的，因此在上平线上画出袖山高线和袖肥线。

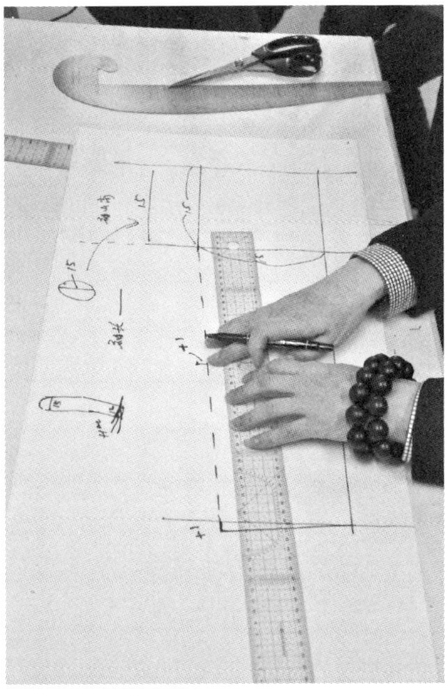

②前袖肘位置向里1cm，后袖肘位置向外1cm。连接袖长线，后袖长线在袖子下平线向下加1cm，与前袖线相连。

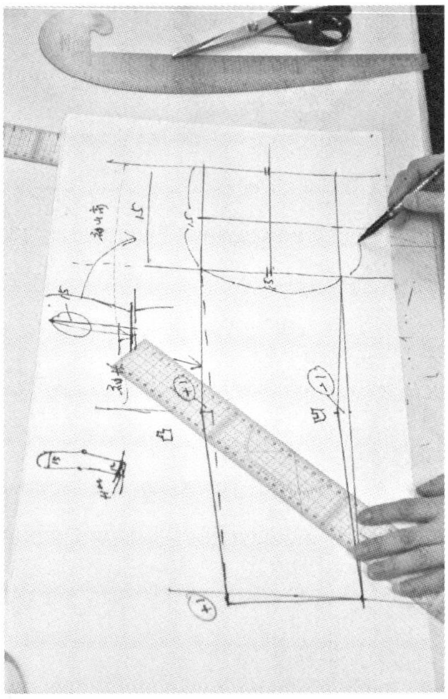

③画好的袖山上线和袖肥线与上平线、下平线呈一个正方形，我们在这个正方形里画个田字格，后片点向上移1.5cm，底点向前移1.5cm，前点向上移1.5cm。

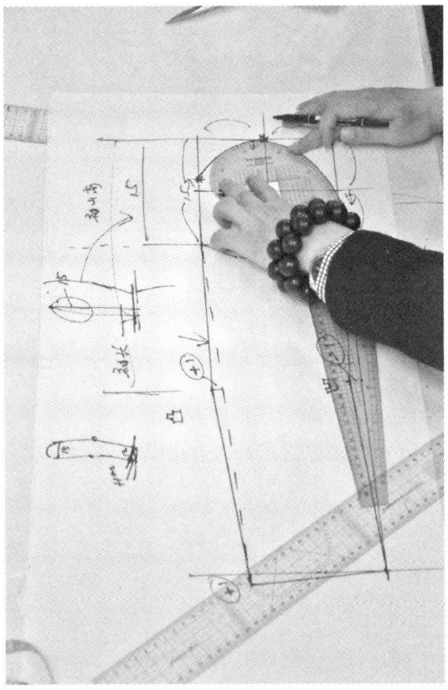

④将几个点连成一个椭圆形，袖山顶点和袖子底点要圆顺，不能出现折角。

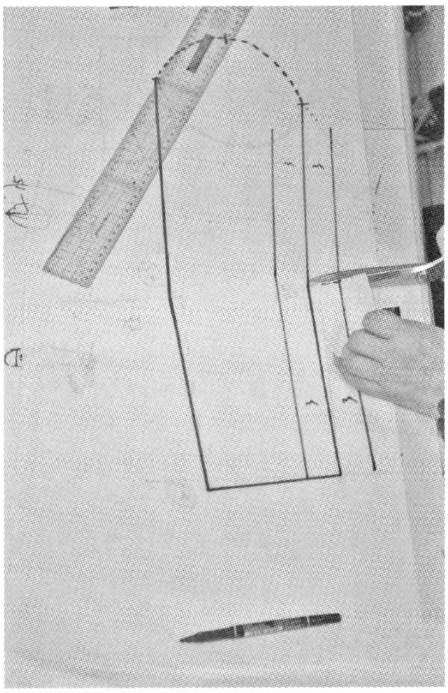

⑤大小袖共用一个后袖肘线，在前袖肘辅助线平行向外3cm为大袖净线，在前袖肘辅助线平行向里3cm为小袖净线。

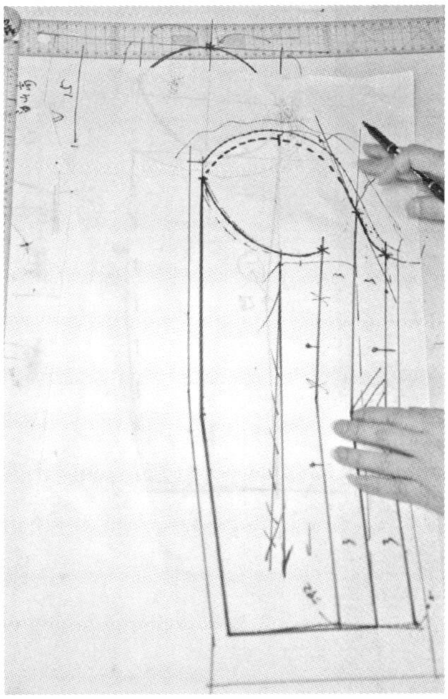

⑥将大袖上半部按前袖肘辅助线折叠，与小袖上半部净线重合，做标记。注意折叠时在大袖上打剪口。将大袖下半部按前袖肘辅助线折叠，与小袖下半部净线重合，做标记。将偏袖弧线复制到大袖。

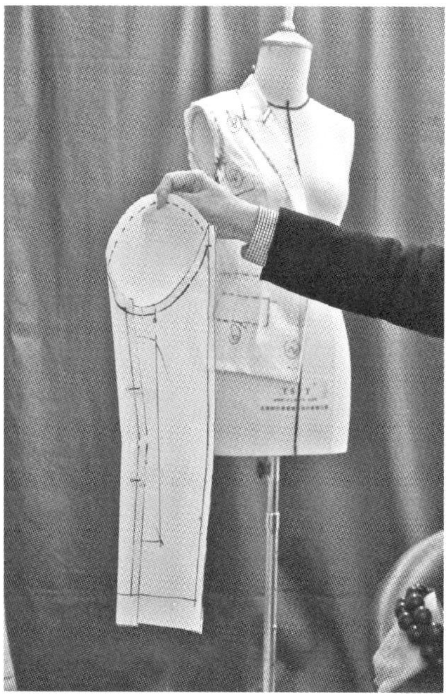

⑦将袖子的大小袖片连接起来。注意袖子前肘连接时，大袖前肘转折点处要剪开，但不能剪过净线。连接时将前肘的剪口标记对齐，这时纸样裂开的量就为大袖制作中产生的拔量。

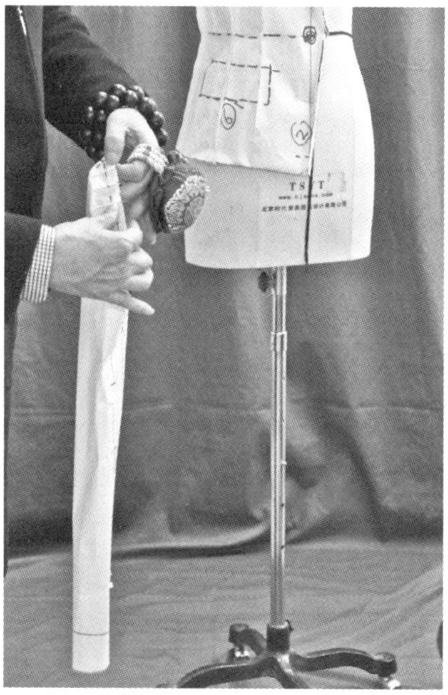

⑧用大头针将袖窿假缝，做出袖山包。

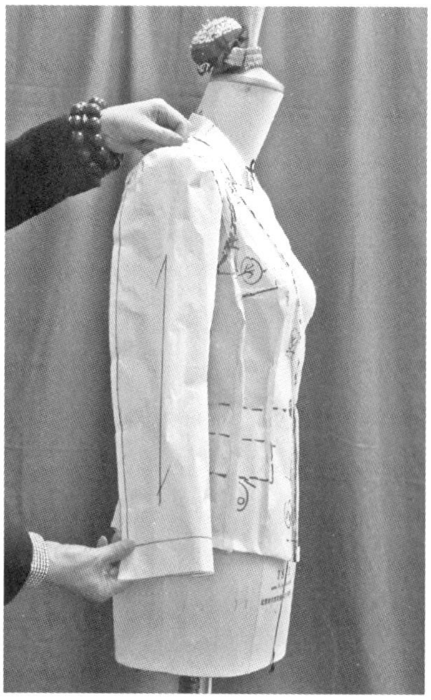

⑨将准备好的袖子放在人台上，将袖顶点对齐肩斜缝。

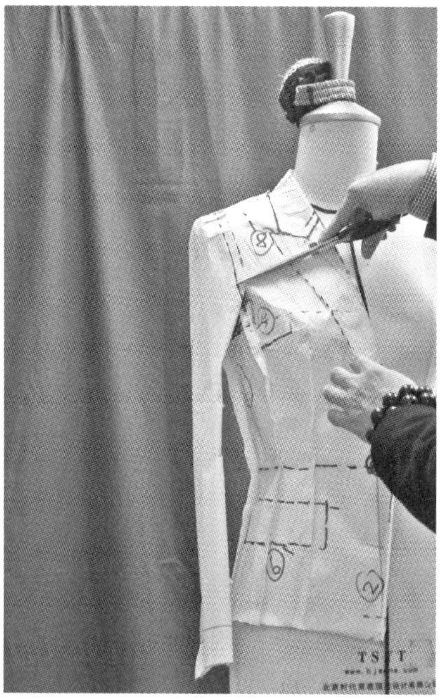

⑩在袖窿前弧线的转折点上打剪口，袖弧上半周缝份在外面，便于确定袖窿和衣身的接缝位置，下半周向里与衣身袖窿底弧连接。

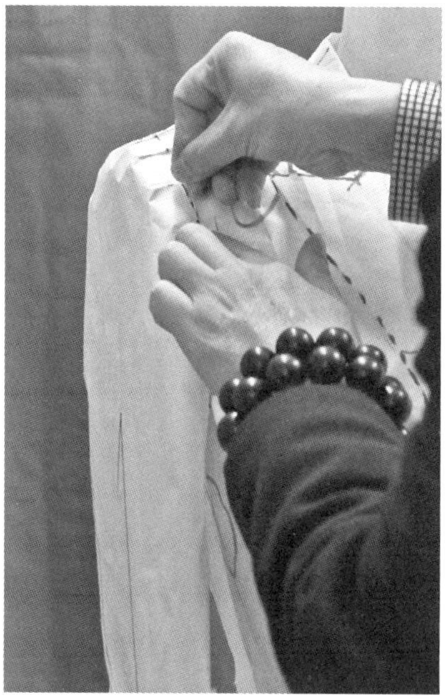

⑪将上袖窿弧按设计好的袖窿线和衣身固定好。安装袖子的时候，可以参考在衣身上画出来的袖窿弧。

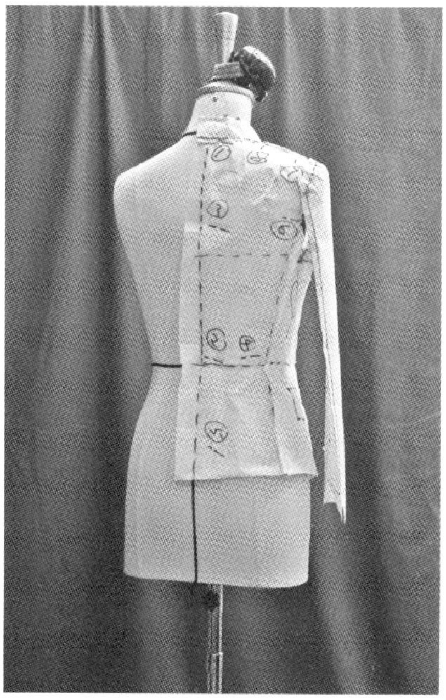

⑫后片与前片同样处理。最后袖子纸样的袖窿弧线和衣身纸样上的弧线是根据袖型设计需要来确认位置。

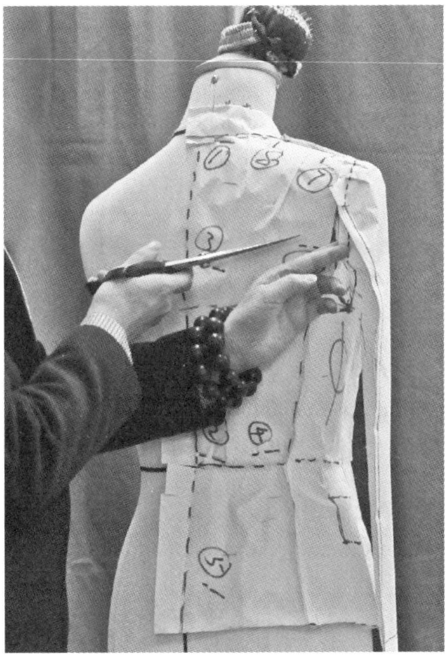

⑬ 在袖窿后弧线的转折点上打剪口，袖弧上半周缝份在外面，便于确定袖窿和衣身的接缝位置，下半周向里与衣身袖窿底弧连接。

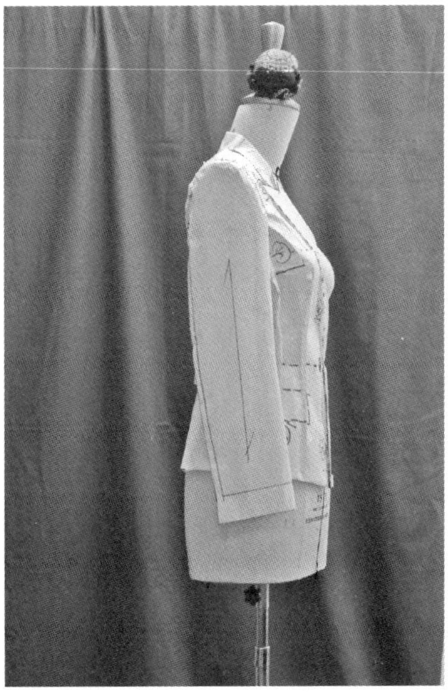

⑭ 将上袖窿弧按设计好的袖窿线和衣身固定好后，看整体效果和袖子的角度。

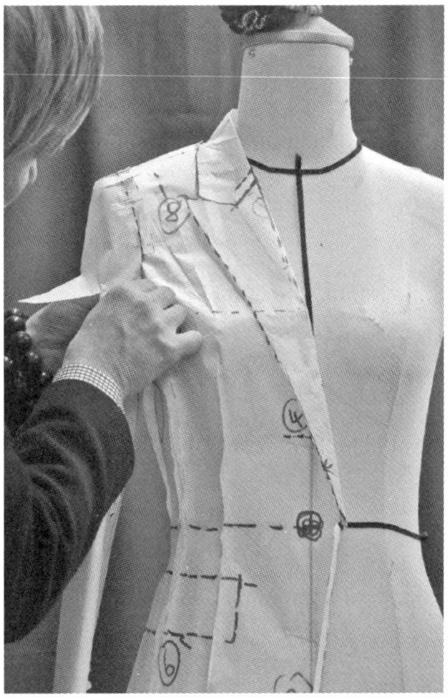

⑮ 在袖子正面打剪口，将前、后袖山的转折点用大头针固定好。

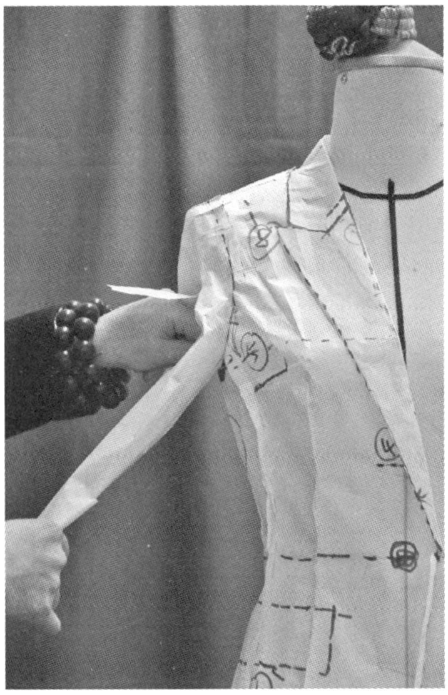

⑯ 根据设计要求调整袖子抬起的角度。

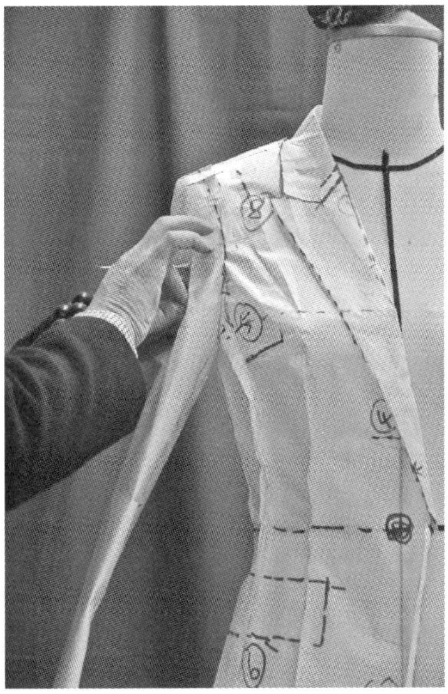

⑰ 确定好袖山的角度，将下袖窿与衣身上的袖窿底弧线做连接。

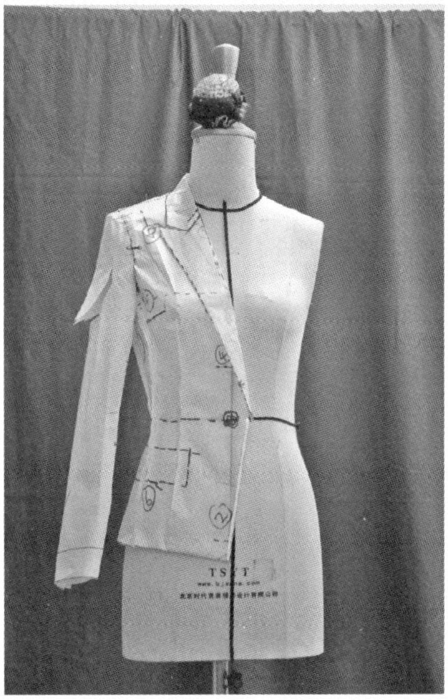

⑱ 图示为整件西服制板完成后的效果。注意，在袖子上打一个剪口是为了在做袖窿底弧时更方便，后期整理时，要把剪口平衡地补好或者复制一个新的纸样。

第二节　合体女西服上衣（四幅身）

一、上衣前片制板步骤

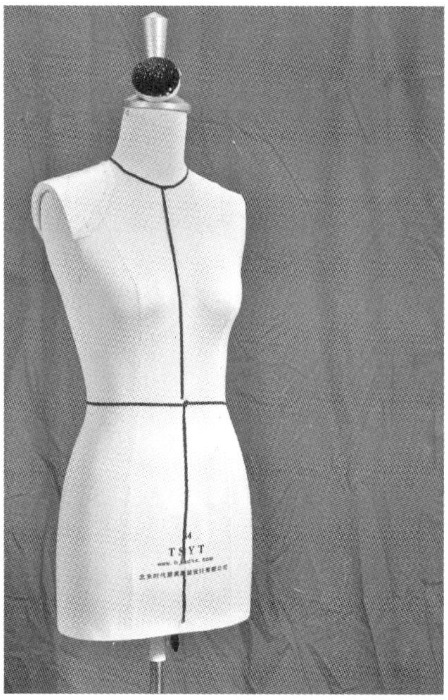

①先将一个女式西服垫肩固定在人台上，并确定好肩宽。

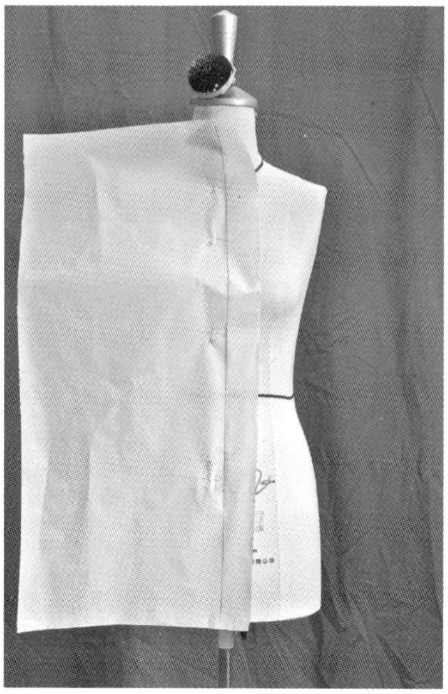

②按照操作原型女衬衫的方法，取适合衣长及宽度的立裁纸，在前中线的位置画出前中线，并留出搭门量（这里预留了4cm），注意两胸之间的纸不要按实在人台上。

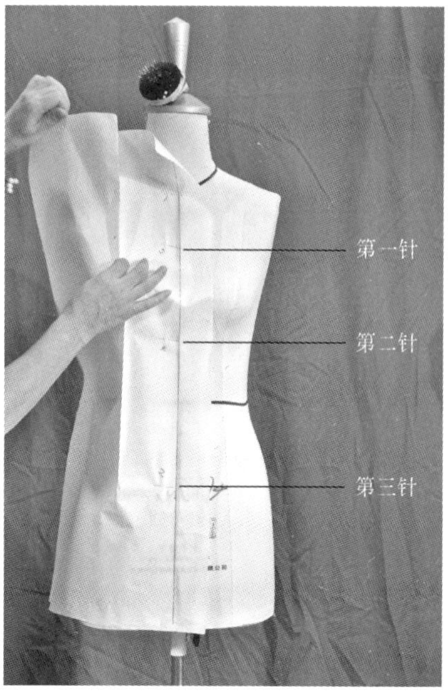

③将立裁纸平衡地裹在人台上，使立裁纸呈圆柱形。分别在胸围线、腰围线、臀围线位置各固定一针，将多余的量捏成肩省量和腰省量。

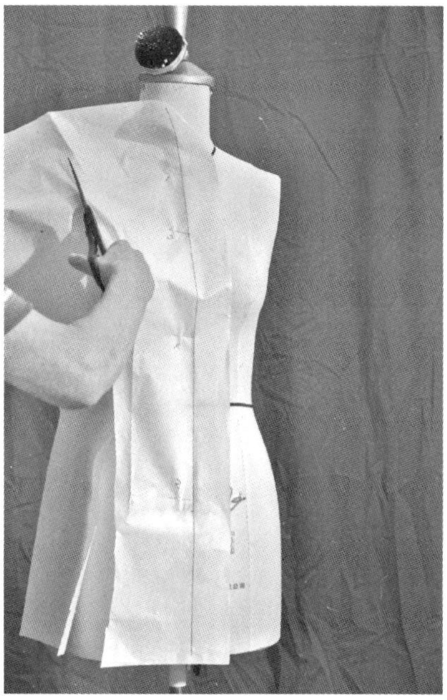

④把肩省和腰省的省尖接在一起，使它成为一条公主线。沿着捏好的公主线，留出相对多的缝份（便于后面的调整和修改），剪掉多余的部分。

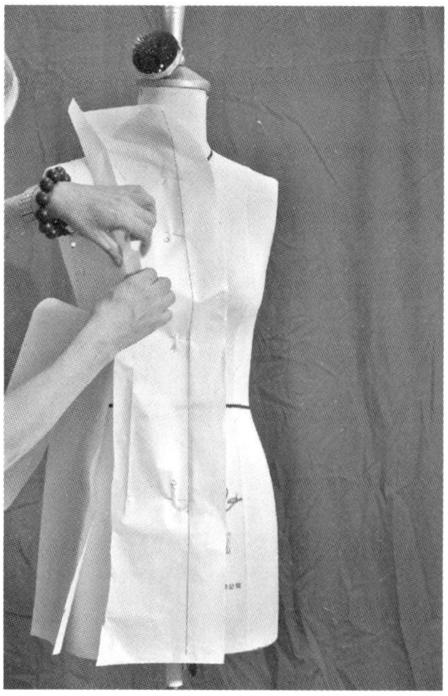

⑤按照设计好的公主线的走向折出前片公主线的净线，注意公主线线条的平顺。

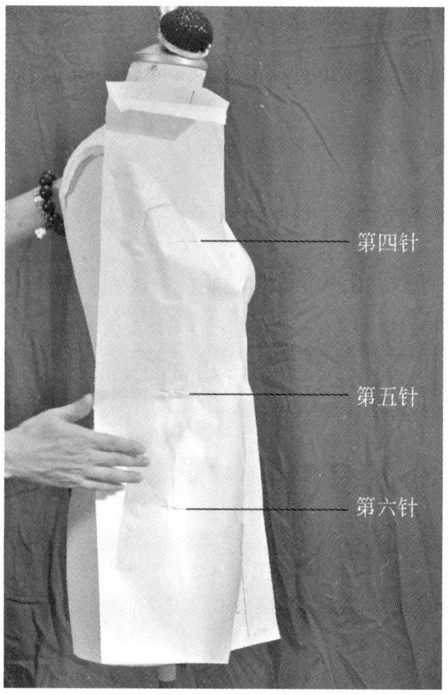

⑥取适合侧面大小的立裁纸，在胸围线、腰围线、臀围线处分别固定一针，并使纸张服帖在人台的侧面。

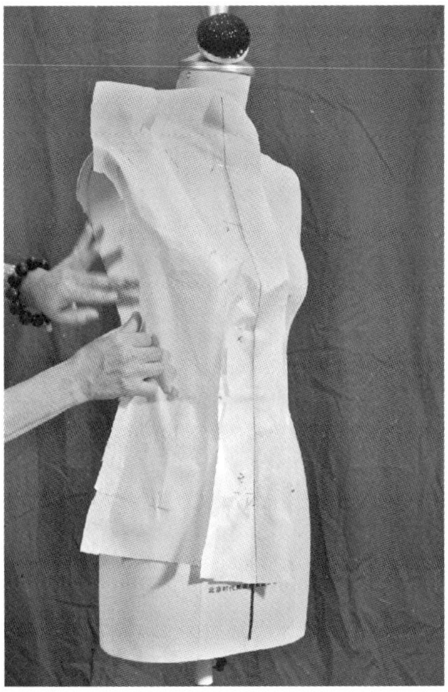

⑦剪出前侧片的大概轮廓和袖窿形状。折出侧缝线，注意侧缝线要垂直于地面。

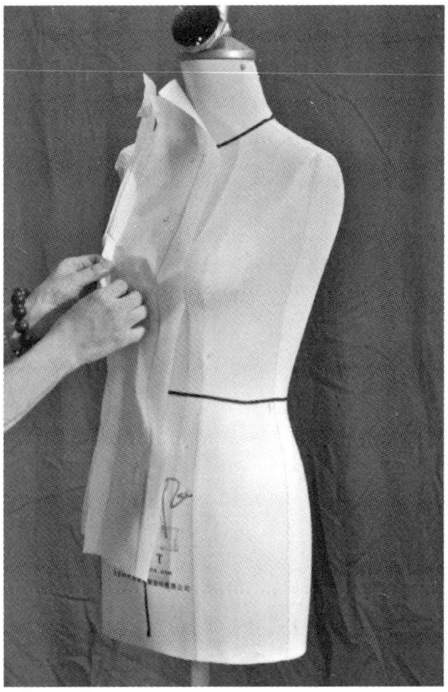

⑧加适量放松量后固定侧面纸张，将前片和前侧片的公主线用大头针连接起来。

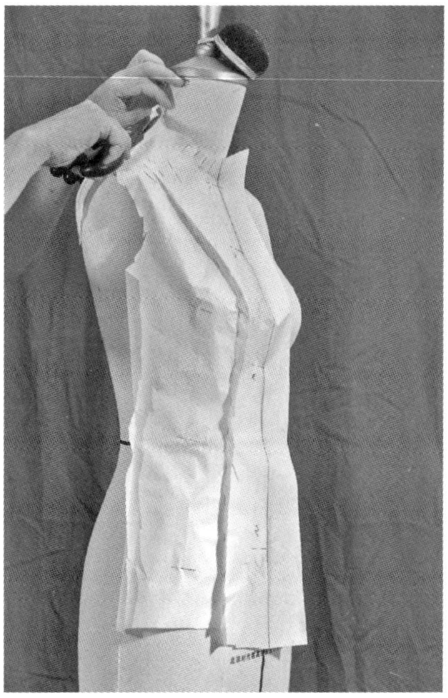

⑨调整好放松量和平衡度后，剪出前领窝线并打剪口使立裁纸服帖在人台上。西服反驳头的地方要多预留些量，便于设计西服驳头。

二、上衣后片制板步骤

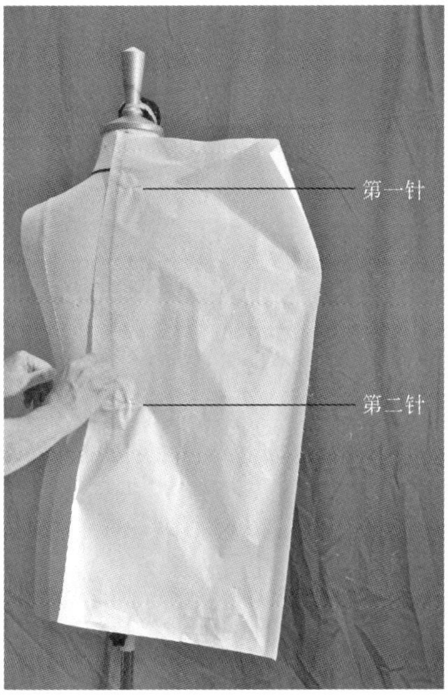

①取适合后身大小的纸张，留出2cm的缝份，在后领窝下固定第一针，中腰部分向里移2cm固定第二针。

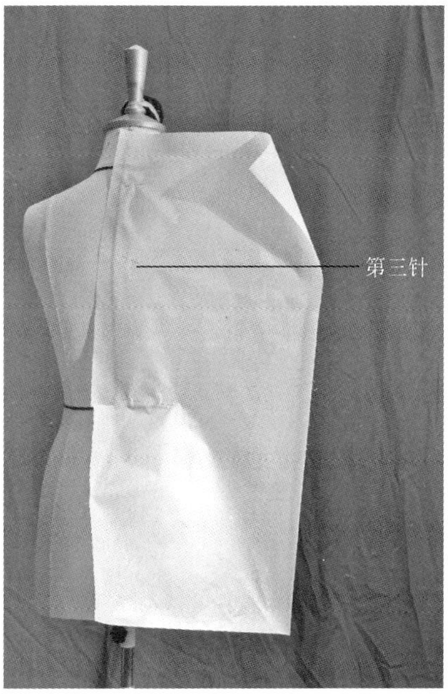

②在后中线与肩胛骨中间的位置固定第三针。然后在中腰线及上、下对着后中净线打剪口，注意不要剪过后中净线。

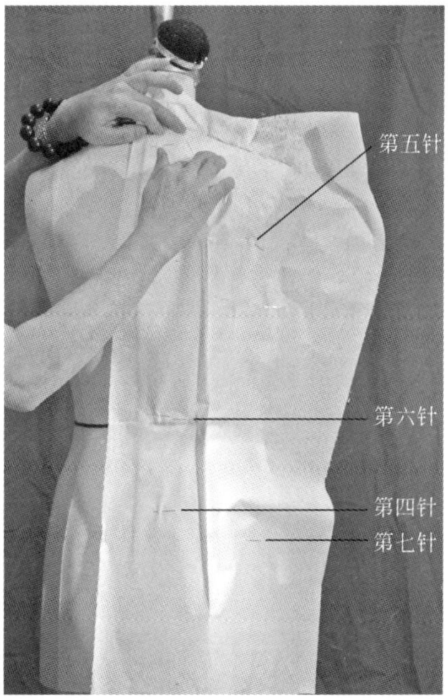

③保持纸张的平衡，在臀围线位置固定第四针。将立裁纸平顺地围在人台上成圆柱形，在后侧胸围线、腰围线、臀围线处分别固定一针，并使纸张服帖在人台的侧面。将后片多余的部分捏成后腰省和肩胛省。

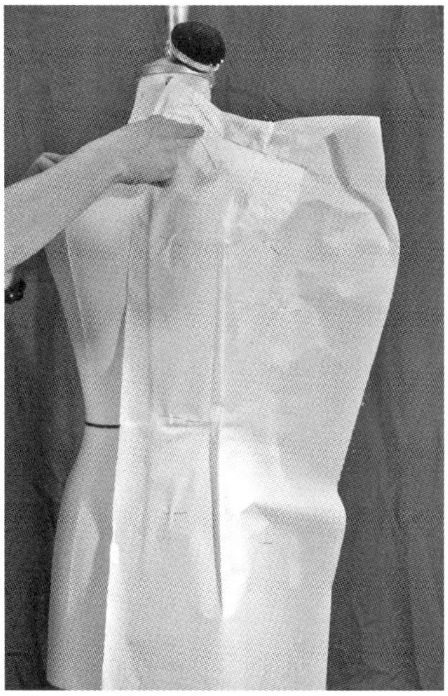

④如果感觉肩胛省量太大，可以将少量省量转移到后领窝里。

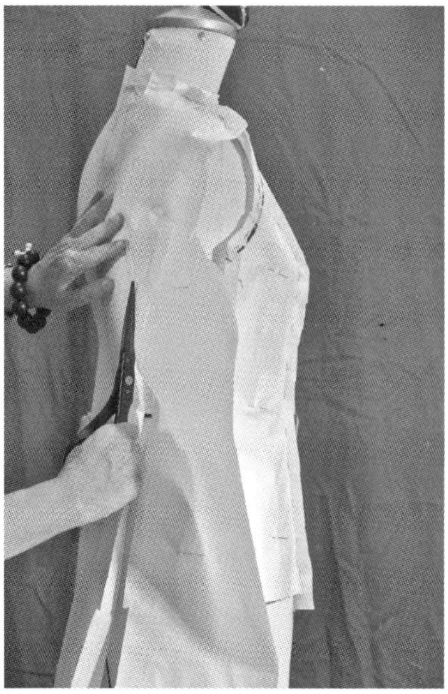

⑤把肩胛省和后腰省的省尖接在一起，使它成为一条公主线。沿着捏好的公主线，留出相对多的缝份（便于后面的调整和修改），剪掉多余的部分。并剪出肩斜线和后领窝线，在后领口打剪口。

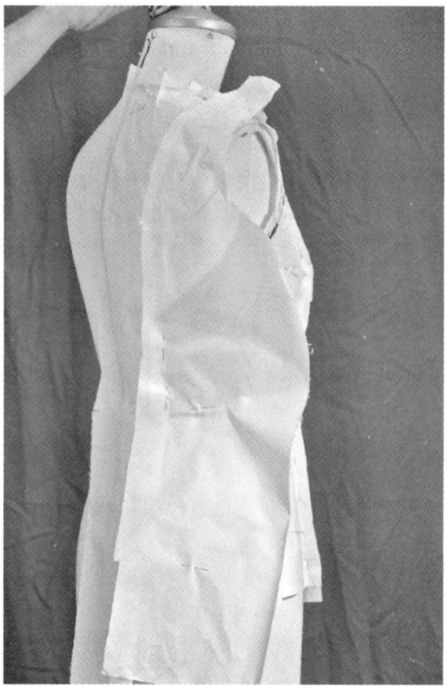

⑥取适合后侧面刀背大小的立裁纸，在胸围线、腰围线、臀围线处分别固定一针，并使纸张服帖在人台的侧面。

⑦加适量放松量后固定侧面纸张，将后片和后侧刀背的公主线用大头针连接起来。留出适量松度，折出侧缝线，注意侧缝线要垂直于地面。

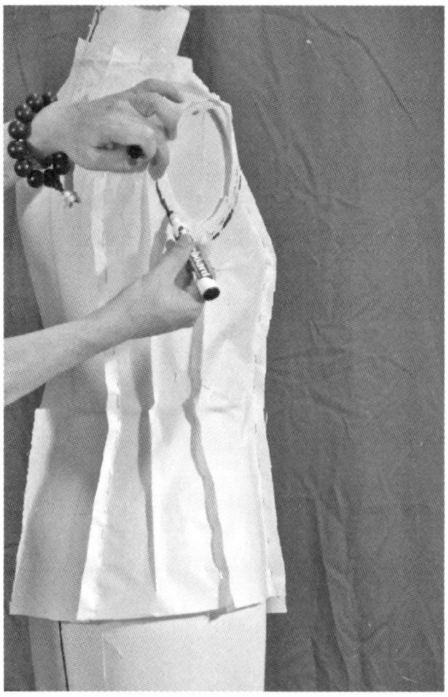

⑧将前后片侧缝平衡流畅地连接起来。画出袖窿弧线。

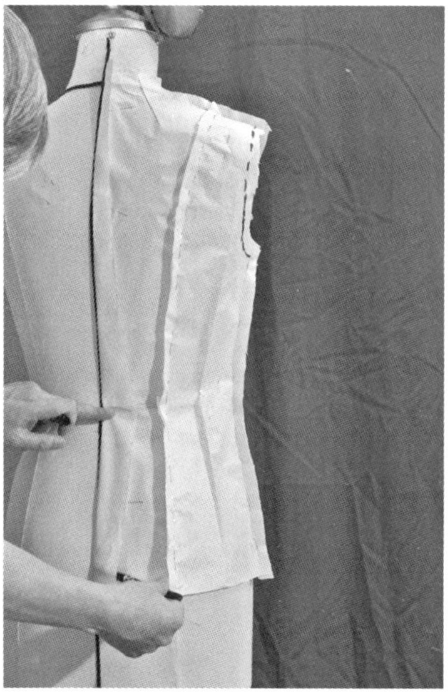

⑨调整前后衣身的松量，不要有歪斜、松紧不当的情况出现。

三、西服领子制板步骤

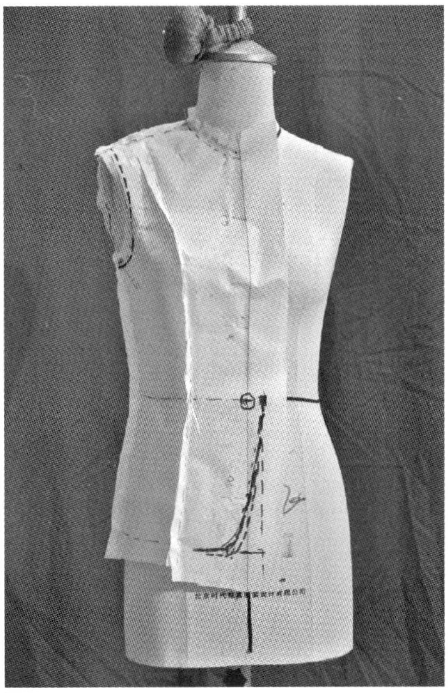

①先在中腰的位置画出一粒扣的位置，从前中线向外2cm位置画平行线。根据款式的设计确定门襟角度，在下摆拐角处抹圆。

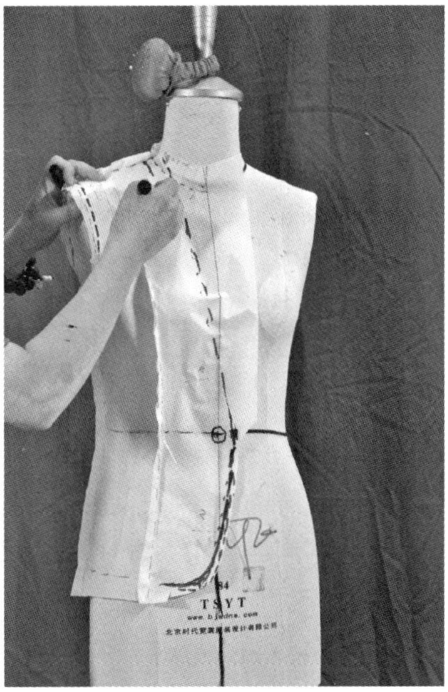

②在原领口向脖子方向移2cm取一点，与中腰搭门量2cm点连接画曲线，代表反驳口线。

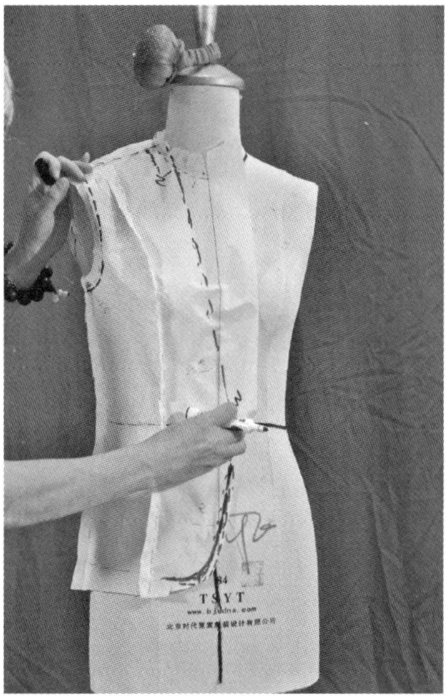

③在原领口向肩方向移1cm取一点，画领深线。领深线的角度和长度是根据设计效果来确定的。

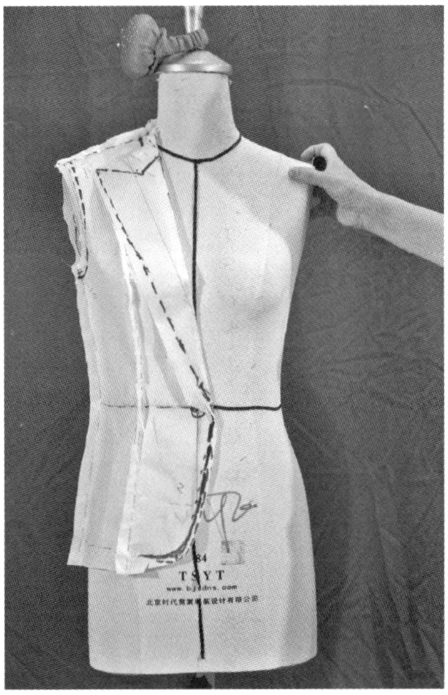

④将驳口按反折印折过来，然后设计驳头的造型、高低、大小。

⑤驳头设计好后，根据驳头的大小、高低来配领子。取一个长方形立裁纸，一个窄边留缝份，对齐人台后中线，用剪刀在底部打一排剪口。

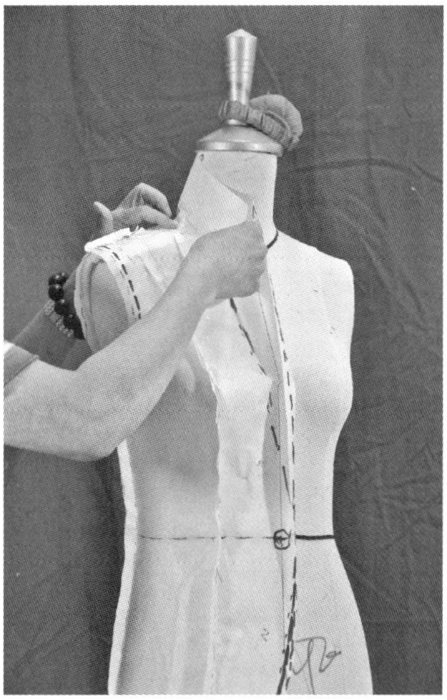

⑥领子底部打剪口的目的是使领子更容易围着人台脖子转到前面来。调整好领子的角度和到脖子的距离后，用大头针按领口线将领子固定。

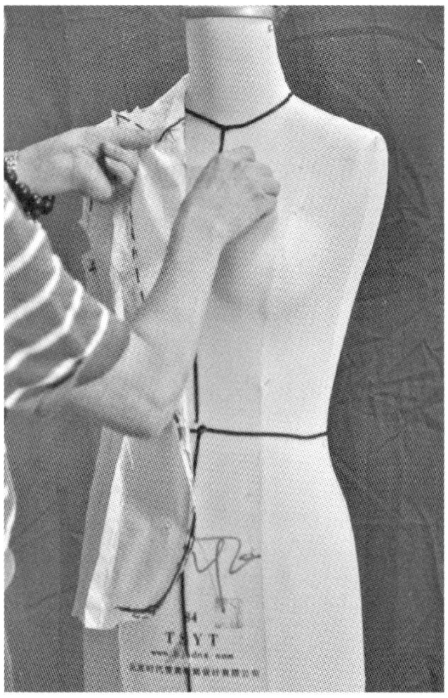

⑦ 将领子翻下来，与驳头保持平衡和平整，先将领子和驳头固定在一起。

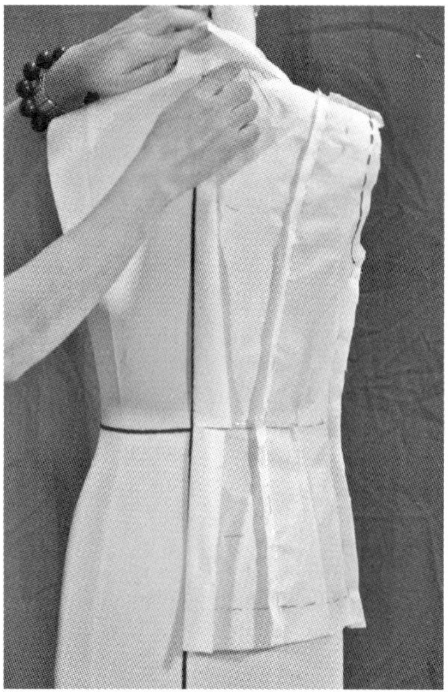

⑧ 注意领子翻下后，也要保证后领中线与衣服的后中线在一条直线上。

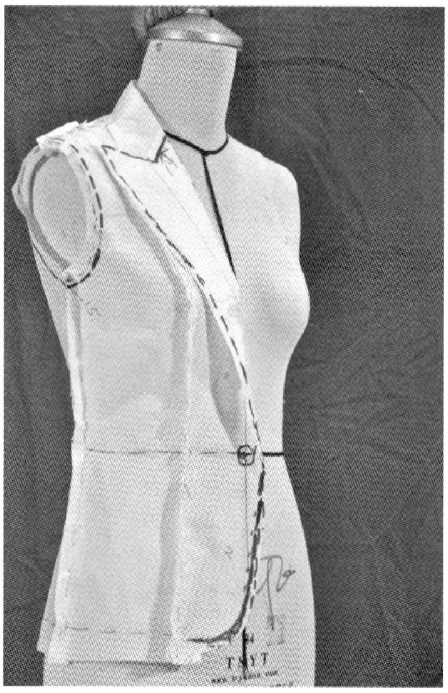

⑨ 这是四幅身女西服的驳头和领子完成效果。袖子的制板步骤参照三幅身女西服，此处略。

四、西服纸样整理步骤

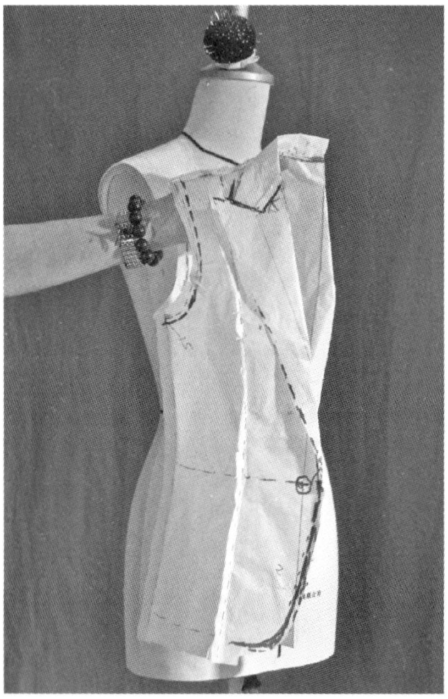

① 这是立裁纸样从人台上取下来的立体效果。

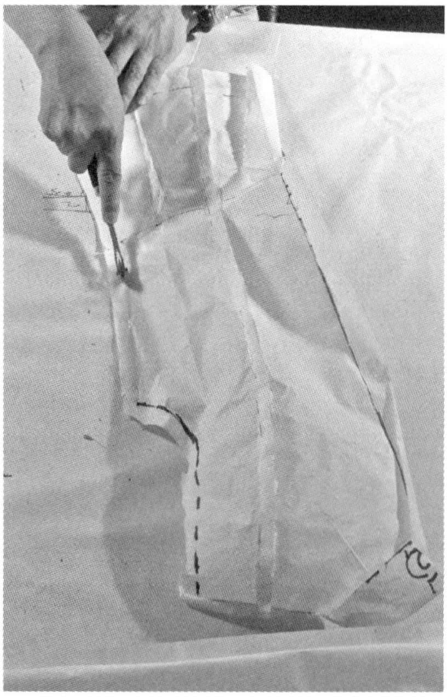

② 将立裁纸样取下后，要将整个衣身上所有用大头针连接的位置用压轮压出印迹。

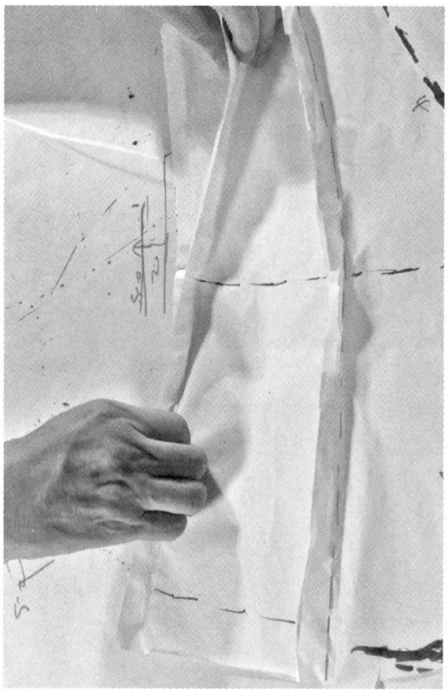

③ 将压过压轮印迹的大头针取下来。

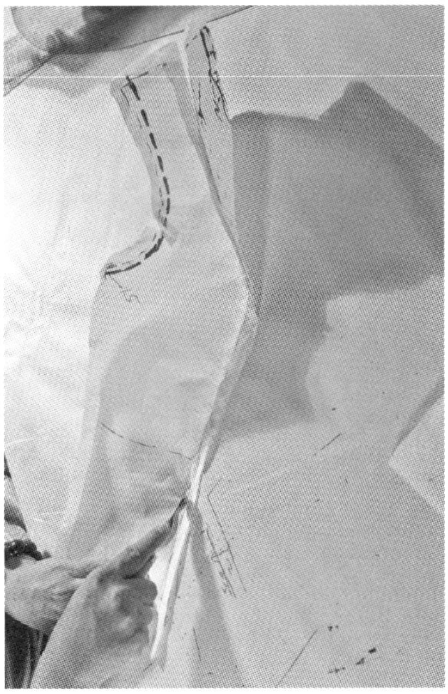

④前片的腰省也要用压轮压出印迹，切记这里的腰省一定都是直线。

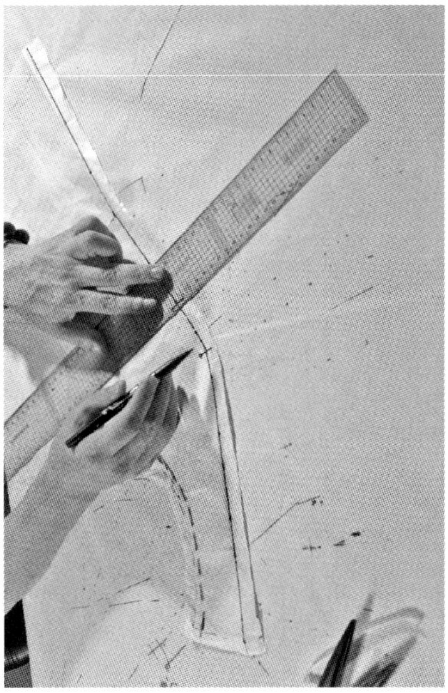

⑤按照压轮印迹画出纸样的净线，画出准确的标记号。

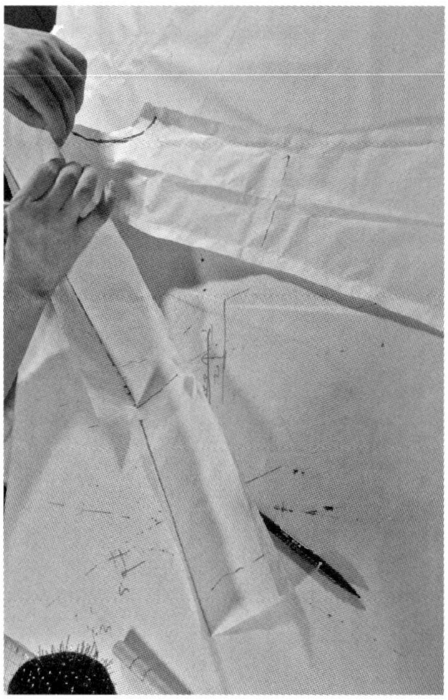

⑥将每片纸样比对、核板、调整。

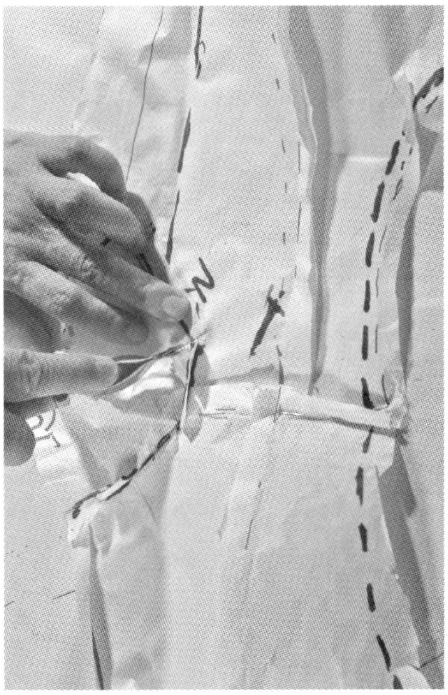

⑦对比、审核领子与衣身的记号和角度。

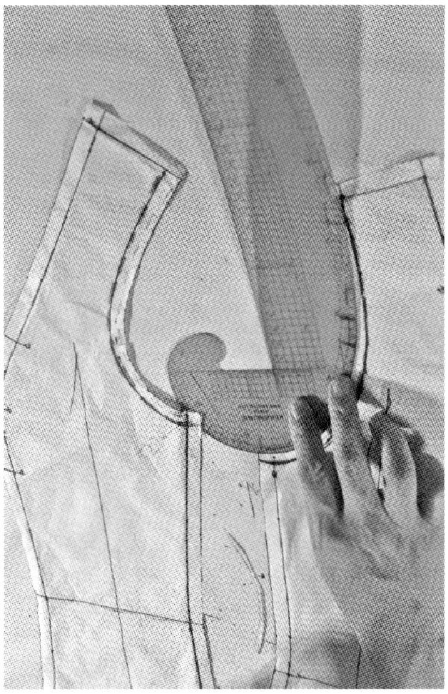

⑧将纸样的线条净线画圆顺，并画出毛缝线。

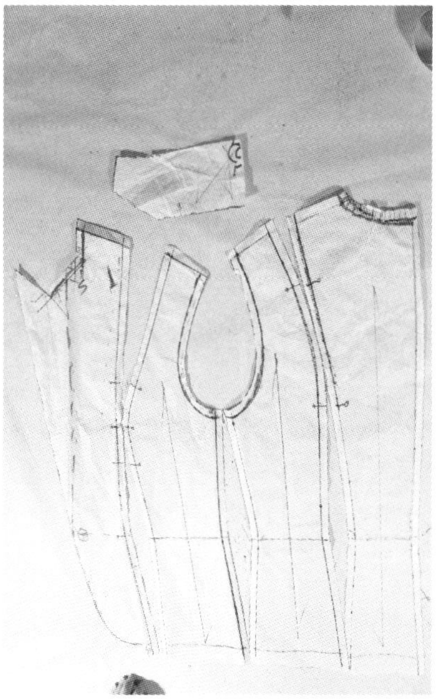

⑨这是四副身女西服衣身和领子整理好的纸样效果。

第三节 夏奈尔经典女装款式

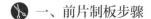

一、前片制板步骤

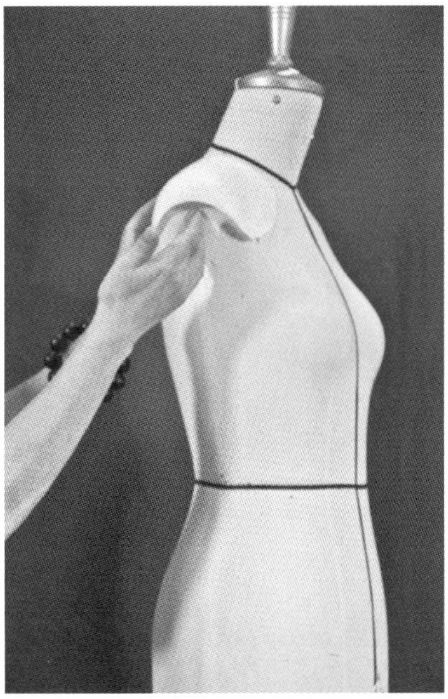

①先选择一个薄厚适中的女装圆头垫肩，将垫肩用大头针简单固定在人台上，注意要留出胳膊的宽度，因为人台肩量是不含胳膊的宽度的。

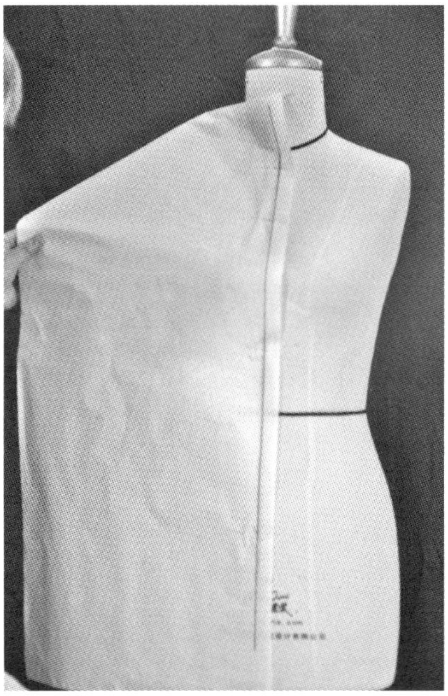

②按照三副身女上衣的方法，取适合衣长及衣宽的立裁纸，画出前中线，并留出搭门量。

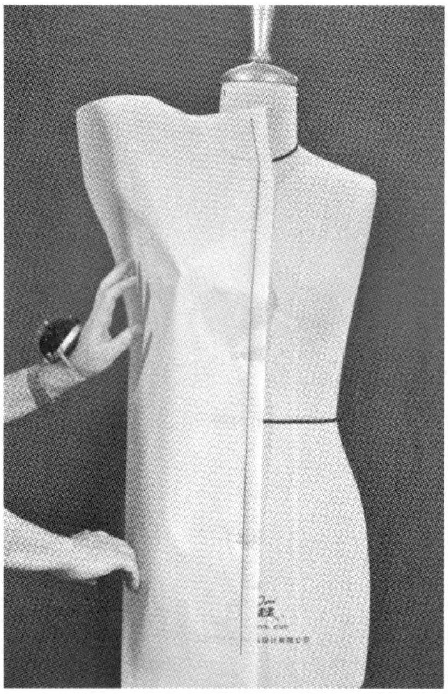

③将立裁纸沿胸围线平行、平衡、圆顺地裹到人台侧面。

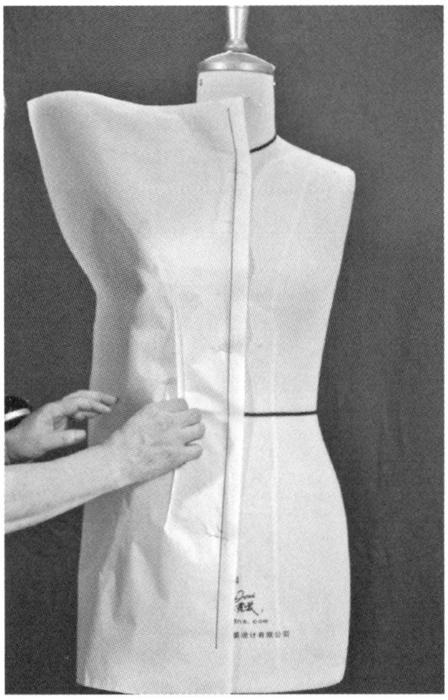

④捏出前腰省，并用大头针别好，平行整体加适量的放松量，放松量的多少是根据服装款式设计来决定的。

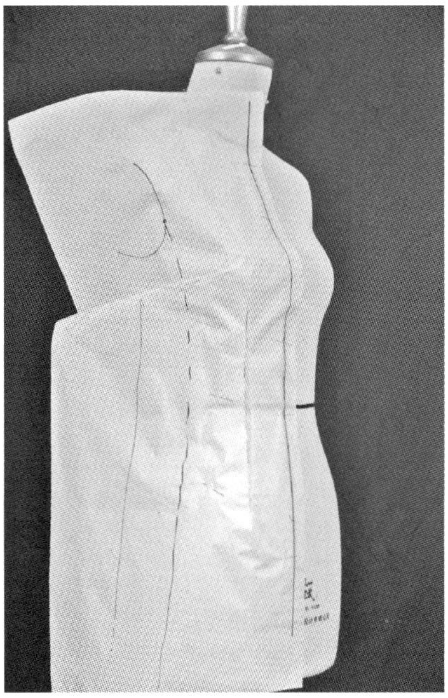

⑤根据服装款式设计捏出胸省量。画出三副身的分割线及袖窿弧。

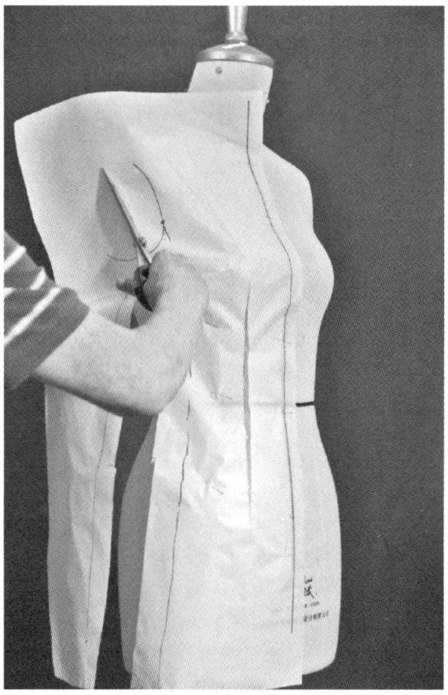

⑥留出适量缝份，剪掉多余的部分，便于后面的制作。

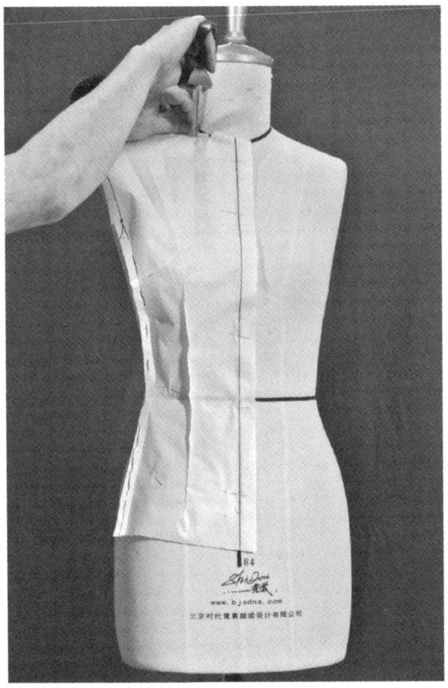

⑦ 沿着画好的分割线，结合人台曲线，折出垂直于地面的前片净线。画出领口线，剪掉多余部分，并在领口缝份上打剪口，使立裁纸服帖在人台上。

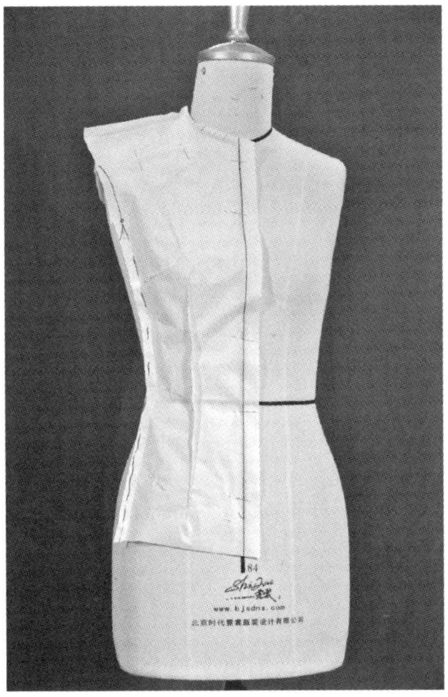

⑧ 对着人台的肩缝线，折出前片的肩缝净线，画好前片的轮廓线，剪掉多余的纸张。前片制板完成。

二、后片制板步骤

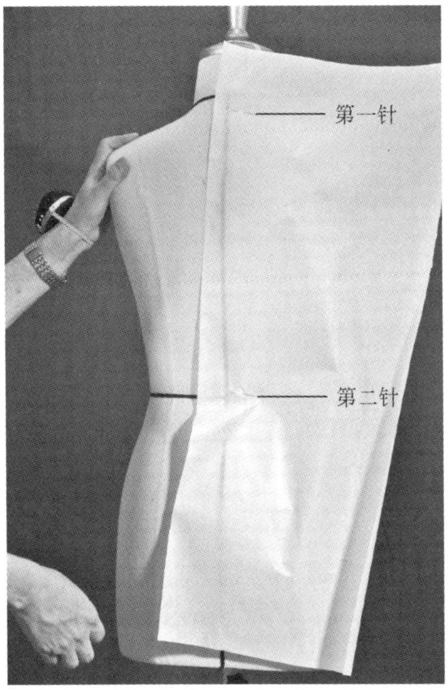

① 取适合后片大小的纸张，留出2cm的缝份，在后领窝下别第一针，中腰部分向里移2cm别第二针。

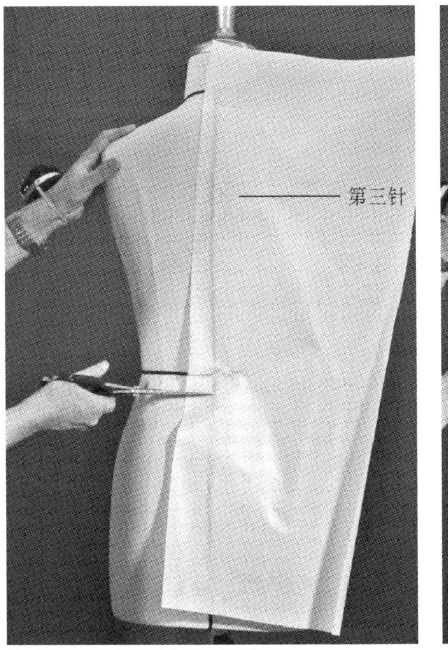

② 在后中线与肩胛骨中间的位置别第三针。然后在中腰线及上、下对着后中净线打三个剪口，注意不要剪过后中净线。

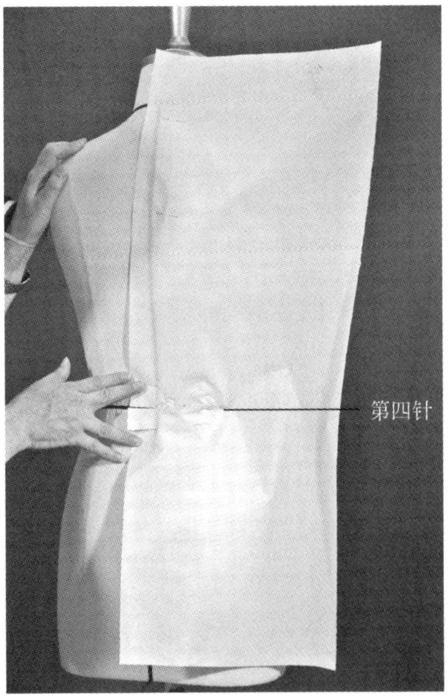

③ 剪开剪口后，第二根大头针向侧缝方向平移，在后公主线的位置别第四针。

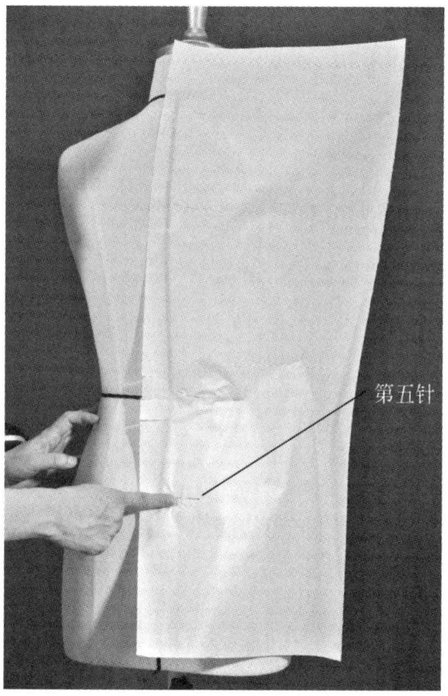

④保持后面下半部纸张的平衡，在臀围线位置别第五针。

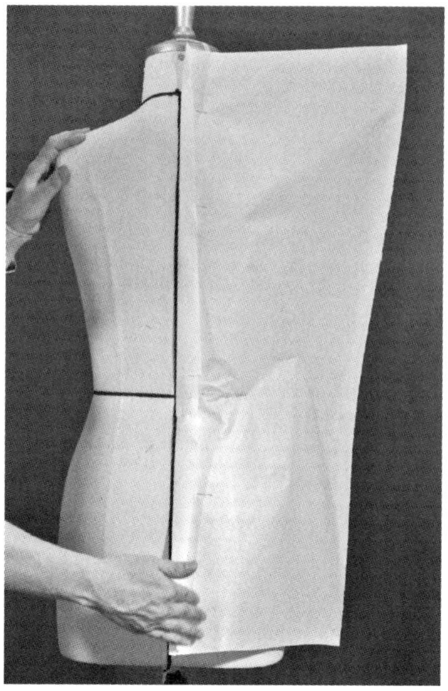

⑤按人台标记的后中线，折出纸样的后中线。

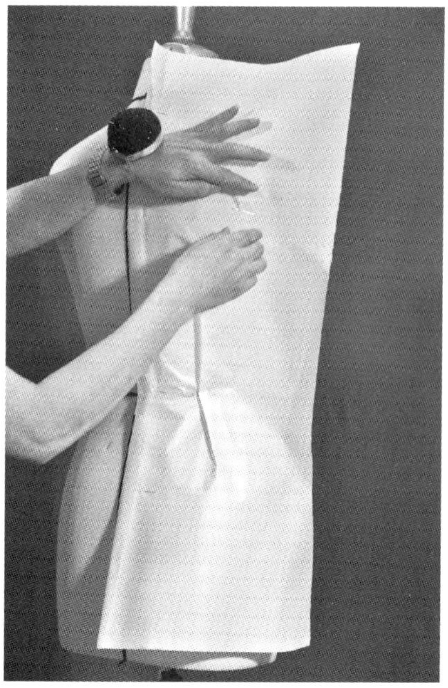

⑥在后中线与肩胛骨中间的位置固定一针。将立裁纸平衡服帖地固定在人台的后侧位置。

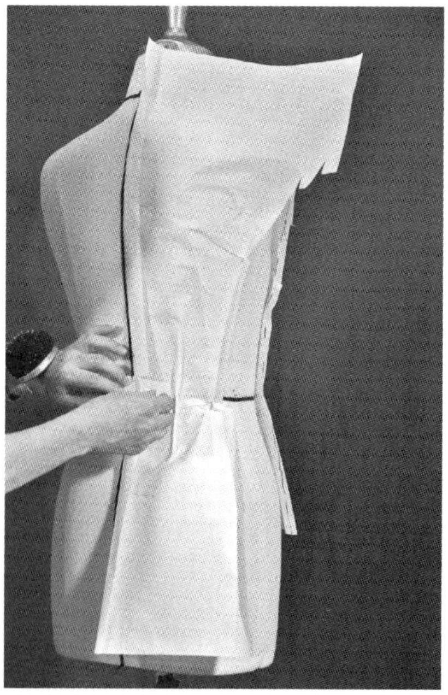

⑦将多余的部分捏成省量，再沿后腰省右侧留出缝份，剪掉多余的部分，做成后刀背的线条。

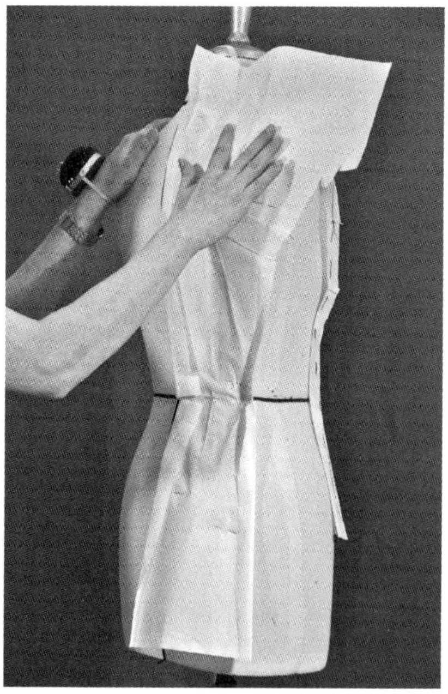

⑧从肩胛骨最高的地方用手向上推，推出多余的部分为后肩胛省量，如果肩胛省量较大，可匀出一小部分省量到后领窝，这样服装穿着会更舒适。

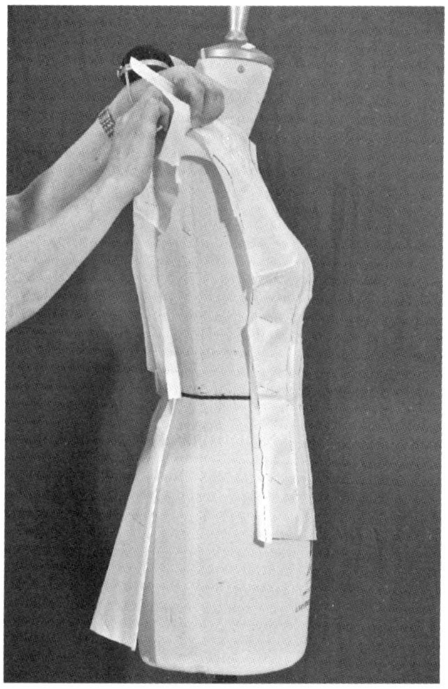

⑨将前后衣片的肩缝连接起来，注意保持前后片的平衡，肩缝应该是一条直线。

三、侧片制板步骤

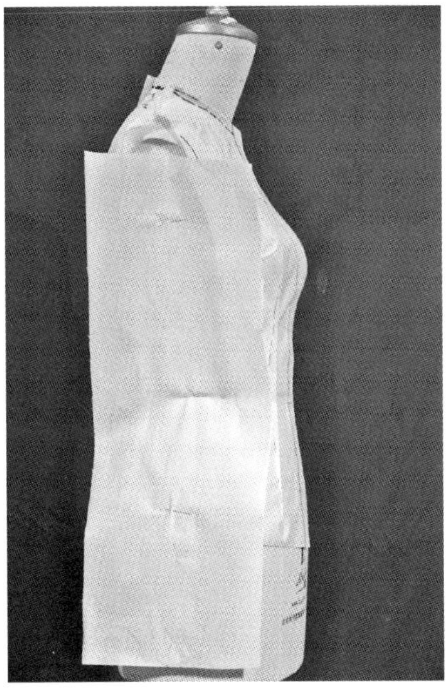

① 取适合侧面大小的立裁纸，在胸围线、腰围线、臀围线处分别固定一针，并使纸张服帖在人台的侧面。

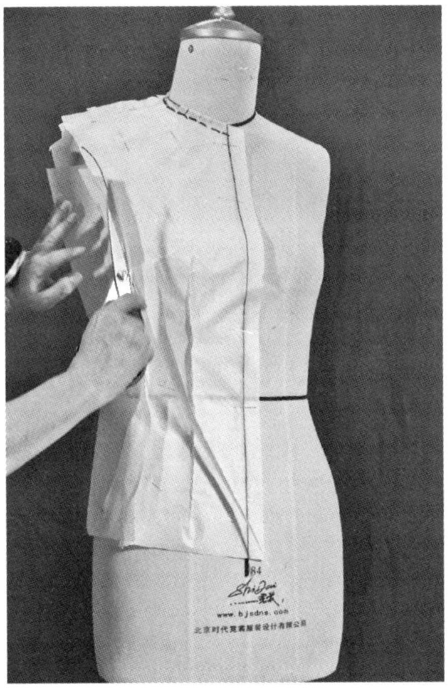

② 因为立裁纸是半透明的，可根据前片净线的印记剪出侧片大概的轮廓线。

③ 保持立裁纸在人台平衡的同时，平行地向侧面推出放松量。

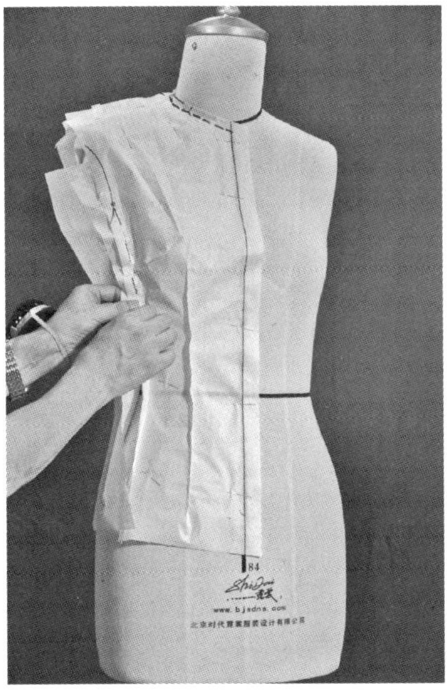

④ 按照人体公主线的线条，将前片和侧片平顺地连接起来。

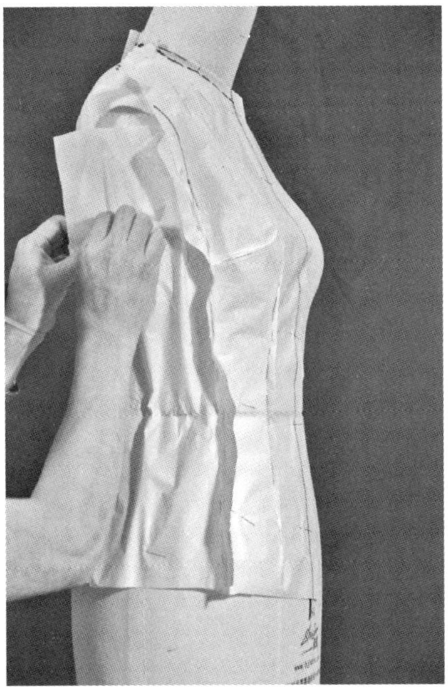

⑤ 连接后片的做法与连接前片的做法相同。

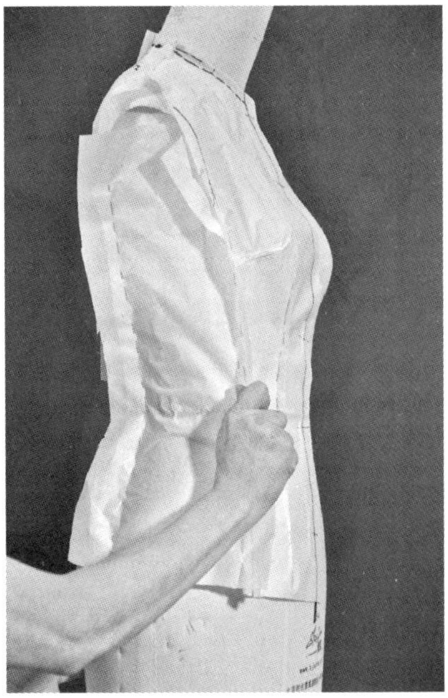

⑥ 可以通过平行轻拽纸样来看纸样的线条和人台线条是否吻合。

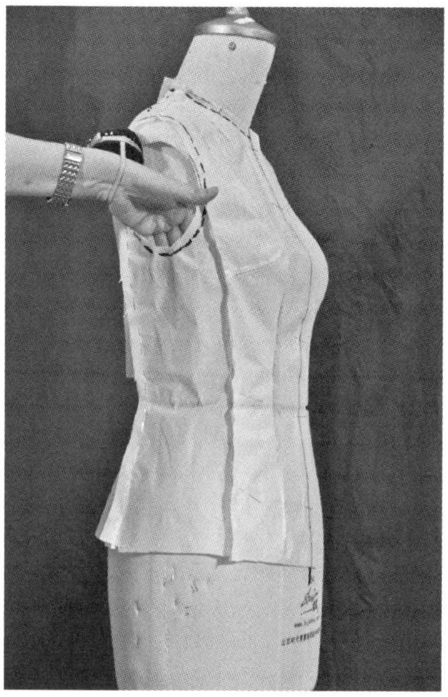

⑦ 当把衣身的合缝都连接起来后，可以只留下前侧片和后侧片固定的大头针，取下其他位置固定用的大头针，来观察衣服的放松量和平衡度。

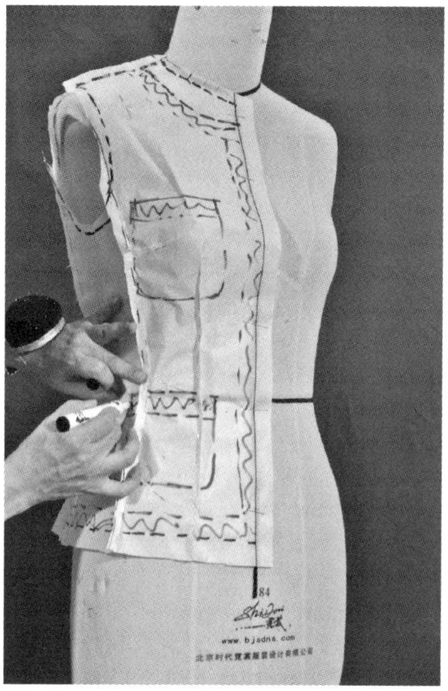

⑧ 将做好的衣身上画出领口线、袖窿线及其他轮廓线，并根据服装设计画出装饰线和口袋的大小、宽度、长度。

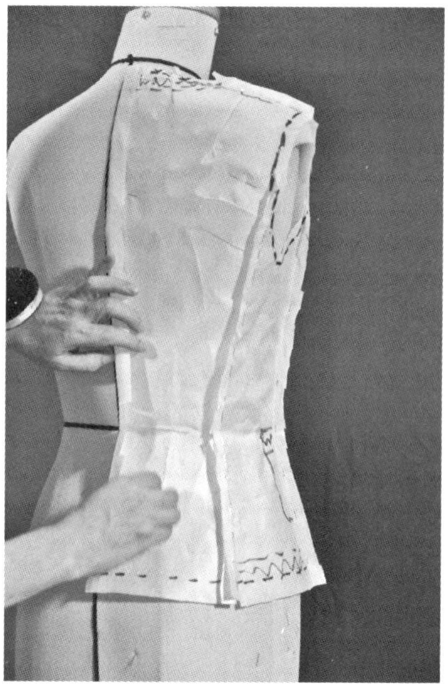

⑨ 观察衣服的平衡度、放松度后，将后中线按人台的标记线折出来。

四、袖子制板步骤

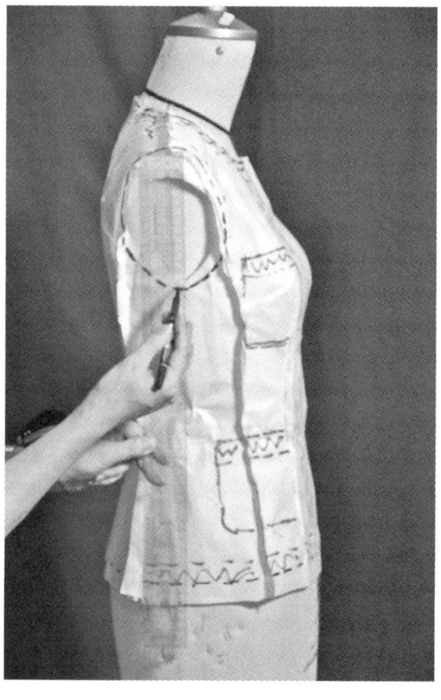

① 先在做好的衣身上，确定袖窿底点，通过这个点来确定袖山高度。

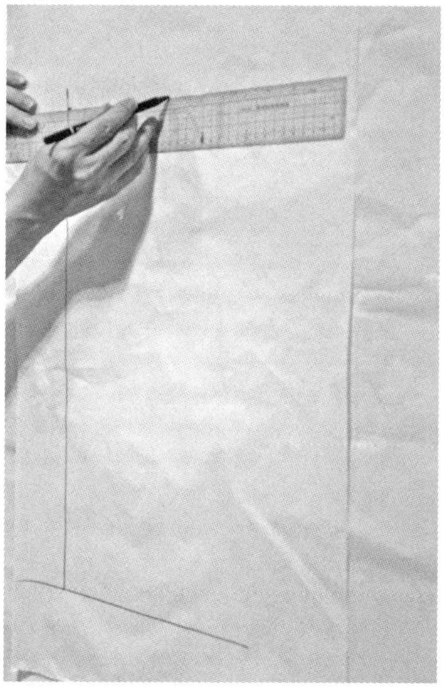

② 画出夏奈尔袖型的框架。画出上平线，分割大小袖的辅助线，确定袖子的长度。

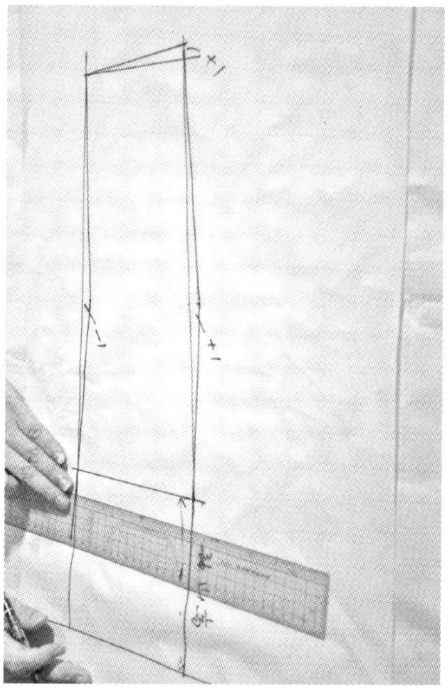

③ 袖山的高度是从袖窿上肩缝连接的点，拉直线到确定的袖窿底点的长度。袖山和袖肥在本款式中是一样的。

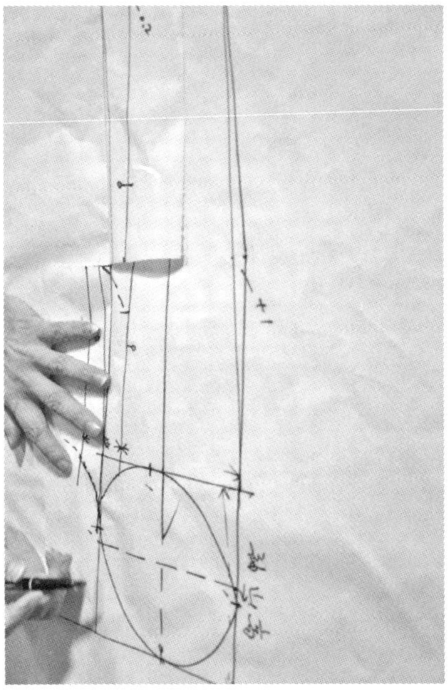

④ 画好的袖山上线和袖肥线与上平线、下平线呈正方形，在这个正方形里画田字格，后片点向上移1.5cm，底点向前移1.5cm，前点向上移1.5cm。将几个点连成椭圆形。前袖肘位置向里1cm，后袖肘位置向外1cm，连接袖长线。

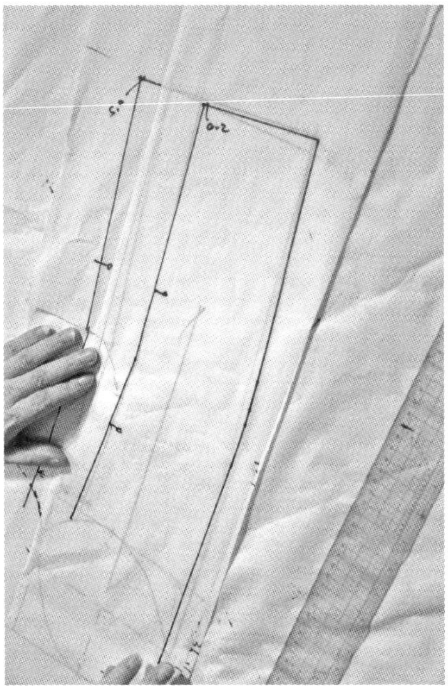

⑤ 大小袖共用一个后袖肘线，在前袖肘辅助线平行向外3cm为大袖净线，在前袖肘辅助线平行向里3cm为小袖净线。将大袖上半部按前袖肘辅助线折叠，与小袖上半部净线重合，做标记。将大袖下半部按前袖肘辅助线折叠，与小袖下半部净线重合，做标记。将偏袖弧线复制到大袖。

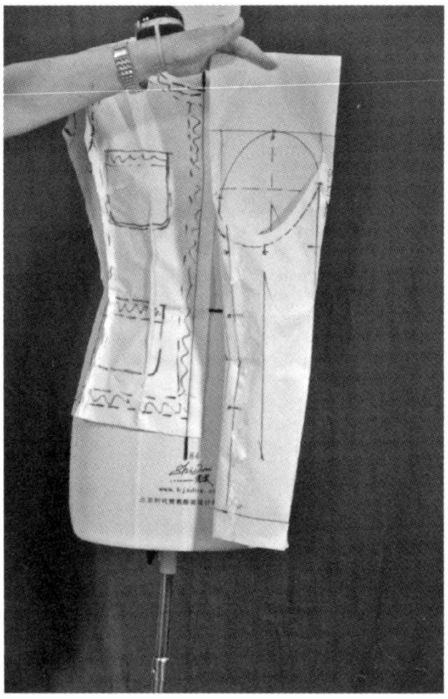

⑥ 将袖子的大小袖片连接起来。注意袖子前肘连接时，大袖前肘转折点处要剪开，但不能剪过净线。连接时将前肘的剪口标记对齐，这时纸样裂开的量就为大袖制作中产生的拔量。

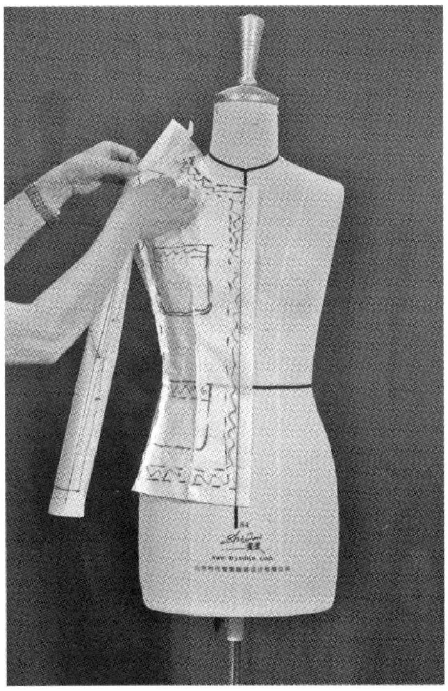

⑦ 将袖窿顶点与衣身的肩线连接，确定好袖子的高度和前后角度位置后将袖子固定在衣身上。袖窿上多余的量都捏为省量。

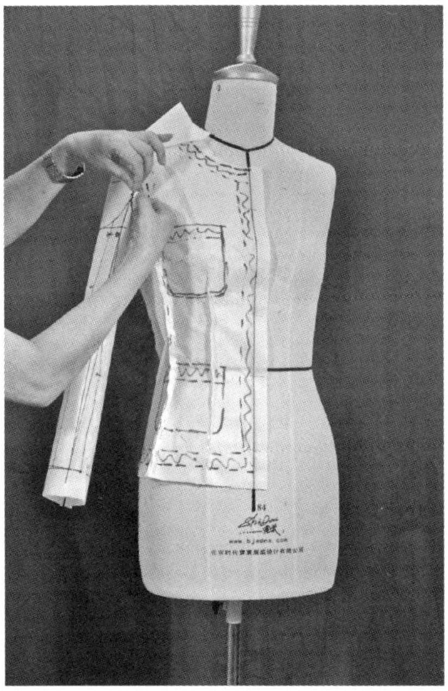

⑧ 在袖窿弧线的转折点上打剪口，袖弧上半周缝份在外面，便于确定袖窿和衣身的接缝位置，下半周向里与衣身袖窿底弧连接。

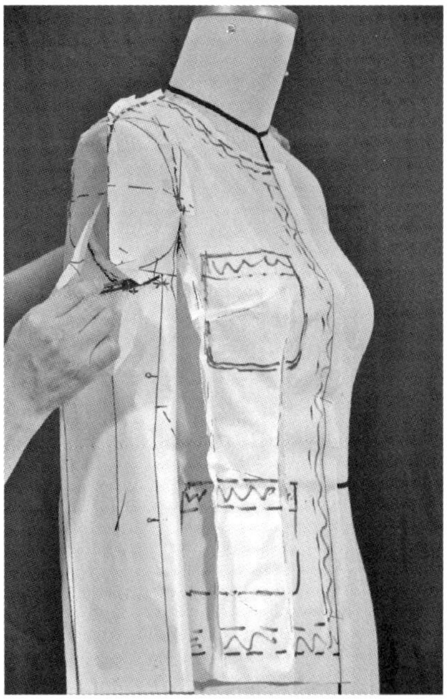

⑨ 将袖窿上部多余省量捏好别住，留缝份，剪掉多余。在袖子正面打剪口，便于下周袖窿与衣身连接。这款夏奈尔是借肩袖，可以把袖窿线向肩里侧移动到需要的位置上。

五、纸样整理步骤

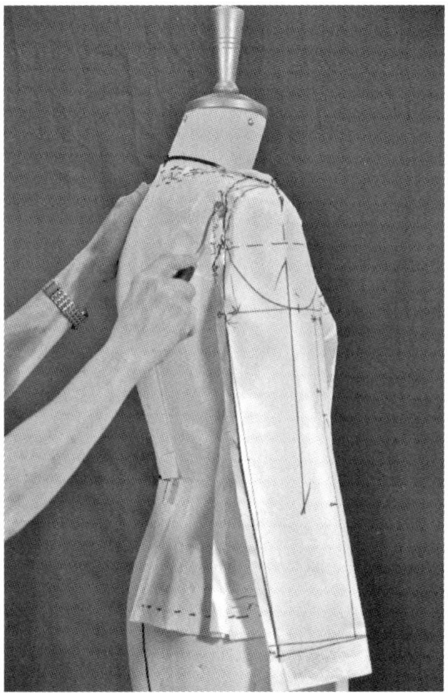

①先在人台上确定这款夏奈尔借肩袖连接位置，用尖压轮在确定的接线上压出痕迹，使袖片和衣片上留出共同的压轮印迹，这印迹也就是衣身袖窿和袖片弧线的净线。

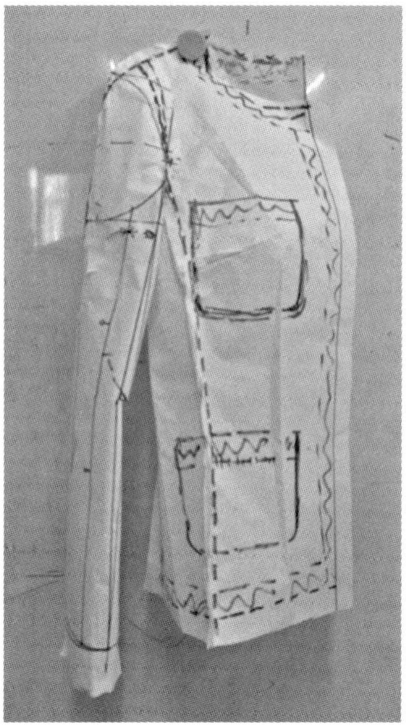

②这是从人台上取下来的立裁纸样的立体效果。

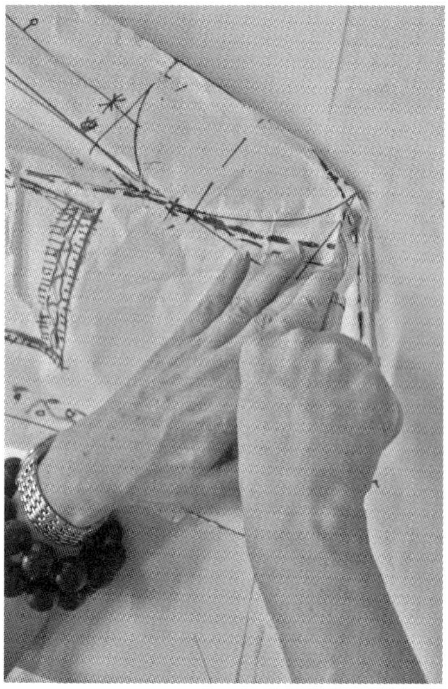

③将立裁纸样取下后，还要继续将袖子上的所有用大头针连接的位置用压轮压出印迹。

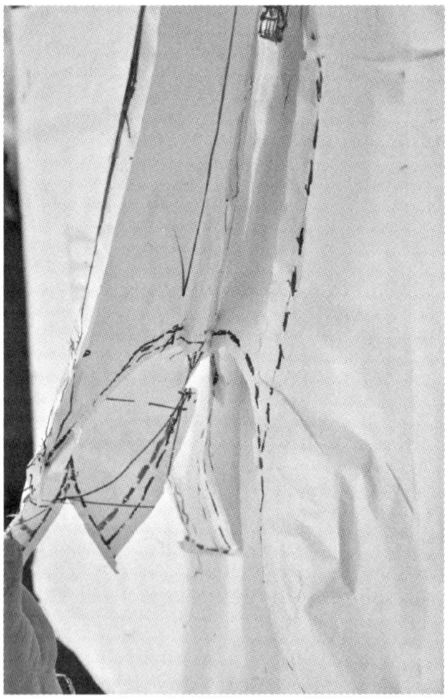

④用压轮压过，做好了记号，大头针就可以取下来了。

⑤袖子和衣身分开后，用尺子按照压轮印迹画平顺、整齐。

⑥将衣身上所有大头针连接的地方都用压轮压出印迹。

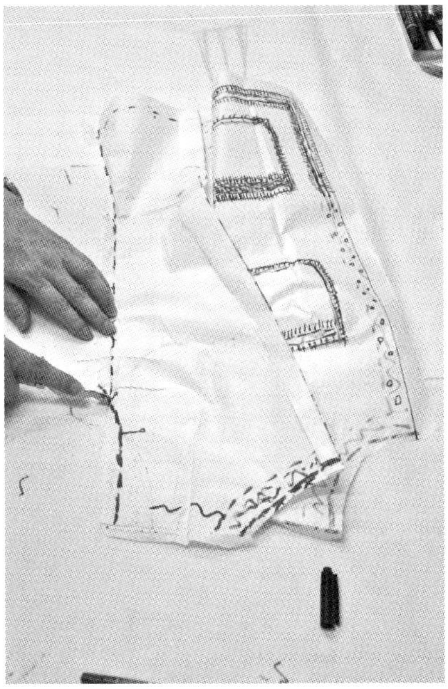

⑦ 把衣身合缝时需要对应的剪口记号同样用压轮压出来。

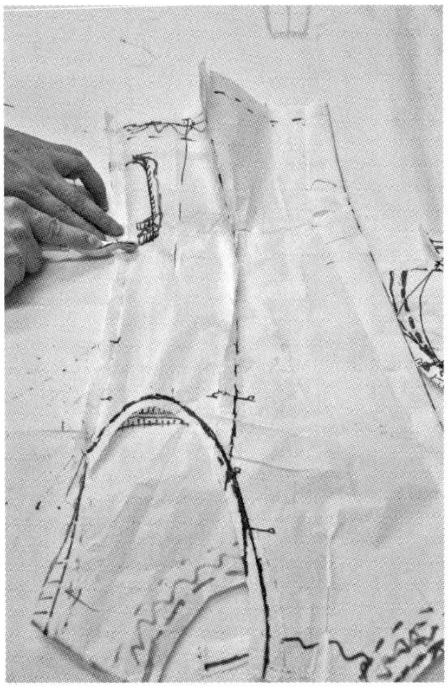

⑧ 衣服口袋的位置对应的剪口也要做记号。

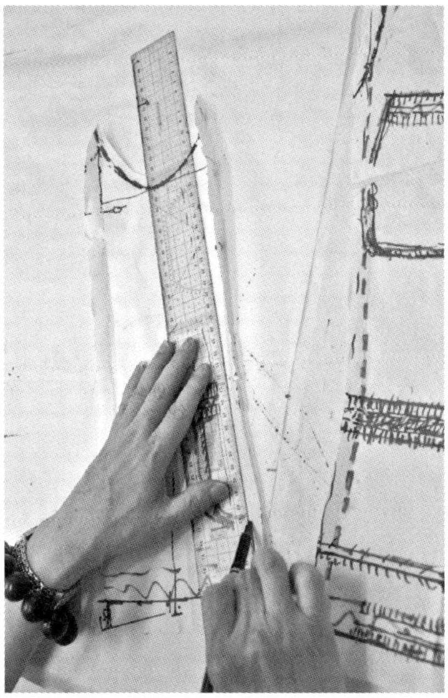

⑨ 现在把压过印迹的上衣各片连接用的大头针全部取下来，按照压轮压过的印迹，用铅笔和尺子画出片衣片的轮廓线及对应的剪口。

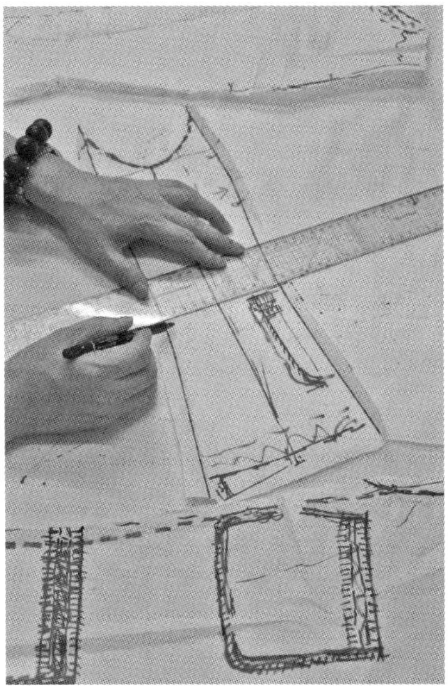

⑩ 画好轮廓线后，记得要把腰节线画出来，并画上纱向线。

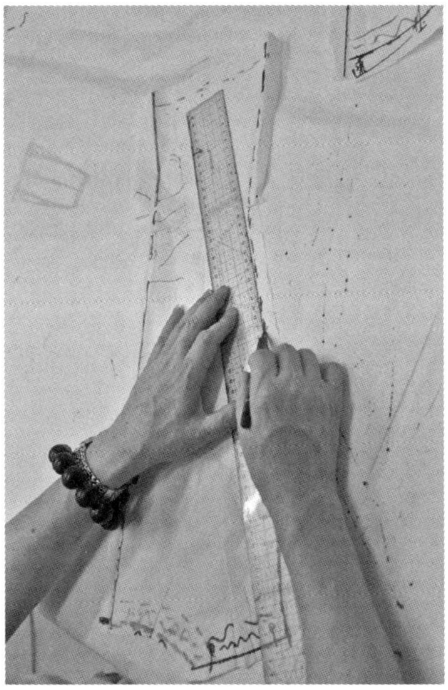

⑪ 按照同样的方法，将前片、后片的轮廓线和腰节线也一起画好、标记好。

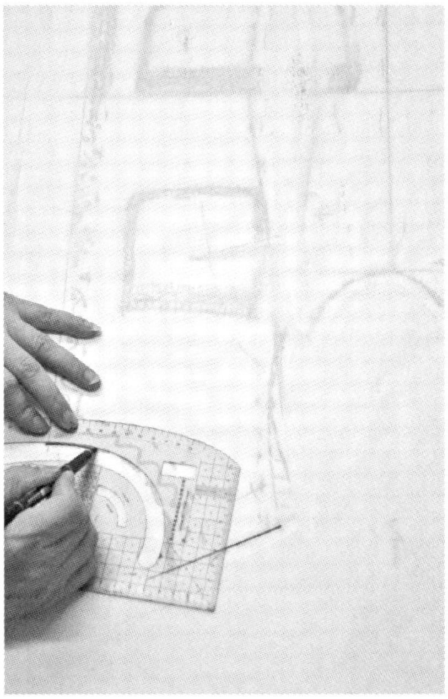

⑫ 因为在做立裁制板时，会加上一些设计的线条和标记，可以再用一张新的立裁纸，把最终设计好的轮廓线条复制到新的纸样上。

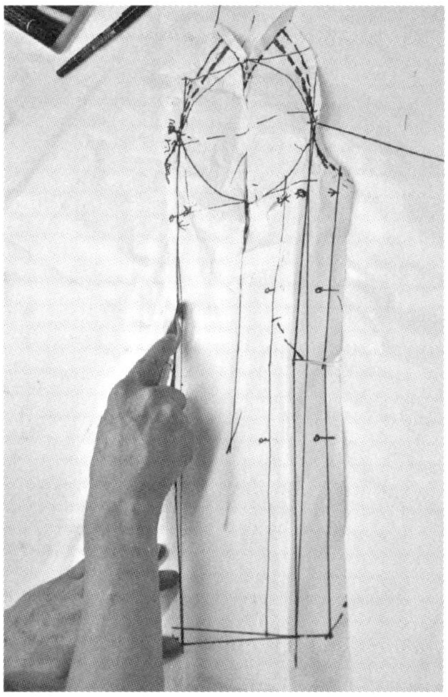

⑬下面来整理袖子的纸样。同样用压轮将袖子前后肘的连接线用压轮压出印迹，做好标记后将大头针取下。

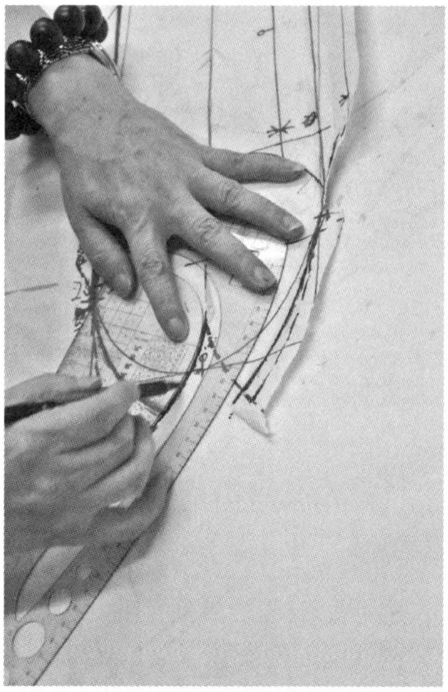

⑭与整理衣身的方法一样，用尺子按照压轮压出来的印儿将轮廓线画平顺、流畅。在图中明显可以看出，里面的细线是原型袖弧线，外面较粗的线条是借肩后做出的线条。

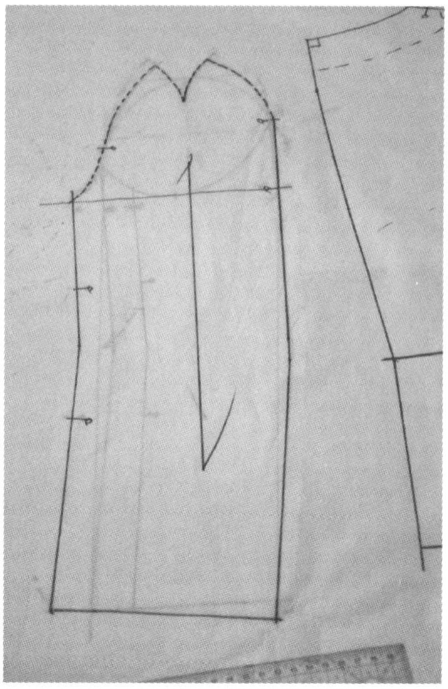

⑮把最终设计好的袖子的大袖部分的轮廓线和标记线重新复制到一张新的立裁纸上，使它成为更清晰、更明确的裁剪纸样。

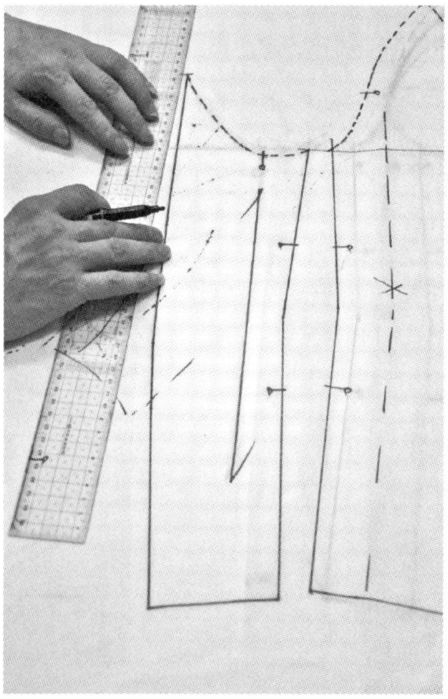

⑯同样，把最终设计好的袖子的小袖部分的轮廓线和标记线也复制到新的立裁纸上。

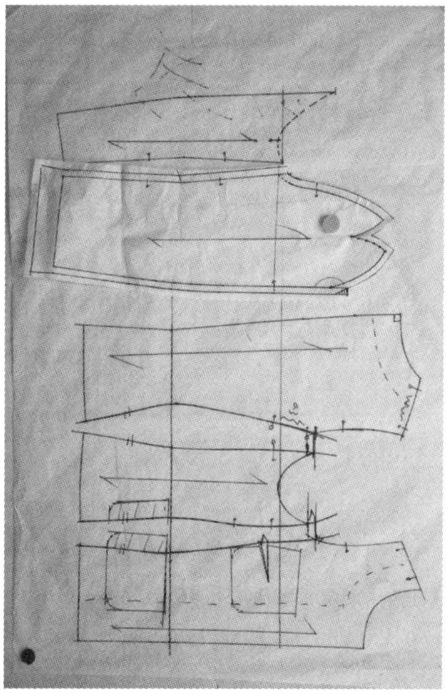

⑰这是一张复制好的线条清晰、标记明确的净板纸样（标准手工制板都是用0.5mm的铅笔，在这里用的是比较粗重的记号笔，是为了让大家能看清线条和标记）。

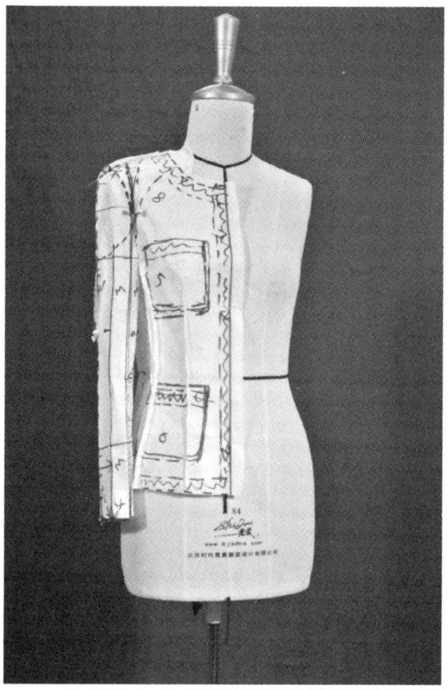

⑱夏奈尔经典女装立裁完成后的效果图。

第四节　迪奥经典女装款式

一、前片制板步骤

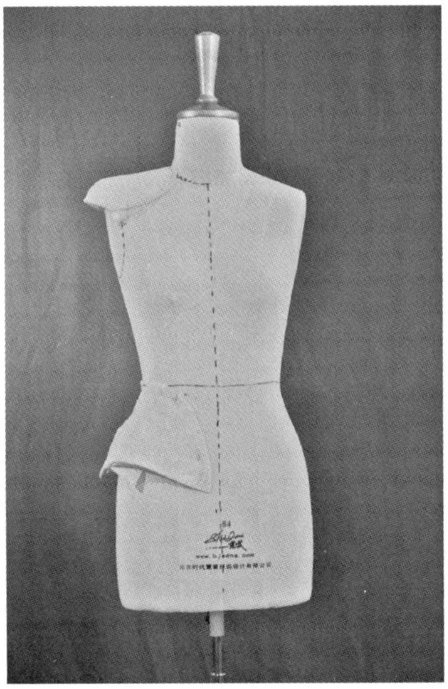

① 根据迪奥服装的特点，将人台进行处理（肩部加垫，臀部加垫），为制板做好准备。

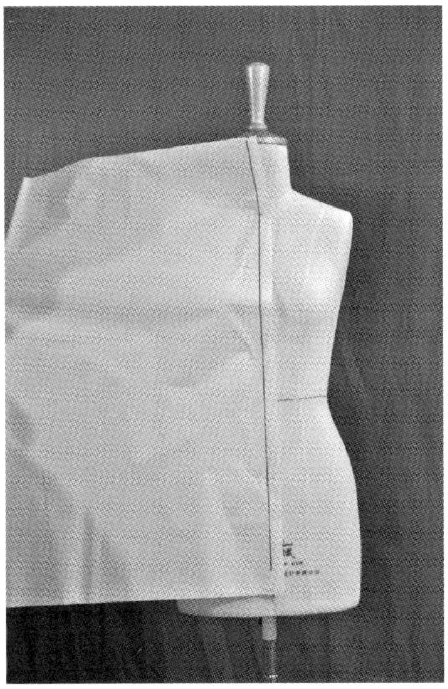

② 按照操作原型女衬衫的方法，取适合衣长及宽度的立裁纸，画出前中线，并留出搭门量（这里预留了4cm），注意两胸之间的纸不要按实在人台上。

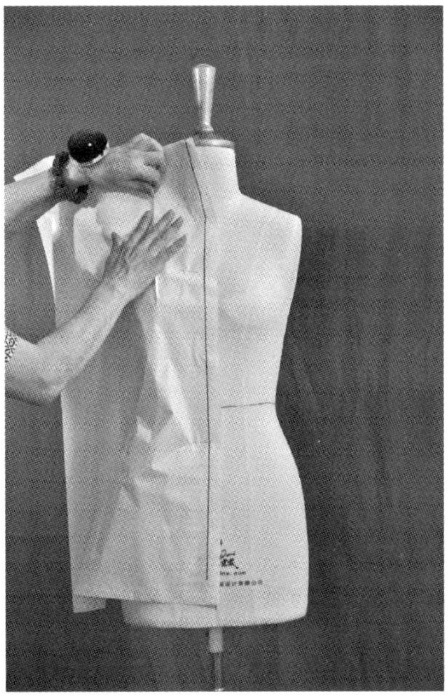

③ 将立裁纸平衡地裹在人台上，使立裁纸呈圆柱形。分别在胸围线、腰围线、臀围线位置各固定一针，将多余的量捏成肩省量和腰省量。

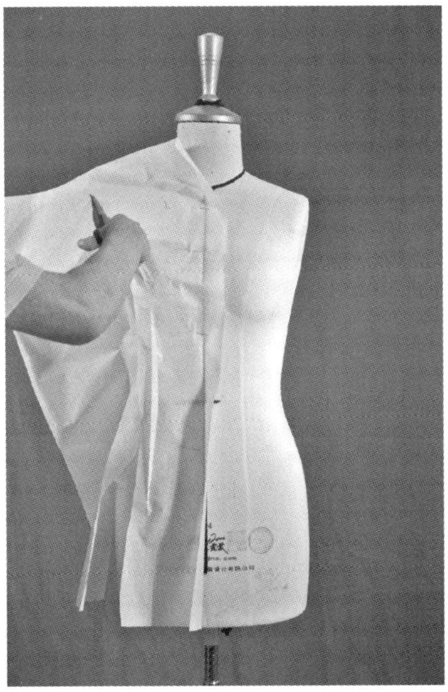

④ 把肩省和腰省的省尖接在一起，使它成为一条公主线。沿着捏好的公主线，留出相对多的缝份（便于后面的调整和修改），剪掉多余的部分。

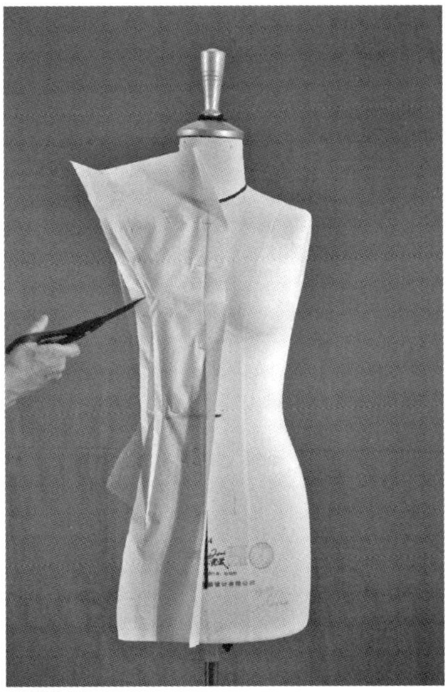

⑤ 按设计好的公主线叠出衣片的净线，在胸部打剪口。因为胸部弧线弧度比较大，为了方便制板操作，所以要打剪口。

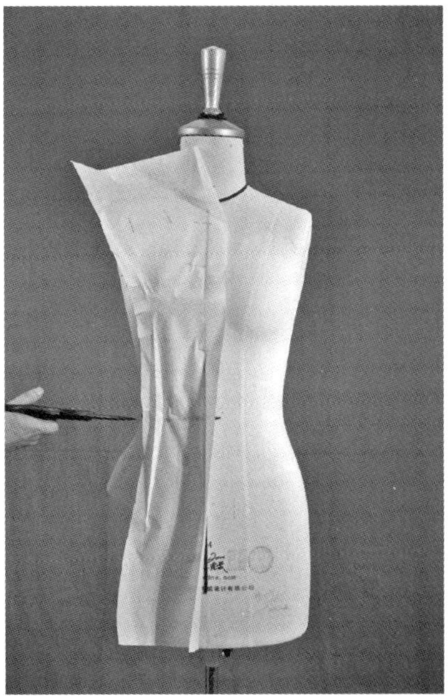

⑥ 同样道理，腰部的凹凸弧度也相对较大，所以腰部位置也要打剪口。

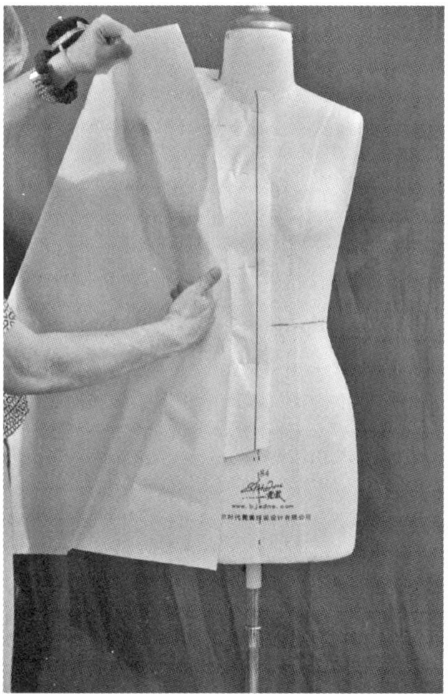

⑦ 取适合侧面大小的立裁纸，确定好前片公主线的方向，并保证立裁纸的平衡。

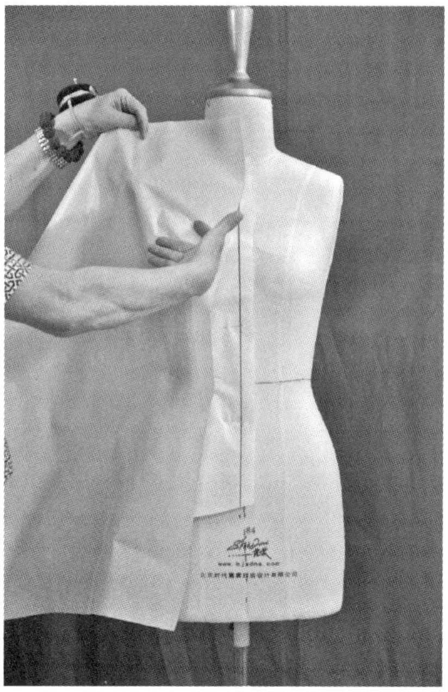

⑧ 确定好小刀背的位置后，在胸围线、腰围线、臀围线处分别固定一针，并使纸张服帖在人台的侧面。注意胸部转折部位要圆顺，纸张要平衡、平整。

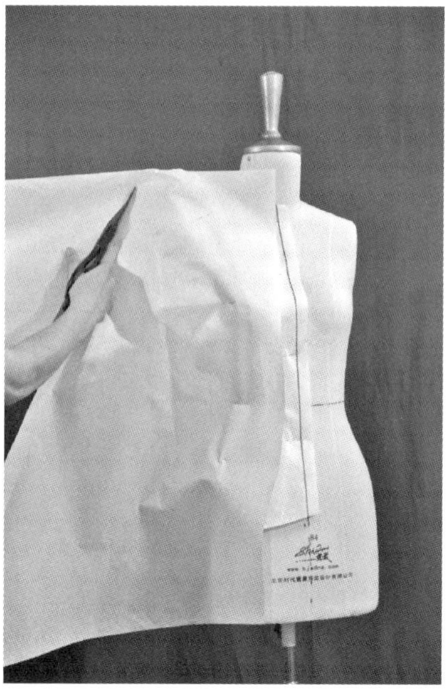

⑨ 按照人台的侧缝线折出一个辅助线。再剪出袖子的大概角度。

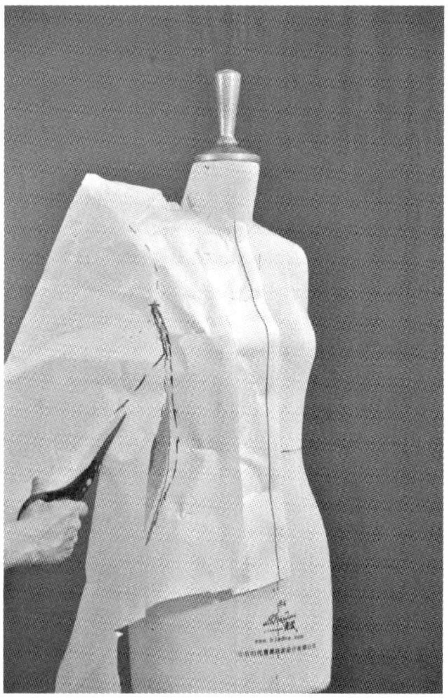

⑩ 按人台袖窿形状，设计出连袖的袖窿弧线。再设计出袖子的肥度，画出袖子的里缝线。预留缝份，再设计出小刀背，用笔画出。预留缝份，剪掉多余的部分。

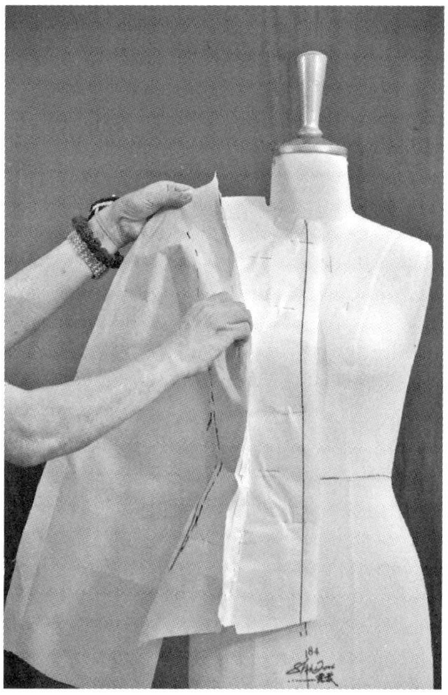

⑪ 调整好放松量和平衡度后，将前片公主线用大头针连在一起。注意在胸部打剪口、做拔量，也方便纸样的制作。

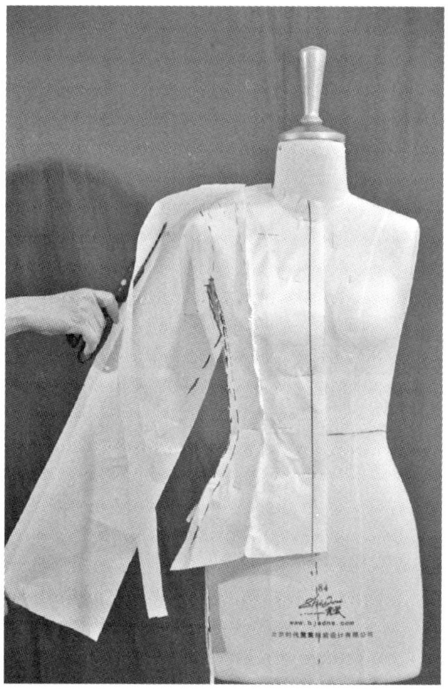

⑫ 连接好公主线后，按人台的肩斜线折出纸样的肩斜线，并根据人体肩部结构的弧度做出袖子的外部轮廓线。用剪刀剪掉多余的部分。

二、后片制板步骤

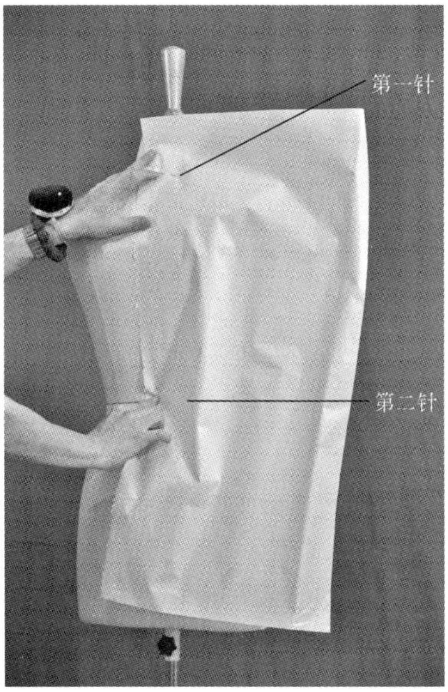

①取适合后面大小的纸张，留出2cm的缝份，在后领窝下别第一针，中腰部分向里移2cm别第二针。

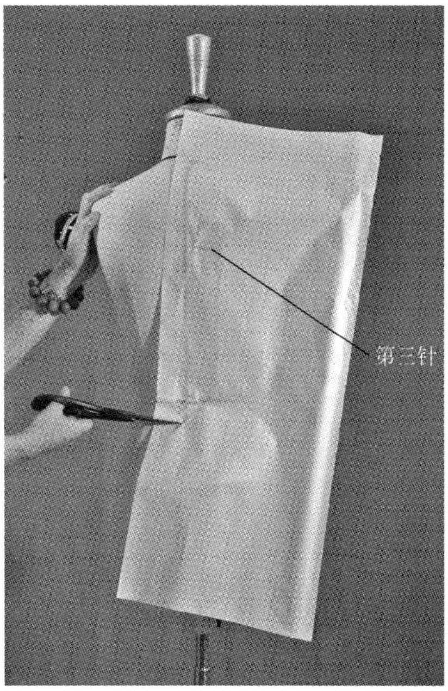

②在后中线与肩胛骨中间的位置别第三针。然后在中腰线及上、下对着后中净线打三个剪口，注意不要剪过后中净线。

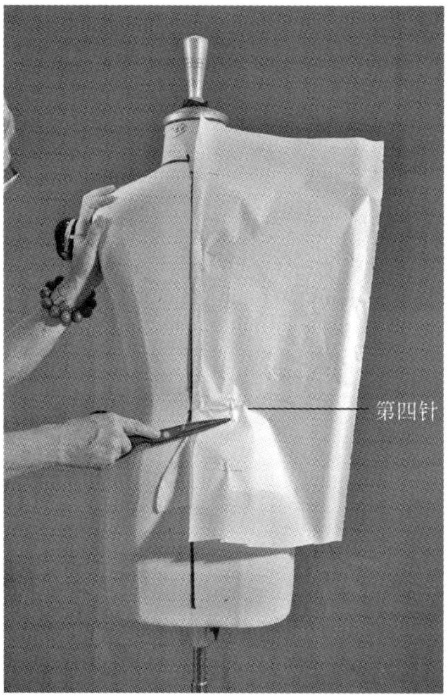

③在后腰线第二针往侧缝方向平行推2cm的位置别第四针，可以使后腰身更服帖身体，更显女性曲线。

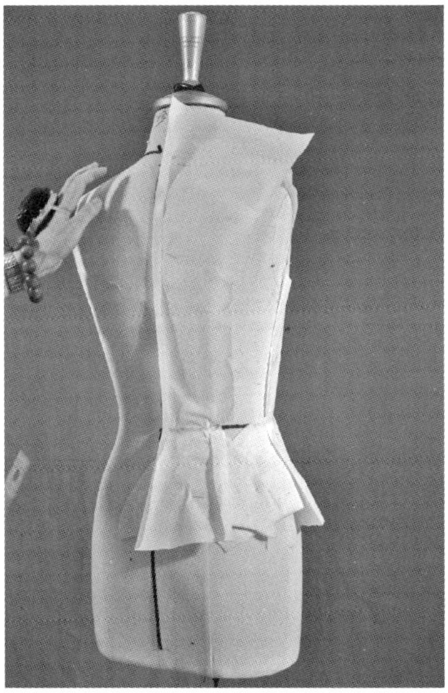

④后片设计一条公主线。沿着捏好的公主线，留出相对多的缝份（便于后面的调整和修改），剪掉多余的部分。并剪出肩斜线和后领窝线，在后领口打剪口。

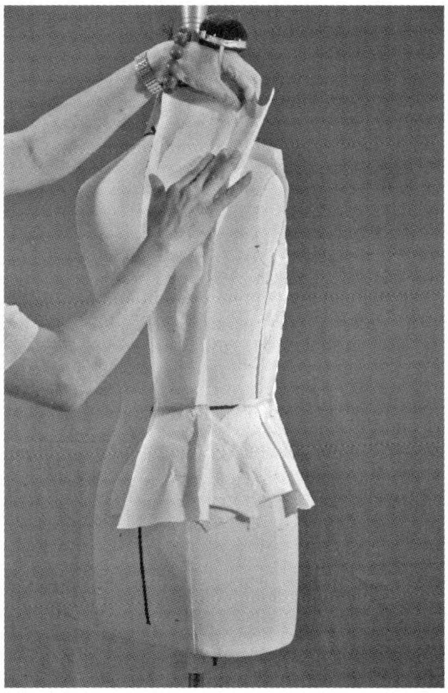

⑤再通过观察明确后片公主线的位置，把公主线折出来。因为这款服装设计得比较合体，所以曲线弯度会比较大，侧面肩胛骨旁边可以打几个剪口方便操作。

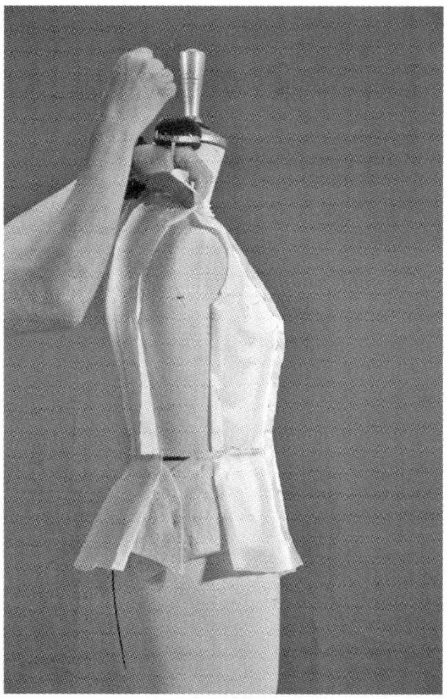

⑥将肩胛骨以上多余的量，收做肩胛省。肩省量不能过大，根据人体结构，可以将小部分省量转移到领窝里面去。

三、袖子制板步骤

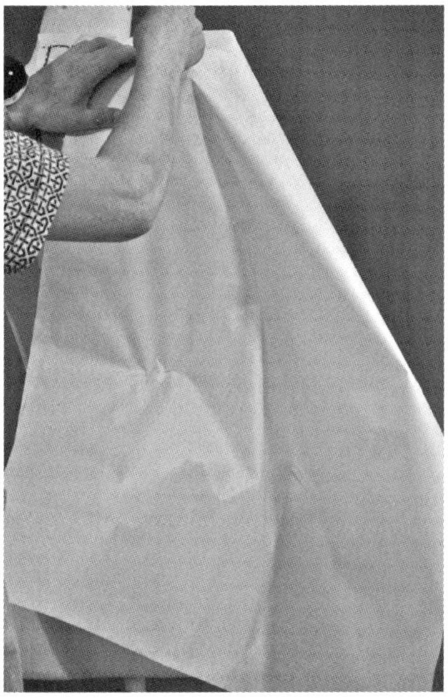

①取适合后侧可以做连袖大小的立裁纸，将立裁纸正对着人台的侧面放在人台上，在腰围线处固定一针，使纸服帖在人台的侧面。调整好角度后，在肩部固定一针。

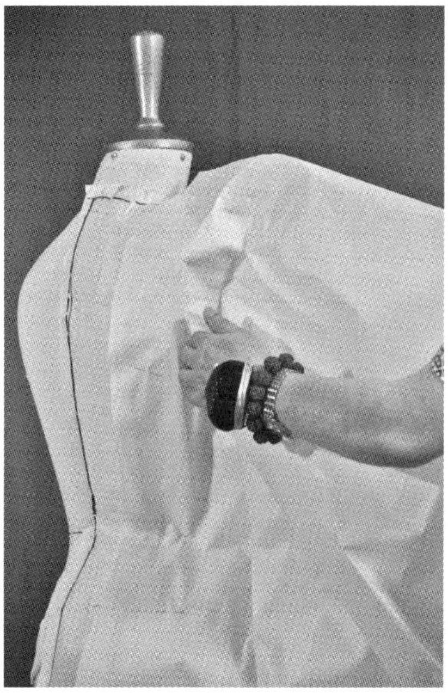

②留适量的活动松量，以人台的侧缝线为参照，将前后片袖子用大头针临时固定在一起。

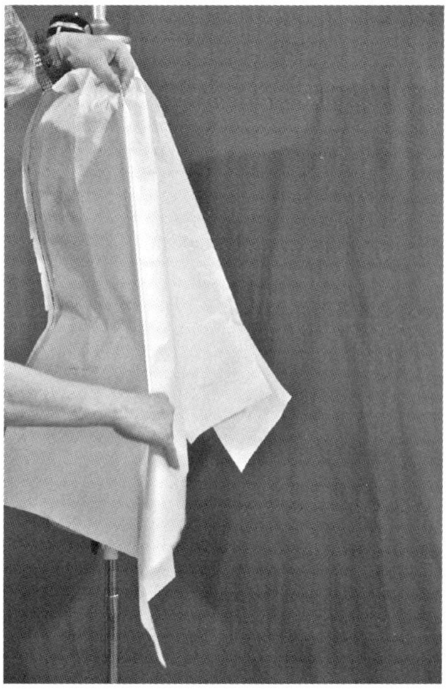

③根据前片袖子的大概外轮廓线，折出后片袖子的大概外轮廓线。

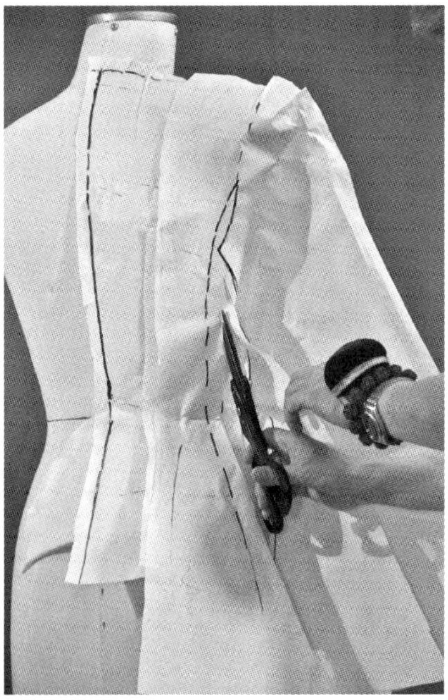

④与前片操作相同，按人台袖窿形状，设计出连袖的袖窿弧线。再设计出袖子的肥度，画出袖子的里缝线。预留缝份，再设计出小刀背，用笔画出。预留缝份，剪掉多余的部分。

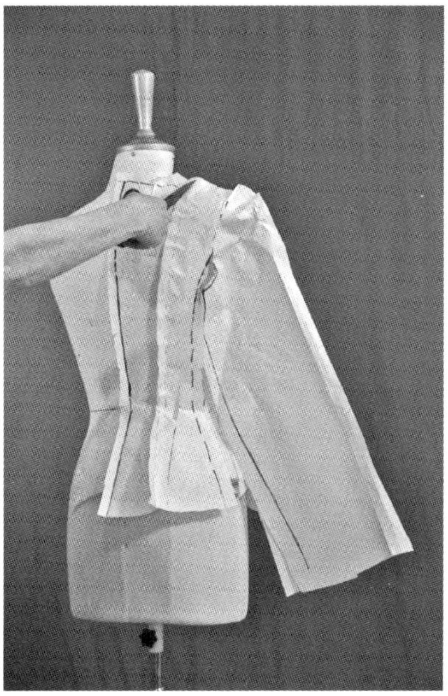

⑤调整好两片纸样的平衡度后，将后片公主线用大头针连在一起，连接下摆时要注意下摆翘起来的角度，还要保持公主线是直线。观察没问题后预留缝份，用剪刀修剪多余部分。

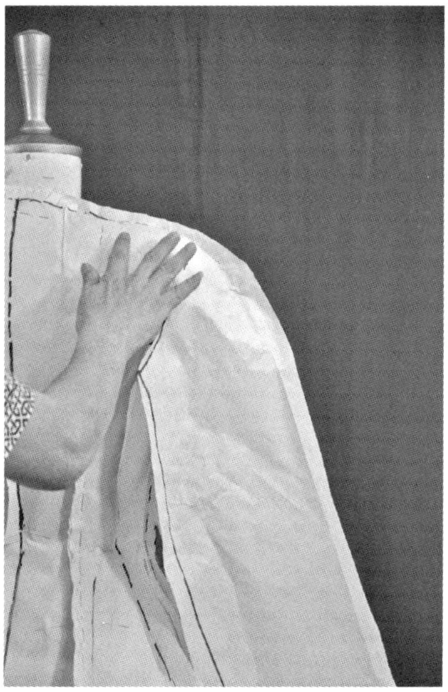

⑥肩胛骨上面的肩胛量部分已经转移到公主线内，如果还有余量可以在制作时有一点儿吃量。

四、衣身变化制板步骤

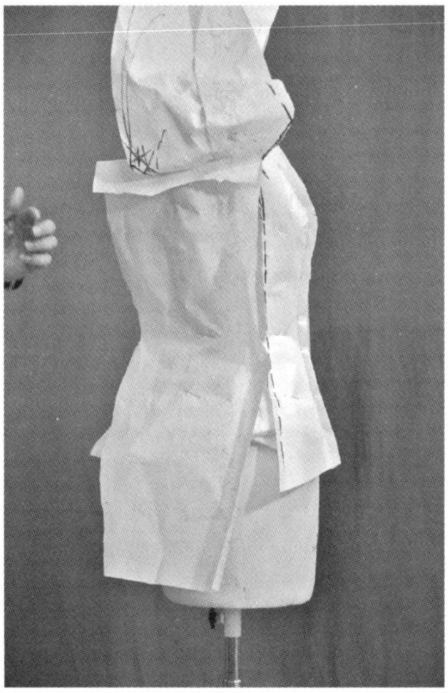

①现在来做后片的小刀背。取一张立裁纸，上面折出4cm左右的缝份，然后对着人台要做小刀背的位置，将纸放在人台上，在胸围线和腰围线上用大头针固定。

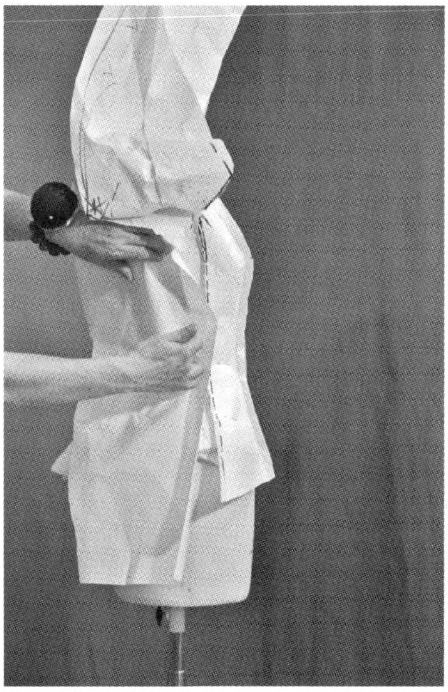

②预留出衣服该有的活动松量，在人台侧缝线后面用大头针固定。胸、腰、臀都是平行地加出松量，用大头针分别固定。

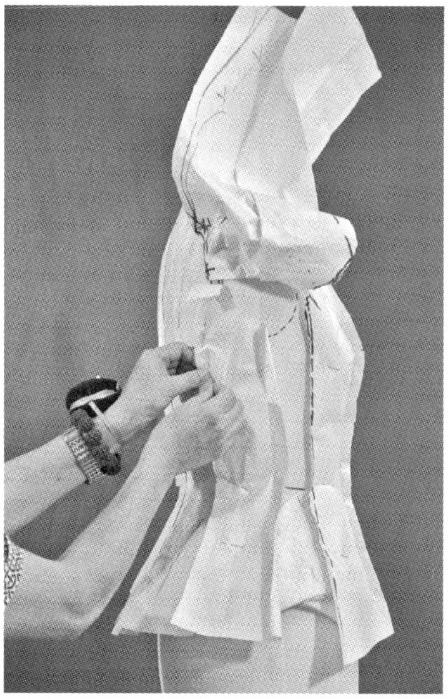

③将小刀背片和后侧片按净线用大头针连接起来。连接下摆时要注意下摆翘起的角度。

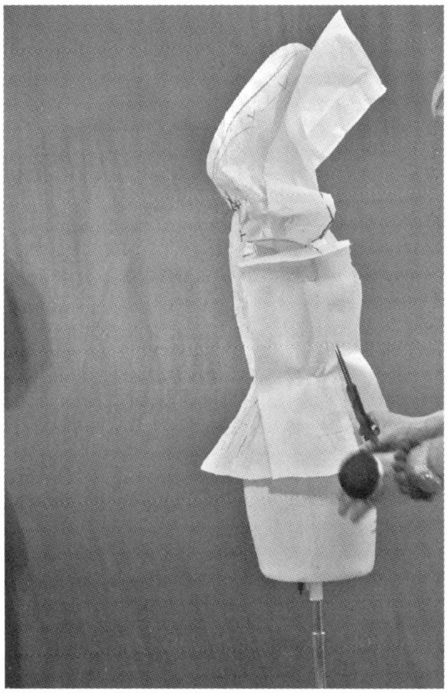

④前片小刀背的操作和前片相同。取一张立裁纸，上面折出4cm左右的缝份，然后对着人台要做小刀背的位置，将纸贴在人台上，在胸围线和腰围线上用大头针固定。

⑤将小刀背片和前侧片按净线用大头针连接起来。

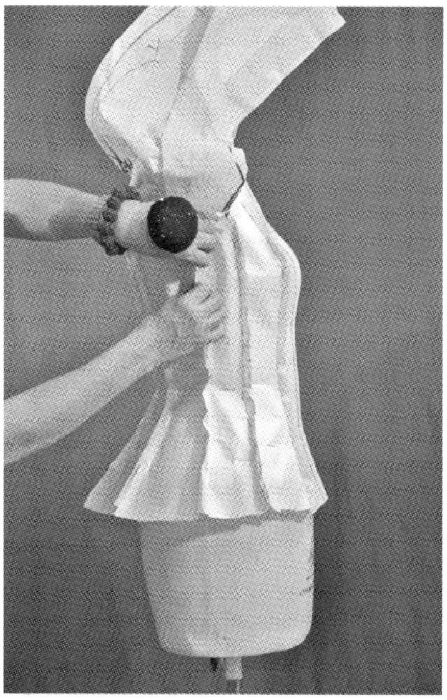

⑥将纸样的侧缝线用大头针连接起来，要注意下摆的角度，并保持侧缝线是垂直于地面的一条直线。

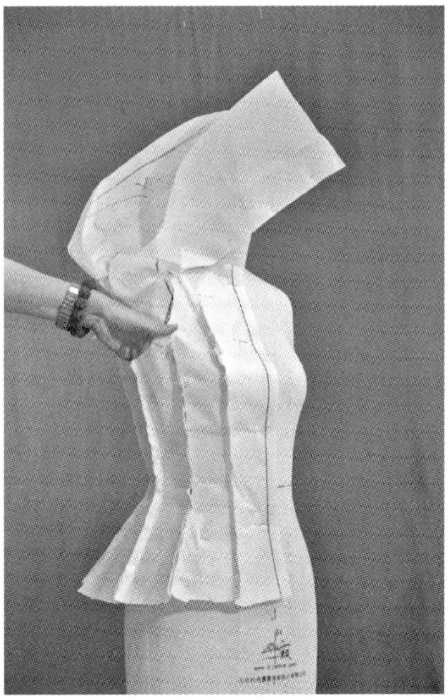

⑦ 测量纸样的宽松量，可以试着将四个手指从袖窿放进去，那么对于合体衣服的活动量就可以了。

⑧ 画出纸样衣身的袖窿底弧弧线。底弧底点不要定得太低，太低不利于胳膊的活动。

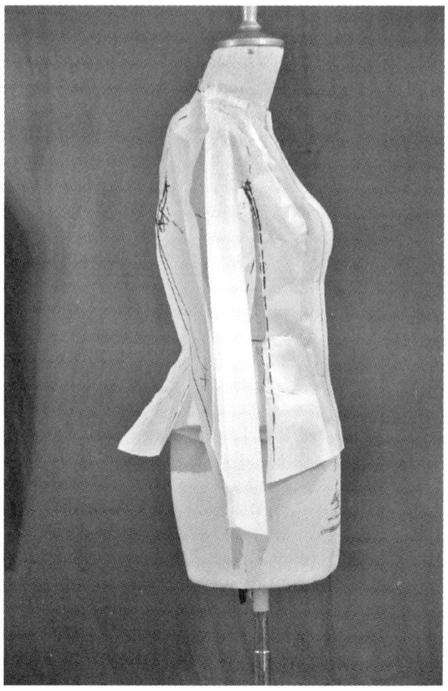

⑨ 前面讲过，袖子的角度都是稍稍向前偏点儿的。那么就要确定袖子前片的角度，再将袖子后片袖口贴在前片袖口上对齐，用大头针固定。

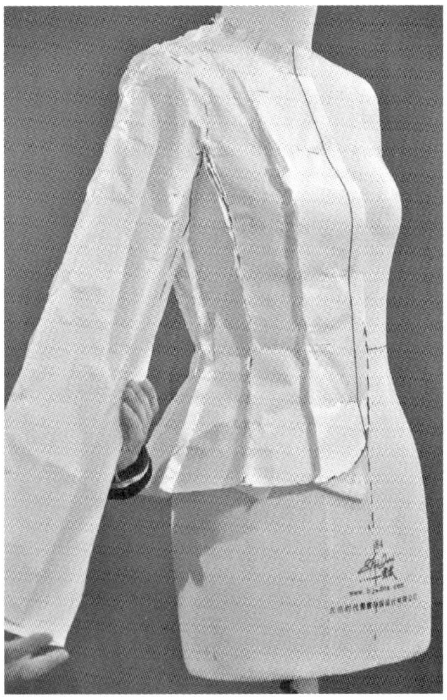

⑩ 先将袖子的里缝用大头针连接起来。

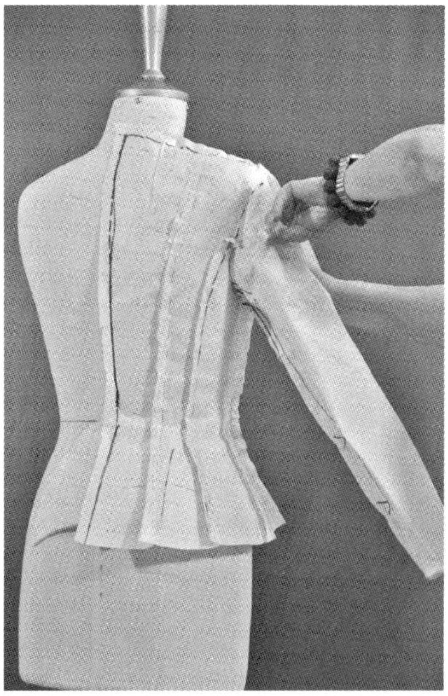

⑪ 再把袖子的袖窿底弧线和衣身的袖窿底弧线连接起来，两条弧线都是参照线，具体的连接线要根据袖子抬起的角度来确定，最终的大头针别住的地方是确定好的袖窿底弧线。

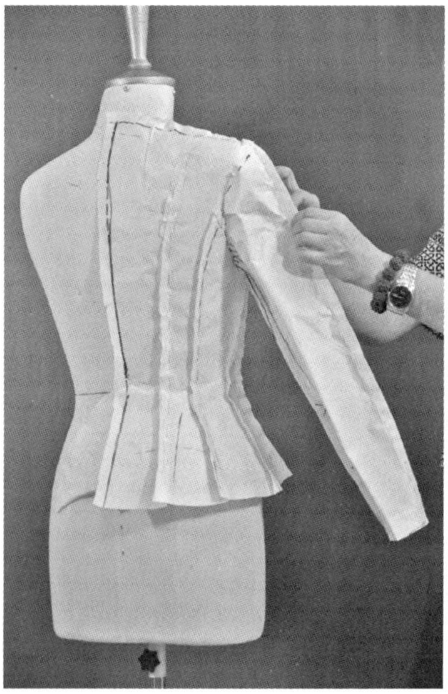

⑫ 最后将袖子的外缝线用大头针连接起来。如果感觉袖子的肥度大或者小了，都在这里再做调整。

五、领子制板步骤

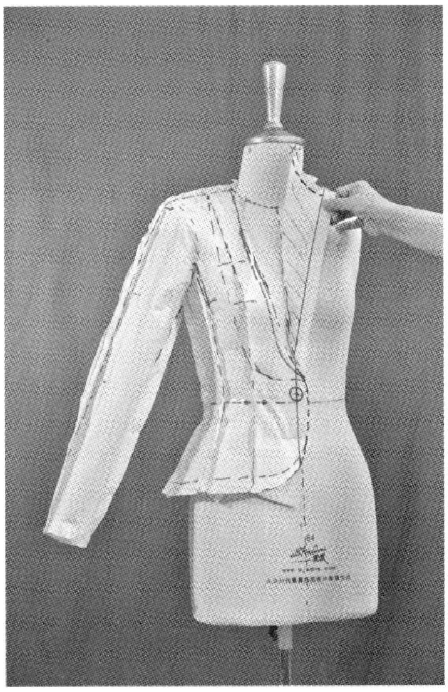

①可以先用笔画出设计方案，取效果最好的一个。然后预留缝份，剪掉多余的部分。

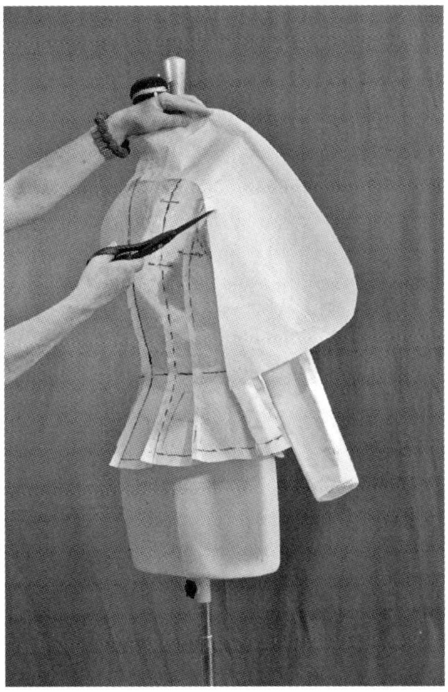

②将领子折出后中线，对齐人台的后中线用大头针固定。在领子的底弧上打剪口，为了安装领子的操作方便。在制作成衣时也应该有点拔量来确定领子的角度。

③按照衣身上设计好的领窝线及翻折线，将领子安装在人身上。边固定领子边调整领子立起来的角度。

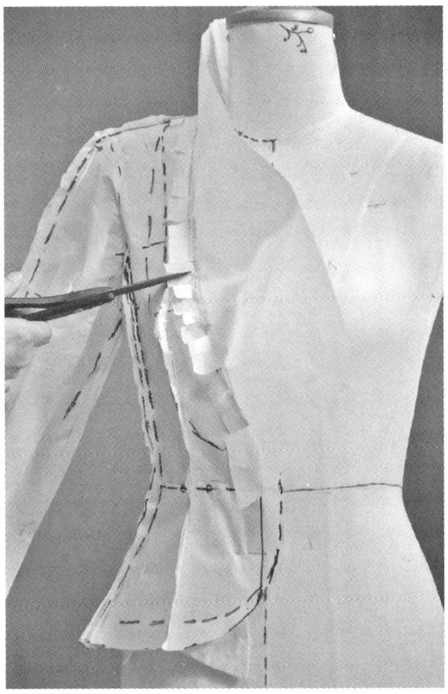

④有弧度或者弯度的地方，剪口的间距要小一些，这样才能更好地做出领子的造型来。

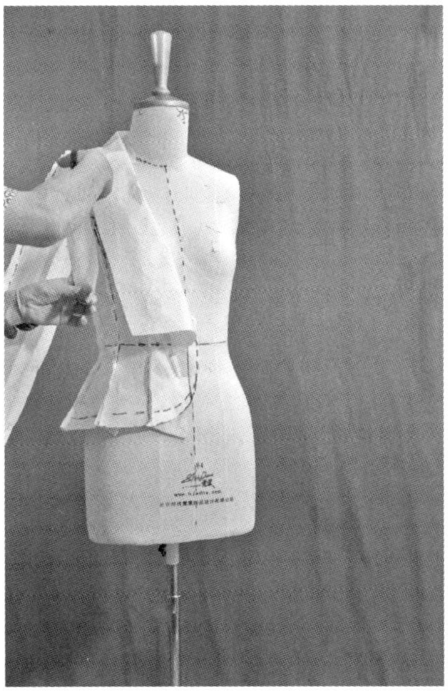

⑤领子安好后，将领子翻下来，用剪刀修剪领子的外轮廓线条造型。如果初级者怕剪不好造型，可以用笔先画好轮廓线，再用剪刀修剪。

⑥图示是迪奥经典款女上衣纸样完成后的整体效果。

第五章

女裙

第一节 半身裙

一、一步裙制板步骤

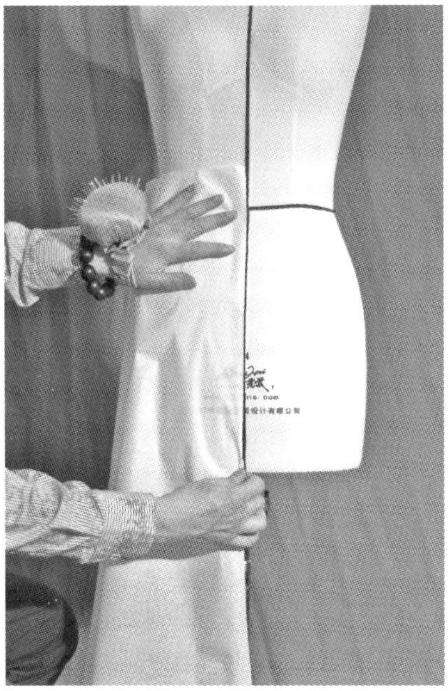

①取适量立裁纸，将纸边对准人台前中线。

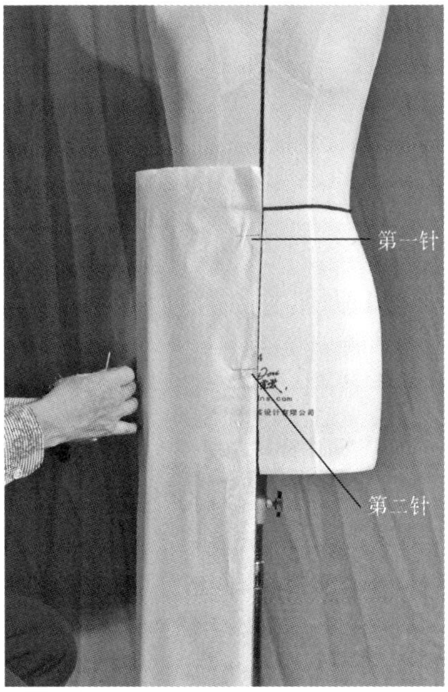

②在中腰线下和臀围线各固定一针。

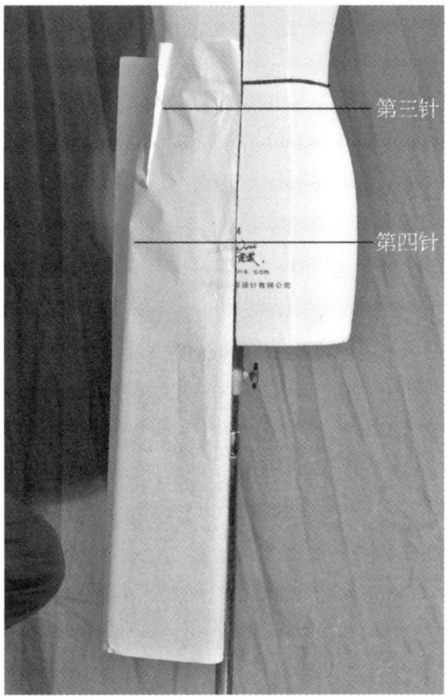

③沿臀围线向后送纸，裹住人台，留适量放松量，在前侧腰节线下和臀围线各固定一针。将前面多余的量捏出前腰省并用大头针别好。

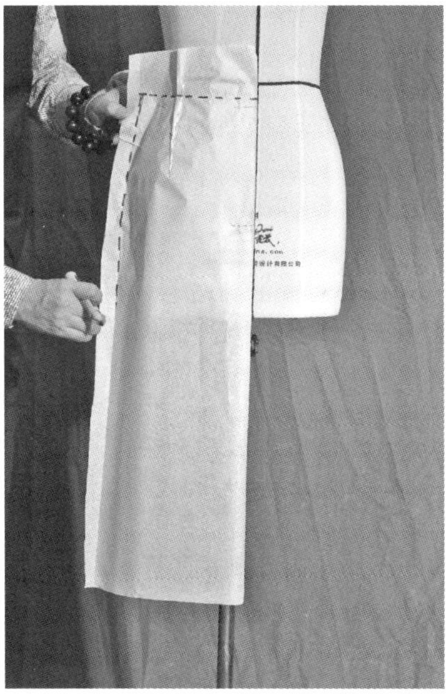

④沿人台侧面折出侧缝线，注意侧缝线要垂直于地面。画出腰围线和侧缝轮廓线，做标记。

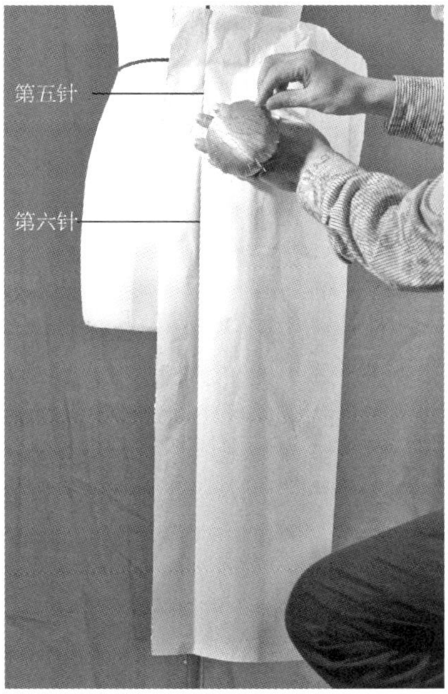

⑤取适量立裁纸，后中线外留适量缝份，在腰节下和臀围线上各固定一针。

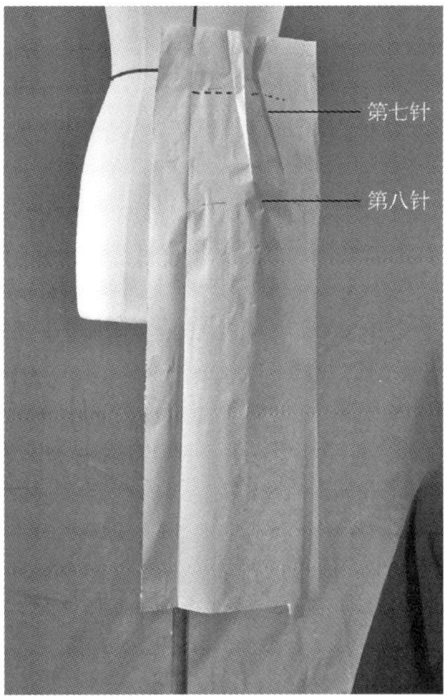

⑥沿臀围线向前推送纸裹住人台，留适量放松量。在后侧腰节线下和臀围线各固定一针。根据款式设计，后腰省可做一个或两个。

⑦ 沿人台侧面折出侧缝线，注意侧缝线要垂直于地面。画出腰围线和侧缝轮廓线，做标记。

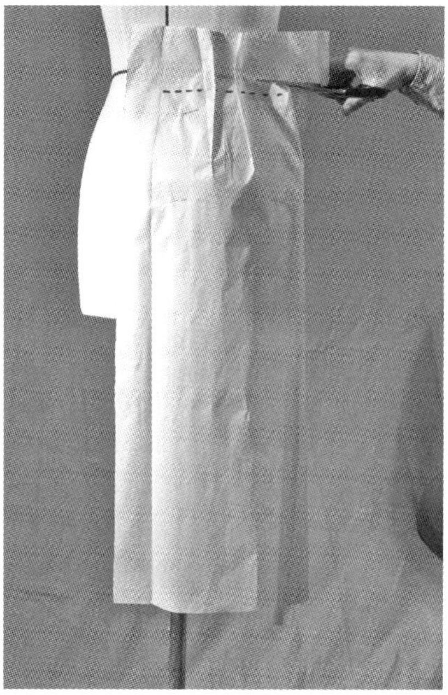

⑧ 将前后片的侧缝合起来，合侧缝时注意保持前后片的平衡。剪掉多余部分，留1cm的缝份。

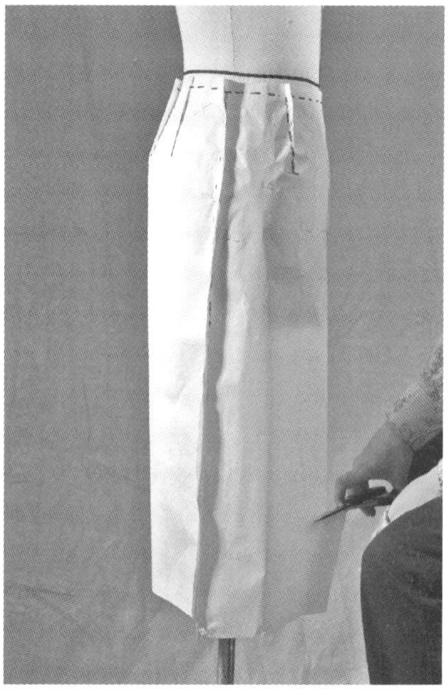

⑨ 根据款式要求设计，剪出裙子的长短，裙子下口与地面水平即可。

二、A字裙制板步骤

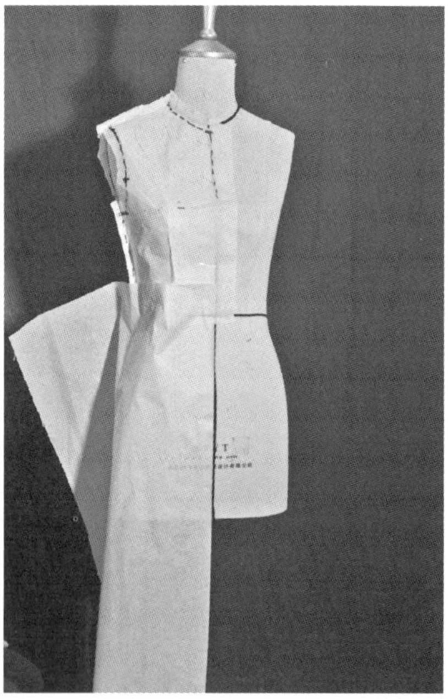

① 做裙子基础型，腰节线上要多留一些量。臀围线上注意把大头针稍往上别一些。

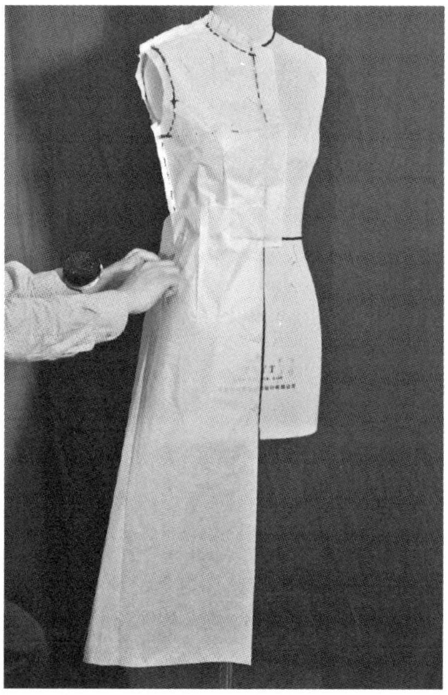

② 将前侧缝的腰围线向下降，减少腰省大小。腰节线下降，下摆呈A字形，下降多少根据裙子款式的设计要求。达到设计要求的摆度，用大头针固定纸样的角度。

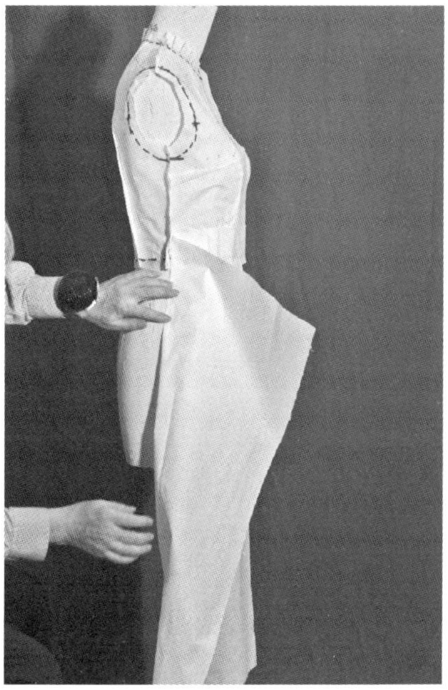

③ 折出裙子垂直地平线的侧缝线。

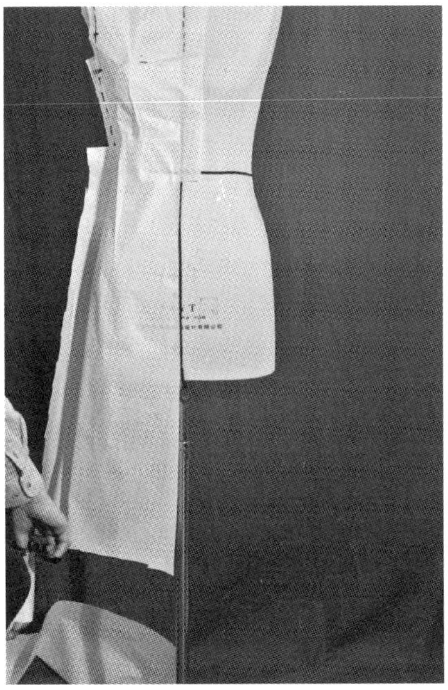

④沿着折好的侧缝线，留出缝份，剪掉多余的部分。剪出裙子的大概长度。

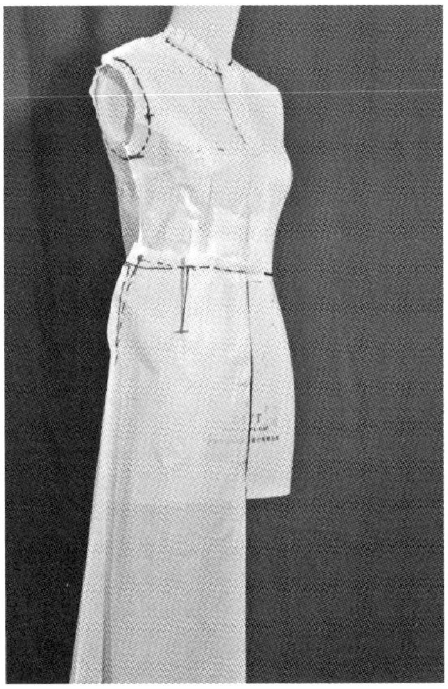

⑤画出腰围线和侧缝轮廓线，做标记。将四周多余的部分剪掉。

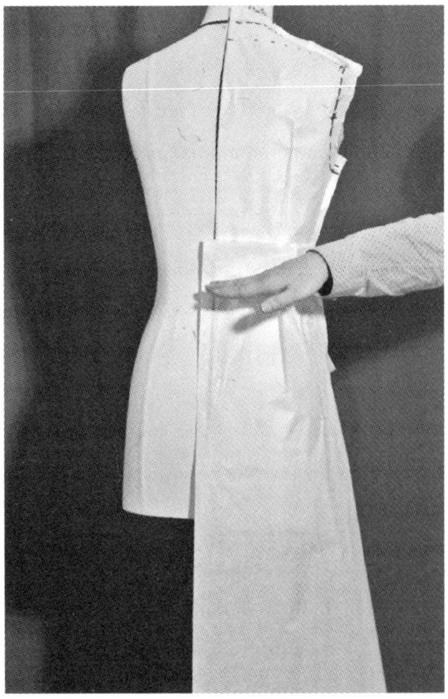

⑥取适量立裁纸，后中留适量缝份，在腰节下和臀围线上各固定一针。臀围线的大头针要稍往上别上点儿。

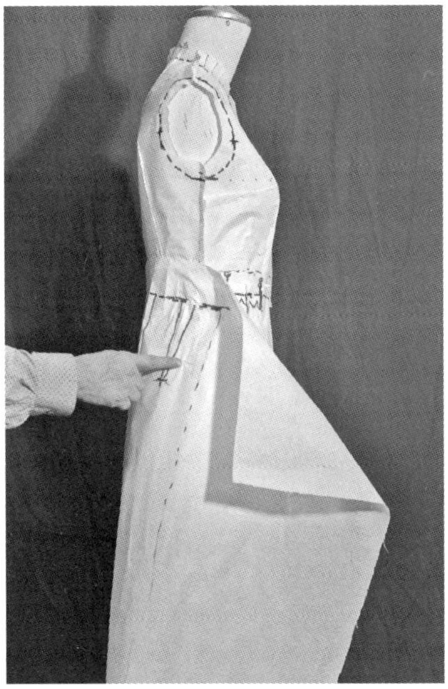

⑦将后侧缝的腰围线向下降，腰省减小。腰节线下降，下摆呈A字形，下降多少根据裙子款式的设计要求。捏出后腰省。

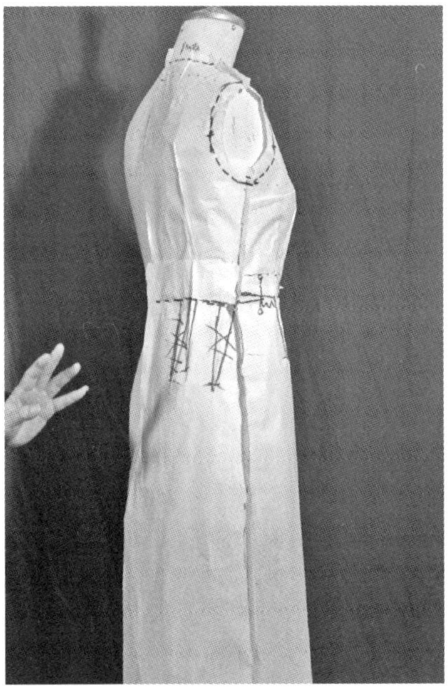

⑧沿人台侧面折出侧缝线。画出腰围线和侧缝轮廓线，做标记。

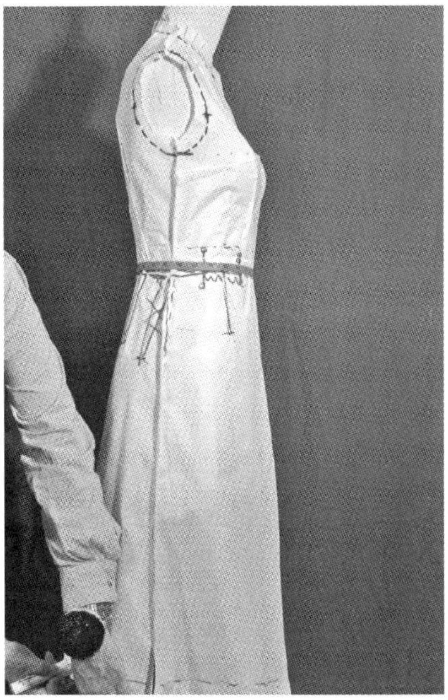

⑨将前后片的侧缝合起来，合侧缝时注意保持前后片的平衡。剪掉多余部分，留1cm的缝份。确定裙子最终长度。

三、灯笼裙制板步骤

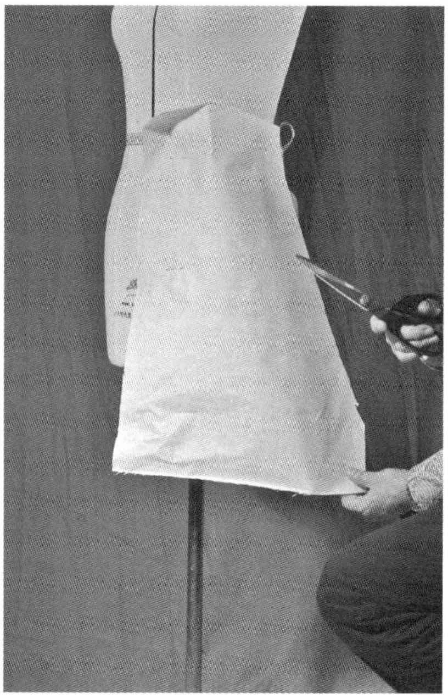

①灯笼裙是由两层裙子组合成的，先做里面一层小A字裙。取适量立裁纸，将纸边对准人台前中线，在中腰线下和臀围线各固定一针。

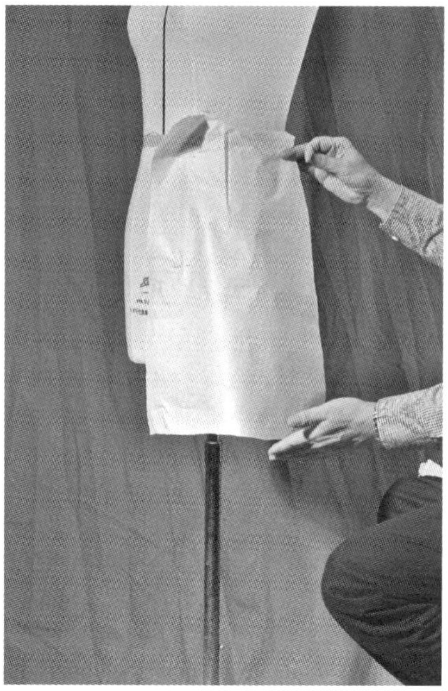

②将前侧缝的腰围线向下降，减少腰省大小。腰节线下降，下摆呈A字形，下降多少根据裙子款式的设计要求。达到设计要求的摆度，用大头针固定纸样的角度。

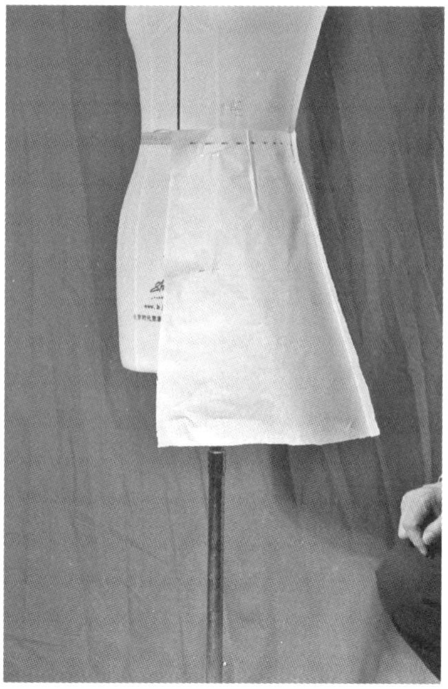

③沿人台侧面折出侧缝线，注意侧缝线要保证是直线。确定裙长。

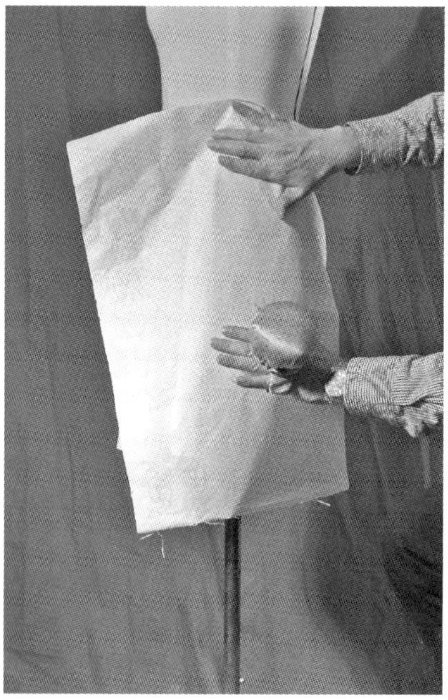

④取适量立裁纸，后中留适量缝份，在腰节下和臀围线上各固定一针。臀围线的大头针要稍往上别上点儿。

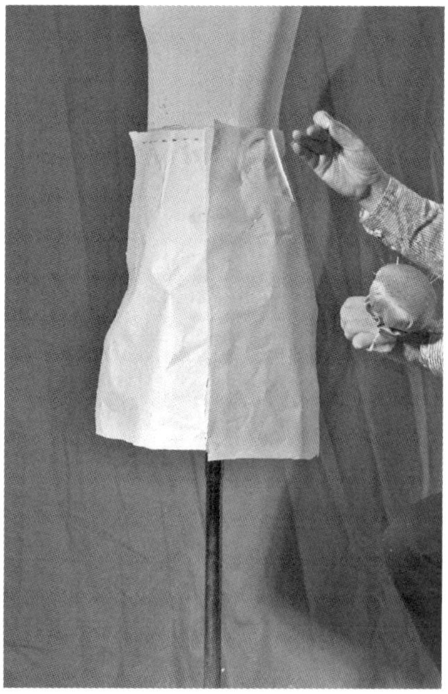

⑤将后侧缝的腰围线向下降，腰省减小。腰节线下降，下摆呈A字形，下降多少根据裙子款式的设计要求。捏出后腰省。

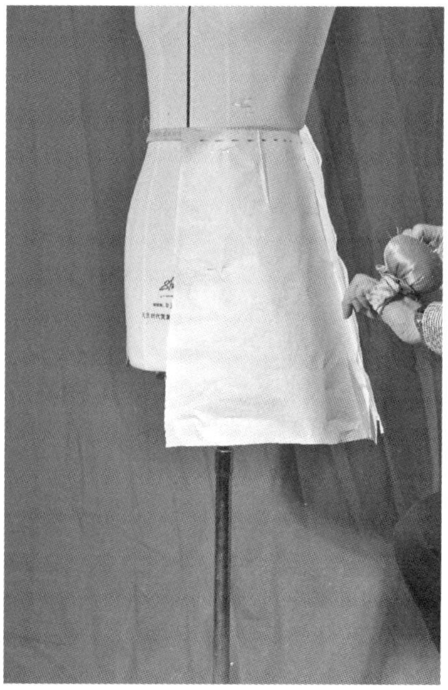

⑥沿人台侧面折出侧缝线。画出腰围线和侧缝轮廓线，做标记。将前后片的侧缝合起来，合侧缝时注意保持前后片的平衡。剪掉多余部分，留1cm的缝份。后片与前片剪齐。

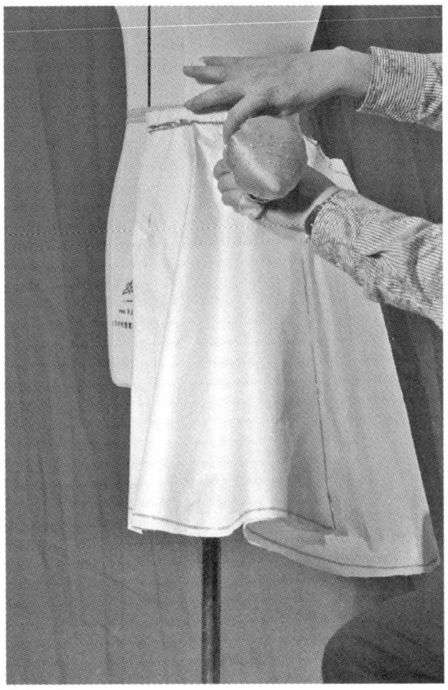

⑦ 现在做外面一层。外面的一层要比里面一层裙摆大，裙长也比里面的内裙长。取整张立裁纸，将纸的长边与人台后中线对齐。在上衣与裙子连接的位置用大头针固定。

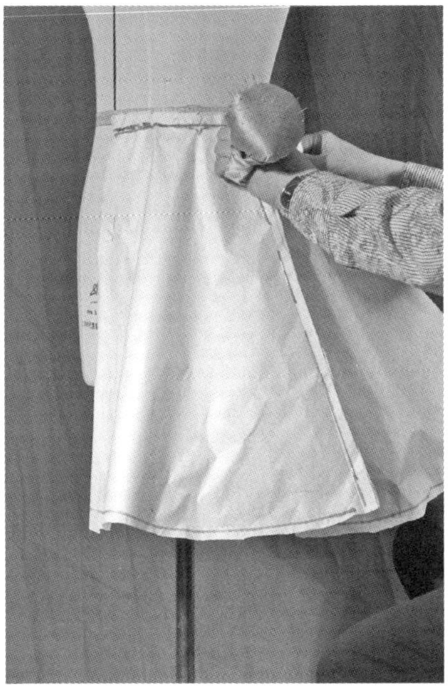

⑧ 用剪刀在固定的大头针上方2cm的位置平行腰节线剪开，剪开的长度为波浪出现的位置，在波浪的位置打剪口，转动立裁纸，用大头针固定。

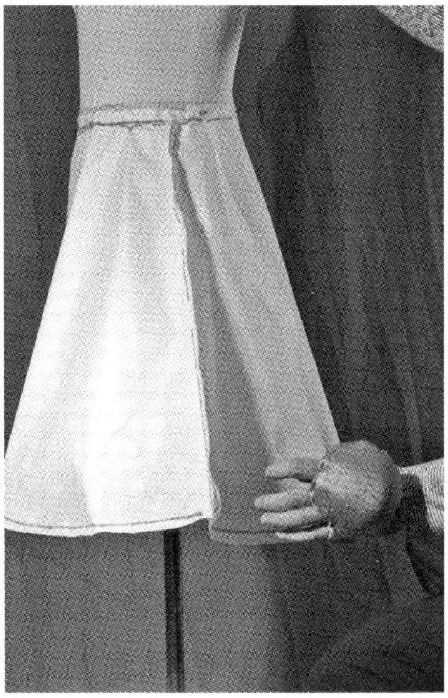

⑨ 以此类推，波浪的距离和数量根据设计图或者设计要求来确定的。

⑩ 前片操作方法与后片一样。

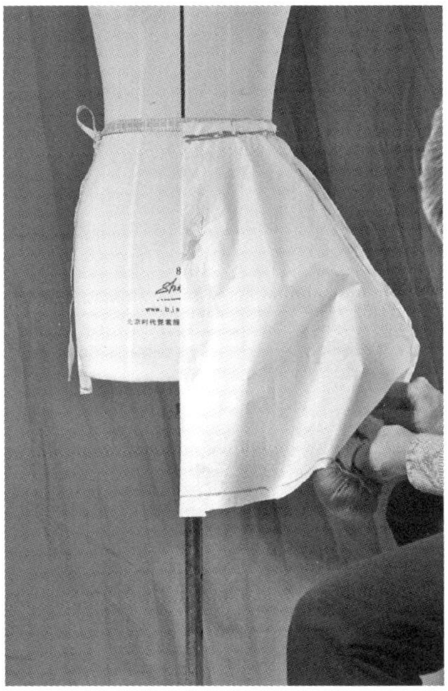

⑪ 前片基础裙子修整好后，将外片裙子的底摆与里面裙子的底边均匀地连接起来。

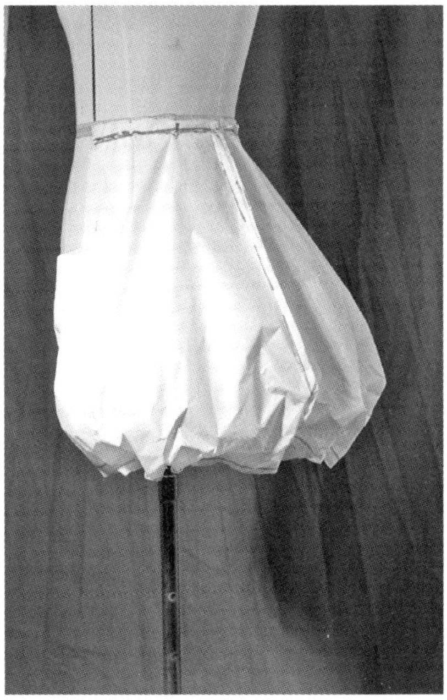

⑫ 这是灯笼裙完成后的效果。

第二节 连衣裙

一、连衣裙上身制板步骤

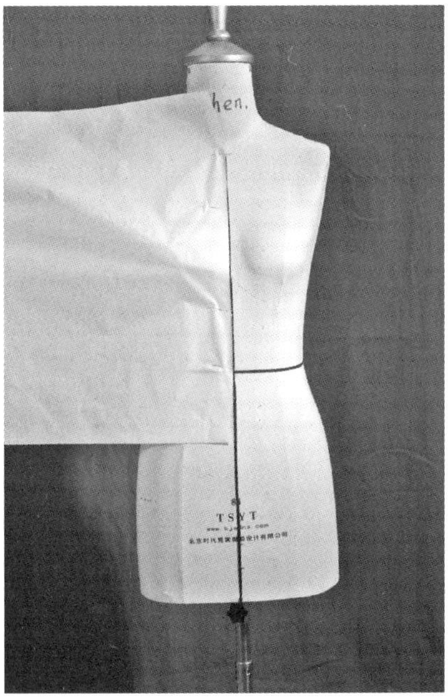

①将适合前片大小的纸边对齐人台前中线，与衬衫不同，连衣裙可以在背后安装拉链，前面设计连折。纸不用太长，根据设计要求确定上身的长度。纸样固定方法、方式与衬衫是一样的。注意确保前中线垂直于地面。

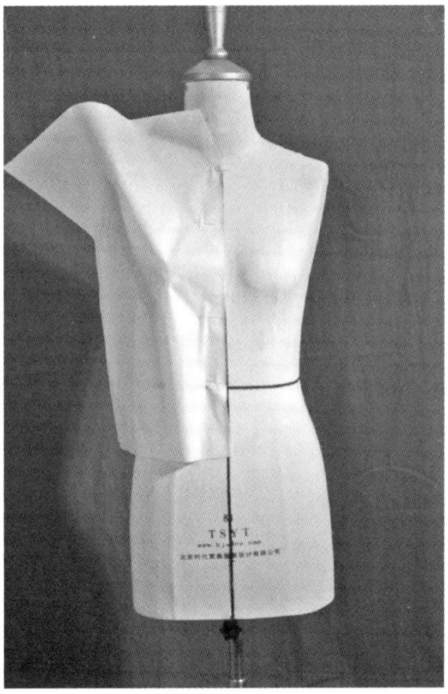

②前立裁纸沿胸围线向后推送，将纸圆顺地围在人台上，预留一定的放松量，用大头针固定。注意保持纸张整体的平衡。

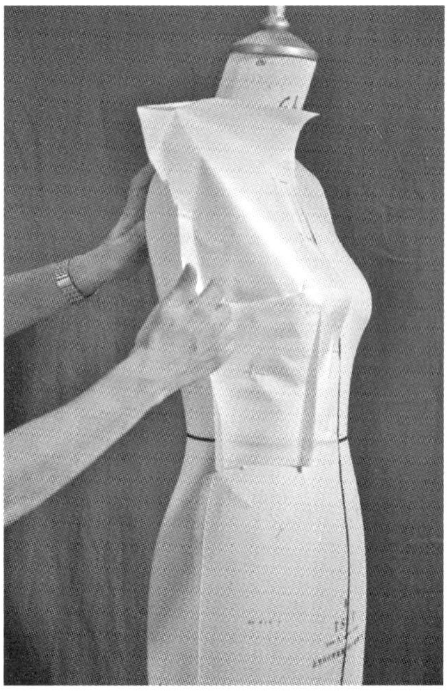

③将腋下省道、前腰省捏出来，用大头针别好。注意保持纸张平衡。按人台侧缝线折出纸样的侧缝线，剪掉侧缝和衣长多余的部分。

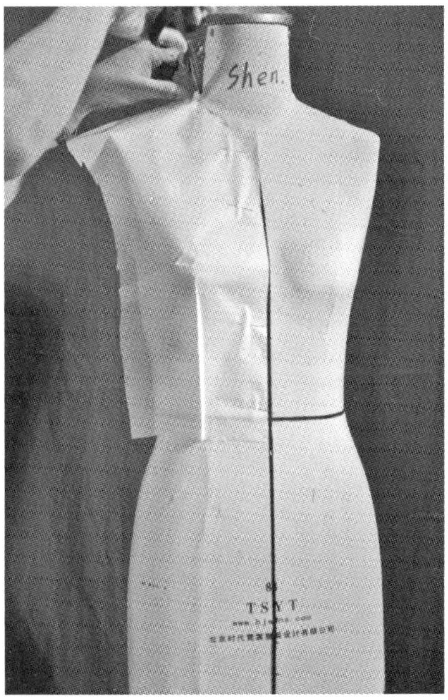

④按领窝净线留出缝份，剪出领窝，使脖子及肩部纸样服帖在人台上，剪刀垂直领窝净线打剪口，剪口不能剪过净线。折出肩斜线。

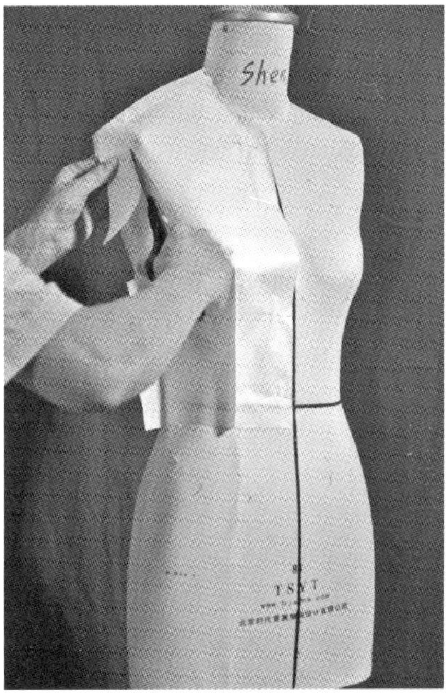

⑤根据肩宽点、前胸宽点和袖窿深点，画出袖窿弧线，并用剪刀剪出来，注意预留缝份和修正的量。

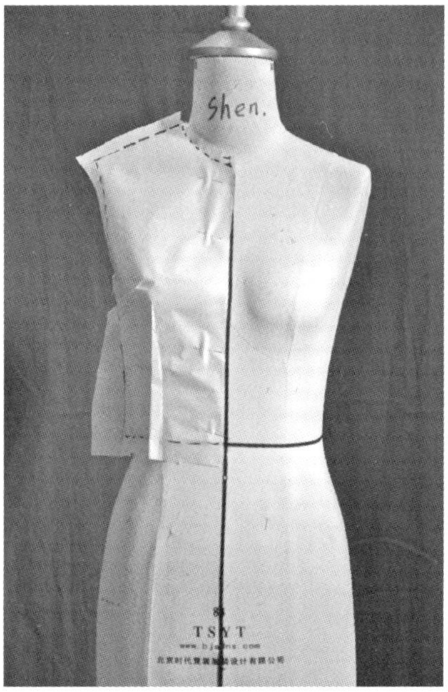

⑥将确定的纸样轮廓线，用笔描出来，前片纸样就完成了。

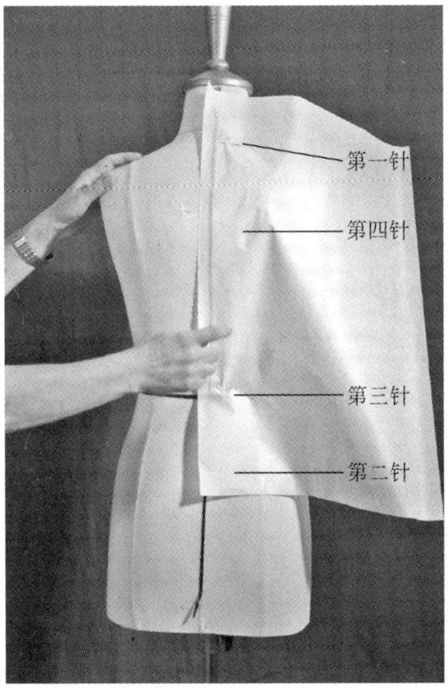

⑦ 纸边对齐后中缝，留2cm缝份。后领窝下固定第一针，臀围位置固定第二针，后腰节按实在人台上固定第三针，后背位置固定第四针。

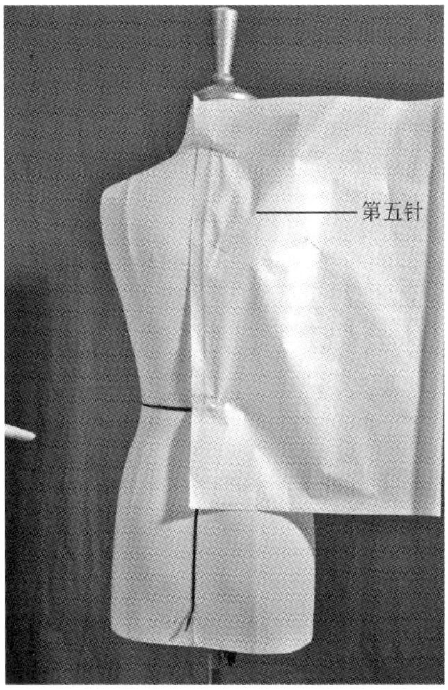

⑧ 将立裁纸圆顺地转在人台上，在肩胛骨位置固定一针。

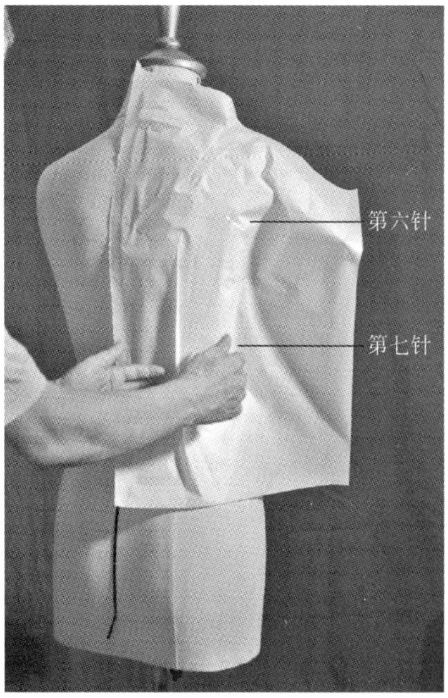

⑨ 在后侧面上、下各固定一针。从肩胛骨下方开始垂直地面，捏出后腰省。将肩胛骨推平，多余量为肩省量。

⑩ 按前片纸样侧缝线的轮廓，预留缝份及修正的量，剪掉侧缝和衣长多余的部分。

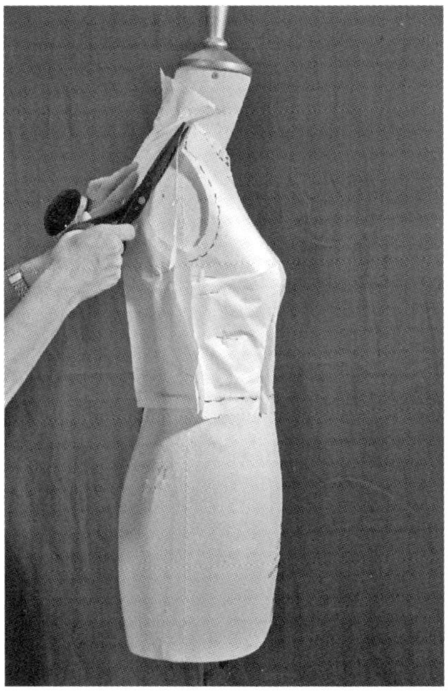

⑪ 根据袖窿深点、后背宽点和肩宽点画出袖窿弧线，用剪刀剪出后袖窿弧线和后领窝线。

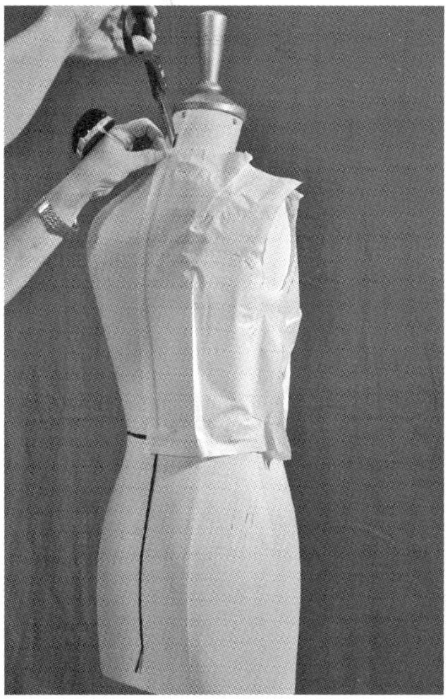

⑫ 后领窝垂直净线打剪口。

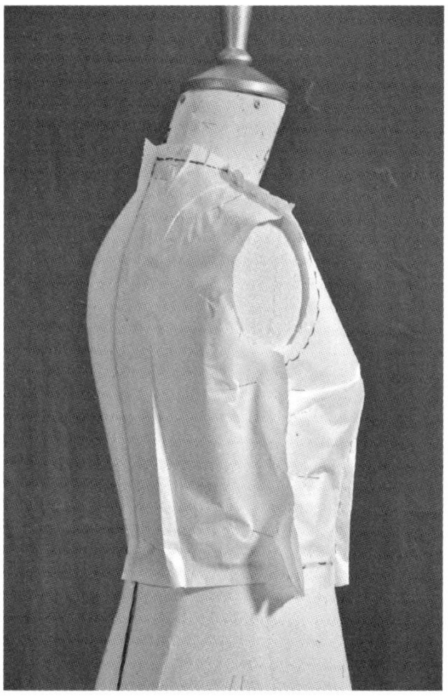

13 将前后片纸样的肩线合起来。画出后领窝的净线。

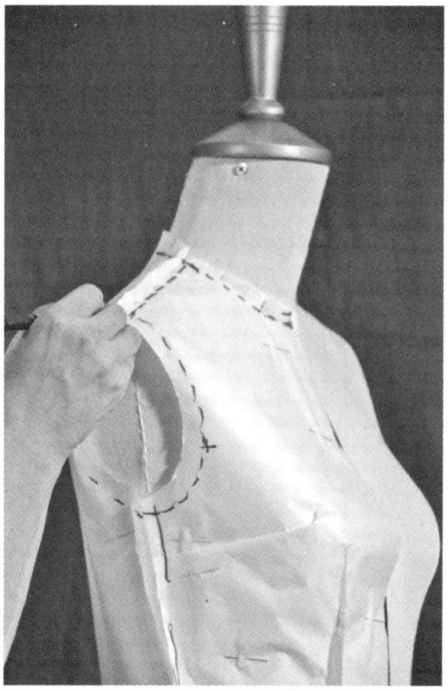

14 根据前袖窿弧线画出后袖窿弧线。

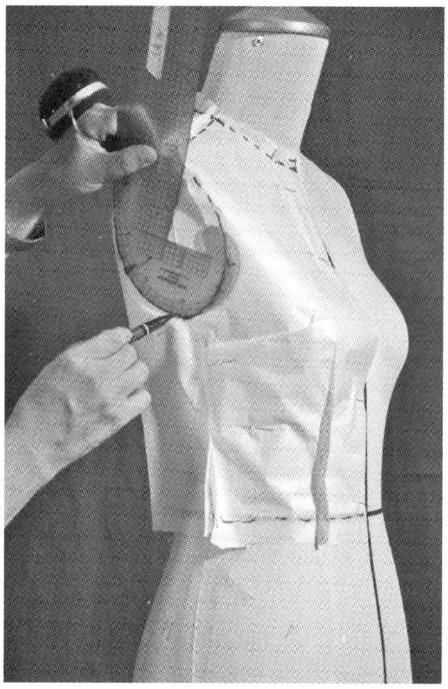

15 如果用手画不准袖窿弧线，可以借用工具，如图所示。

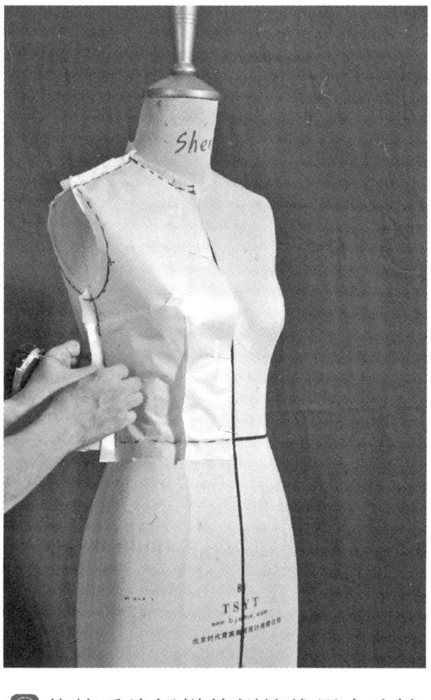

16 将前后片纸样的侧缝线用大头针连起来，注意线条圆顺，保持纸样的平衡。

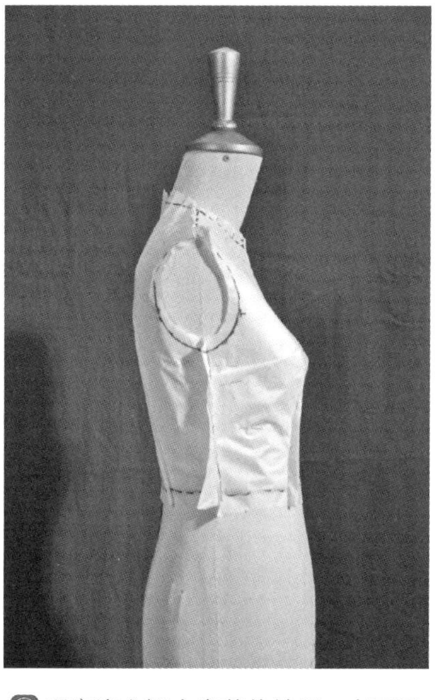

17 观察连衣裙上身整体效果，有不平整、不平衡的地方要反复调整。

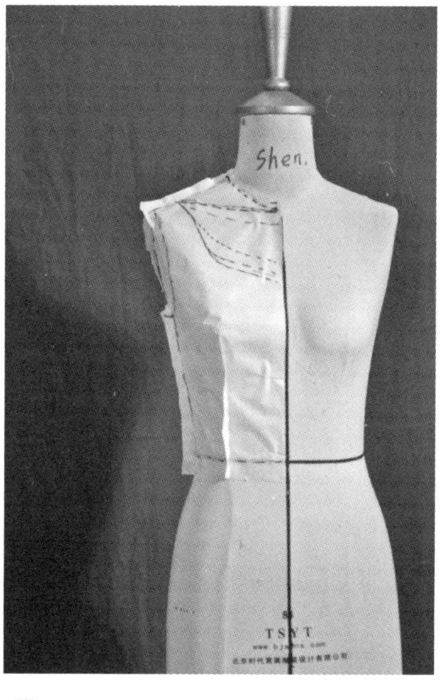

18 这个纸样领口的几条线，是领型的设计想法，可以根据设计要求来确定裙子的领型。

⑲ 后片领型的设计也可以用笔画出，根据设计要求和效果确定后领造型的效果。

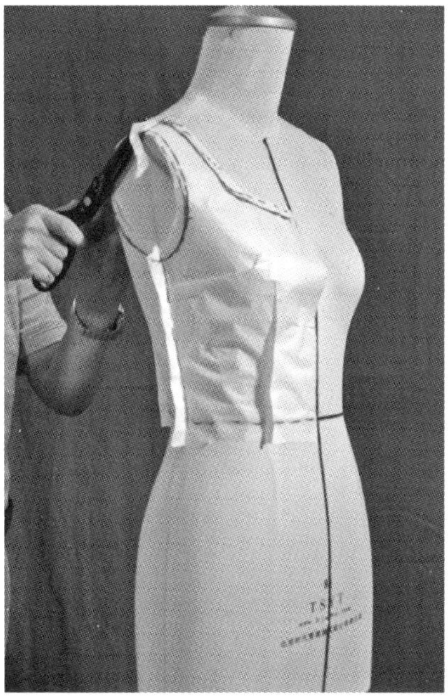

⑳ 现在看到的是最终领型的设计效果。

二、连衣裙下裙制板步骤

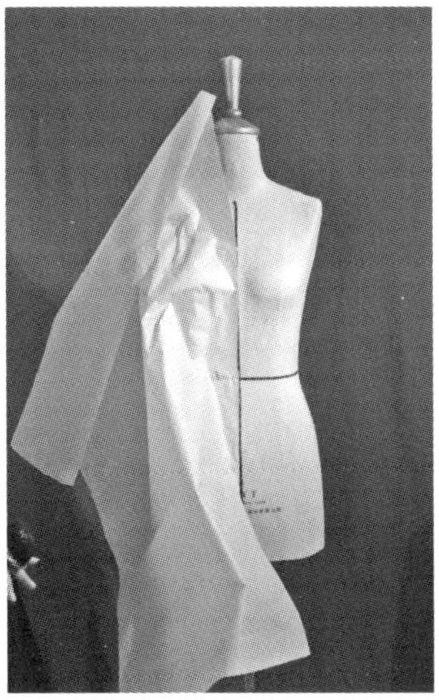

① 取整张立裁纸，将纸的长边与人台前中线对齐。在上衣与裙子连接的位置用大头针固定。上半部可以留长些，下半部稍短些。

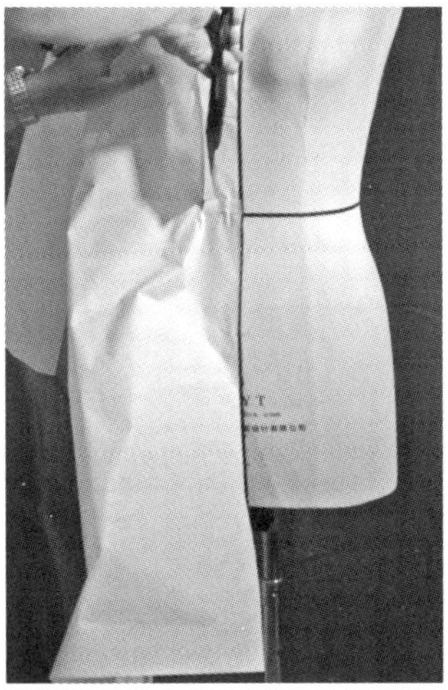

② 用剪刀在固定的大头针上方2cm的位置平行腰节线剪开，剪开的长度为下一个波浪出现的位置。

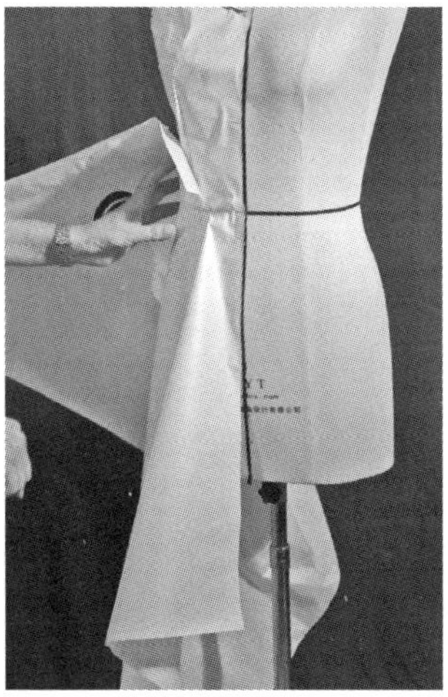

③ 在第二个波浪的位置打剪口，转动立裁纸，出现下一个波浪。

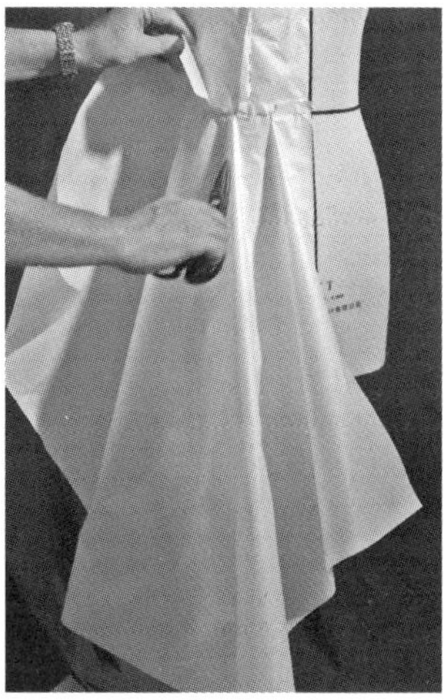

④ 以此类推，波浪的距离和数量根据设计图或设计要求来确定。

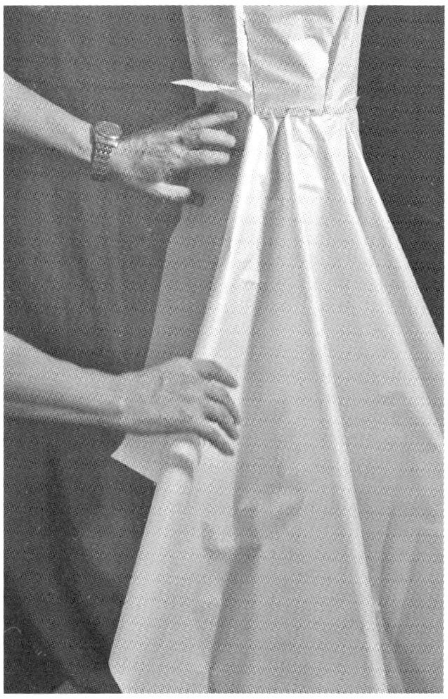

⑤制作波浪时，裙子与上身的连接线要保持整齐，并与地平线保持平行。要边制作边注意调整波浪的距离和波浪的大小。

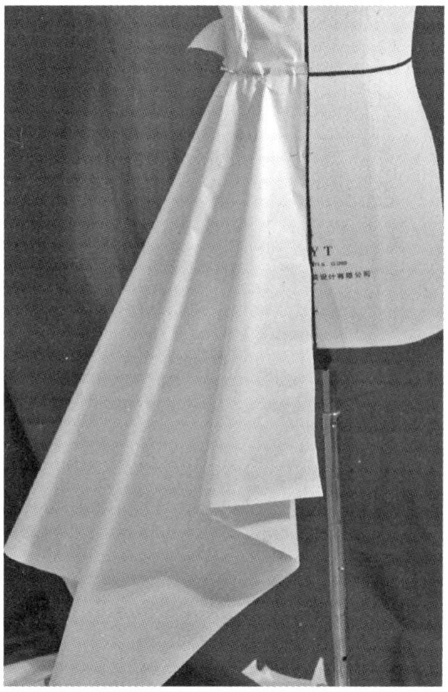

⑥整体波浪做好后，再整体观察全部波浪的距离、大小及平衡度，不好的地方再继续调整。将腰节线上面留缝份，多余部分剪掉。

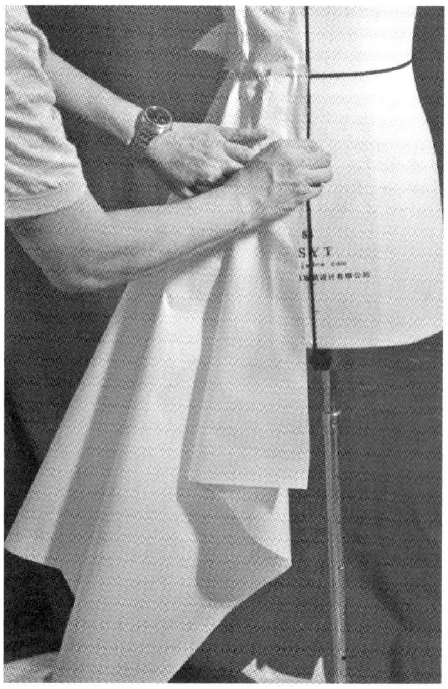

⑦裙片纸边与人台前中线对齐，用大头针固定，连衣裙的前面可以设计为连折不破缝，所以不用留缝份。

⑧前片设计连折，侧缝要留缝份，将纸样侧缝按人台侧缝线折成垂直地面的直线。

⑨大概修剪裙子前后的长度。

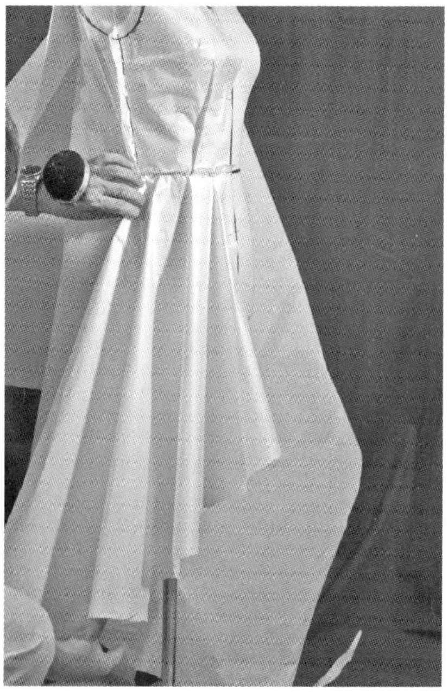

⑩修剪好长度后，整体看裙子的效果，看波浪的大小、距离是否合适。有不好的地方，再进行调整。

⑪ 这一款将从侧缝往后中线做，这是为了可以更好地与前片衔接，便于观察整体效果。

⑫ 后片的具体操作方法与前片相同。注意观察前后片纸样波浪的大小和距离。

⑬ 到后中线处，将多余纸剪掉。叠出裙子的后中线，注意要与上衣的后中线相接，并保持垂直。

⑭ 根据设计图设计要求确定裙长和造型，用剪刀反复修剪，直到达到目标效果。

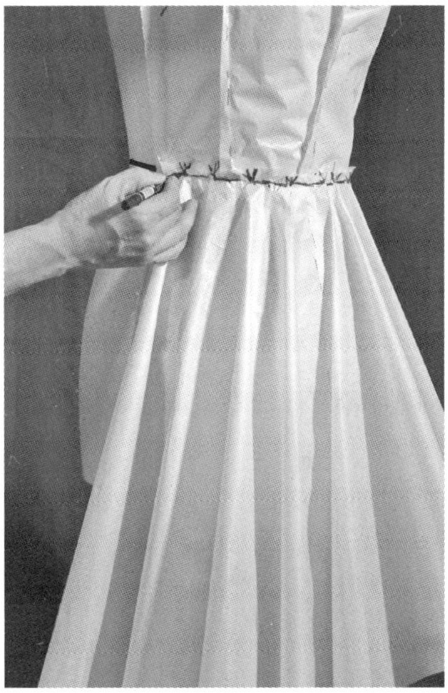

⑮ 将裙子和上衣的连接线确定好，用笔标记出来，做好记号。裙子及上身的后中线根据确定好的叠印描出来。

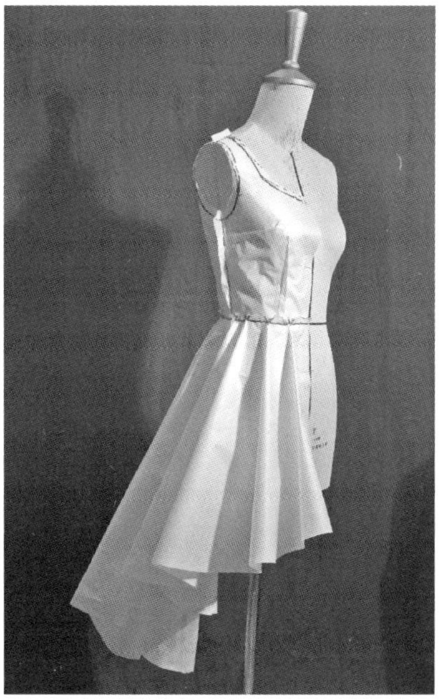

⑯ 连衣裙纸样完成后的效果。

第三节 时装裙

一、时装裙上身制板步骤

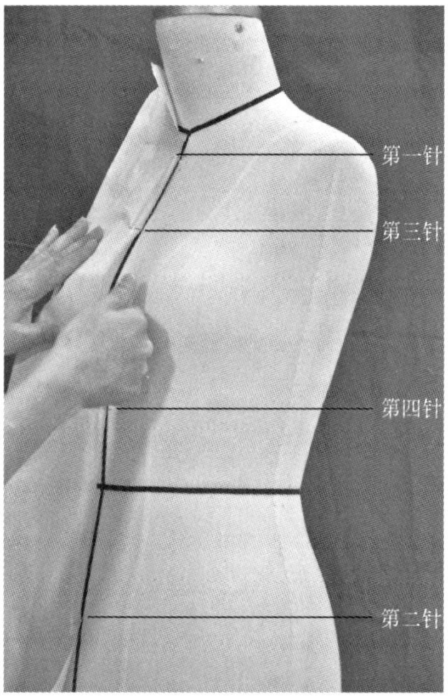

①将适合前片大小的纸留收搭门量，在前领窝下固定第一针，在人台臀围位置固定第二针，在胸上、胸下分别固定第三、第四针。注意胸前部分不能贴在人台上，并确保前中线垂直于地面。

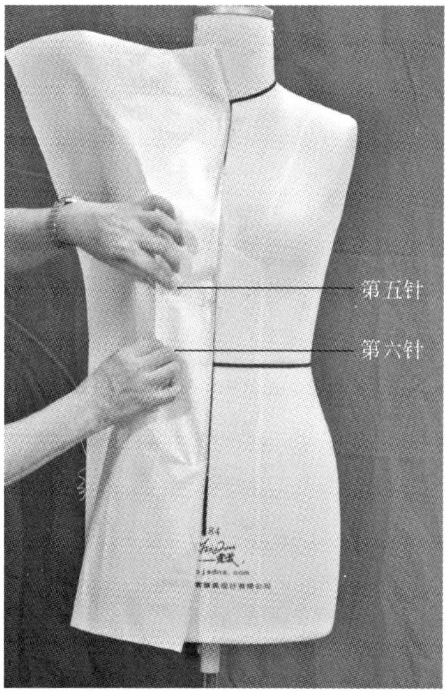

②在人台侧面上、下分别固定第五、第六针，注意要加适量的放松量。胸点向下将前腰省做好，保持纸张平衡。

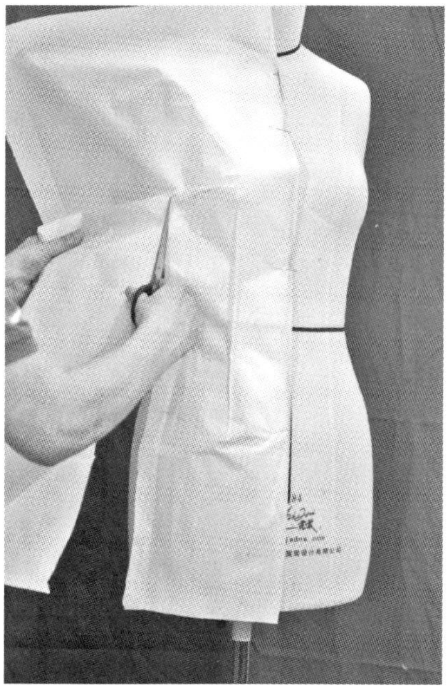

③将其他多余部分捏成腋下省。根据款式设计要求将前片剪出大概形状出来。

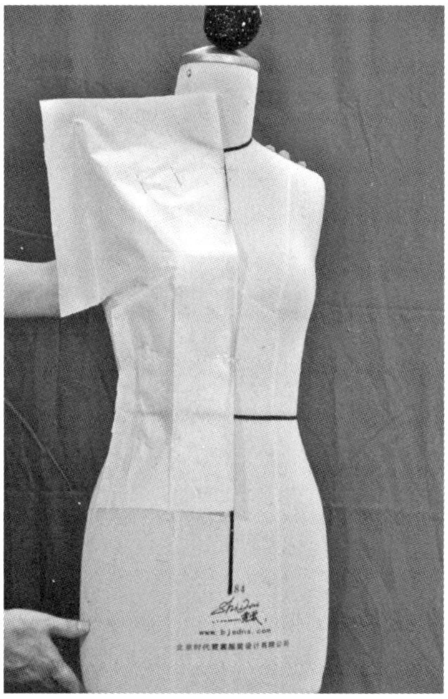

④确定上身的长度，将多余部分剪掉。

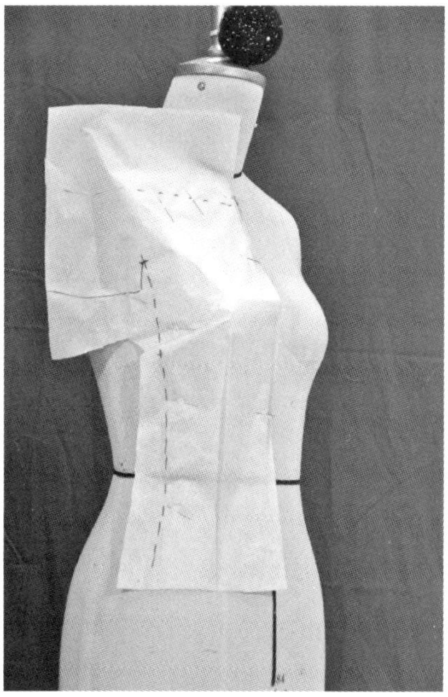

⑤根据款式图用笔画出大概的轮廓线。

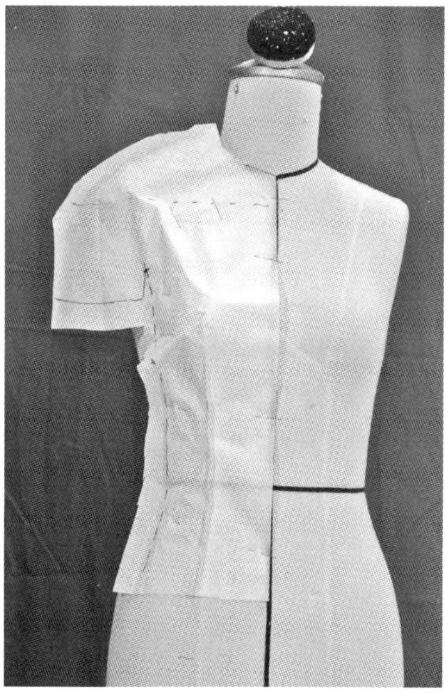

⑥为了更好地保证纸样的效果，要先按基础形剪出领口，确定肩斜线、肩宽点、前胸宽点，并做好标记。

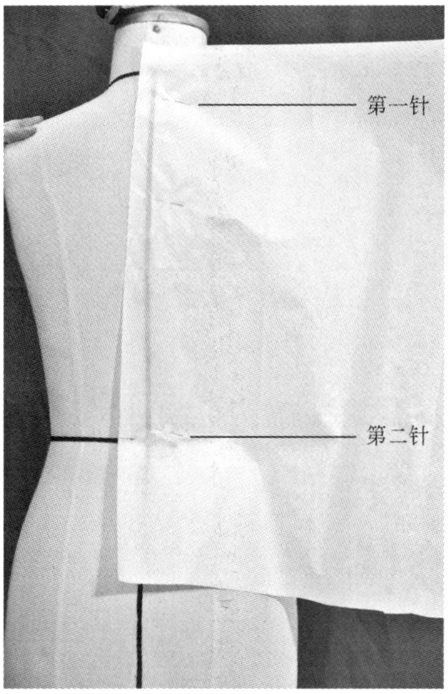

⑦ 纸边预留2cm缝份，注意立裁纸要提高些，要能与前片肩线连接。在后领窝下固定第一针，在中腰位置向外偏2cm的位置固定第二针。

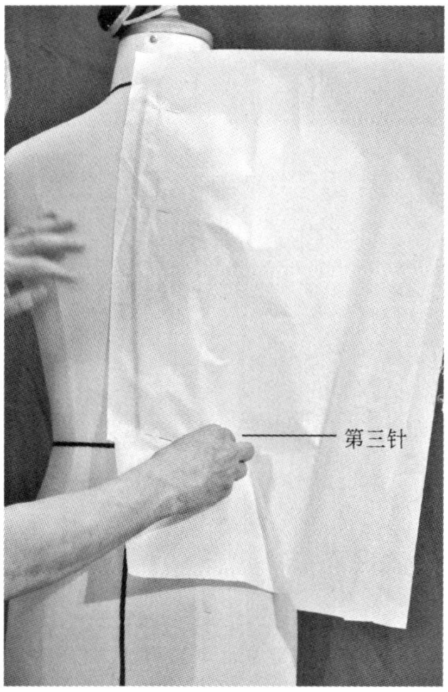

⑧ 后腰节按实在人台上固定第三针。在缝份位置用剪刀对着净线打三个剪口。

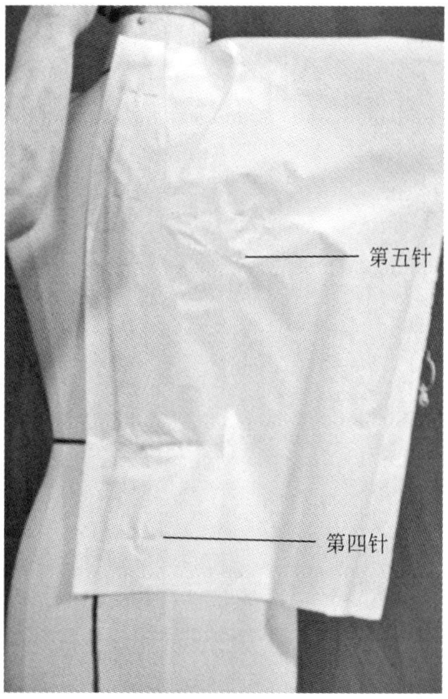

⑨ 从中腰向下将纸样平顺地捋到接近臀围的位置别第四针，后背肩胛骨向下偏侧缝的位置固定第五针。

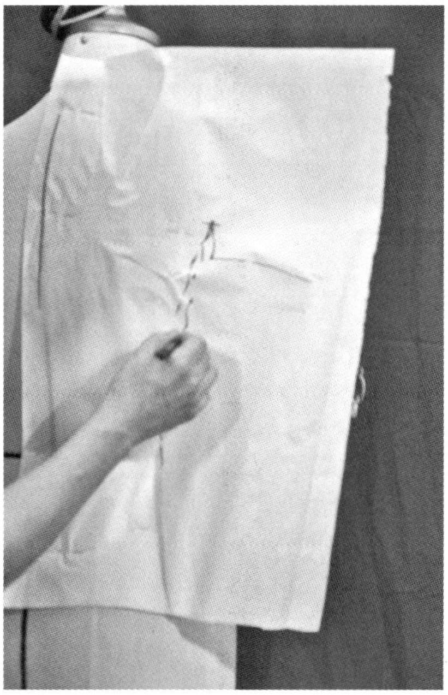

⑩ 根据款式图用笔画出大概的轮廓线。

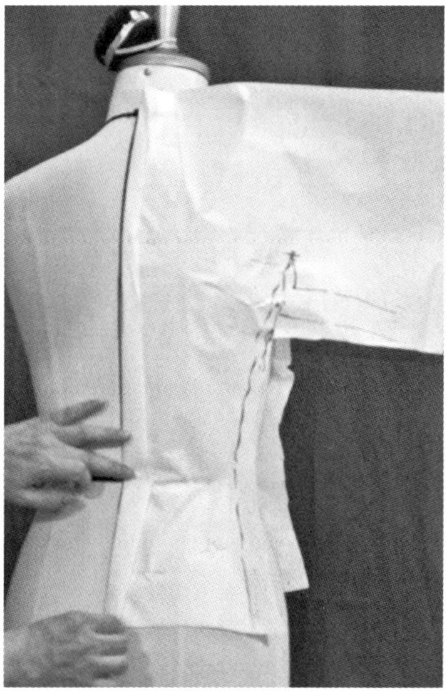

⑪ 根据款式设计要求将前片剪出大概形状出来。并将后中线按人台的后中线折起来，作为纸样的后中线（纸样完成后记得用笔描出确定好的后中线）。

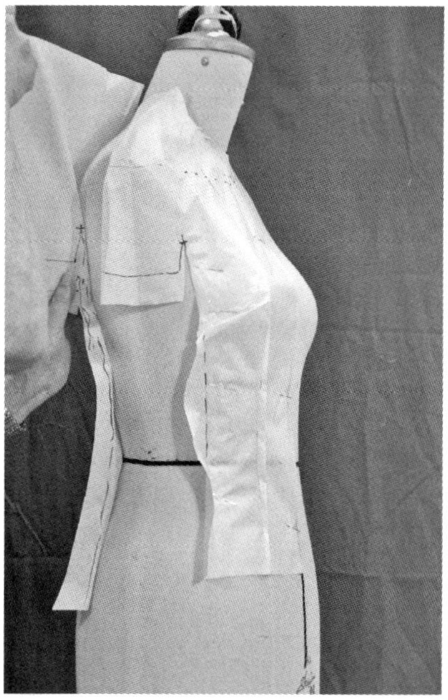

⑫ 确定后背宽点，叠出后片的轮廓线。

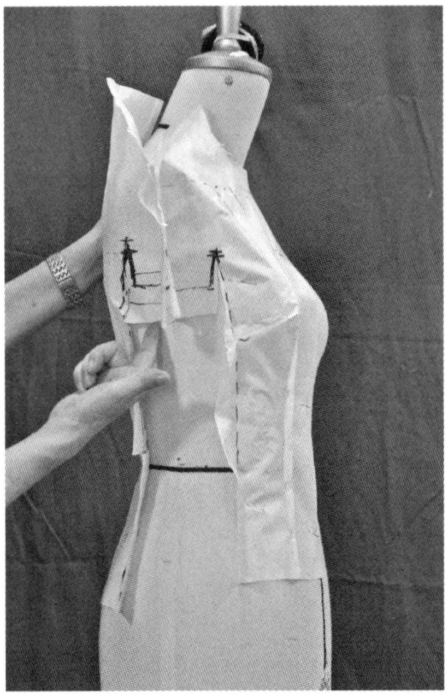

⑬ 先将袖子前后片固定在人台上，注意保证纸样应有的宽松量，要保证纸样的平衡，不要有扭曲褶皱。

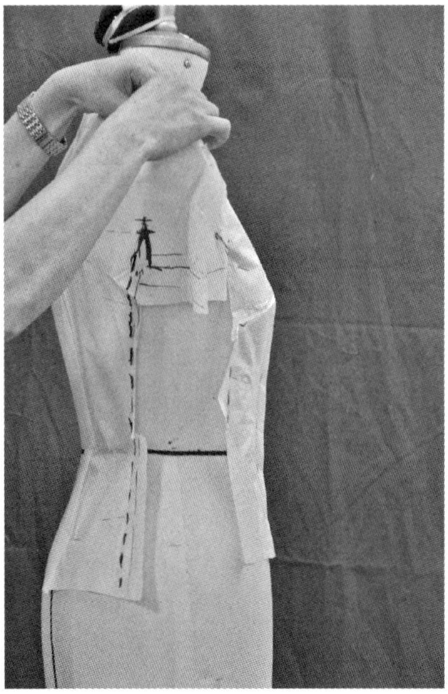

⑭ 根据人台的肩斜线，做出纸样的肩斜线。

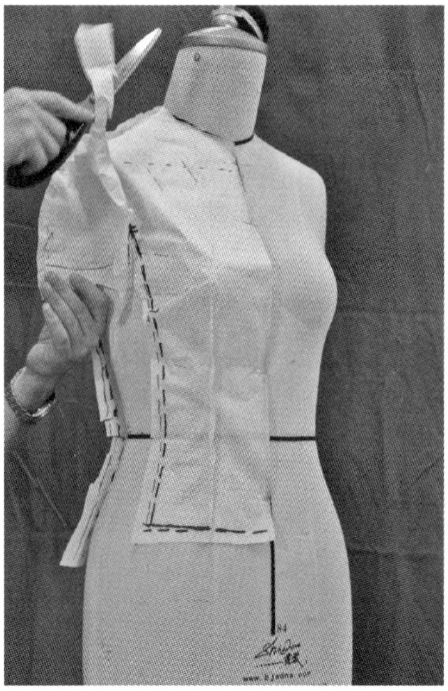

⑮ 将袖子的轮廓沿肩斜线圆顺地做出来。完成后将多余的部分剪掉。

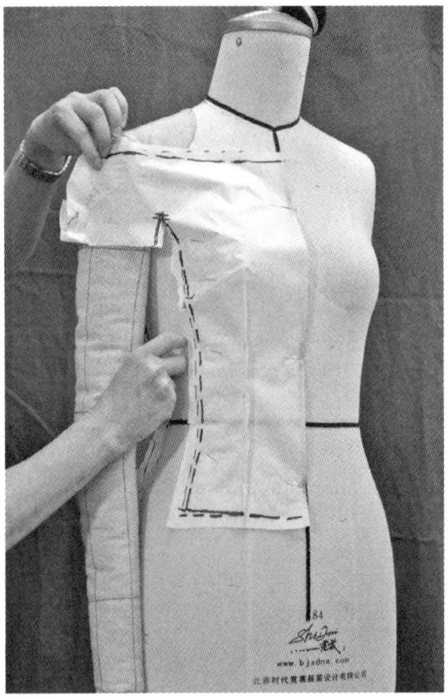

⑯ 如果感觉袖子做得不太圆顺，也可以借助人台的胳膊将袖子的弧线做得更漂亮。

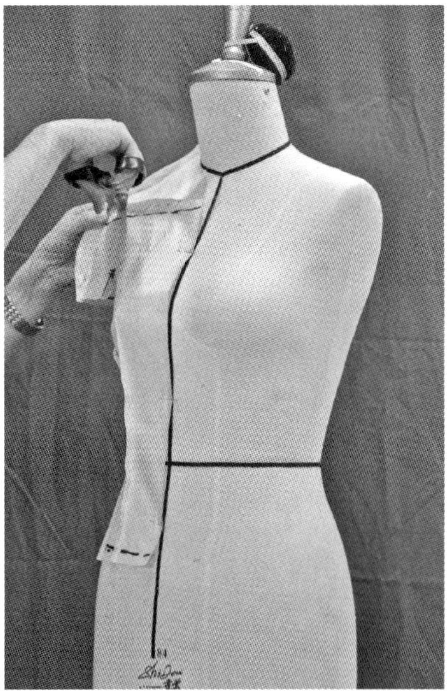

⑰ 这款时装裙是露肩的款式，所以完成了袖子轮廓的制作后，要参照设计图将肩上面的部分剪掉。

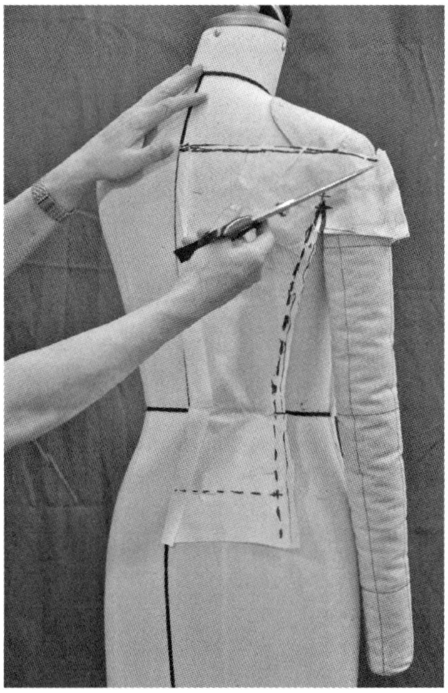

⑱ 修剪肩部时要保证领口平行于地平线，要注意前后片连接处高度一致、圆顺、美观。

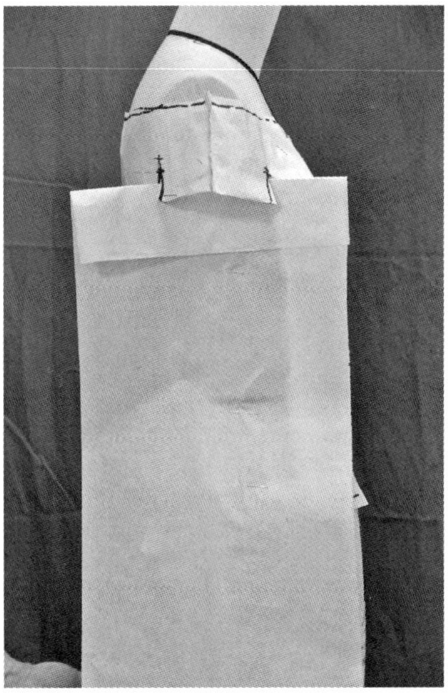

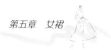

⑲ 这款时装裙的袖子小片与衣身侧片是一体的，不分开。所以要将立裁纸叠出一个袖子的长度。

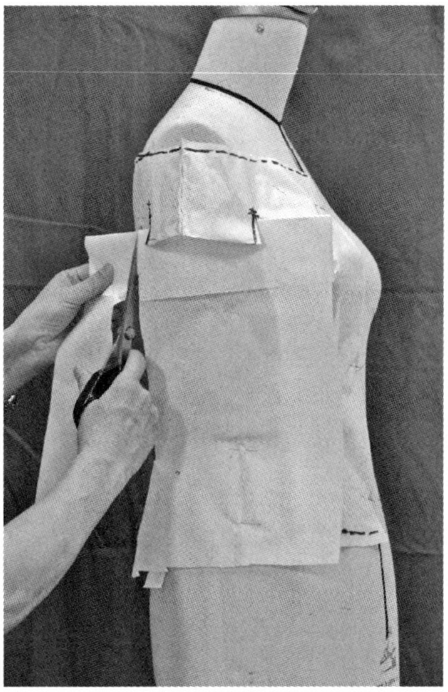

⑳ 纸张的叠印要与衣身前后片的前后宽点相接。根据侧片的大小，剪掉多余的部分。

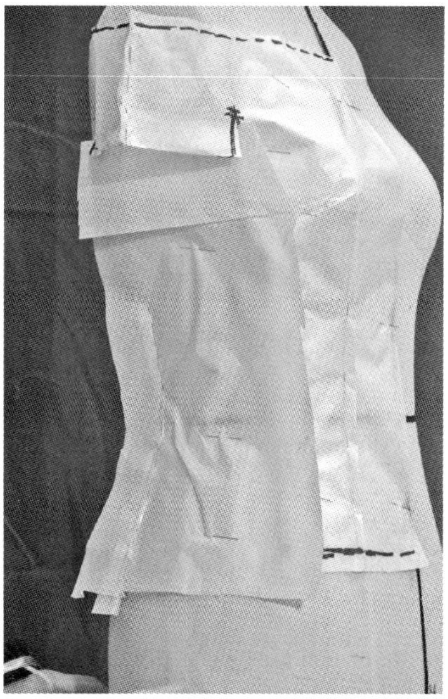

㉑ 在胸围线、腰围线、臀围线分别固定一针。

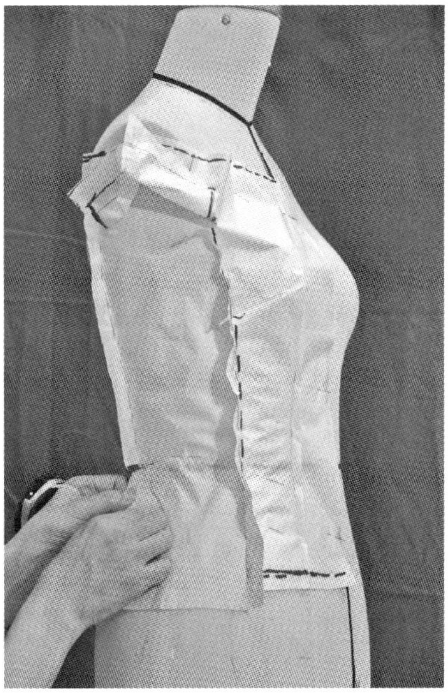

㉒ 根据前、后片设计好的净线，将侧片与前、后片用大头针连接。因为连衣裙比较合体，所以后片在腰节部分要有些拔量。

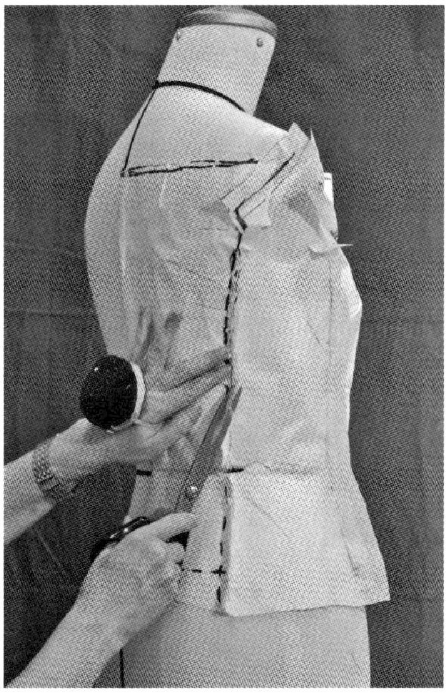

㉓ 调整衣片的大小、平衡后，缝份留1cm，剪掉多余的部分。

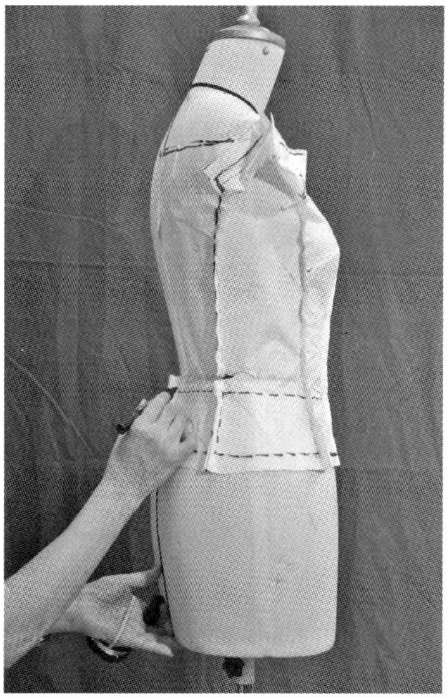

㉔ 连衣裙的上半身完成了，现在将纸样的轮廓线补充完整，并做必要的记号。

二、时装裙下裙制板步骤

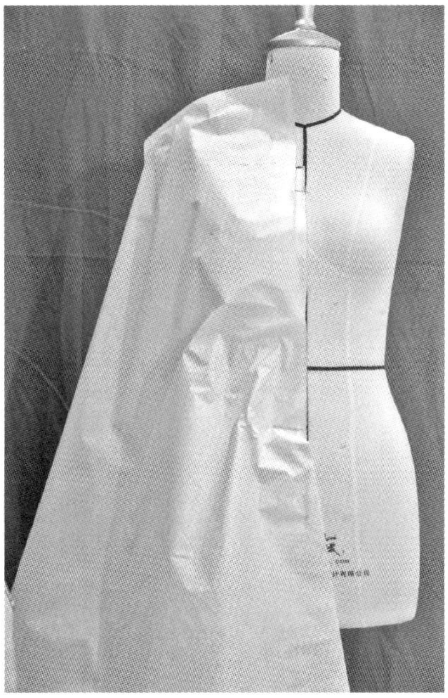

①这款时装裙设计的是定位波浪褶，取整张立裁纸，将纸的长边与人台前中线对齐。在上衣与裙子连接的位置用大头针固定。

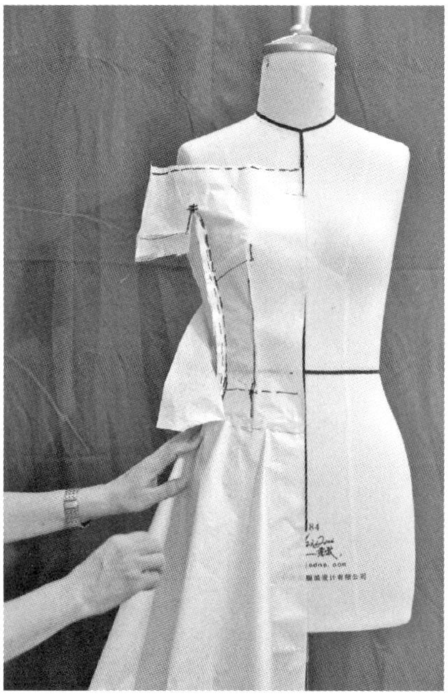

②用剪刀在固定的大头针上方2cm的位置平行腰节线剪开，剪开的长度为波浪出现的位置，在波浪的位置打剪口，转动立裁纸，用大头针固定。

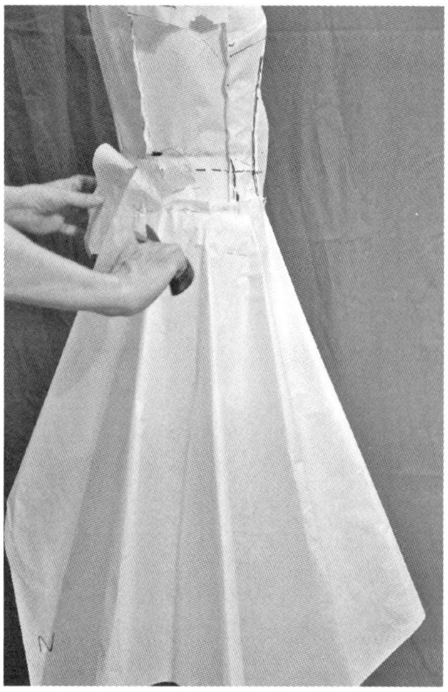

③以此类推，波浪的距离和数量根据设计图或者设计要求来确定。

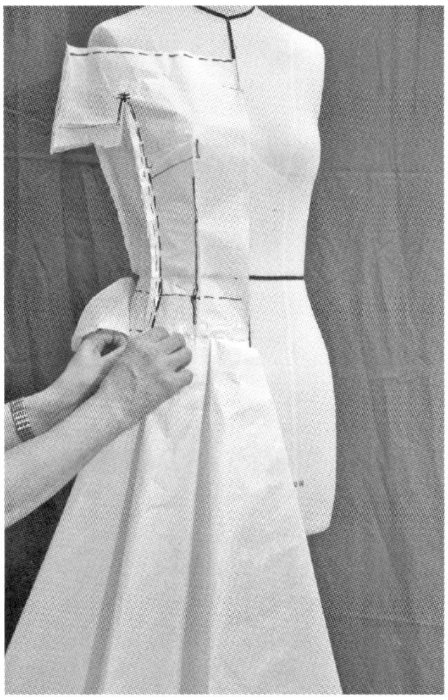

④波浪的褶线要保持整齐，裙子与上身的连接线要与地平线保持平行。

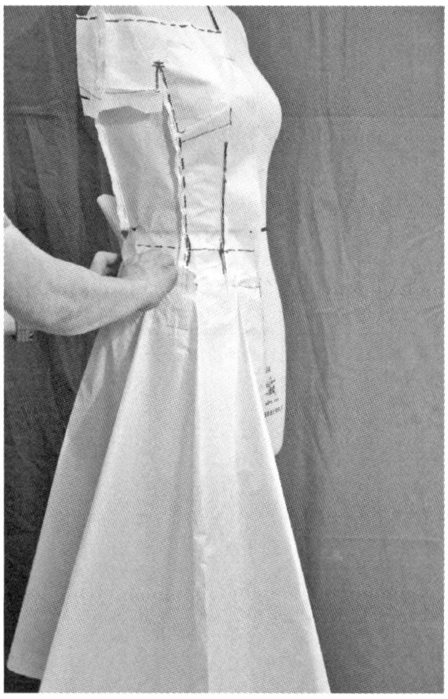

⑤边制作边注意调整波浪的距离和波浪的大小。

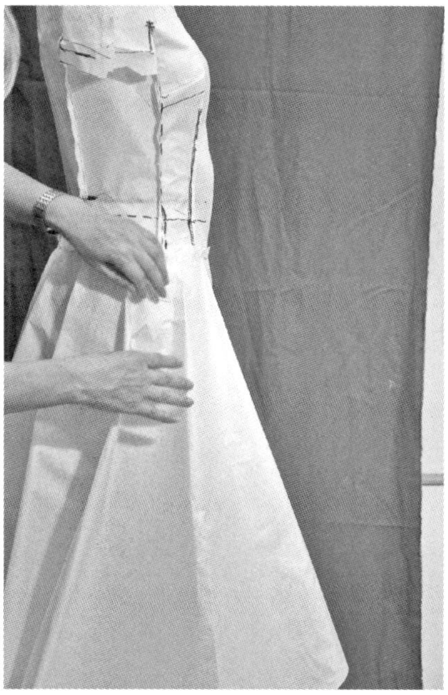

⑥波浪做好后，再整体观察全部波浪的距离、大小及平衡，不好的地方再继续调整。

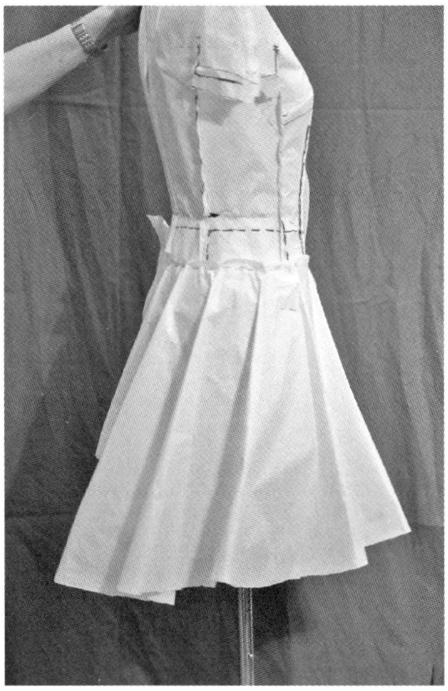

⑦ 做好的波浪定位，确定裙子的长度，修剪裙子造型，做标记线及记号。

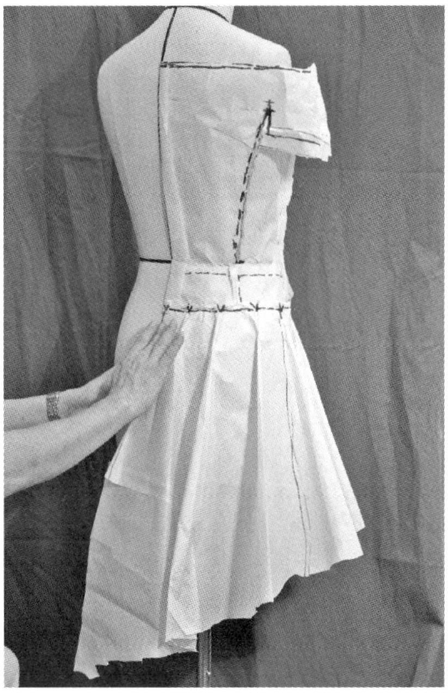

⑧ 叠出裙子的后中线，注意要与上衣的后中线相接，并保持垂直。

⑨ 将裙子和上衣的连接线确定好，用笔标记出来，做好记号。

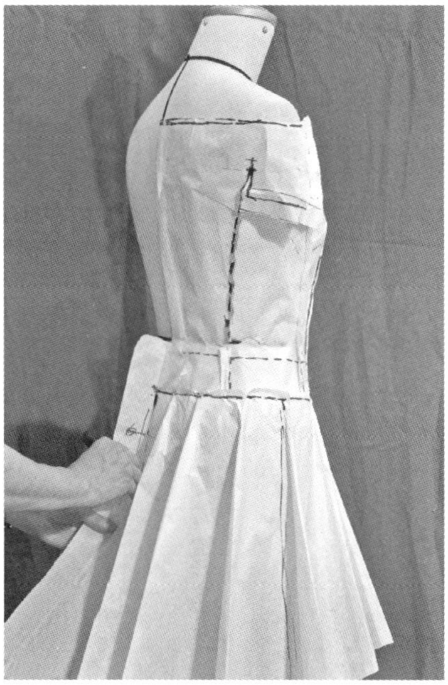

⑩ 将裙子及上身的后中线根据确定好的叠印描出来。

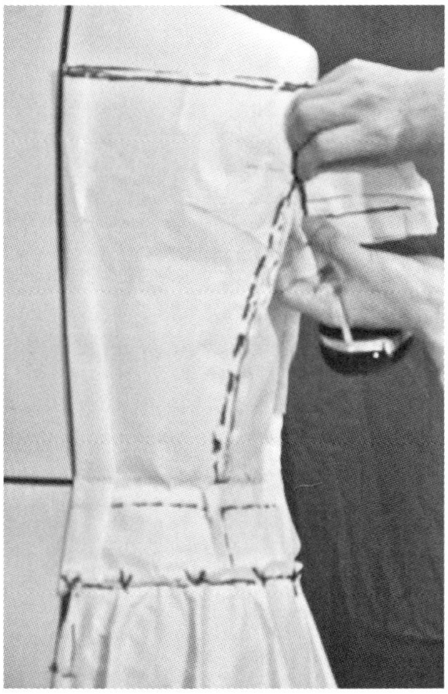

⑪ 再整体观察，将上衣袖子的小片与大袖连接，注意要保证连接的圆顺、平衡，并做好标记。

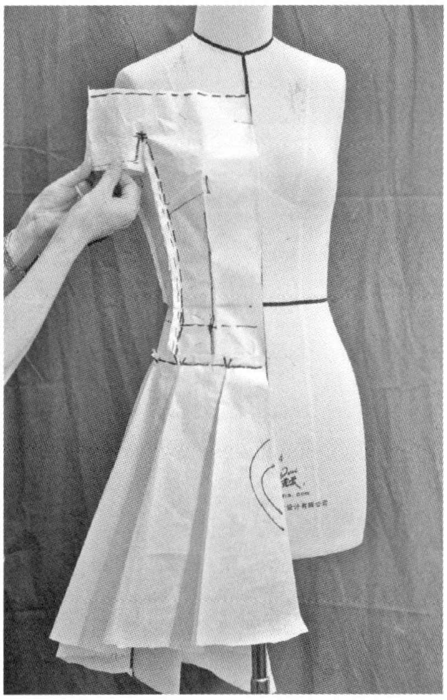

⑫ 时装裙纸样完成后的效果。

第六章

女裤

第一节 小脚裤制板步骤

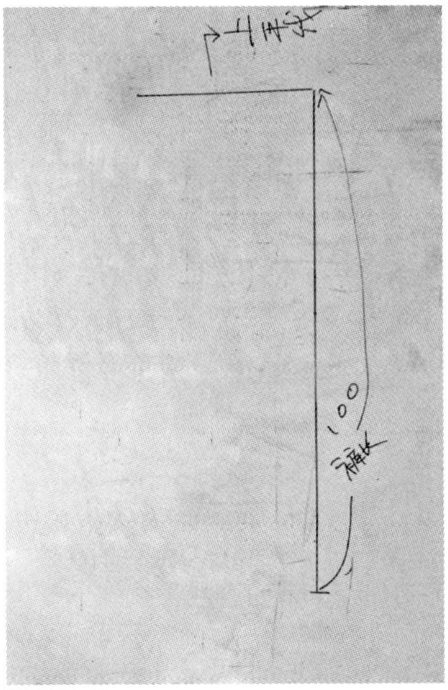

① 先画出上平线，再垂直于上平线画裤长线，也是裤子侧缝的辅助线。

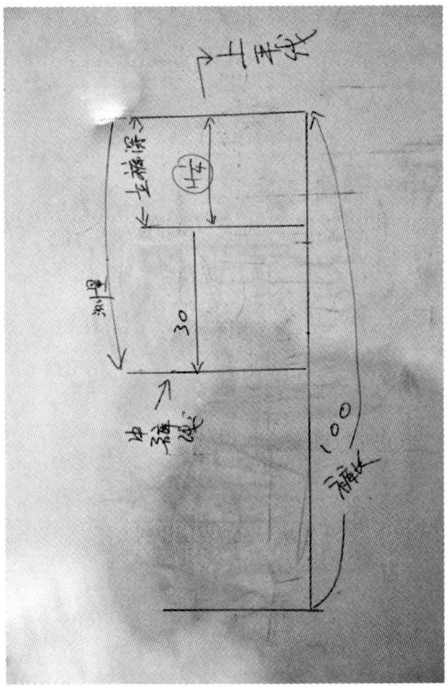

② 画出裤角线。再从上平线向裤角线方向平移1/4臀围的距离画上平线的平行线为立裆深线。再从立裆深线向裤角线方向平移30cm为中裆线。

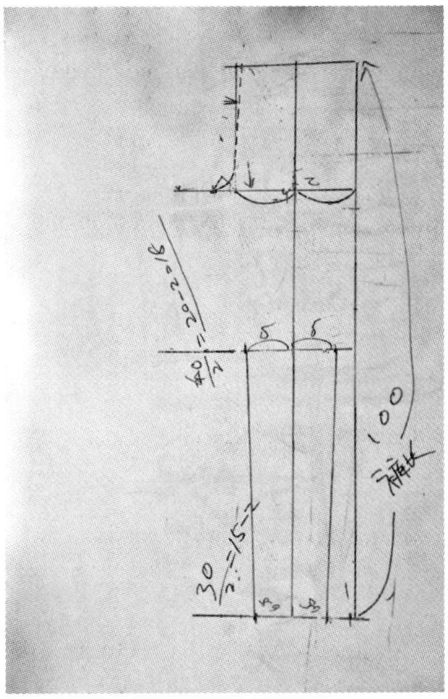

③ 从裤长线向裤子前中线方向平移1/4臀围的距离，在立裆深线上取点。从这一点向上平线画垂直线至上平线。在立裆深线的1/2处画裤中线。根据国标尺寸表，画出中裆宽和裤角宽，并将四个点分别连接画出裤腿下半部分。

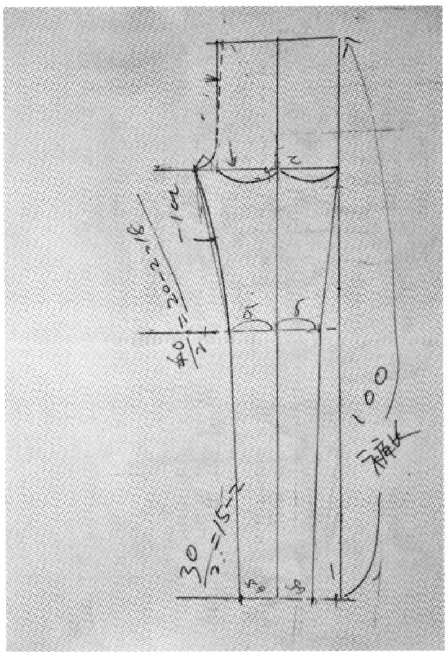

④ 在立裆深线上臀围点向外平移4cm为小裆弯的宽度。上平线从前中线向里1cm取一点与臀围点相连，在距离臀围点4cm的地方开始画弧线延至小裆弯4cm的点。从小裆弯的点画直线与中裆点相连，在这段线的中间部位向里平移1cm，再画经过这一点的弧线，与中裆点连接时注意线条顺畅平滑。

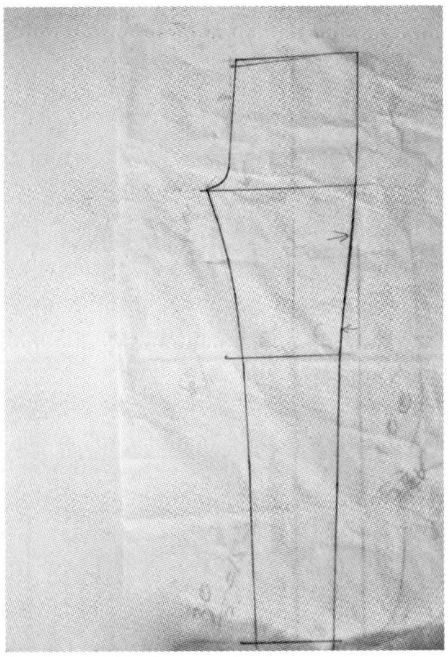

⑤ 前片画好后，取一张半透明的立裁制板纸，将前片复制下来，后片是在前片基础上来制作的。

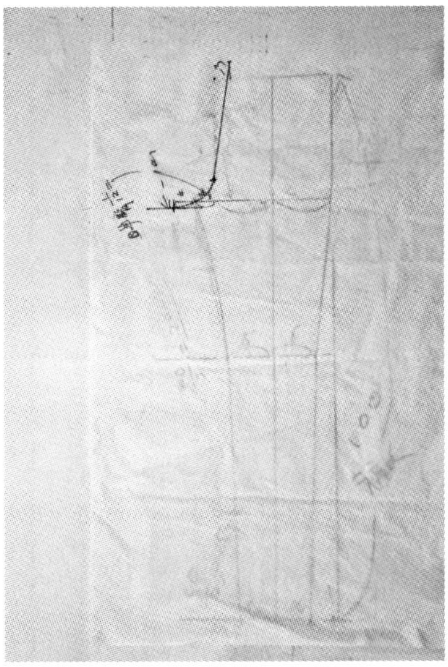

⑥ 先画后片大裆弯部分，在小裆弯点向裤角线方向平移1cm画小裆弯辅助线的平行线，大裆弯的宽度8cm。上平线从前片前中线点向里平移3cm，与前中线上4cm处点相连为裤子后中线，再从4cm点开始延伸画弧线到大裆弯宽点，这条弧线为大裆弯线。

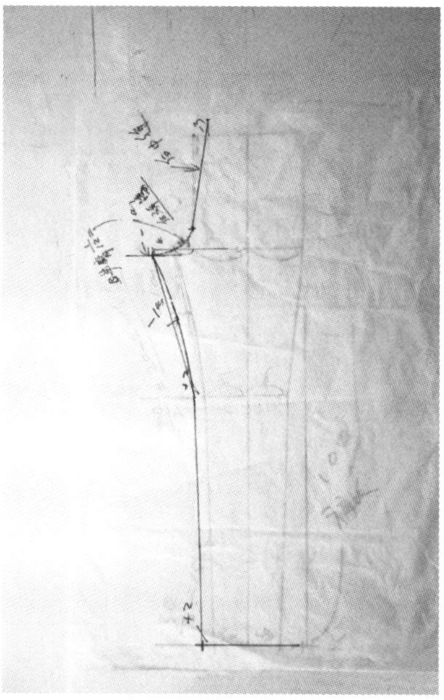

⑦ 后中线和大裆弯线画好后，接下来画后裤线。在中裆线上以前片为基础向外加1cm取点与大裆弯相连画直线，在直线中间部分向里1cm取点画后裤脚弧线，裤角同样以前片为基础，向外加1cm取点与中裆相连，注意连接处的圆顺平滑。

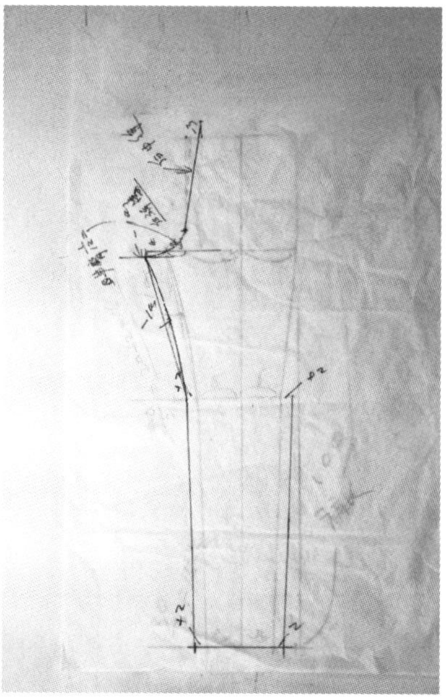

⑧ 在中裆线上以前片为基础向外加1cm取点，裤角同样以前片为基础，向外加1cm取点与中裆相连。中裆以上到腰围线的部分可以多预留出一些空间，在人台上去做造型处理。

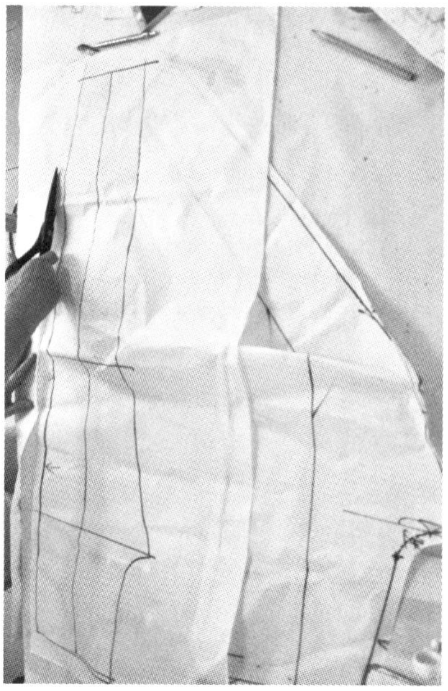

⑨ 将画好廓形的纸样预留出可调整的缝份，剪出备用。

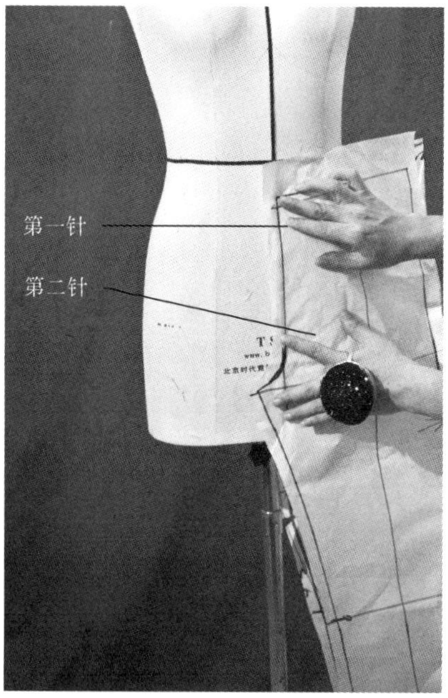

⑩ 将画好的裤子轮廓初板放在人台上，将纸样的前中线对准人台的前中线，用大头针在腰围线和臀围线的位置各固定一针。

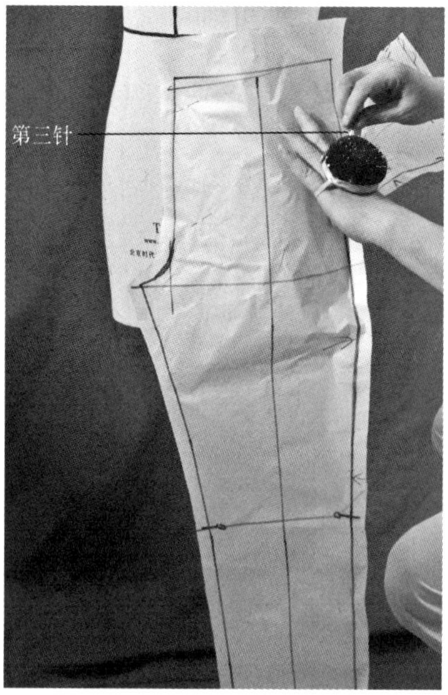

⑪ 从前中线沿臀围线水平向侧缝方向移动，在侧缝线位置固定一针。

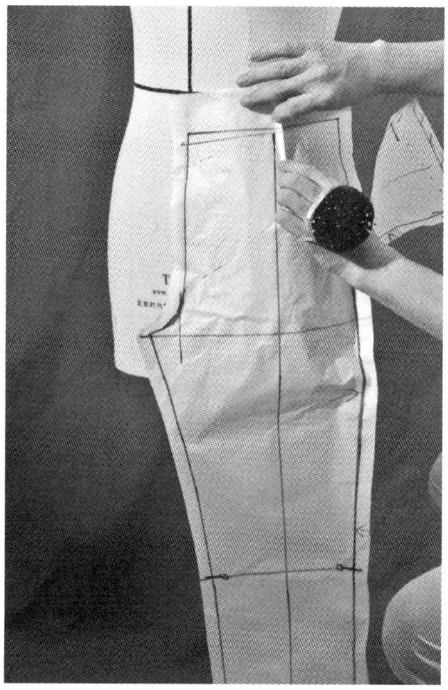

⑫ 在裤子前中制作省道，从臀围线向上，将纸样服帖在人台上，多余部分就为裤子的腰省量。

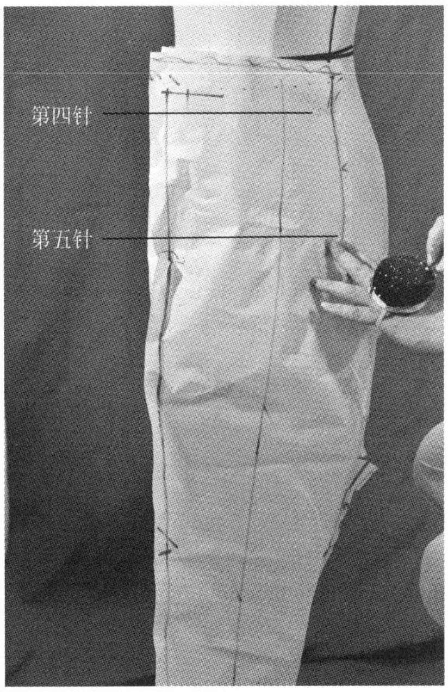

⑬ 纸样后面的后中线对准人台的后中线。在腰围线和臀围线处各固定一针。

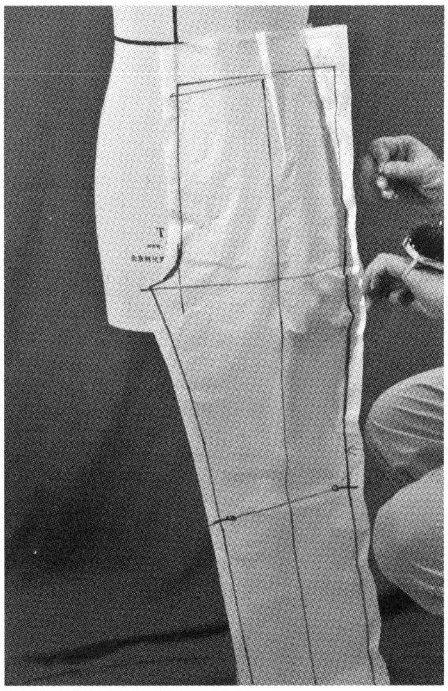

⑭ 裤子前、后中线固定好后，按照人台臀差、腰差、侧缝弧度，将纸样的侧缝线用大头针固定好。固定时要注意弧线圆顺。

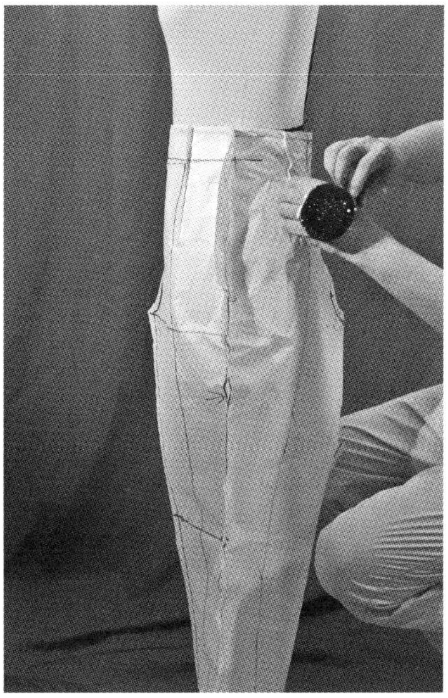

⑮ 将裤子后腰省做好，方法与前腰省相同。

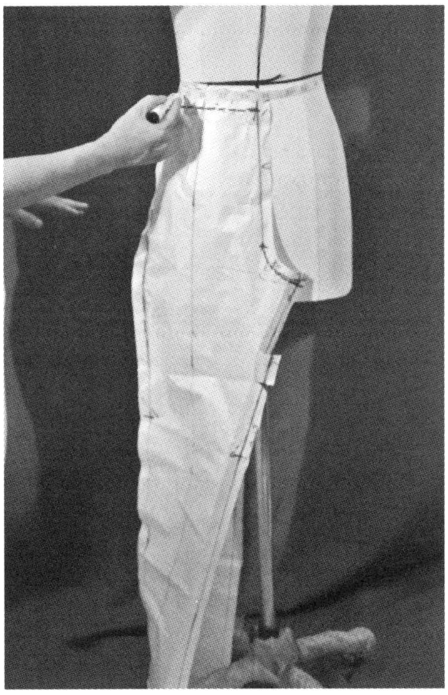

⑯ 将裤腰在人台上画出来，可以用卷尺或者绳子水平地系在人台的腰上作为参照。

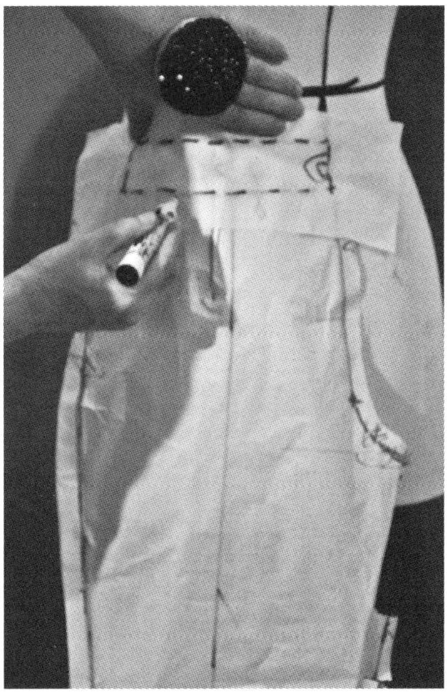

⑰ 设计裤腰的宽度，具体宽度根据设计师的设计要求。在纸样上设计好的裤腰，可以用另一张纸再复制一个作为裤腰板。

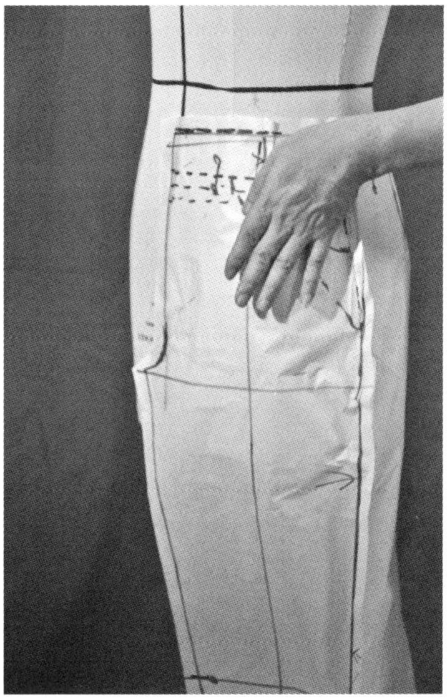

⑱ 裤腰设计好后，再来设计裤子的口袋，口袋的大小是参照手的大小确定的，具体口袋的形状根据设计师的要求来确定。现在一条小脚裤的纸样就完成了。

第二节 哈伦裤制板步骤

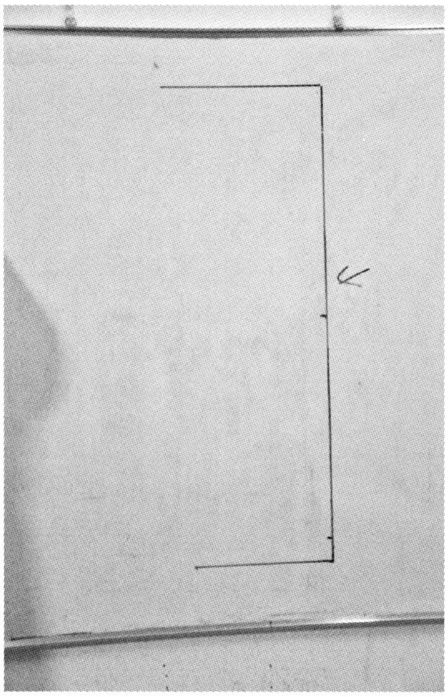

①先画出上平线，再垂直于上平线画裤长线，也是裤子侧缝的辅助线。画出裤角线。

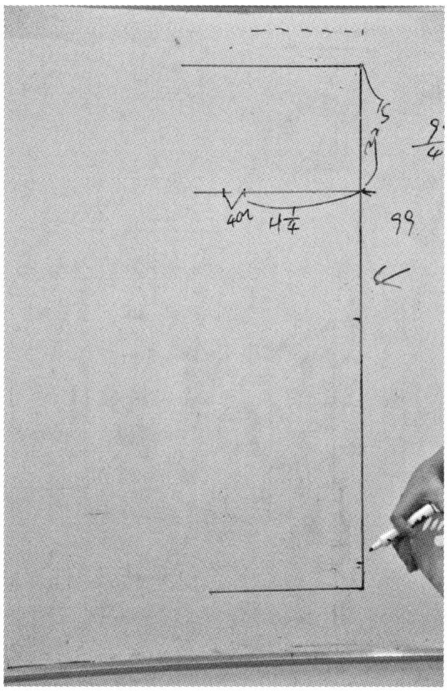

②画出裤角线。再从上平线向裤角线方向平移1/4臀围的距离画上平线的平行线为立裆深线。

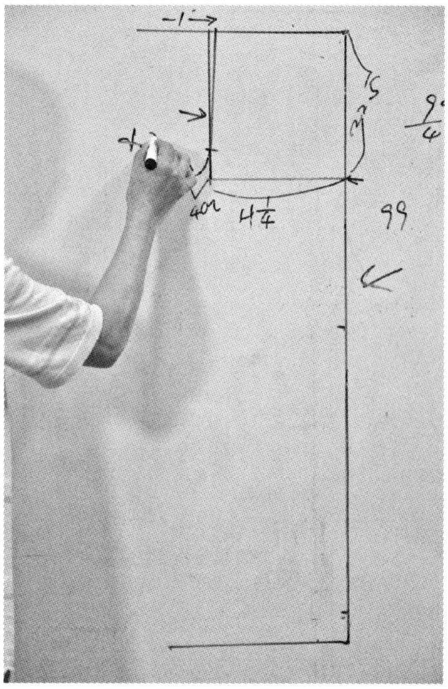

③再从立裆深线向裤角线方向平移30cm为中裆线。从裤长线向裤子前中线方向平移1/4臀围的距离在立裆深线上取点。

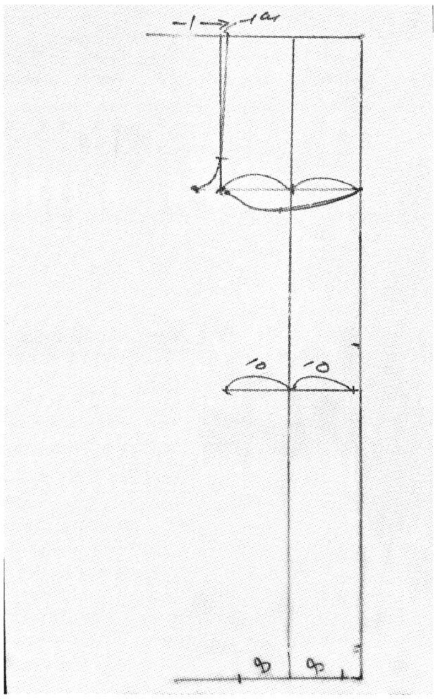

④从这一点向上平线画垂直线至上平线，在立裆深线的1/2处画裤中线。根据国标尺寸表，画出中裆宽和裤角宽，并将四个点分别连接画出裤腿下半部分。

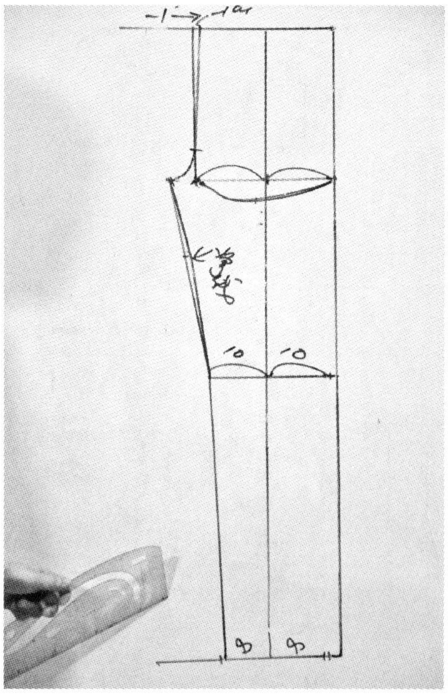

⑤在立裆深线上臀围点向外平移4cm为小裆弯的宽度。上平线从前中线向里1cm取一点与臀围点相连，在距离臀围点4cm的地方开始画弧线延至小裆弯4cm的点。

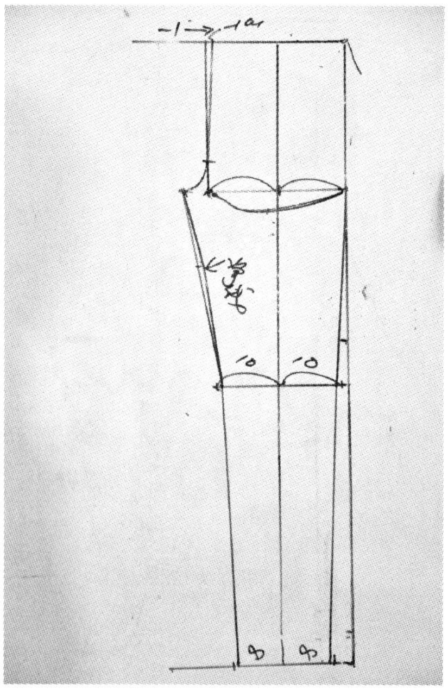

⑥从小裆弯的点画直线与中裆点相连，在这段线的中间部位向里平移1cm，再画经过这一点的弧线，与中裆点连接时注意线条顺畅平滑。

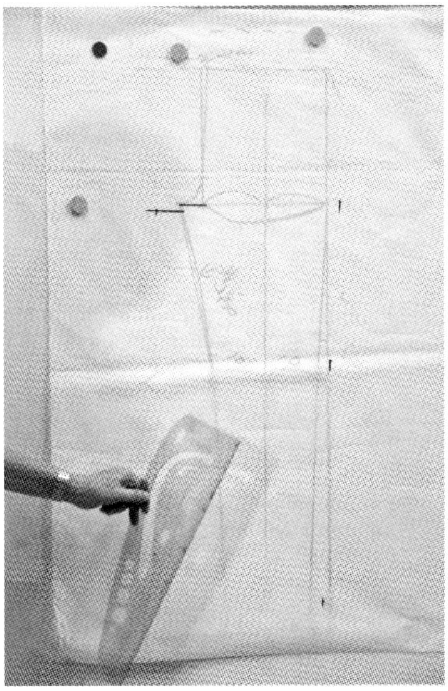

⑦ 在小裆弯点向裤角线方向平移1cm画小裆弯辅助线的平行线，大裆弯的宽度8cm。

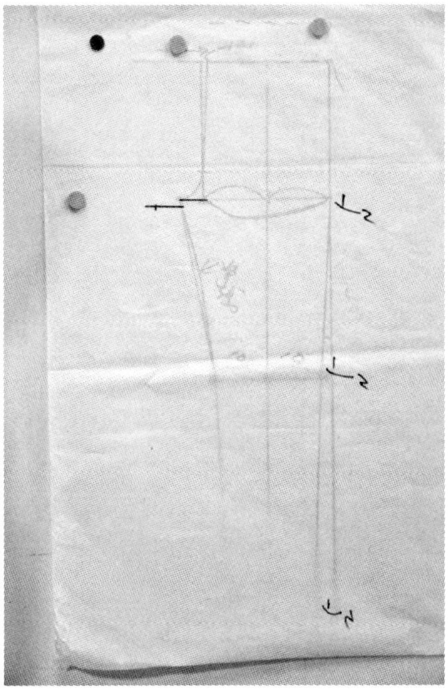

⑧ 裤角同样以前片为基础，向外加2cm取点与中裆线、臀围线相连。

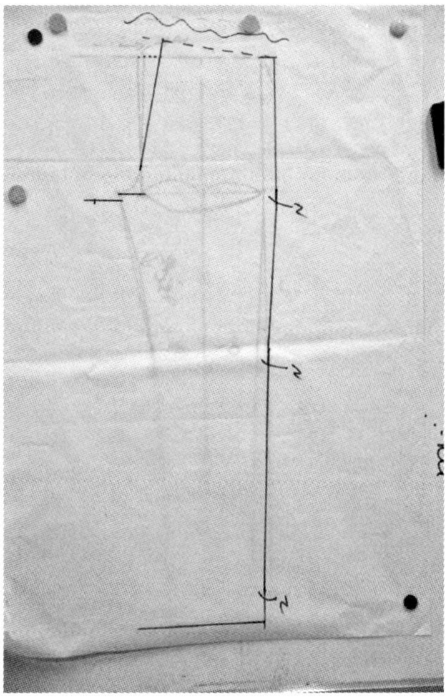

⑨ 上平线从前片前中线点向里平移3cm，与前中线上4cm处点相连为裤子后中线。

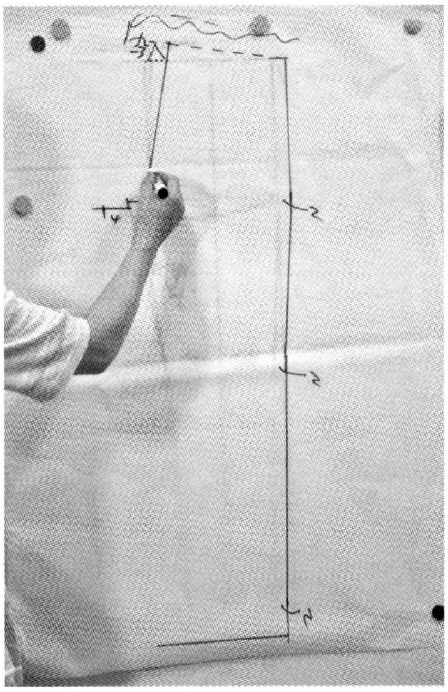

⑩ 从裆弯4cm点开始延伸画弧线到大裆弯宽点，这条弧线为大裆弯线。

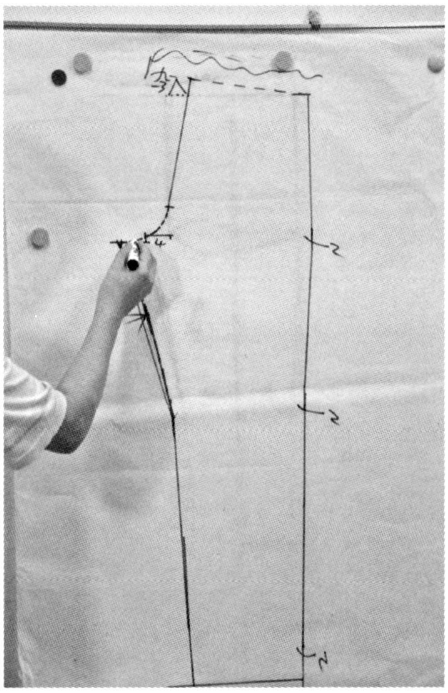

⑪ 中裆以上到腰围线的部分可以多预留出一些空间，在人台上去做造型处理。

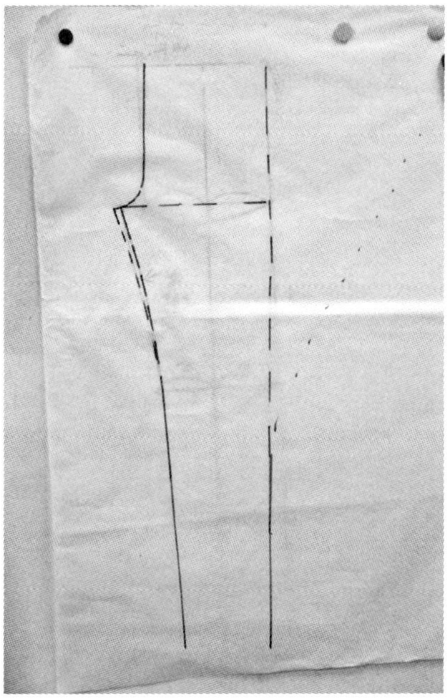

⑫ 将前、后片的纸样都复制下来，从臀围线以下留2cm缝份剪下来，臀围线以上因为要做款式造型，所以要多留余量。

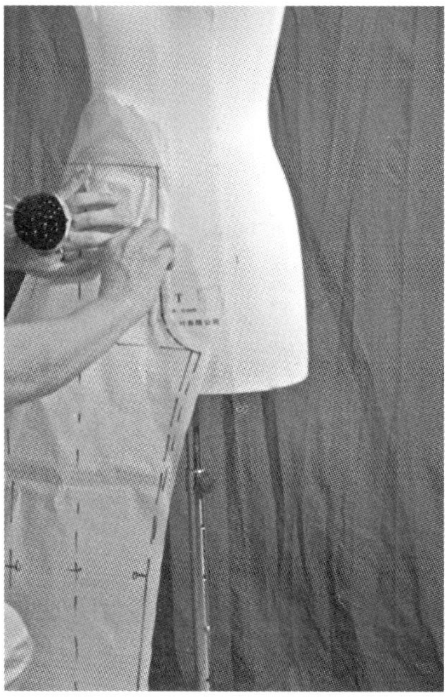

⑬ 将裤子纸样的前中线对齐人台前中线，用大头针固定。

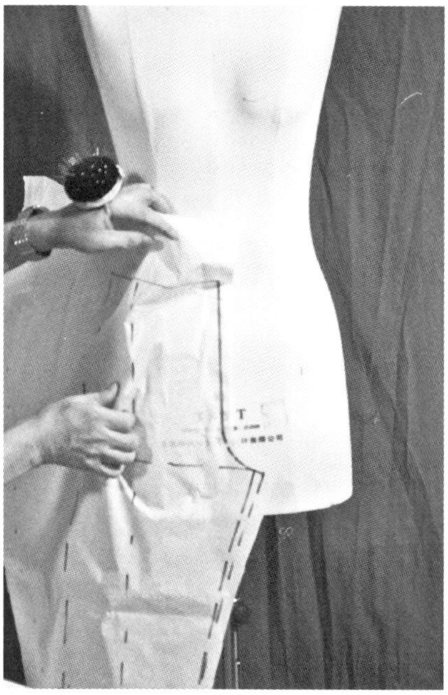

⑭ 保持立裁纸平衡，将纸样沿臀围线裹住人台，用大头针固定。

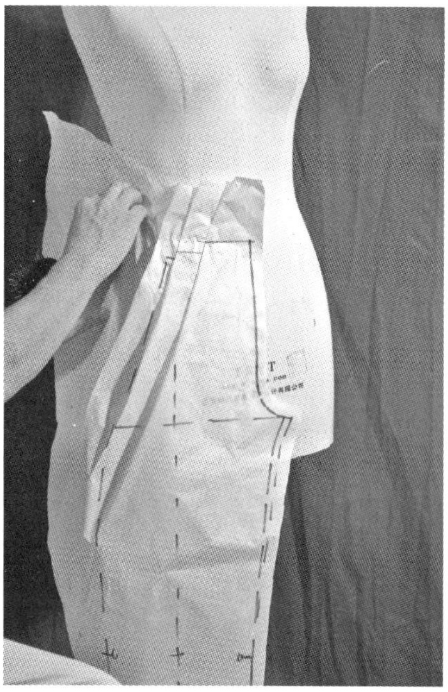

⑮ 按设计图和设计要求，做出哈伦裤的活褶，注意保证纸样的平顺、平衡。

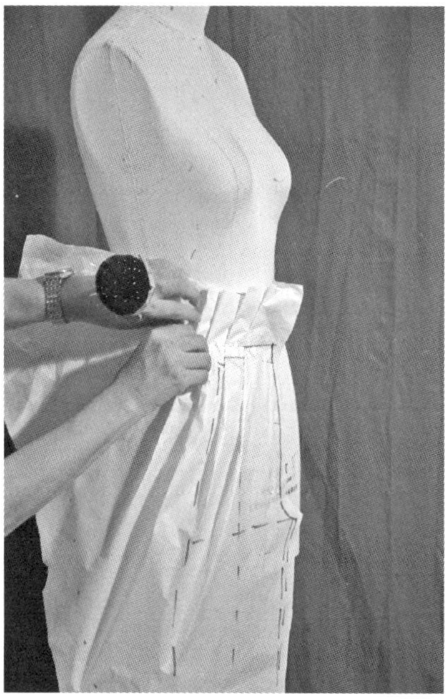

⑯ 捏褶时要注意，不是每个褶量都是一样的，要根据人体结构来分配褶量的大小，褶的多少可以根据设计要求来确定。

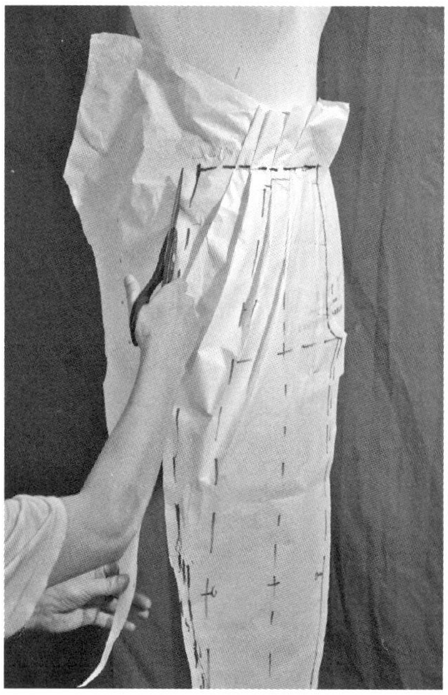

⑰ 前片活褶做好后，根据造型的轮廓画出新设计出来的轮廓线，在中腰位置画出腰线，注意一定要与地平线平行。留出缝份，剪掉多余部分。

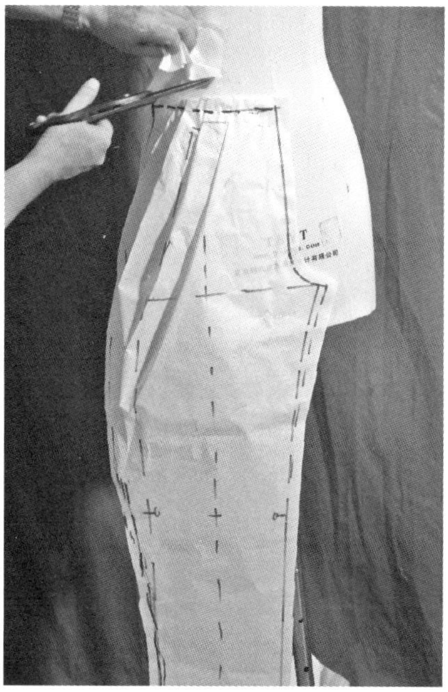

⑱ 再观察一下，将不平衡、不协调的部分修正，将多余的部分用剪刀修剪掉。

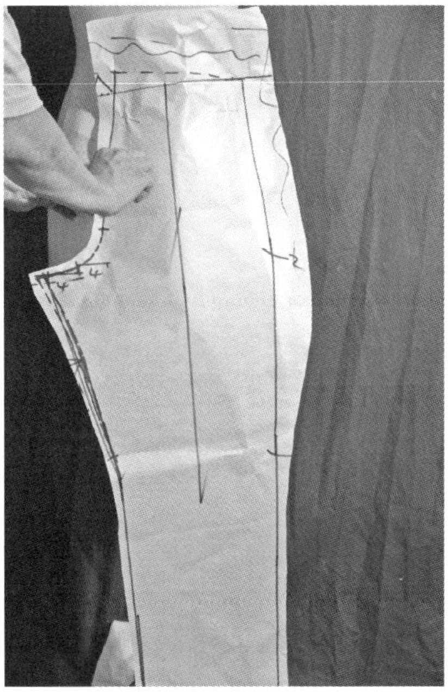

⑲将纸样后片后中线与人台后中线对齐，用大头针固定。沿臀围线把纸样水平地裹在人台上，在侧面用大头针固定，在后腰围中间部位把多余的量作为后腰省捏起来。

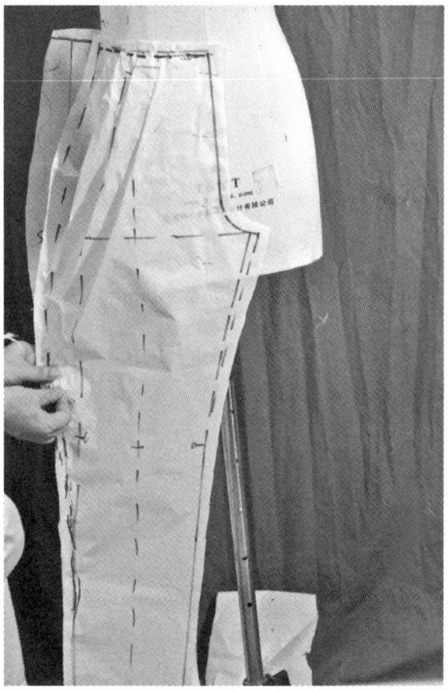

⑳根据前后片的裤子外侧缝线净钱，用大头针把纸样前后片连接起来。

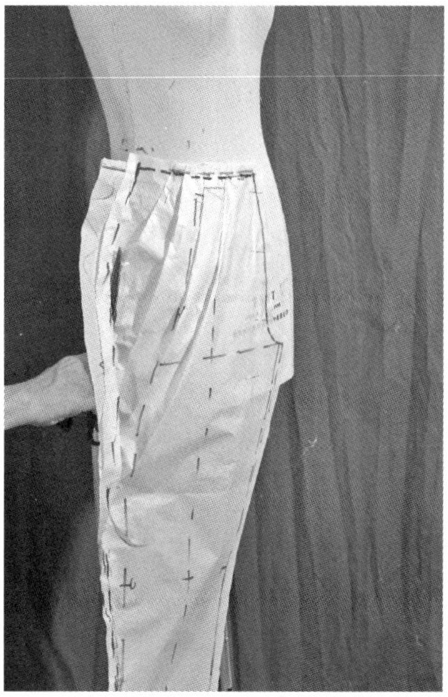

㉑前后片连接后，再观察，把不平衡的部位再做调整和修正。

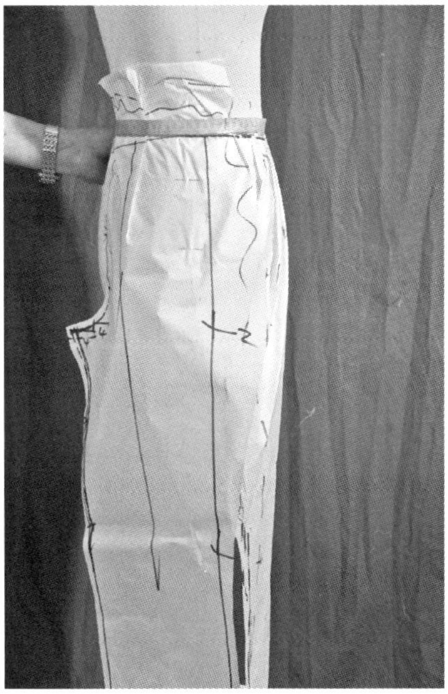

㉒画出裤子的腰节线，可以借助卷尺把腰节线画水平。

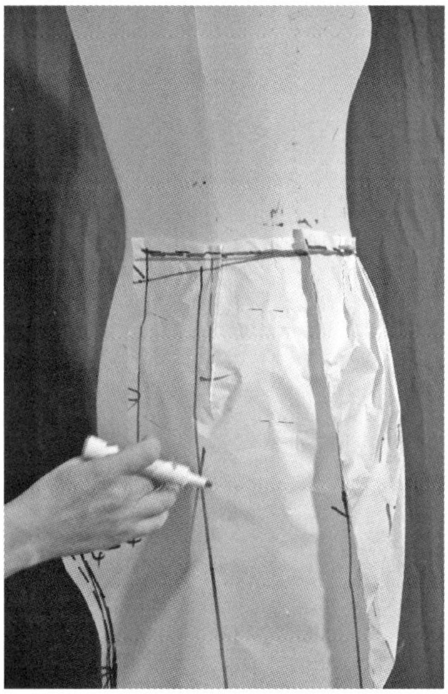

㉓裤子的制板已经完成了，下面要在裤子上标记线和记号，保证后期制作时减少误差。

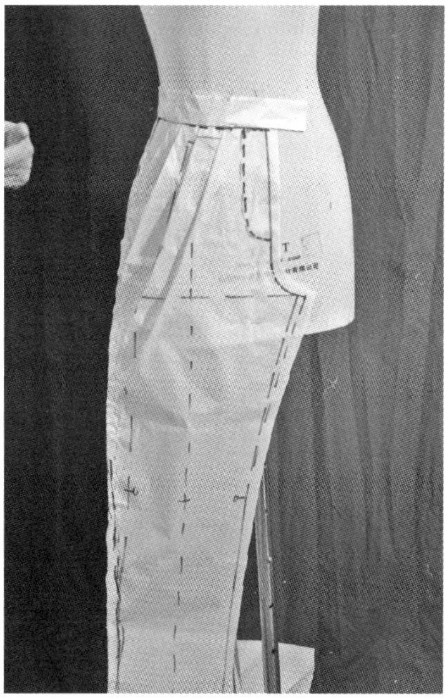

㉔再做一个腰接在裤板上，这样就可以看出裤子的整体效果了。

第三节 大裆裤制板步骤

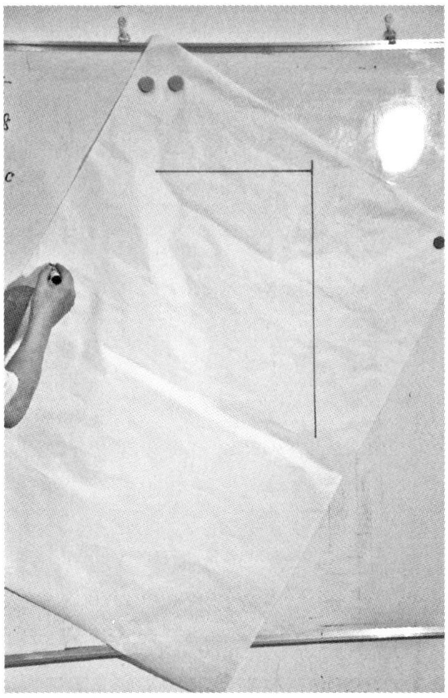

①大裆裤多采用斜纱向面料。先画出上平线和前中线。

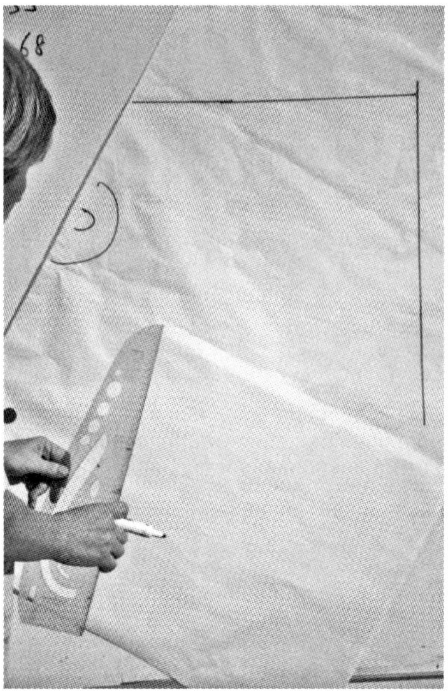

②根据设计要求和面料的条件，可以设计侧缝不分开，在侧缝不分开的情况下，要在侧缝线处画一个连折符号。

③根据款式设计图，再结合人体比例结构，设计裤子的立裆深长度和裤角宽度，将立裆深点和裤角宽点连成一个弧线，裤子前片就完成了。

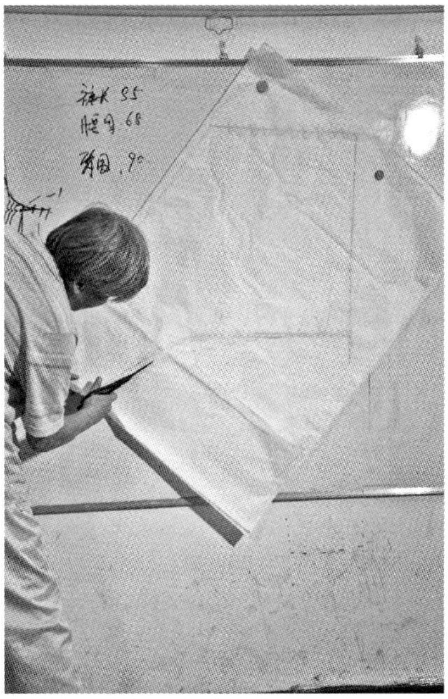

④再取一张立裁纸，将前片复制出来。

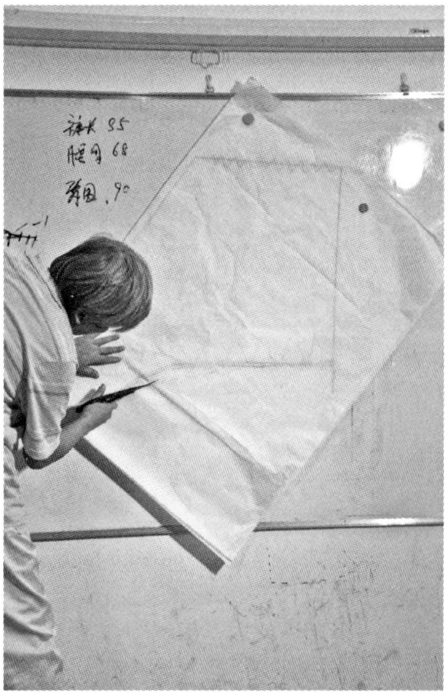

⑤在复制时，可以让后片比前片稍大一点点。

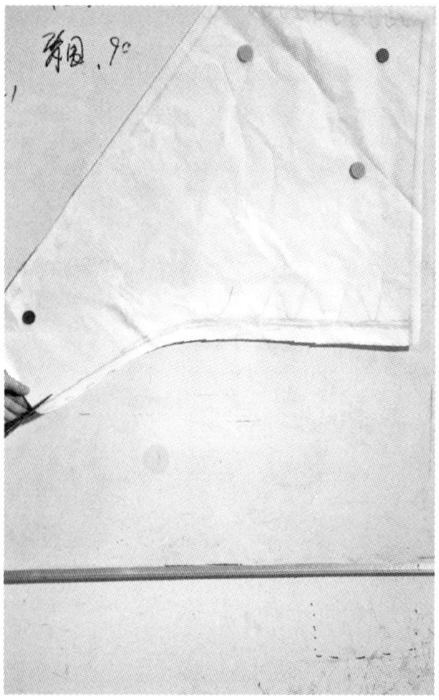

⑥将裤子的纸样前后片都留2cm的缝份，剪出大概的形状出来，再到人台上做具体的结构设计。

⑦ 先将大裆裤纸样前后片的侧缝用大头针连接在一起。

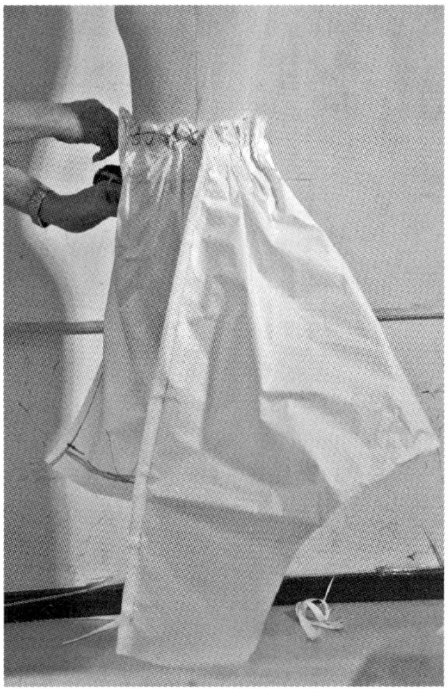

⑧ 将裤子的前中线与人台的前中线对齐，用大头针固定。

⑨ 再把侧缝位置用大头针固定在人台的侧缝上，把纸样前片腰部多余的量捏成碎褶，这样大裆裤的宽松量才会够，才能出效果。

⑩ 再把纸样的后中线与人台的后中线对齐，用大头针固定。

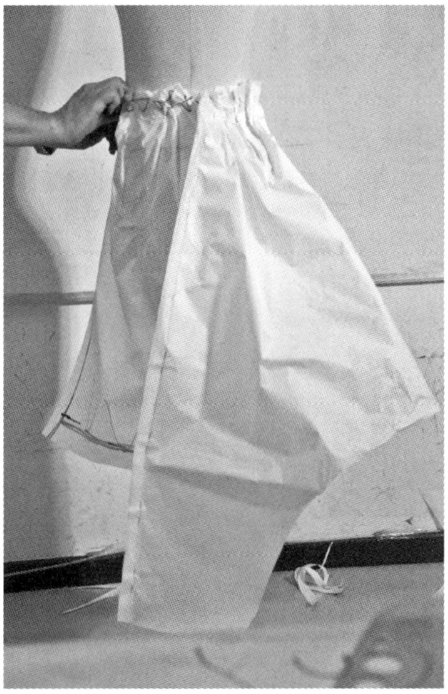

⑪ 和前片一样，将纸样后片腰部多余的量捏成碎褶。

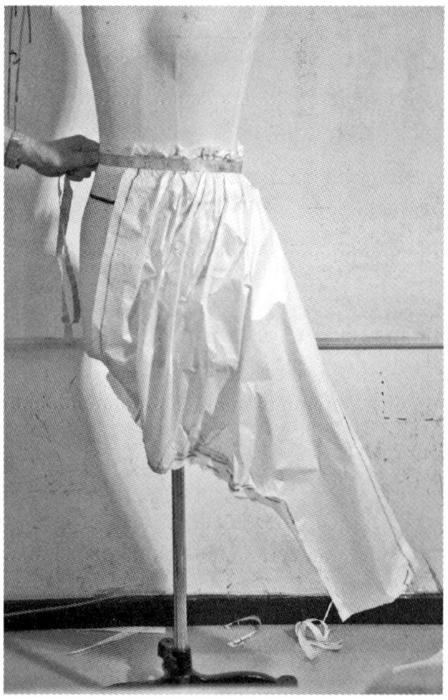

⑫ 再借用尺子画出裤子的腰节线，一定要保证裤子的腰节线与地平线水平。这样大裆裤的板就完成了。

第七章

女大衣

第一节 A型女大衣

一、A型女大衣前片制板步骤

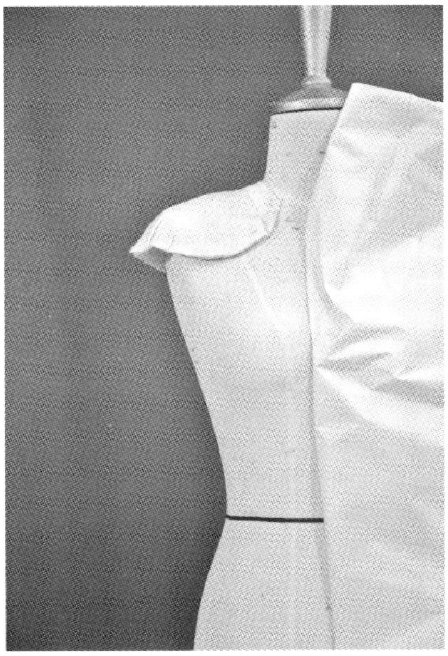

①大部分大衣都是有垫肩的，款式不同用的垫肩形状也不同，A型女大衣用的是适合休闲款大衣的圆头垫肩。将垫肩放在合适的位置，注意要预留胳膊的量，用大头针固定。

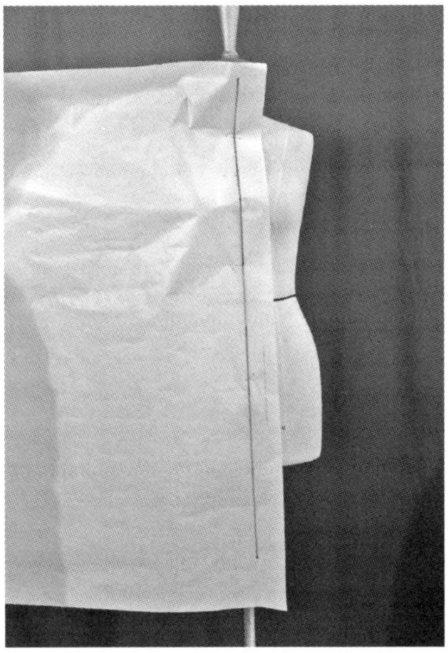

②取适合衣长及宽度的立裁纸，画出前中线，并预留出足够的搭门量。注意两胸之间的纸不要按实在人台上。

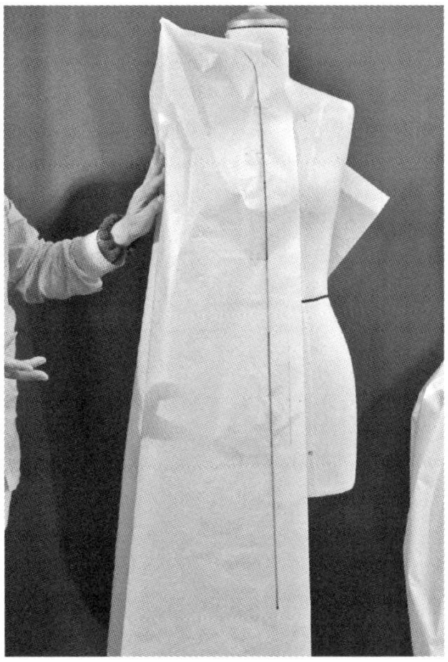

③将立裁纸沿胸围线向后推送，将纸圆顺地围在人台上，注意不是围成圆桶状，而是要将肩省向下转移，转变为大衣的衣摆量。然后预留衣服的宽松量，保持纸张整体的平衡。在人台侧面胸围线上固定一针，注意要加适量的放松量。

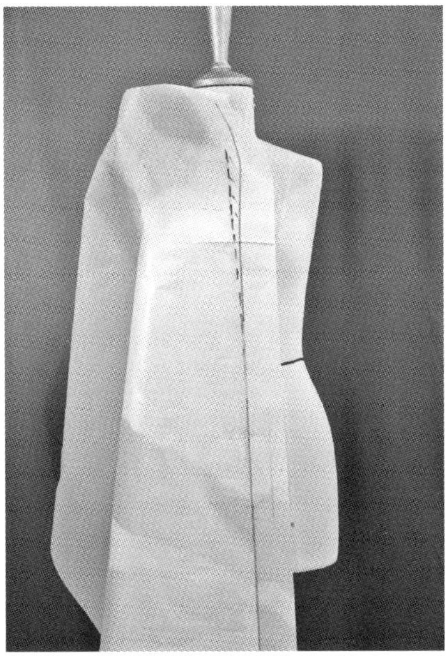

④将肩部剩下的多余的量作为省量，转移到前胸成为撇胸量。省量转移完成后，用大头针在人台肩部固定好。注意纸要服帖在人台上，前衣片的松量要均匀，袖窿转弯处要圆顺。再用笔按设计过撇胸量后的结构画出新的前中线。

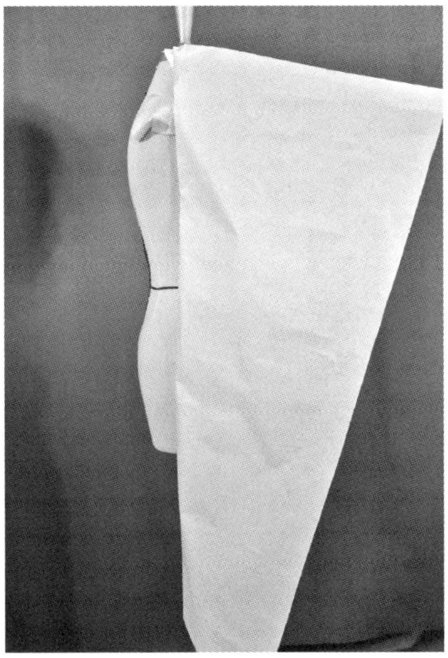

⑤按照人台的侧缝线，折出纸样的侧缝线。注意侧缝线是垂直于地面的，但要做出大衣“A”摆的摆度来。

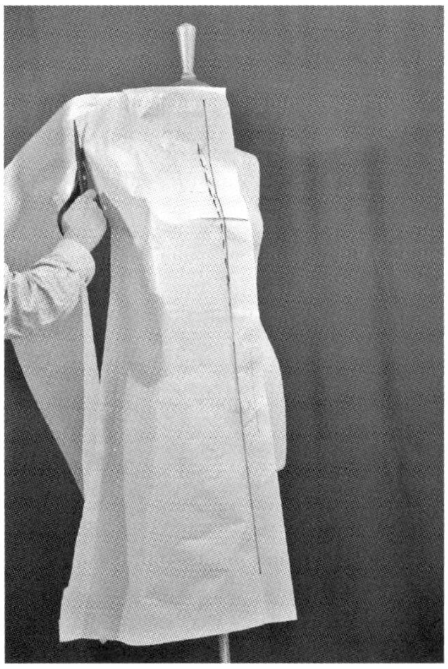

⑥按照叠好的纸样的侧缝线，预留缝份，剪掉多余部分。

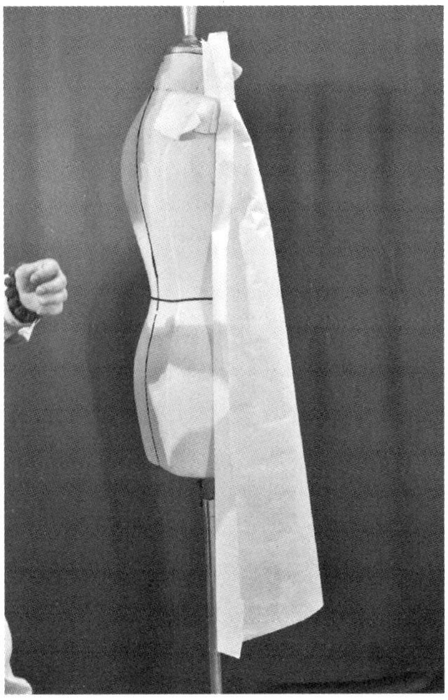

⑦ 剪掉多余的立裁纸后，再观察纸样的侧缝线是否垂直地面，如果有不好的地方再做调整。

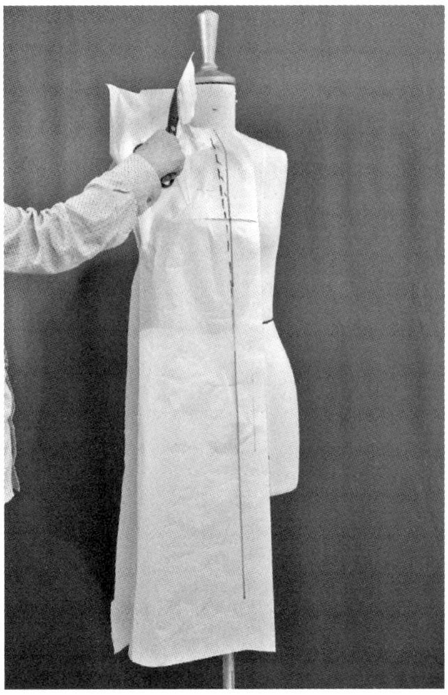

⑧ 按领窝净线留出缝份，剪出领窝。

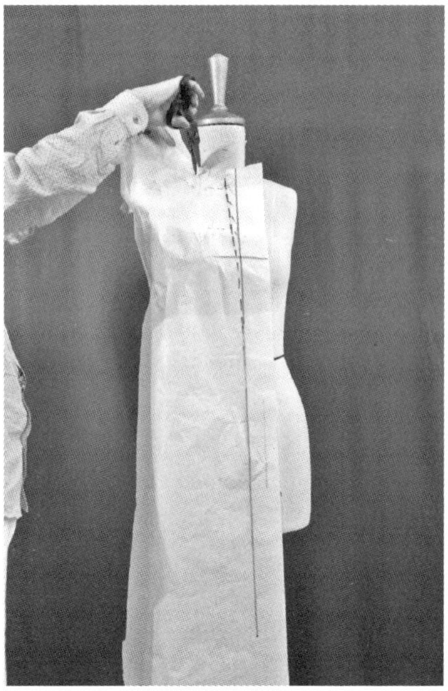

⑨ 剪好垂直领口净线，在缝份上打剪口，剪口不能剪过净线。

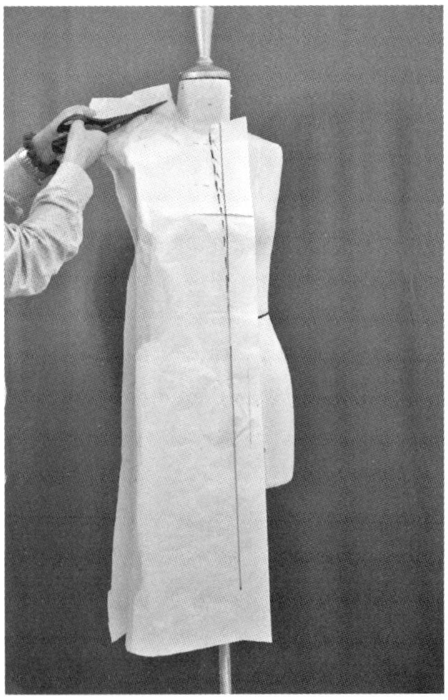

⑩ 折出肩斜线，预留缝份，剪掉多余部分。

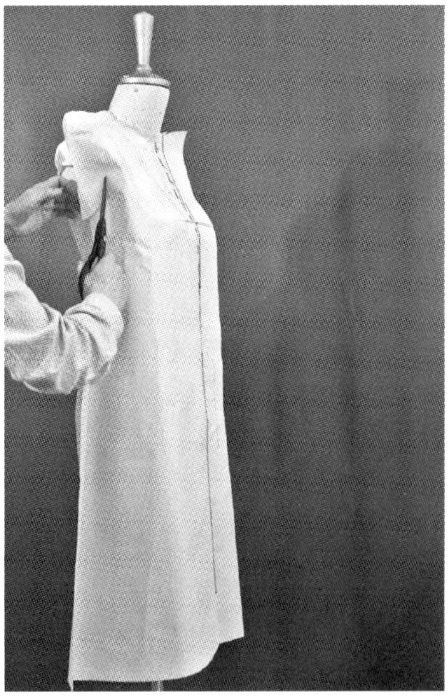

⑪ 根据人台袖窿，剪出纸样前片的袖窿。先不要剪得太多，最后根据整体效果还可以再调整。

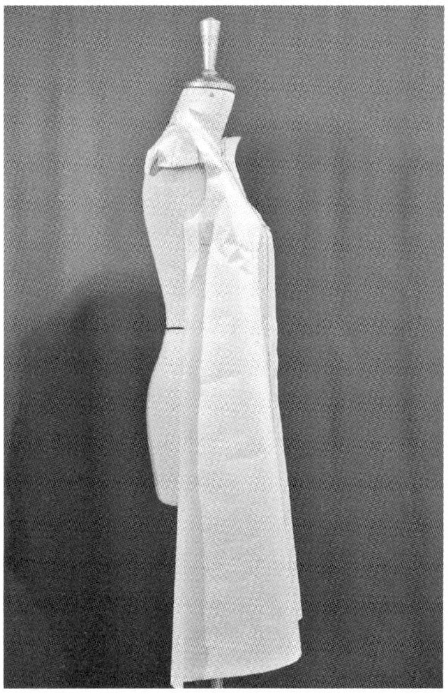

⑫ 图示为前片纸样完成的效果。

二、A型女大衣后片制板步骤

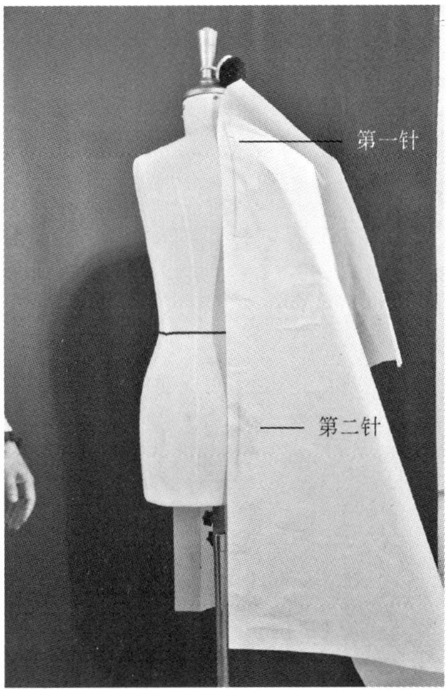

①纸样预留2cm缝份，对齐人台后中缝，在后领窝下固定一针，垂直向下在臀围位置固定一针，因为此款是宽松大衣不用捏腰，后腰节不用贴实在人台腰节线上。

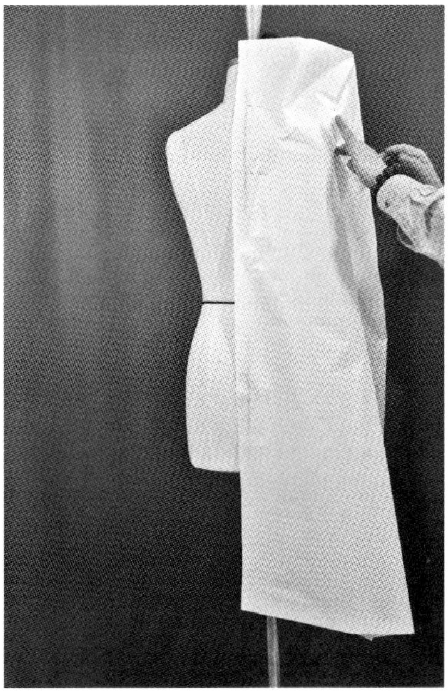

②找到纸样的后背宽点，向下转动立裁纸，方法和前片相同，目的是将部分肩胛省转移到衣摆上增加衣摆的摆度。

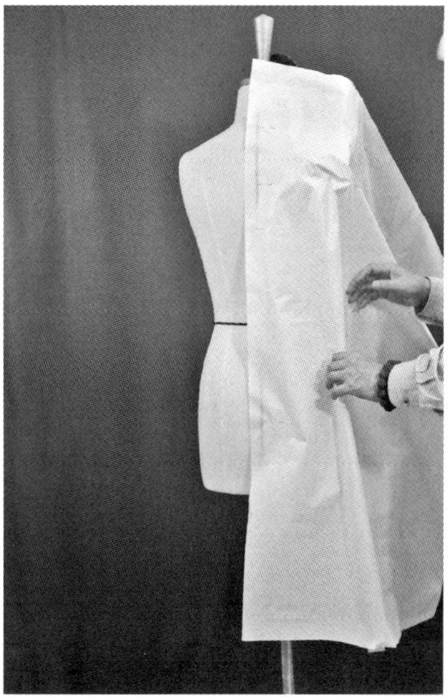

③根据款式要求和整体效果设计，确定衣摆的大小。

④确定好衣摆大小、平衡度后，用大头针在人台侧面固定纸样。

⑤根据前片肩斜线的轮廓线，预留缝份、剪出后片纸样的肩斜线和后领窝线，后领口打剪口，打剪口方法与前片相同。

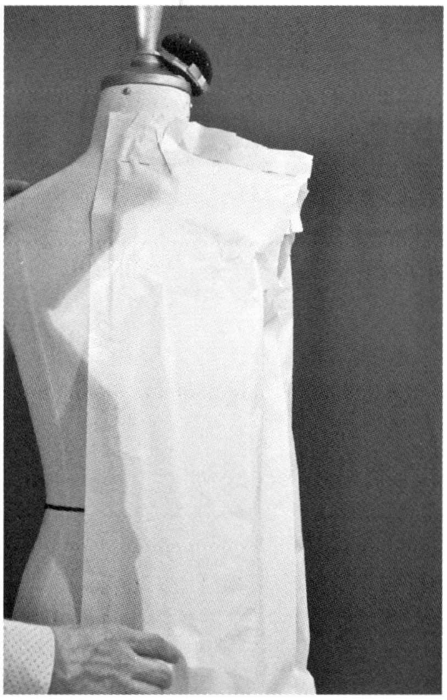

⑥根据前片肩斜线将两片纸样的肩线用大头针连接起来，少量的后肩省可转移到领窝里面。

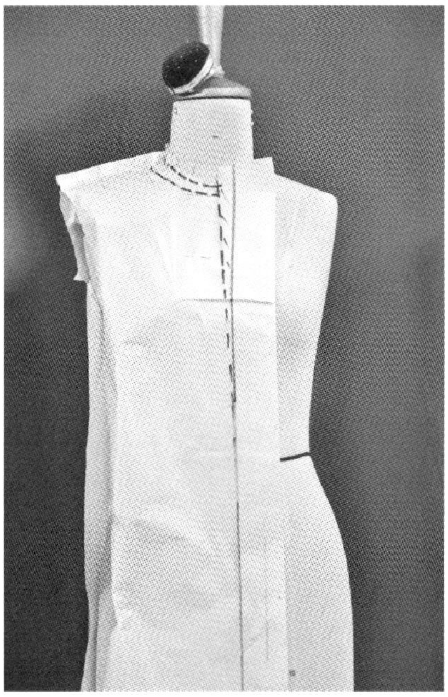

⑦以原领窝为基础，设计出适合本款大衣的新领窝。领宽点向外移大概2cm，领窝点下降1cm。

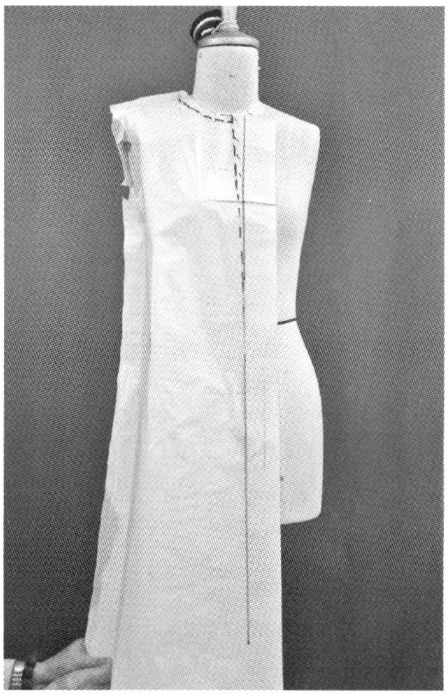

⑧将纸样的前后片侧缝线用大头针连接起来。注意保证纸样前后的平衡。

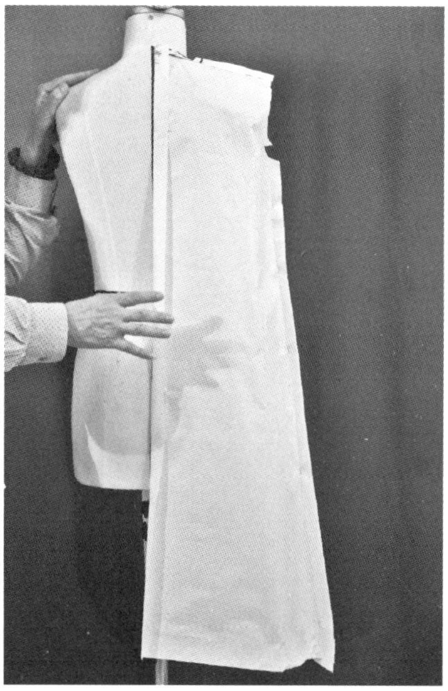

⑨将纸样的后中线按人台后中线折出净线。

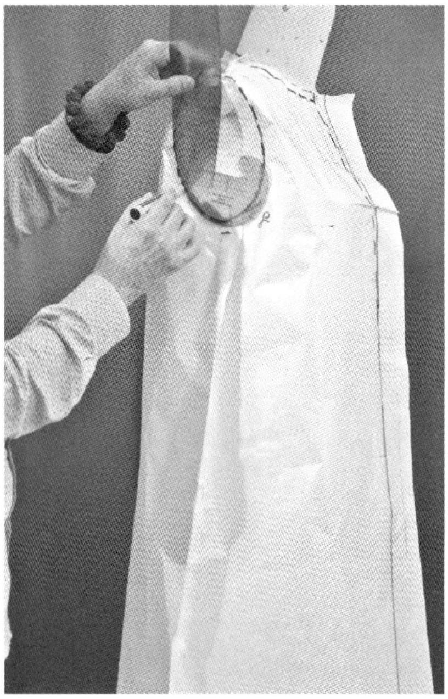

⑩画出前后片的袖窿弧线，如果徒手画不圆顺，可以借助这种弯尺。

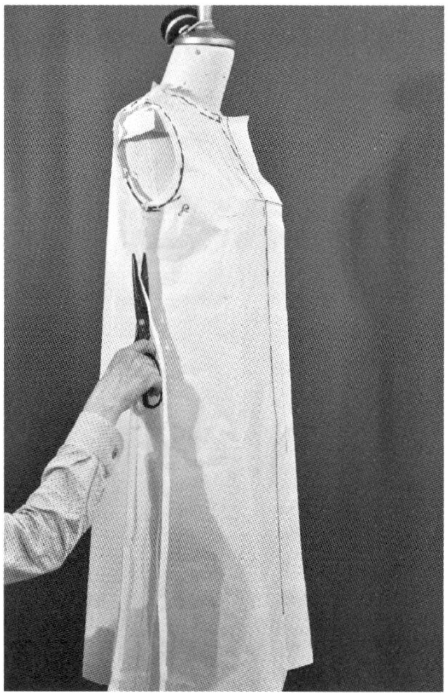

⑪修剪侧缝及其他部位多余的纸。

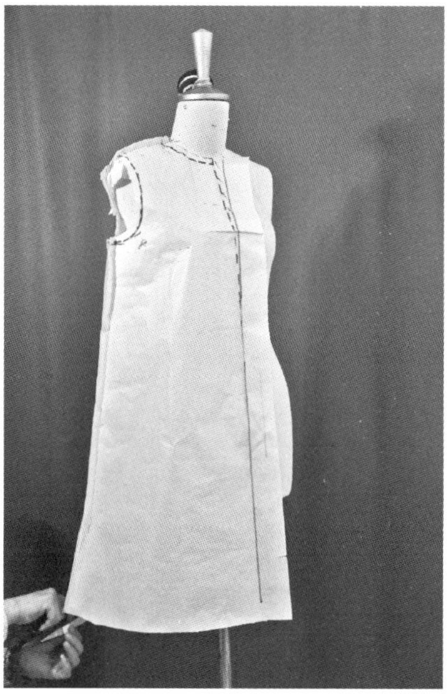

⑫根据设计图或设计要求确定衣长，用剪刀剪掉多余部分，注意修剪衣长时要保证底边与地面水平。

三、A型女大衣领子制板步骤

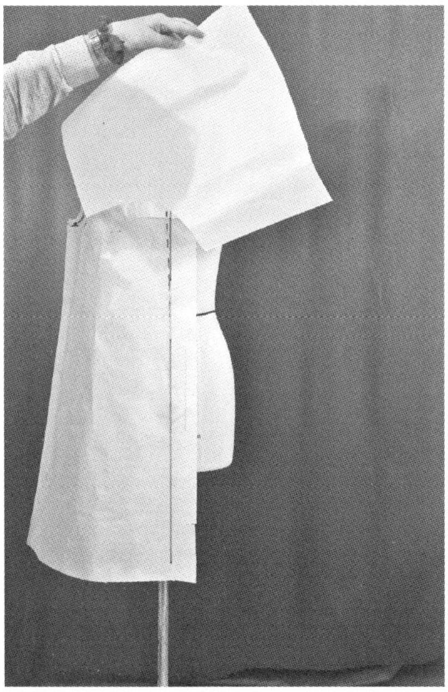

①取一张长方形的立裁纸，大概剪出领子的形状。

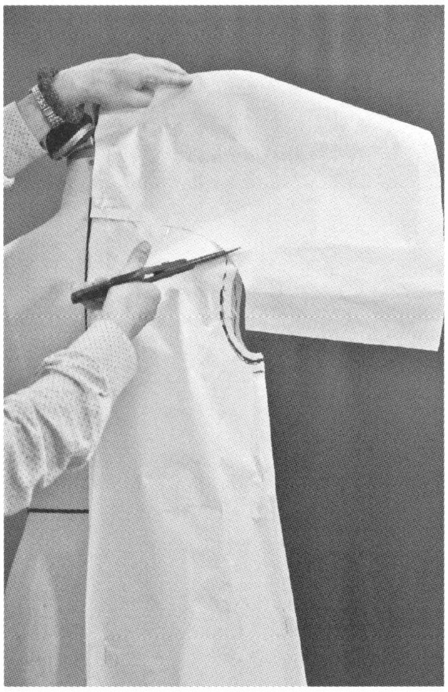

②在一个窄边折出一条领子的后中线。纸的底部用剪刀打剪口，以便于领子的安装操作。

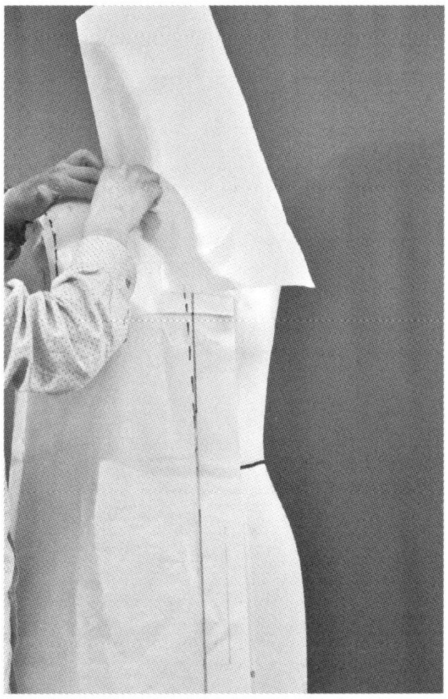

③将领子后中线与纸样衣身的后中线垂直对齐，根据衣身的领窝线和领子的角度，用大头针把领子固定在衣身上，大头针线条就是领子底弧线了。

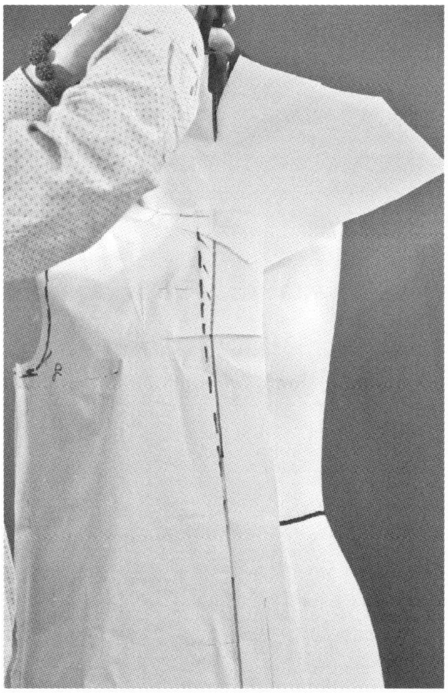

④根据设计图或设计要求，剪出领子的大概形状。

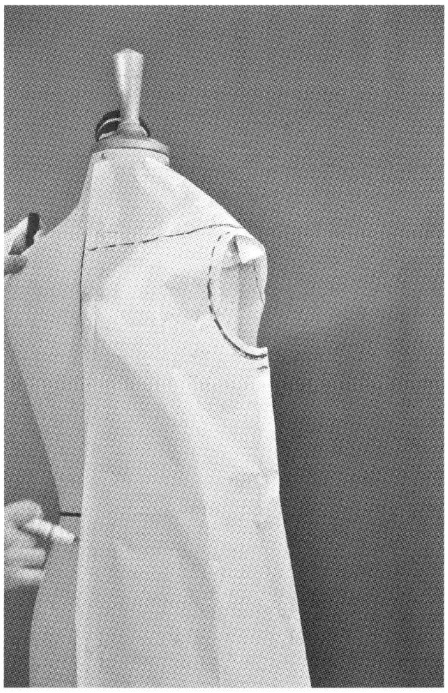

⑤将做好的领子翻下来，领子后中线翻下来一定要与衣身后中线对齐，画出确定好的领子的外轮廓线。

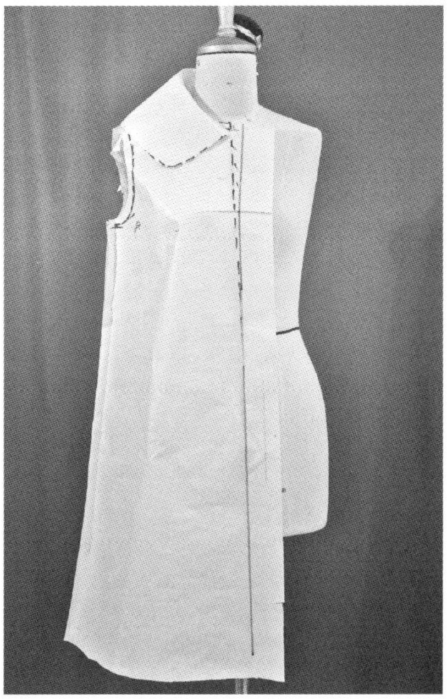

⑥图示为大衣领子完成后的效果。

四、A型女大衣袖子制板步骤

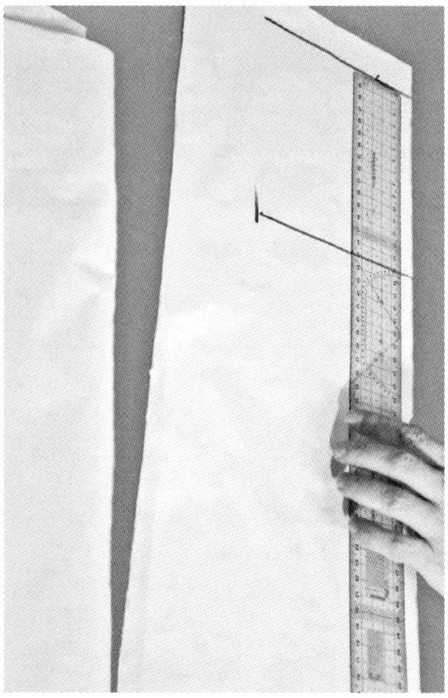

①将立裁纸对叠后（纸张够袖子的长度和肥度）先画上平线，从上平线向下画袖山高的尺寸（袖山高可以在人身上测量出来）。画出袖肥线。

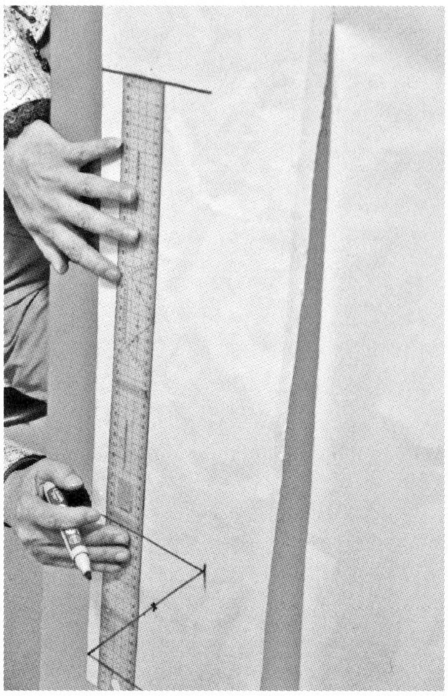

②在袖肥线与上平线间如图所示连线，这条线就是袖窿的AH值线，在AH线上找中点，再向下移2cm的地方取点。确定袖长画袖口线。

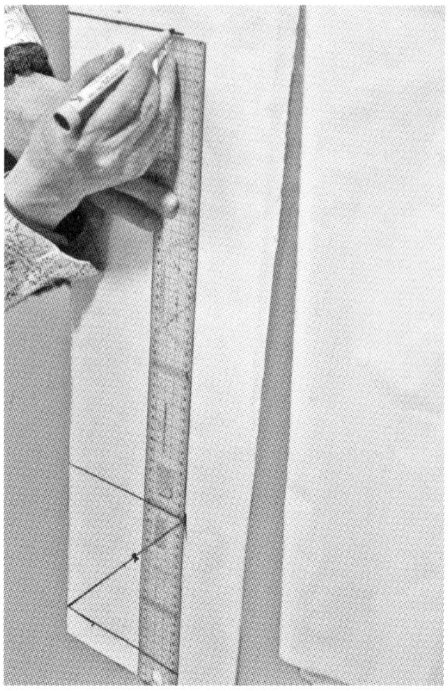

③从袖肥点垂直向下，再向里移5cm位置取一点为袖口宽度。

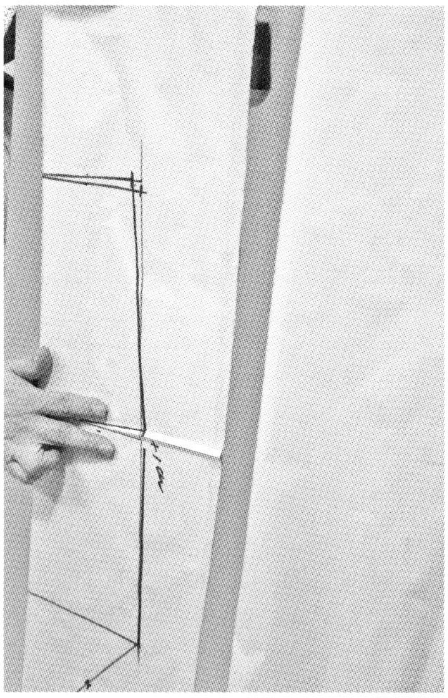

④将袖肥点与袖口点用直线连起来，并加长1cm，再与袖口前点的原点相连。在袖肘的部位做一个省量为1cm的袖肘省。

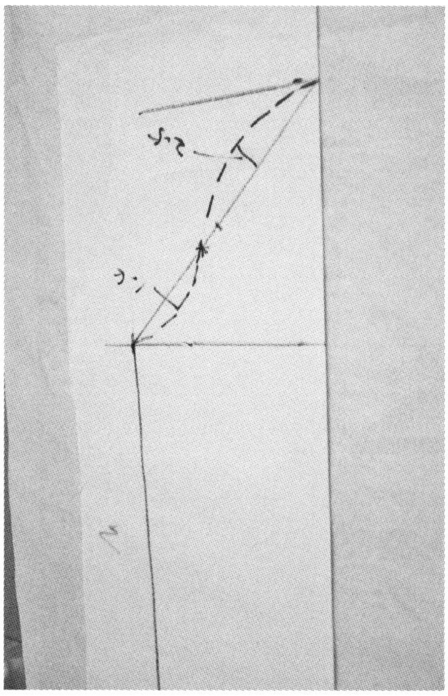

⑤在AH线上半部向外2.5cm位置取一点，在AH线下半部向外1.4cm位置取一点，经过袖山顶点、2.5cm的点、AH线中点向下移2cm的点、1.4cm的点、袖肥点连接画圆顺的曲线。

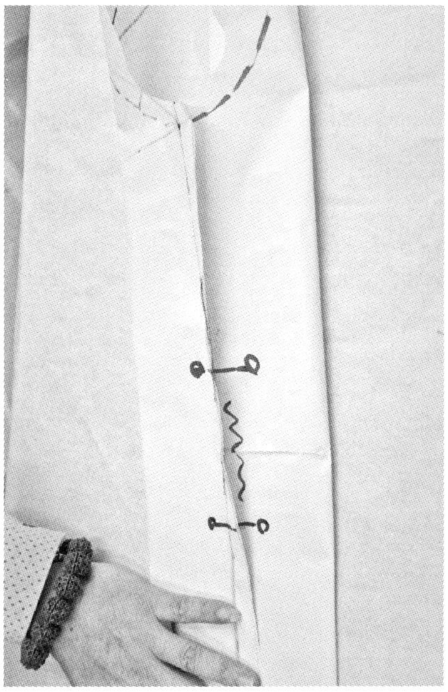

⑥将袖子两条缝用大头针或者胶带连在一起。肘省在制作时做吃量处理，并在肘省两边做好标记记号。

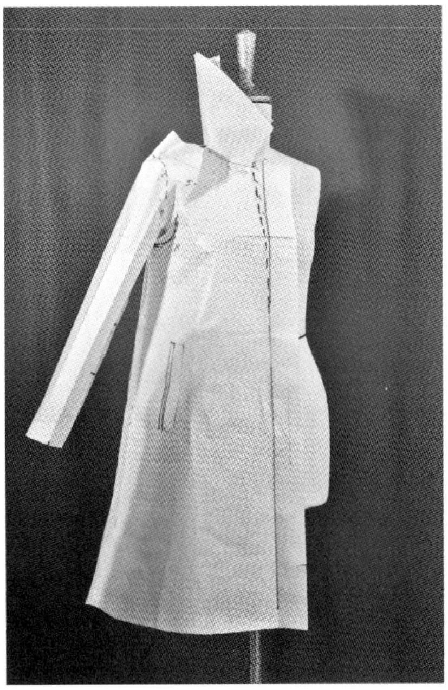

⑦将大衣领子翻起来，这样方便袖窿的制作。将袖子的袖窿顶点与衣身的肩斜线用大头针别在一起。

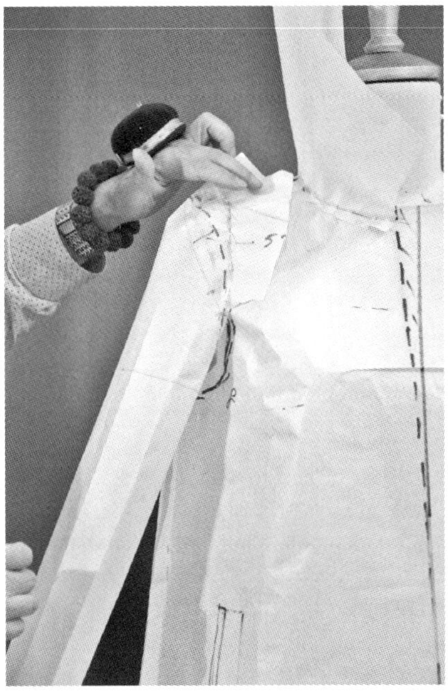

⑧确定袖子的角度，袖子的角度要稍稍偏前上些。在袖窿的转折点打剪口把袖窿弧线下半部缝份叠到袖窿里面。将前片的袖窿弧线根据人台做成吃量，圆顺地固定在纸样衣身的袖弧线上。

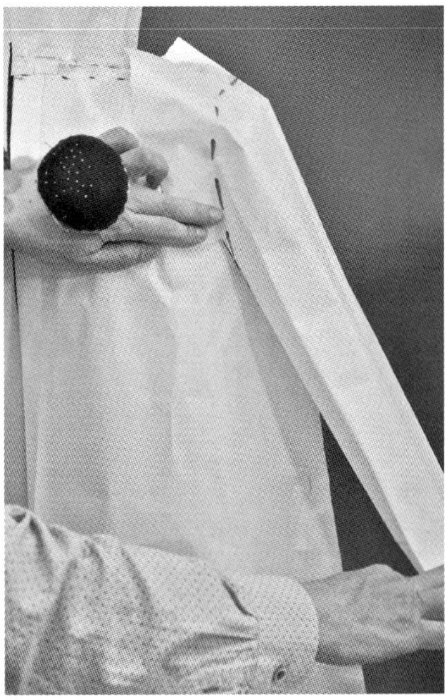

⑨与前片的做法相同。在袖窿的转折点打剪口，把袖窿弧线下半部缝份叠到袖窿里面做成吃量，将袖窿弧线做圆顺，与衣身袖窿弧线相连。

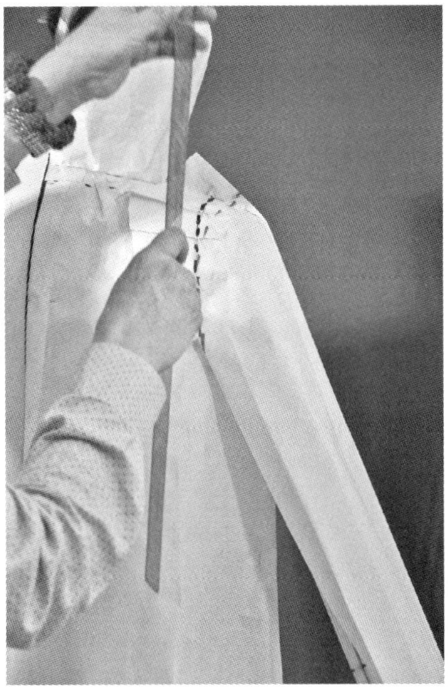

⑩做好的袖窿线正面对着看应该是条直线。再把袖子的袖窿底弧与衣身的袖窿底弧相连接。

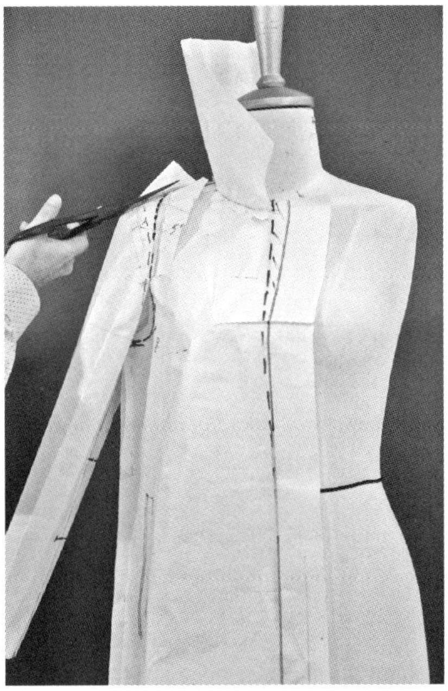

⑪袖窿弧线的位置可以根据设计图和设计要求来变化位置。设计好新的袖窿弧线后，预留缝份，剪掉多余的部分。

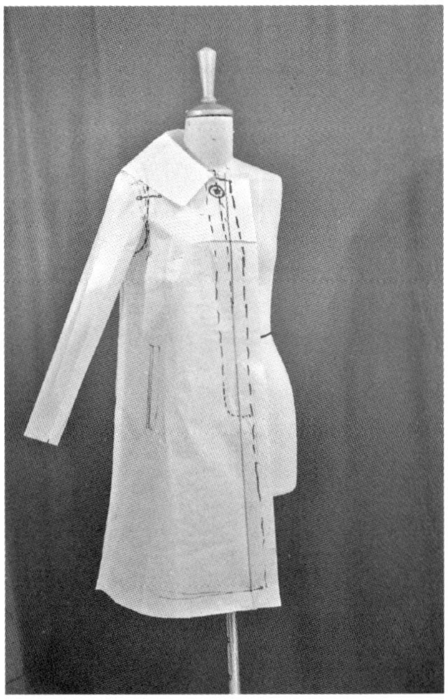

⑫设计大衣的口袋位置和前门襟。图示为A型大衣完成制板后整体效果。

第二节 H型女大衣

一、H型女大衣前片制板步骤

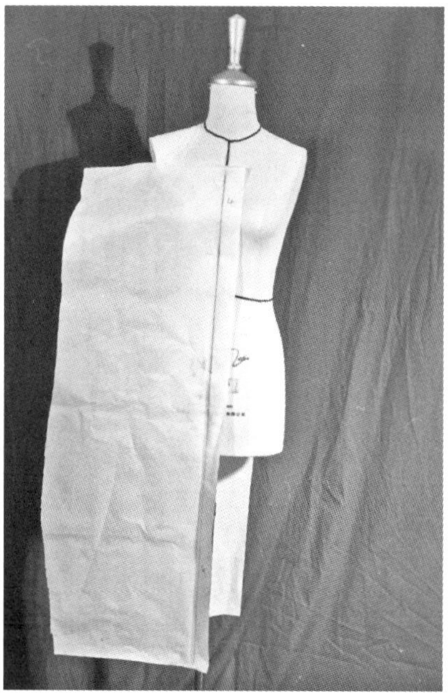

①按照操作原型女衬衫的方法，取适合衣长及宽度的立裁纸，画出前中线，并留出搭门量（这里预留了4cm），注意两胸之间的纸不要按实在人台上。

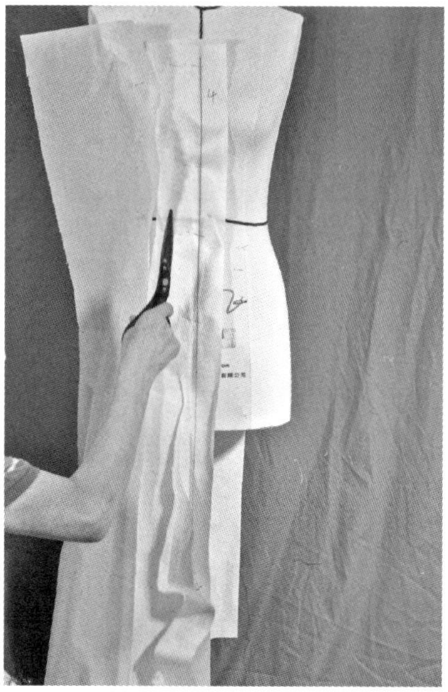

②把肩省和腰省的省尖接在一起，使它成为一条公主线。沿着捏好的公主线，留出相对多的缝份（便于后面的调整和修改），剪掉多余的部分。

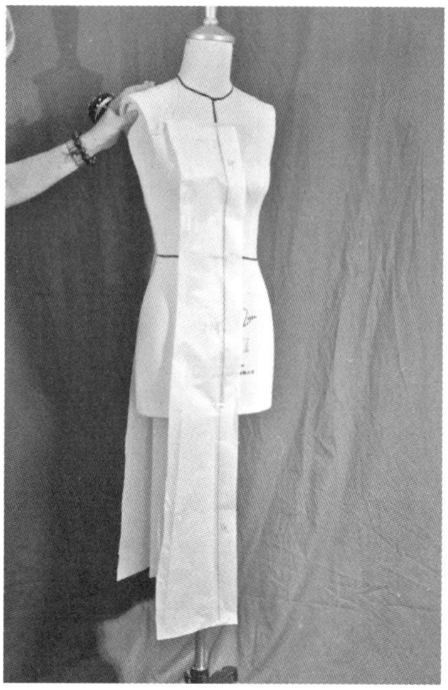

③按照设计好的公主线的走向折出前片公主线的净线，注意公主线线条的平顺。

④取适合侧面大小的立裁纸，在胸围线、腰围线、臀围线处分别固定一针，并使纸张服帖在人台的侧面。

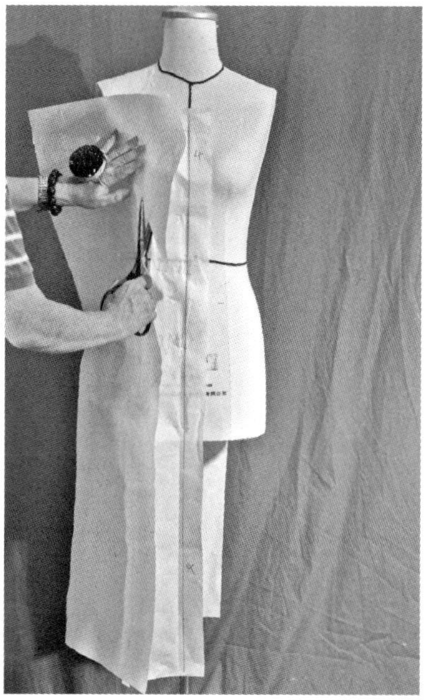

⑤剪出前侧片的大概轮廓和袖窿形状。

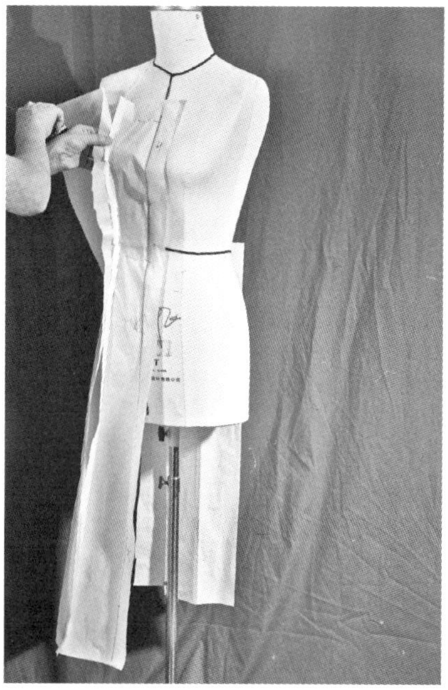

⑥加适量放松量后固定侧面纸张，将前片和前侧片的公主线用大头针连接起来。

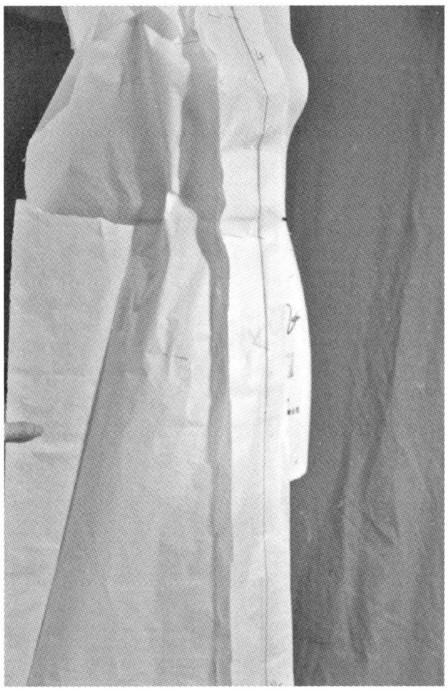

⑦折出侧缝线，注意线条要垂直于地面。

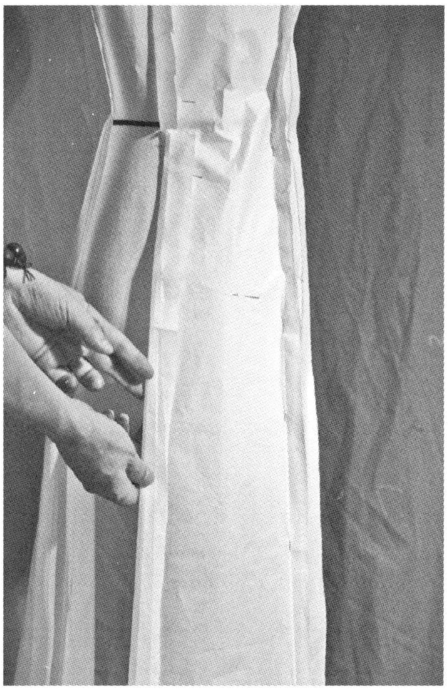

⑧剪掉多余的部分，调整衣摆的角度和高度。

⑨这是前片完成的效果。

二、H型女大衣后片制板步骤

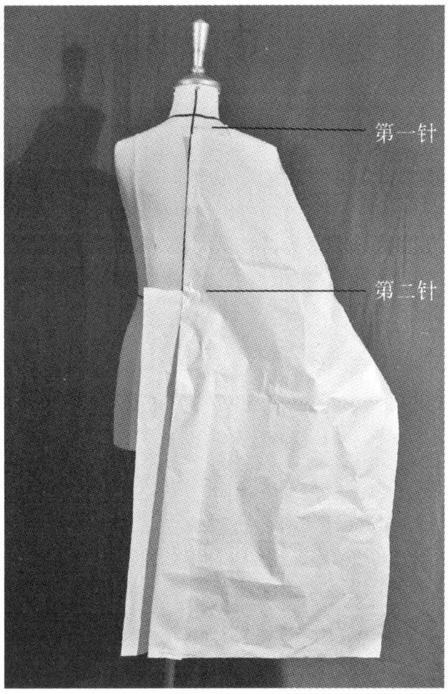

①取适合后面大小的纸张，留出2cm的缝份，在后领窝下别第一针，中腰部分向里移2cm别第二针。后衩是连叠连接的，需要提前做好处理。

②把肩胛省和后腰省的省尖接在一起，使它成为一条公主线。沿着捏好的公主线，留出相对多的缝份（便于后面的调整和修改），剪掉多余的部分。

③按照设计好的后公主线叠出净线。

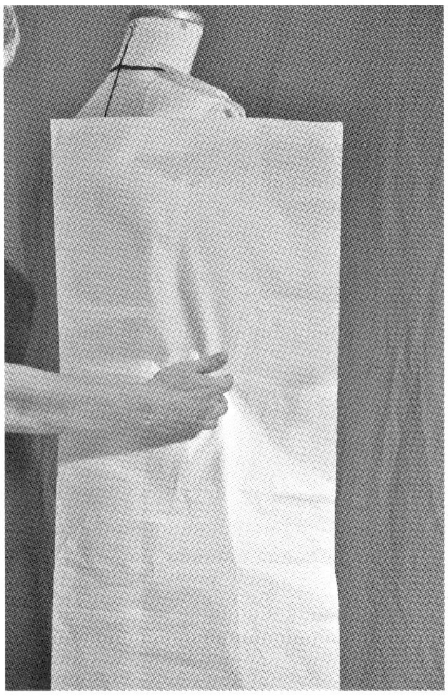

④取适合侧面大小的立裁纸，在胸围线、腰围线、臀围线处分别固定一针，并使纸张服帖在人台的侧面。

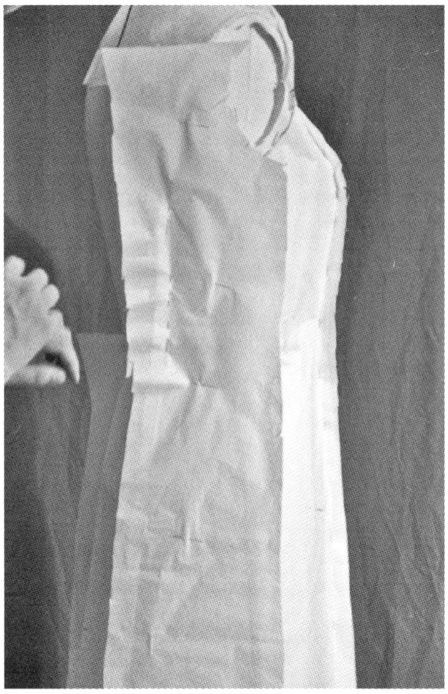

⑤加适量放松量后固定侧面纸张，将后片和后侧片的公主线用大头针连接起来。

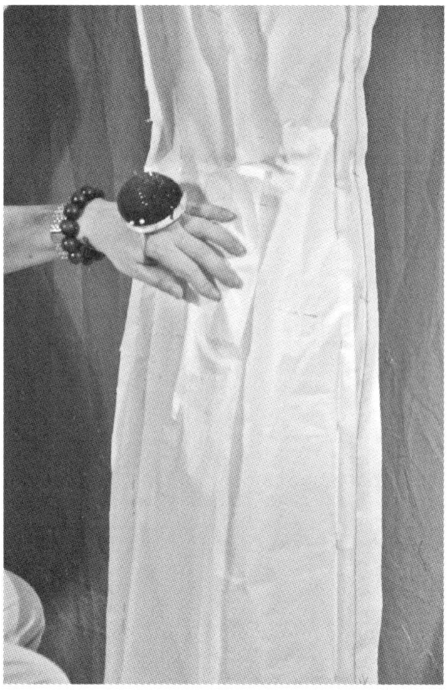

⑥连接好后侧缝后，按设计方案加放松量，并保持纸样在人台上的平衡。

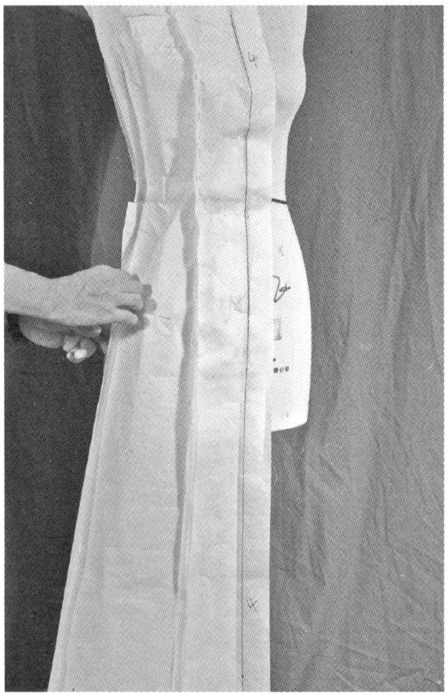

⑦留出适量松度，折出侧缝线，注意线条（正面面对时）要垂直于地面。

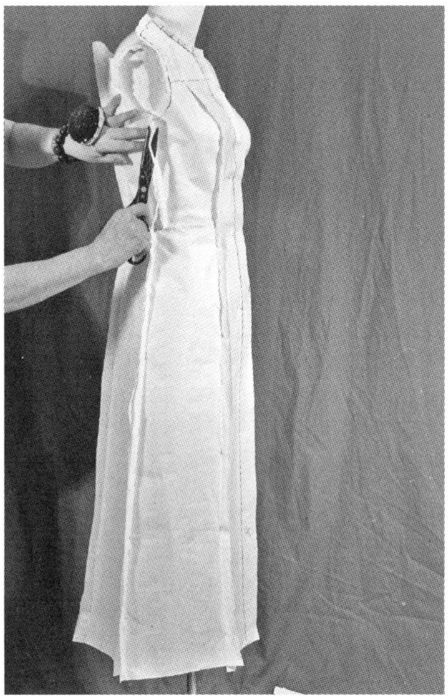

⑧画出袖窿弧线，留出缝份，将多余部分剪掉，修理圆顺。

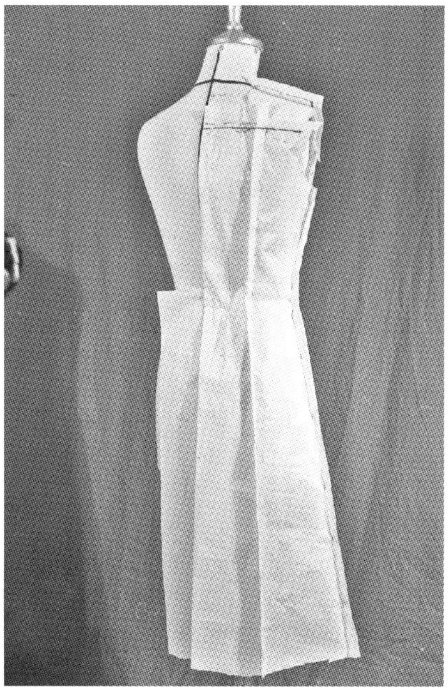

⑨图示为后片完成效果。

三、H型女大衣前后肩拼接制板步骤

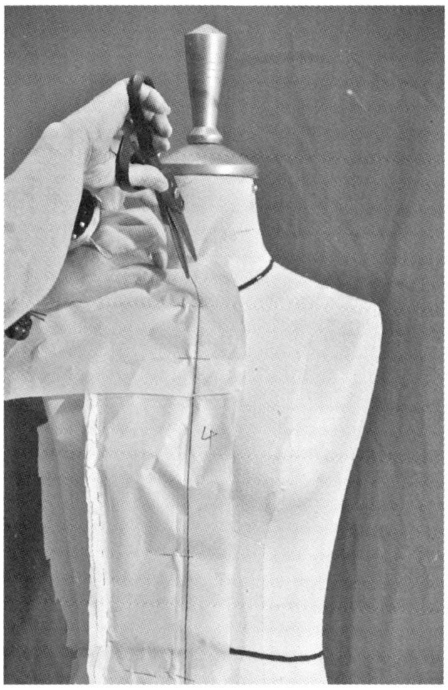

① 现在做风衣前片的拼接。取适量立裁纸，固定在人台上，按下片画出前中线、拼接线、领口线，并在领口处打剪口。

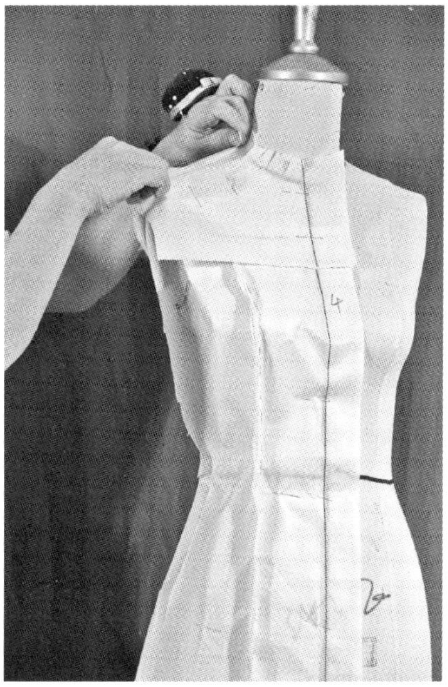

② 确定纸张的平衡，按人台的肩线叠出肩斜线。

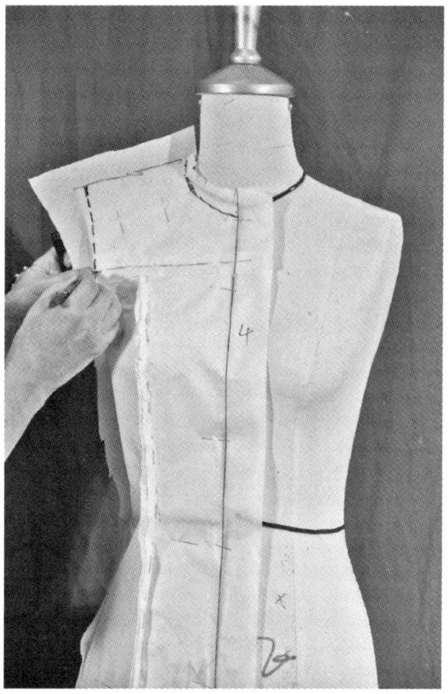

③ 按照设计图或者设计方案画出前袖窿弧线。

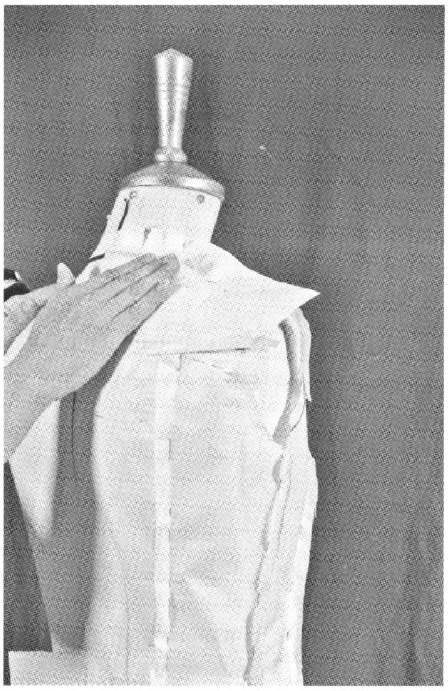

④ 继续做风衣前片的拼接。取适量立裁纸，固定在人台上，按下片画出前中线、拼接线，注意后领口会有一点点吃量。

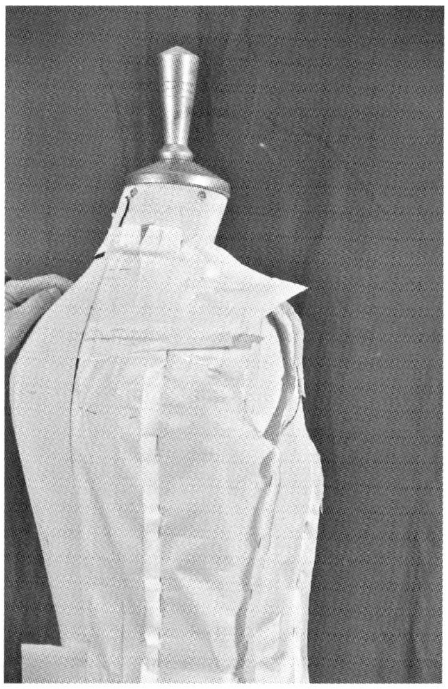

⑤ 画出领口线并在领口处打剪口。

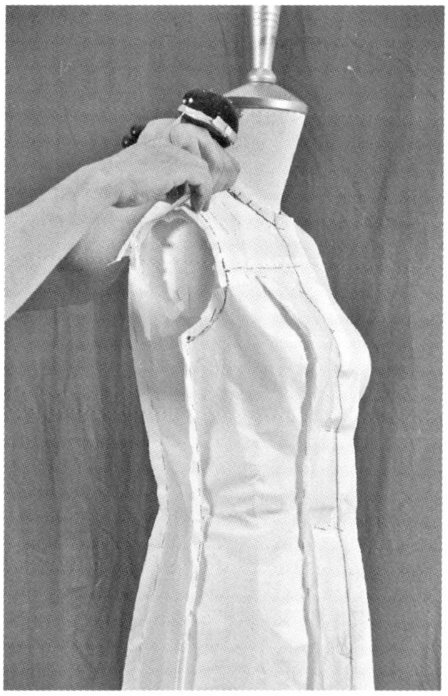

⑥ 确定纸张的平衡，按人台的肩线叠出后片的肩斜线。与前片肩斜线用大头针连起来。画出后袖窿弧线与前片对应。

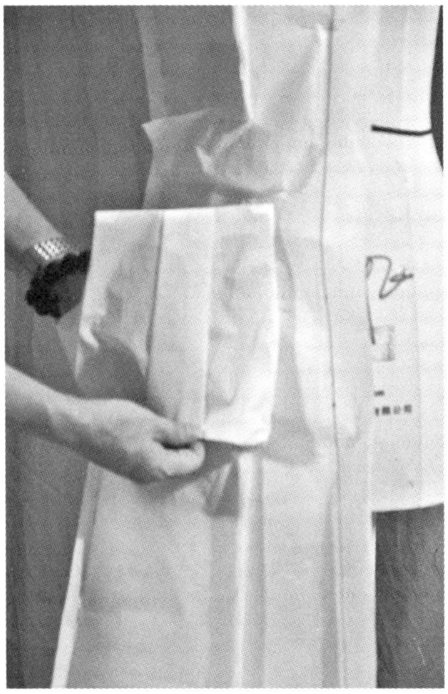

⑦按照设计要求做大立体口袋。

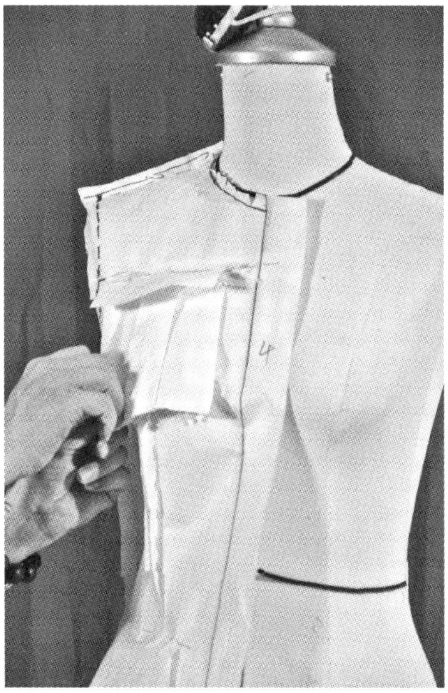

⑧确定上身小口袋的位置，并和做大口袋的方法一致，按比例画出小口袋。

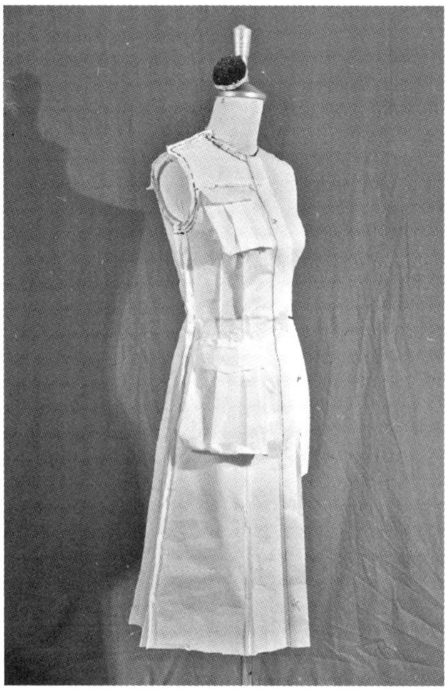

⑨“H”型女大衣衣身的完成效果。

四、H型女大衣纸样整理步骤

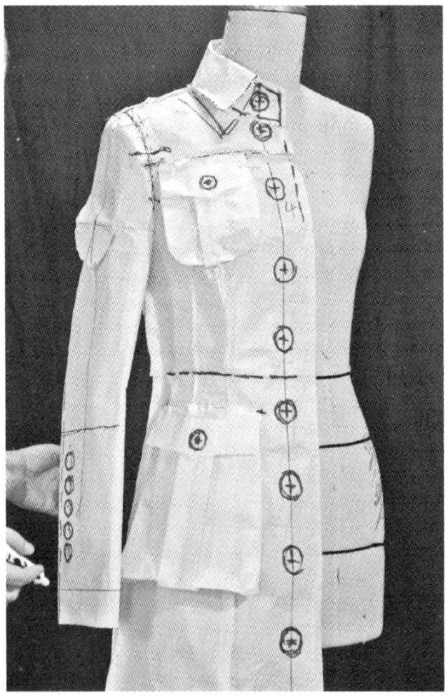

①首先在人台上，把所有的标记线、标记记号标示清楚。

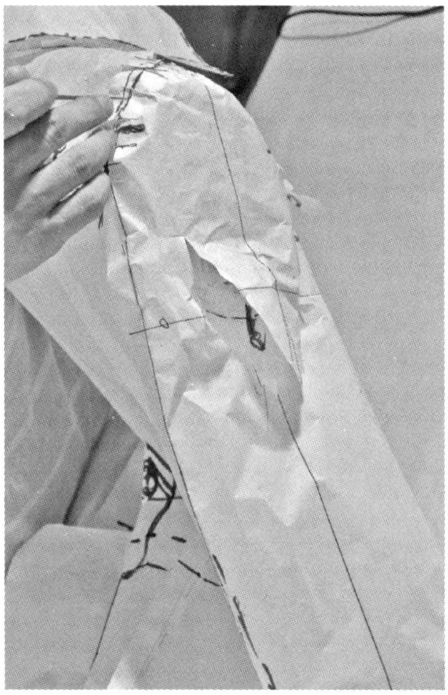

②将衣服纸样从人台上取下，用锥子或压轮把纸样连接的部位按净线做出印迹。

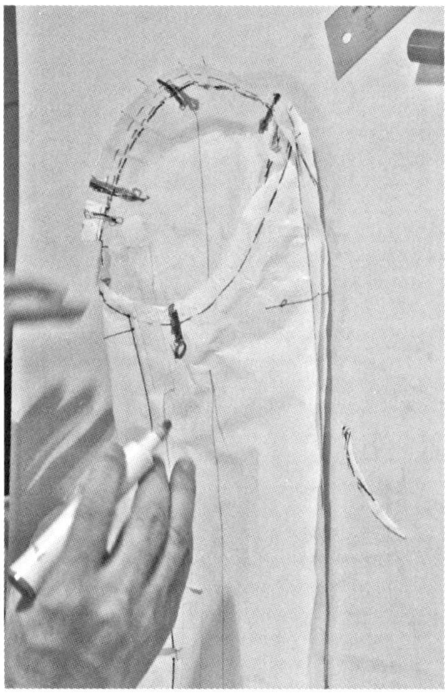

③现在来整理拆下来的袖子。把袖子上的剪口记号清楚明确地标记出来。

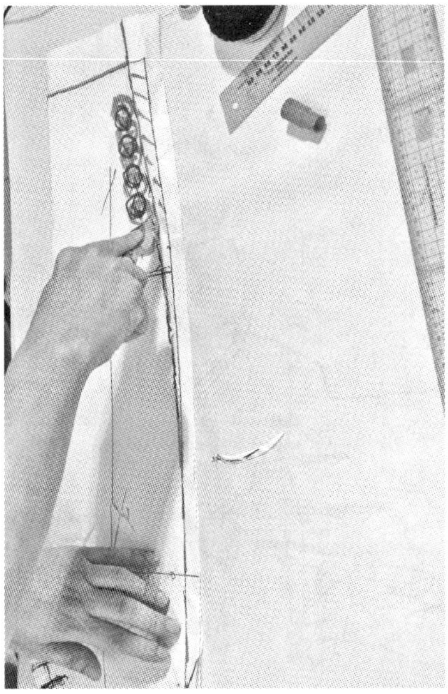

④将袖子的大小袖连接的全部净线用压轮压出印迹。

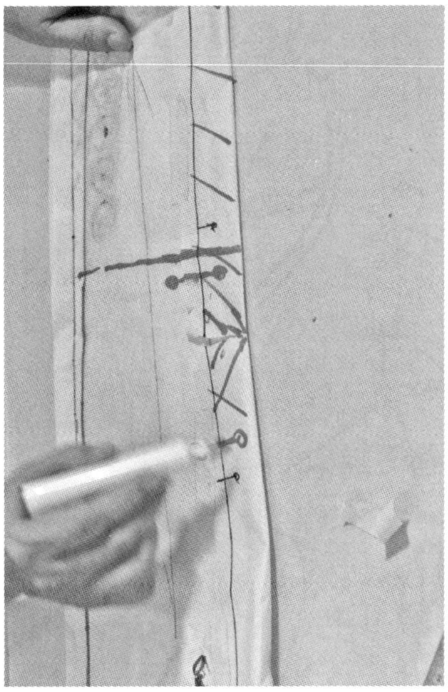

⑤净线用压轮压好后，做剪口和特殊工艺要求的标记记号。然后将连接用的大头针取下。

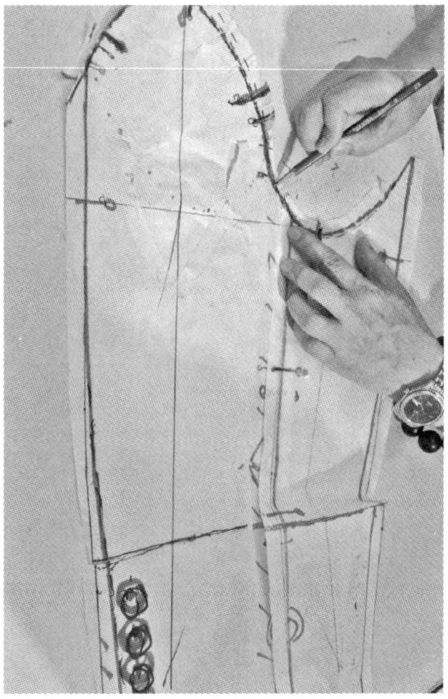

⑥切记要核对纸样，对比调整纸样连接时的对接线条，一定要圆顺、流畅，不应该有棱角出现。

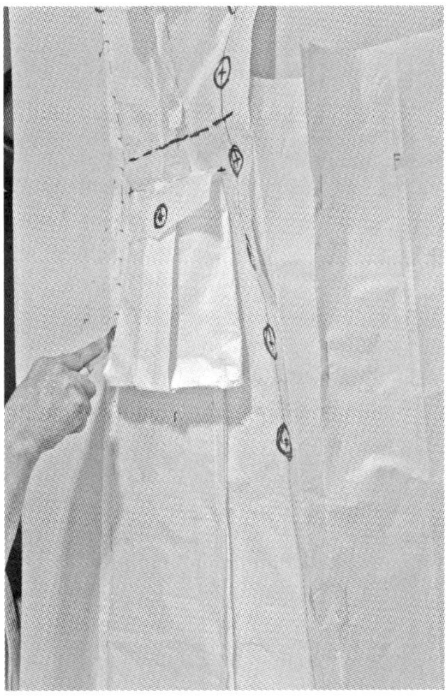

⑦下面做衣身纸样的整理。用压轮将纸样的侧缝净线、口袋及口袋盖的位置都压出印迹，在腰节位置打剪口。

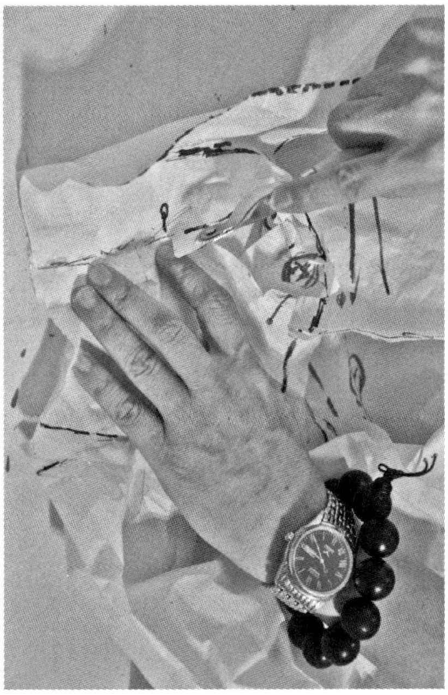

⑧接下来整理领子和肩线部分。处理这里时要仔细认真，要做好剪口和净线的标记。因为这里包含了很多转折和省量的处理工艺。

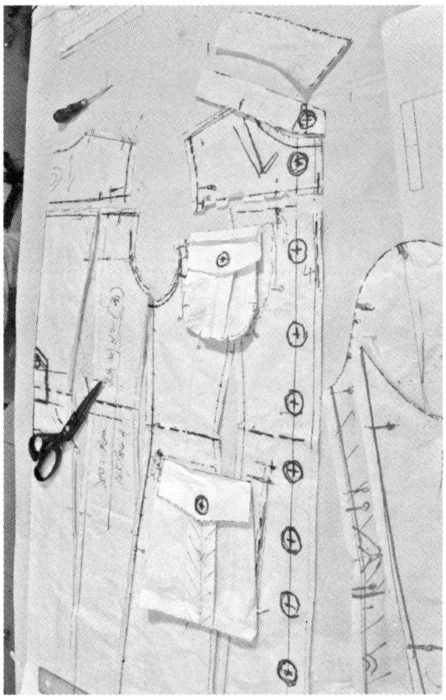

⑨这是整理好的大衣纸样的照片。这个纸样是净板的。如果需要缝份，可以再取来打板纸将这些衣片复制后再加缝份，或读到CAD中放板。

第三节 X型女大衣

一、X型女大衣前片制板步骤

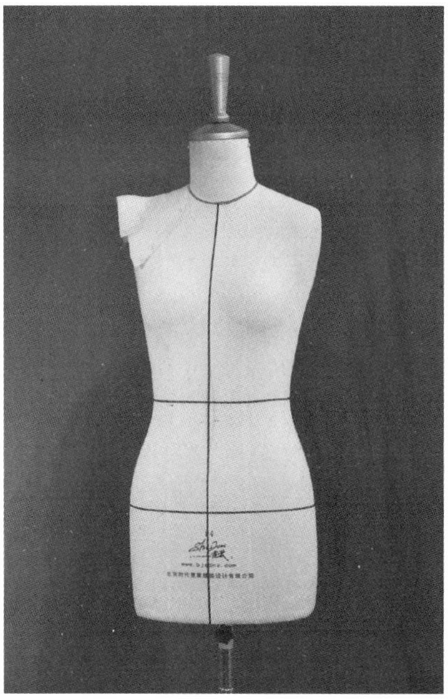

① 首先在人台上准备好垫肩。

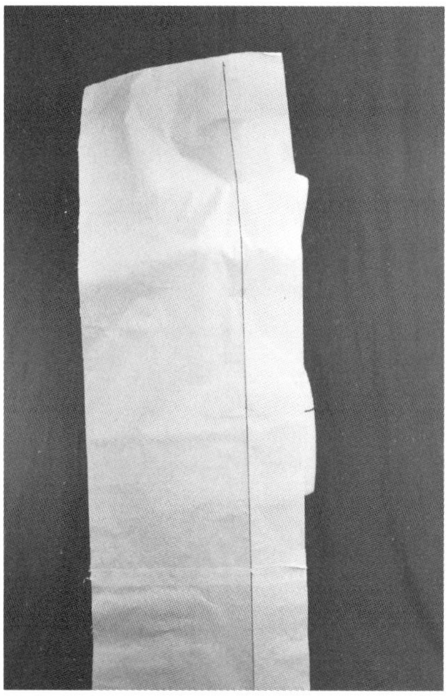

② 取适合衣长及衣宽的立裁纸，画出前中线，留出搭门量（这里预留了4cm），注意两胸之间的纸不要按实在人台上。根据款式的原因立裁纸要向上多抬高一些。

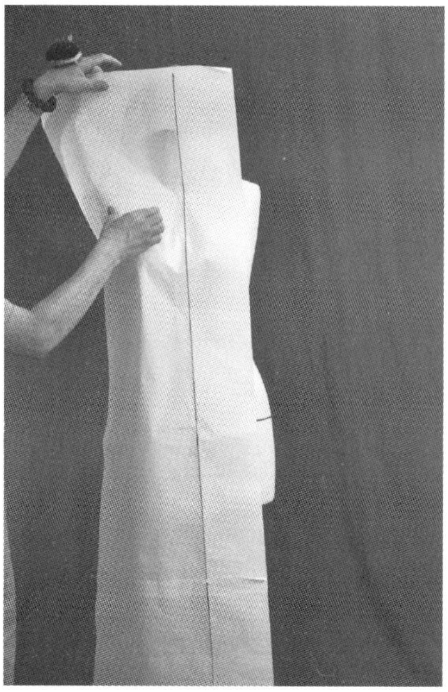

③ 将立裁纸沿胸围线向后推送，将纸圆顺地围在人台上，注意预留衣服的宽松量。保持纸张整体的平衡。在人台侧面上的胸围线和腰围线上各固定一针，注意要加适量的放松量。

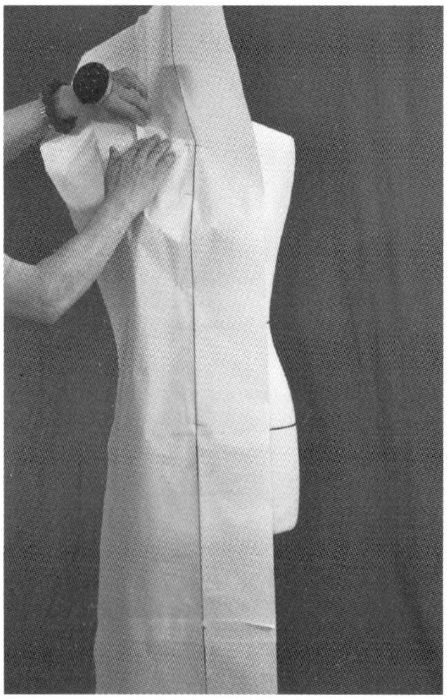

④ 将肩部多余的量捏成前肩省。

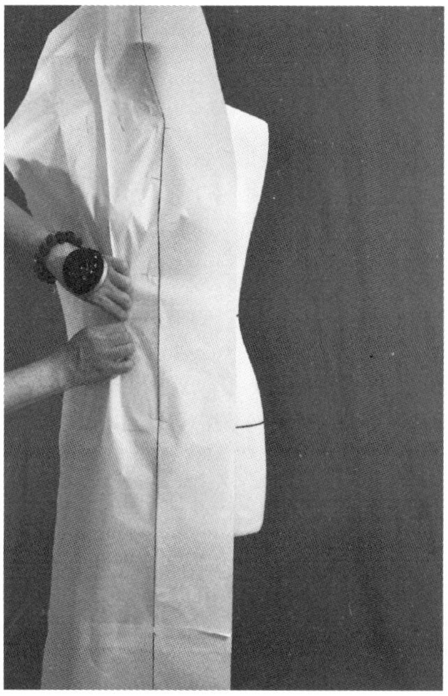

⑤ 把肩省和腰省的省尖接在一起，使它成为一条公主线。

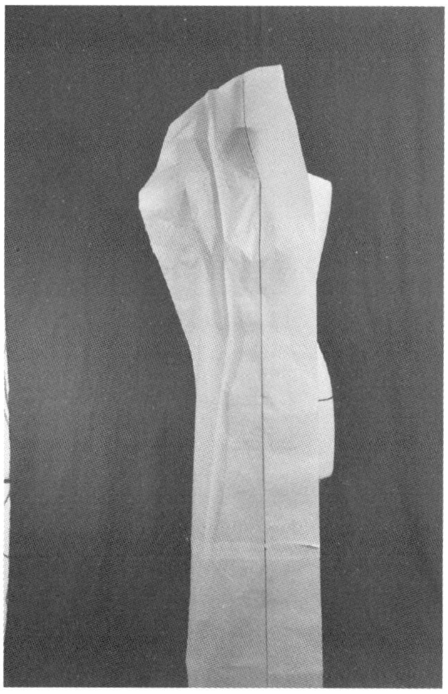

⑥ 因为这款大衣是X型，所以下摆要向外偏，但这条公主线从侧面看要保证是一条直线，从人台正面看公主线是X型的曲线。

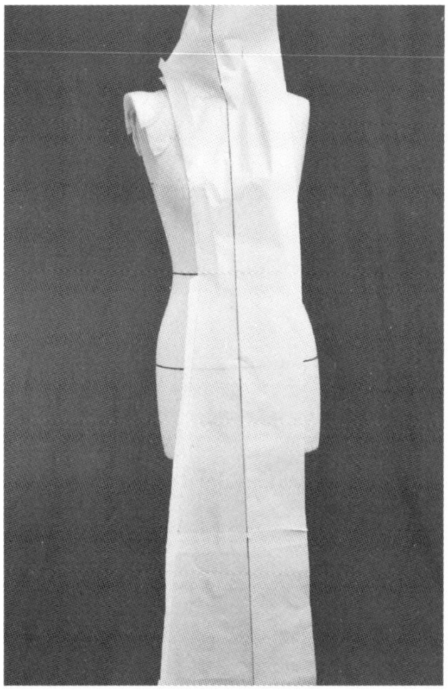

⑦按折好的公主线预留缝份，剪掉多余的部分。按人台的公主线折出纸样的前公主线。注意因为胸部和腰的凹凸比较大，所以这两个部分要在缝份处打剪口。

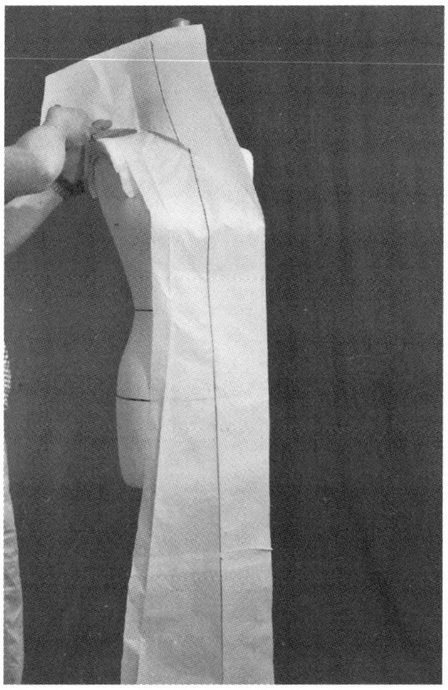

⑧根据人台的肩斜线，剪出纸样的肩斜线。注意这款大衣的领子设计的是和前衣片是一块面料，也就是连领，所以剪肩斜线是不能将立裁纸全部剪开，要剪到领窝点处结束。这也是开始时要将立裁纸多上提的原因，要使纸边能到后领的后中线位置。

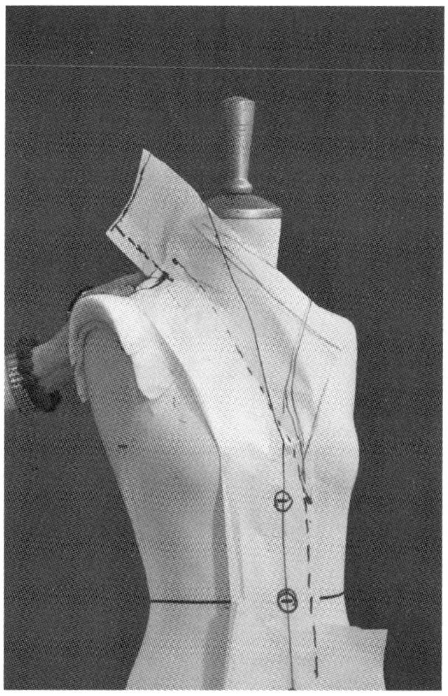

⑨为了方便衣身的操作，先剪出大衣领子的大概轮廓，将多余的部分剪掉。画出纸样的肩斜线。

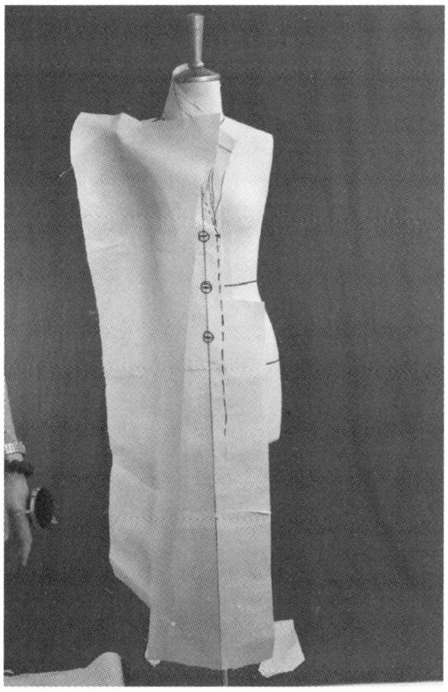

⑩取适合侧面大小的立裁纸，在胸围线、腰围线、臀围线处分别固定一针，并使纸张服帖在人台的侧面。纸张的角度要偏前一些。

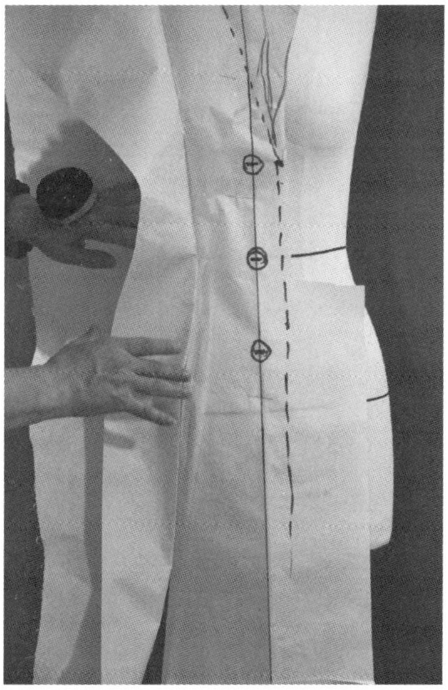

⑪按前片公主线的轮廓折出前侧片的公主线。注意与前片的平衡。

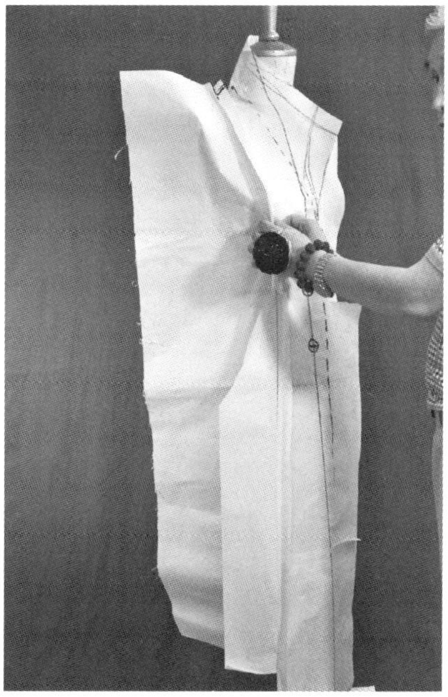

⑫剪掉前侧片臀围线以上多余的部分，将前片和前侧片上半部分用大头针连接起来。

⑬ 观察公主线连接后的效果，保持纸样的平衡，再次修剪公主线使它更圆顺。

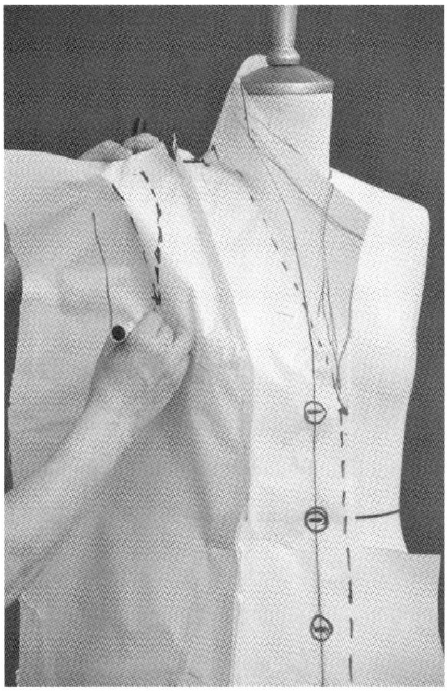

⑭ 先根据人台的袖窿弧画出纸样的原型袖窿线，再在原型袖弧线的基础上设计画出款式需要的袖窿弧线。

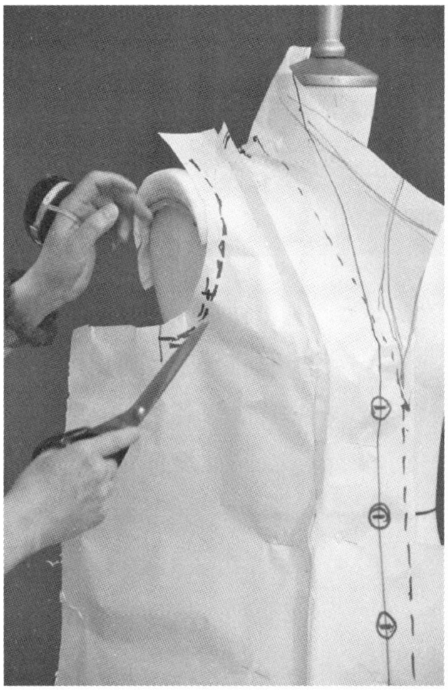

⑮ 按照画出的袖窿线预留缝份，剪掉纸样多余的部分。

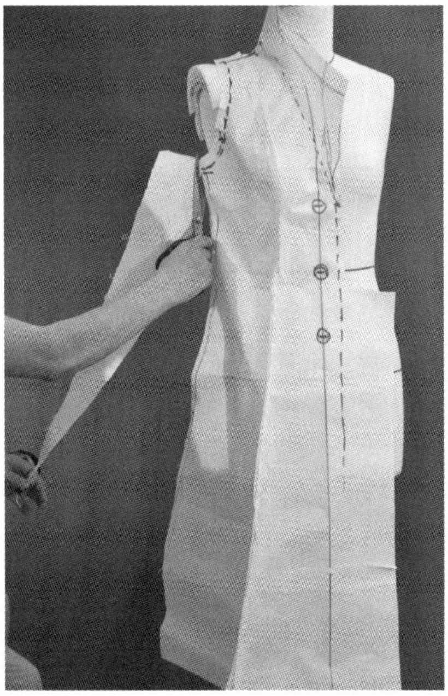

⑯ 根据人台的侧缝线，预留缝份及宽松量，剪掉纸样前片侧缝多余的部分。

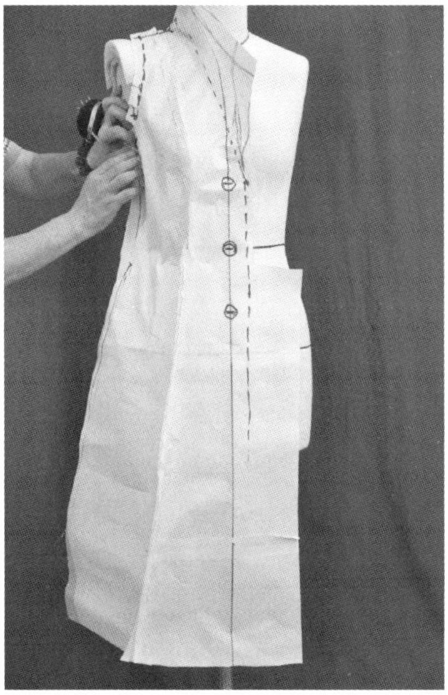

⑰ 将大衣的宽松量向前推够量，在胸围线、腰围线、臀围线各固定一针，保证纸样的平衡，不出现纠结的情况。再按人台侧缝线折出纸样的侧缝线，从人台正面看侧缝线应该是符合人体曲线的一条弧线。

⑱ 图示为正确的侧缝线效果。

二、X型女大衣后片制板步骤

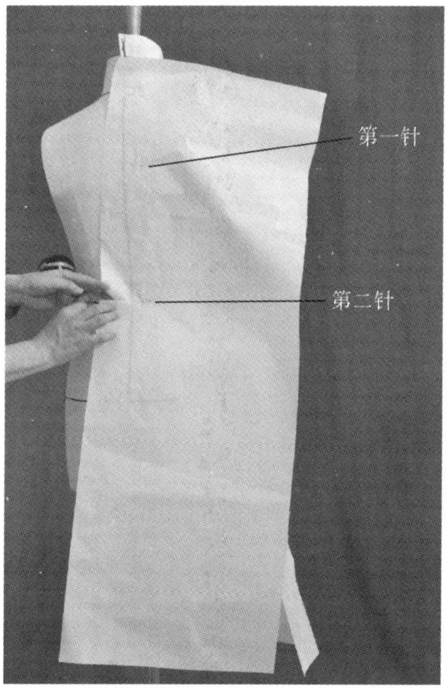

①取适当大小的纸张，留出2cm的缝份，在后领窝下别第一针，中腰部分向里移2cm别第二针，在中腰线缝份的位置打剪口，在中腰第二针的位置向侧缝方向平行移2cm再别一针。

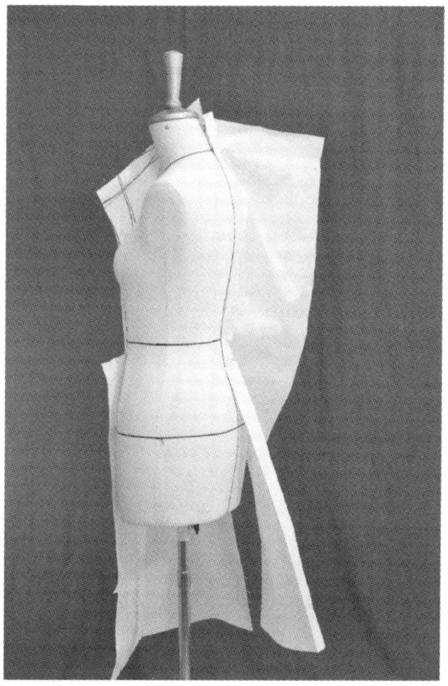

②现在是从另一面的角度看后摆翘起来的效果。

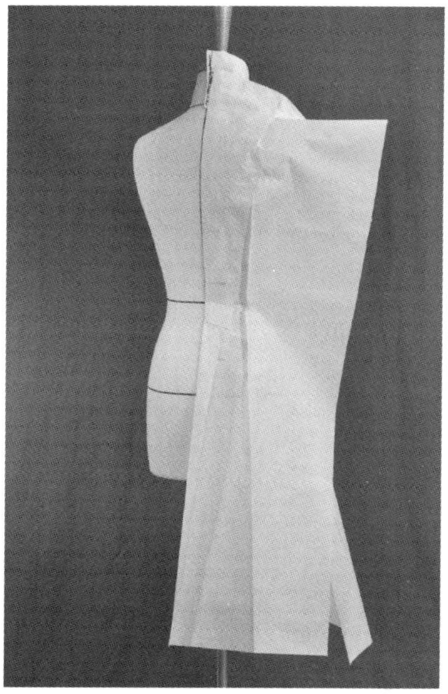

③把肩胛省和后腰省的省尖接在一起，使它成为一条公主线。

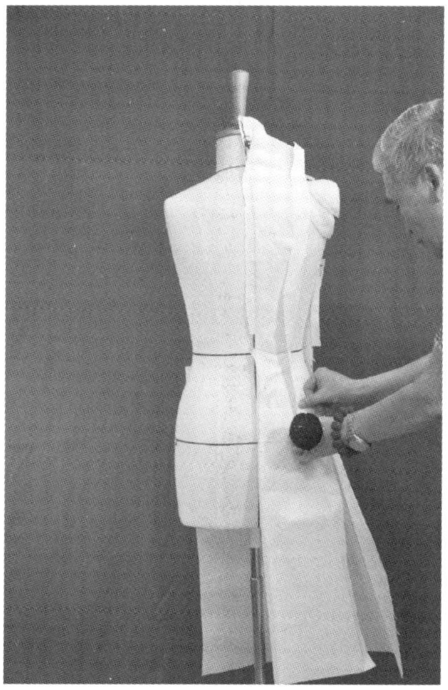

④沿着捏好的公主线，留出相对多的缝份，剪掉多余的部分。按照设计好的后公主线叠出净线。

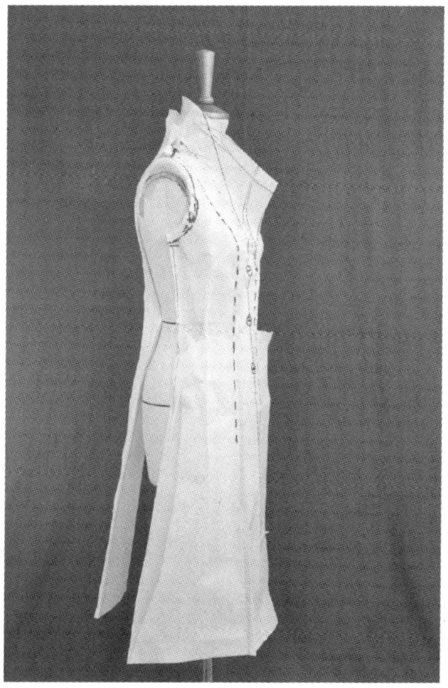

⑤观察后片公主线是否符合人体曲线，再观察各片的整体比例是否平衡。

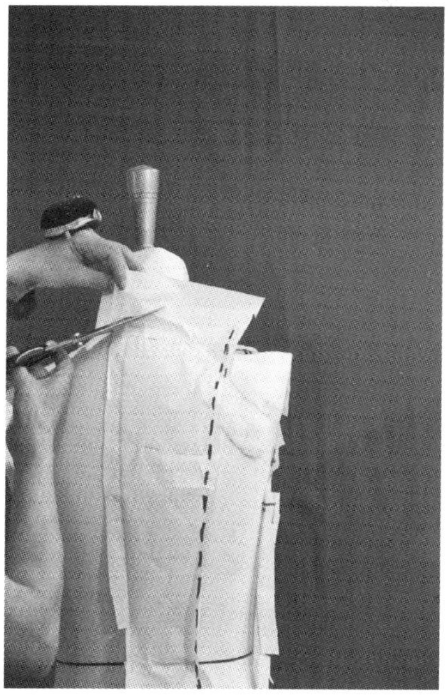

⑥按照人台后领窝线预留缝份，剪出纸样的后领窝线。

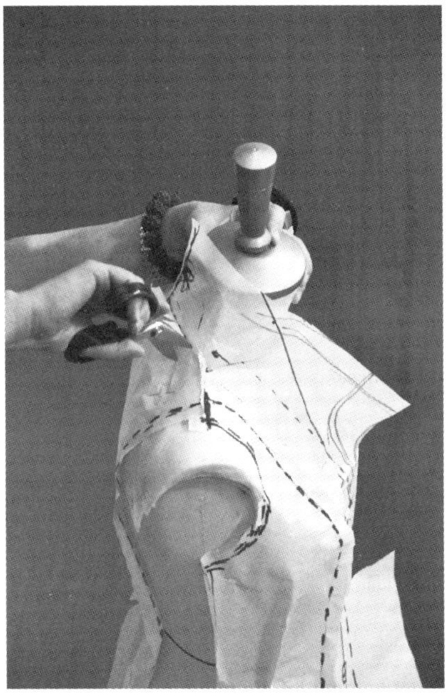

⑦ 衣身后纸样的后领窝处用剪刀打剪口。

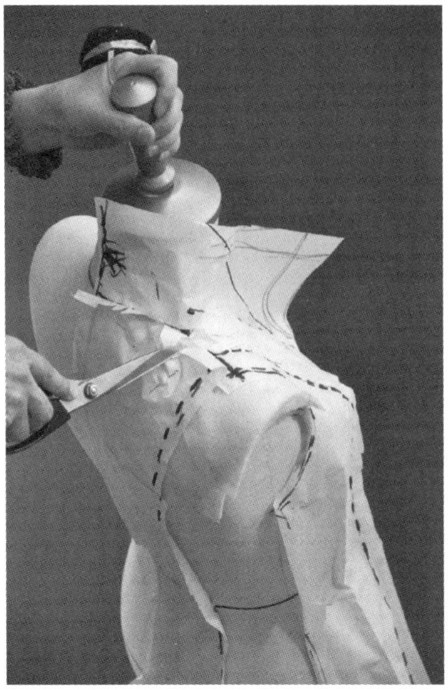

⑧ 根据纸样前片的肩斜线、轮廓线，折出后衣片的肩斜线。

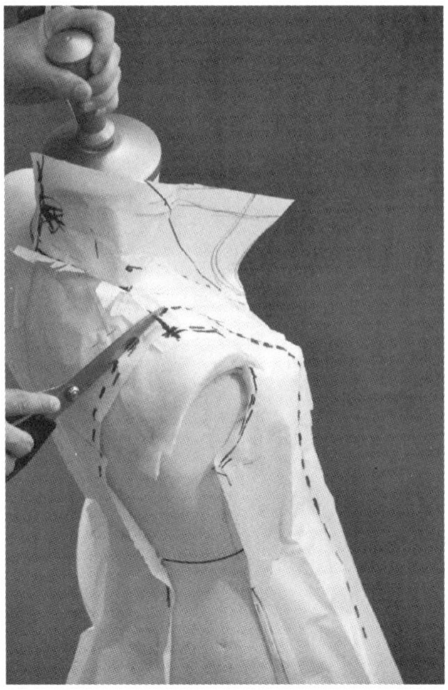

⑨ 折好肩斜线后再观察前后片的公主线是否对齐，如果没有对齐，要进行调整，一定要使前后公主线对齐。

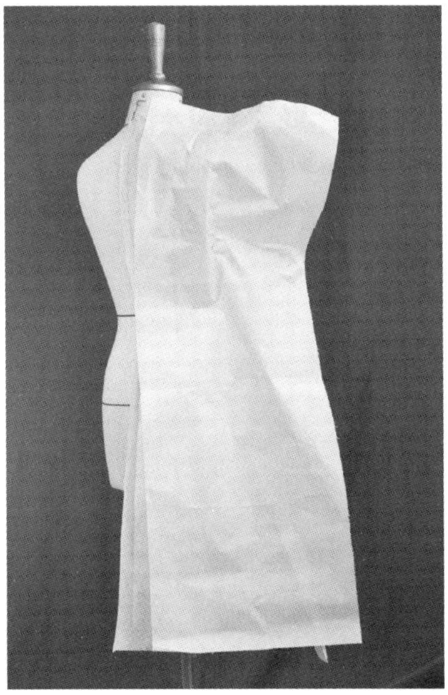

⑩ 取适合侧面大小的立裁纸，在胸围线、腰围线、臀围线处分别固定一针，并使纸张服帖在人台的侧面。注意后侧片的纸面的角度应该向后侧偏，将立裁纸平衡地裹住人台，向后推出适量的宽松量，在胸围线上用大头针固定。

⑪ 在腰围线上同样推出适量放松量，用大头针固定。根据后片公主线的结构线，折出后侧片的公主线的净线，注意下摆翘起的角度。

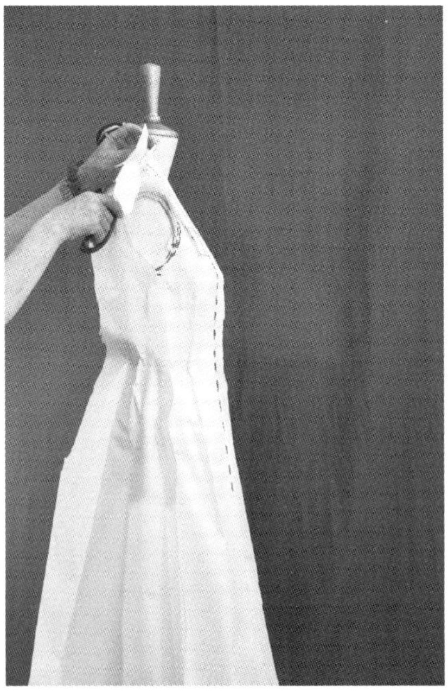

⑫ 根据前片侧缝线的角度及轮廓线，预留缝份，剪掉多余的部分。按人台袖窿的结构大概剪出纸样后片的袖窿线。

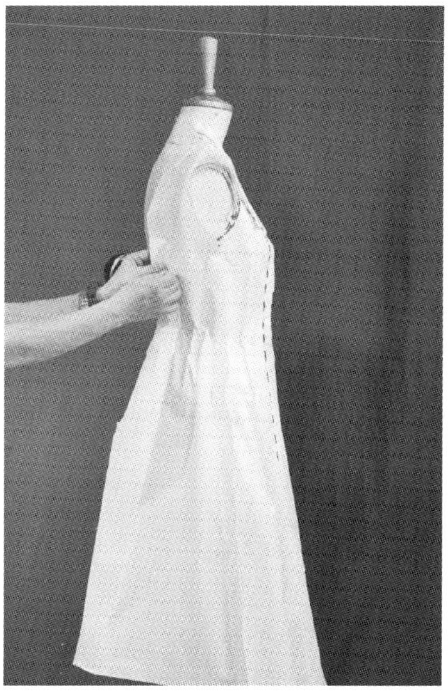

⑬ 将固定好的纸样后片及后侧片的公主线用大头针连接起来。注意保持纸样的平衡。

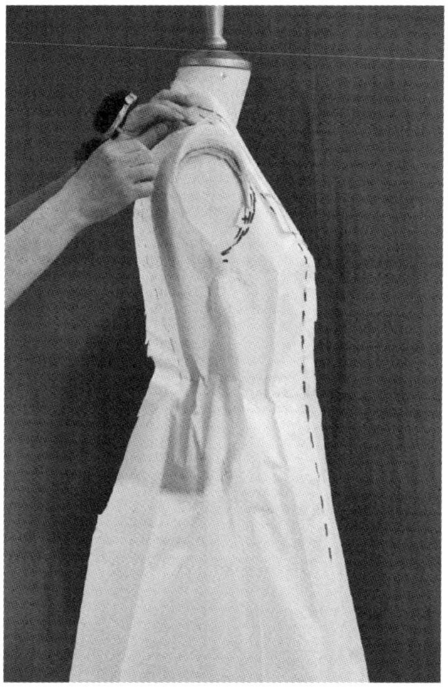

⑭ 连接肩胛位置时要注意与前片对齐，并将肩胛省量处理平顺。

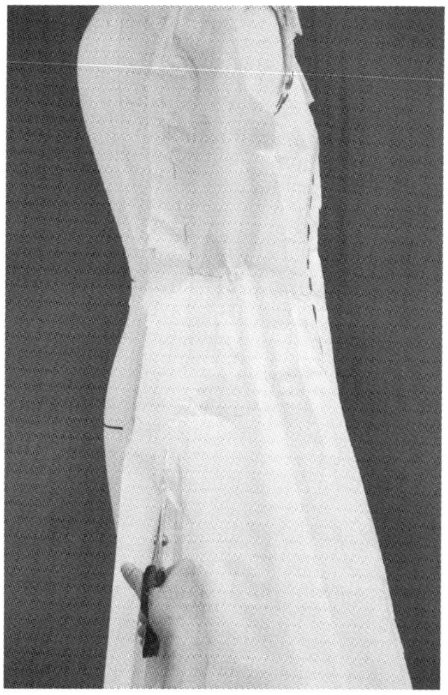

⑮ 按照针印预留缝份，剪掉多余的部分。

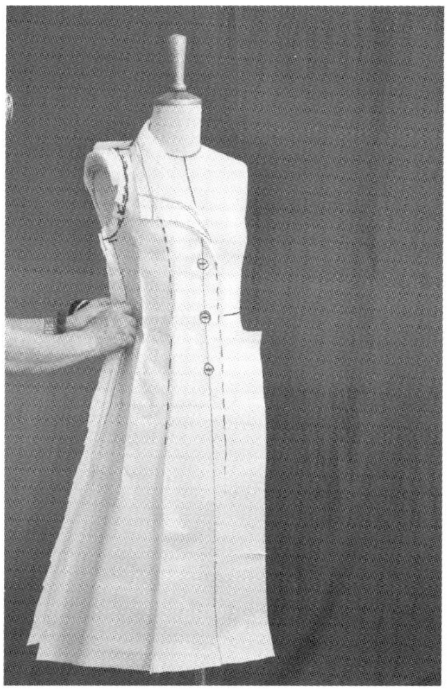

⑯ 将松度平衡地向前后平行推进，按人台的侧缝线折出符合人体曲线的纸样的侧缝线，注意正面面对线条时要垂直于地面。

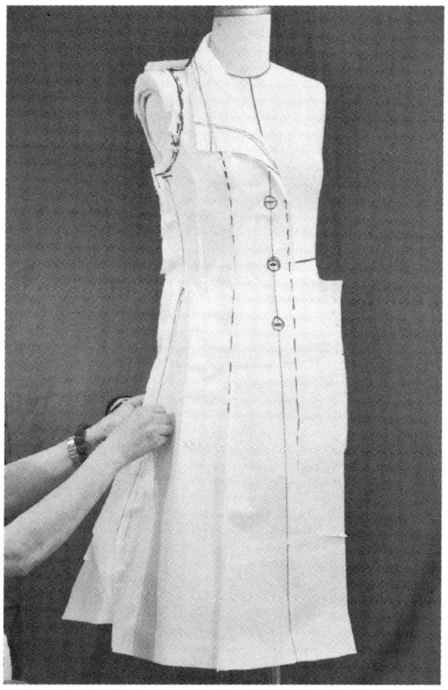

⑰ 连接大衣下摆时，要注意两片纸样的平衡及下摆起翘的角度和整条侧缝线的流畅。

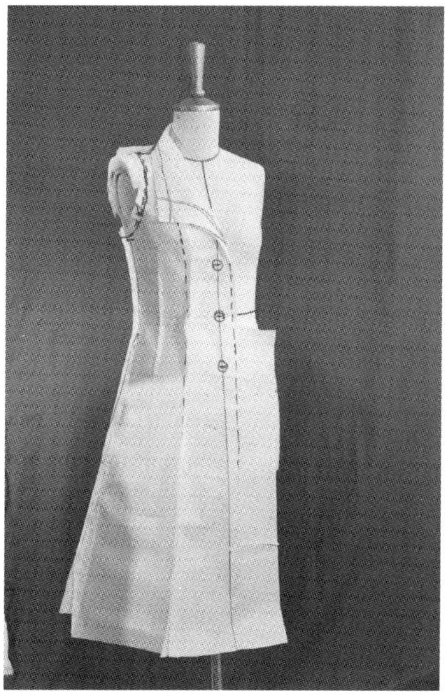

⑱ 再次整体修剪纸样的轮廓线，预留1cm的缝份。图示为大衣衣身完成后的整体效果。

三、X型女大衣领子制板步骤

①这款大衣设计的领子是与前片衣身相连为一体的。图示为领子的大概轮廓。

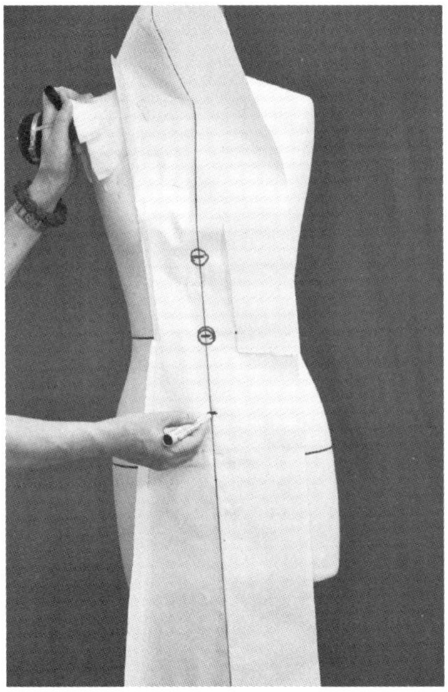

②做领子需要先确定几粒扣及扣子的位置。这款大衣设计的是三粒扣，中腰一粒，上下各一粒，扣子之间的距离为10 ~ 12cm。

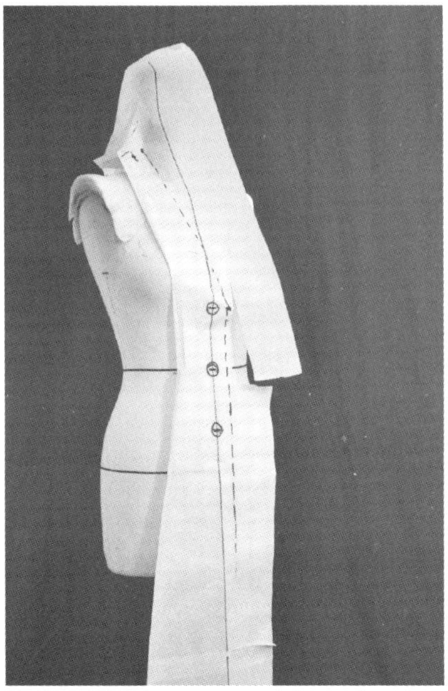

③画出大衣的搭门量3cm。在最上面的扣位搭门线的位置取一点，在设计好的新的领宽点向里3cm取一点，将两个点用直线连接，这条线是大衣的翻折线。

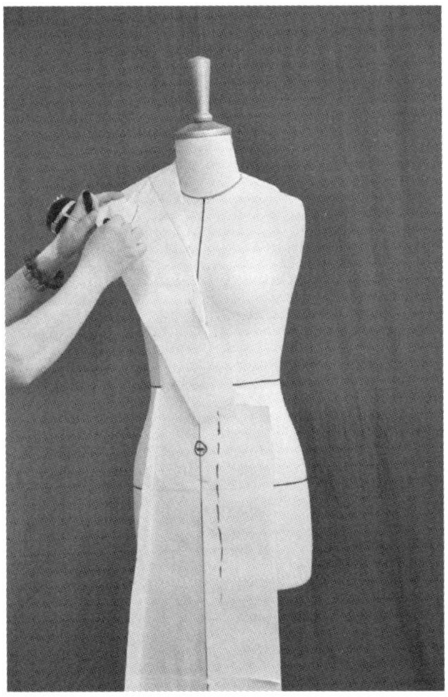

④按照翻折线，将领子翻下来。

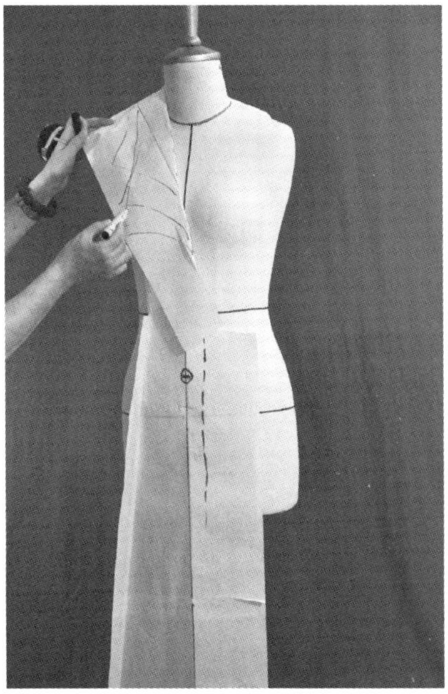

⑤现在就可以在领子的纸样上设计出符合设计要求的领子的造型了。图中出现的几个轮廓线，就是设计出来的几种领子的方案。可以取其中一个按确定好的领型轮廓线用剪刀修剪成型。

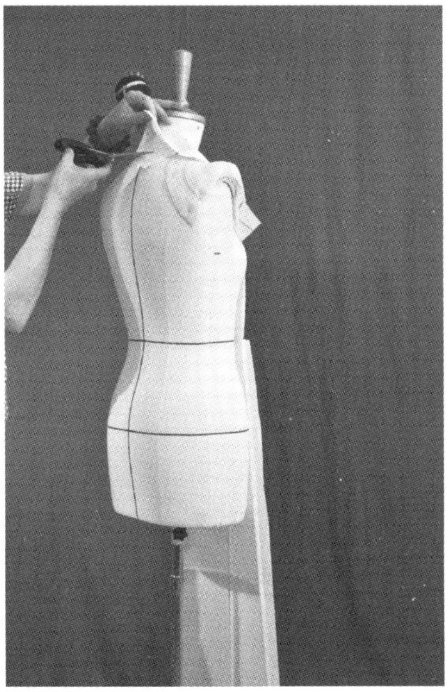

⑥将翻下来的领子的后中线与人台脖子的后中线对齐，按人台的后领窝线预留缝份剪出领子的后领窝线。

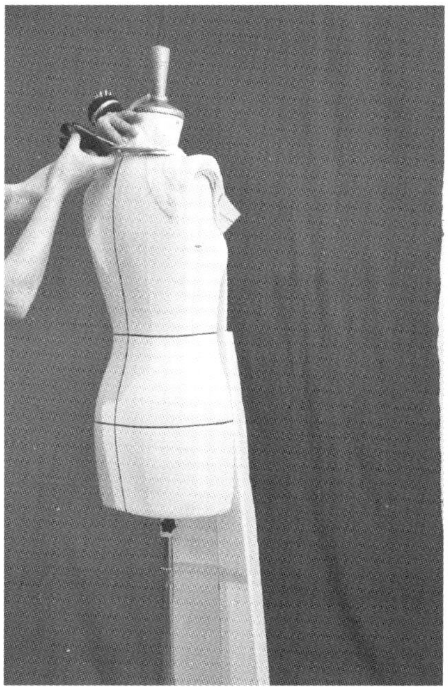

⑦ 将领子的领面进行修剪，注意领面的长度要盖住后领窝线。

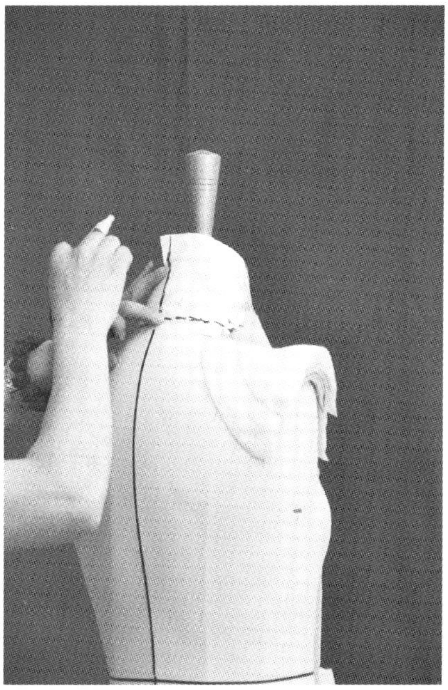

⑧ 在保证领子后中线与人台后中线对齐后，按人台的后领窝线画出纸样领子的后领窝线。

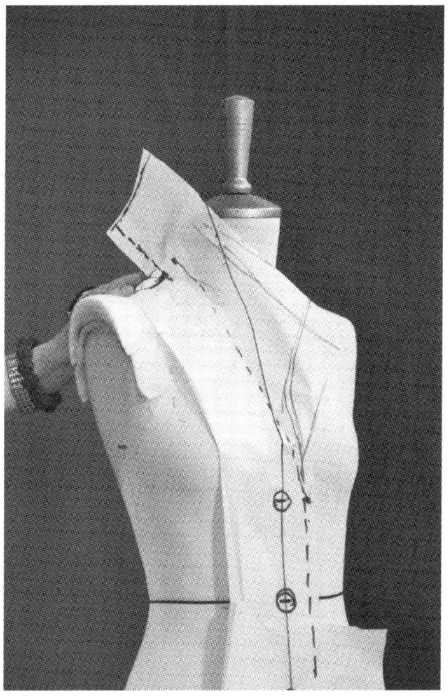

⑨ 图示为修剪成型的领子结构。

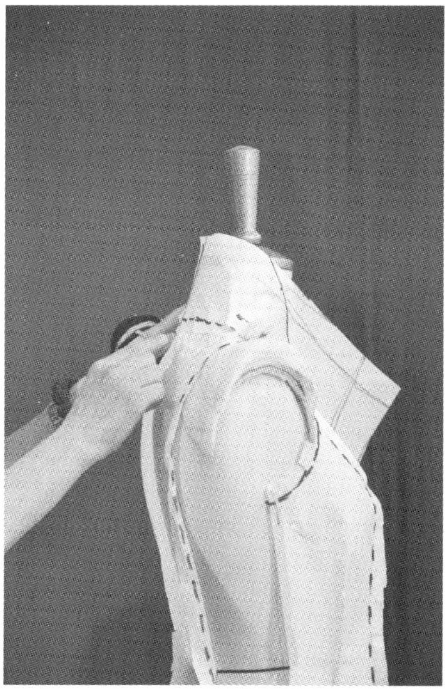

⑩ 将领子的后领窝线与纸样衣身的后领窝线用大头针连接起来。注意纸样的平衡及领子的角度。

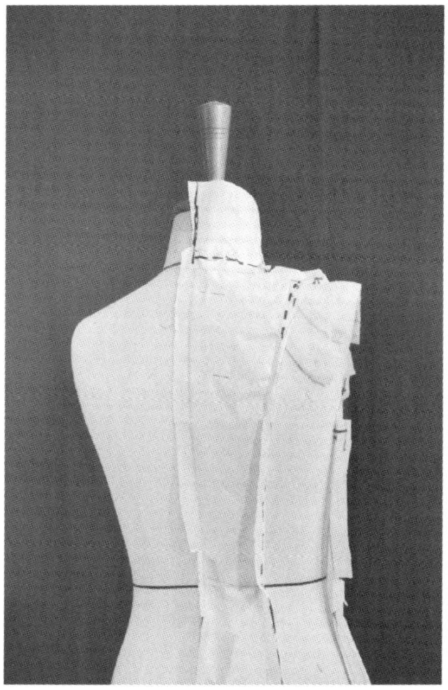

⑪ 保证领子的后中线与纸样衣身的后中线对齐，并同时垂直于地面。

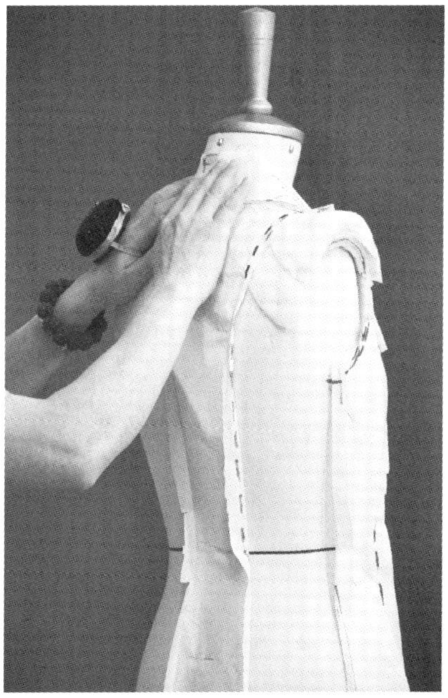

⑫ 再将领子翻下来，同样保证领子的后中线与纸样衣身对齐。调整领子的角度及平衡度。领子的制作就完成了。

四、X型女大衣袖子制板步骤

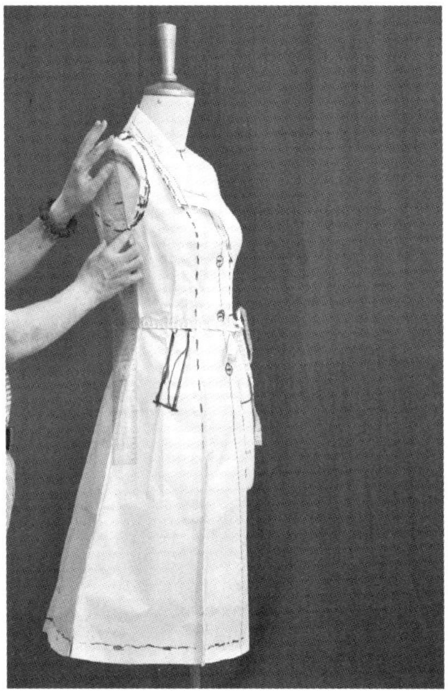

①在需要安装的纸样衣身上，量取袖山高尺寸，或者按国标尺寸确定袖山高尺寸。

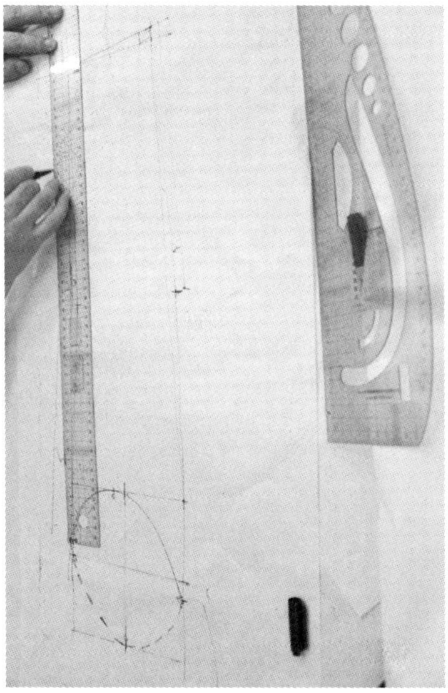

②请参照前面章节中两片袖基础型，先画出框架。注意袖口后面要比前面长1cm。根据袖子前袖缝线向外3 ~ 3.5cm画出平行线，分出大小袖。

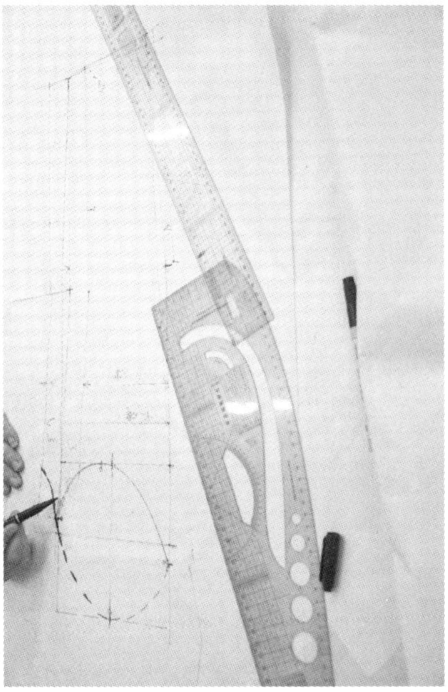

③在袖子前袖缝袖肋部位打剪口，与小袖前袖缝重合，并在剪口上下两边标注制作对齐记号。复制大袖的袖窿弧线。

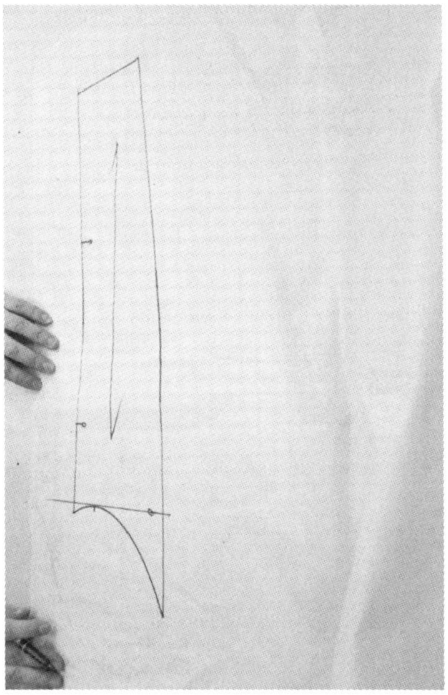

④再取一张立裁纸复制出小袖部分，并将标记及纱向线一起复制下来。

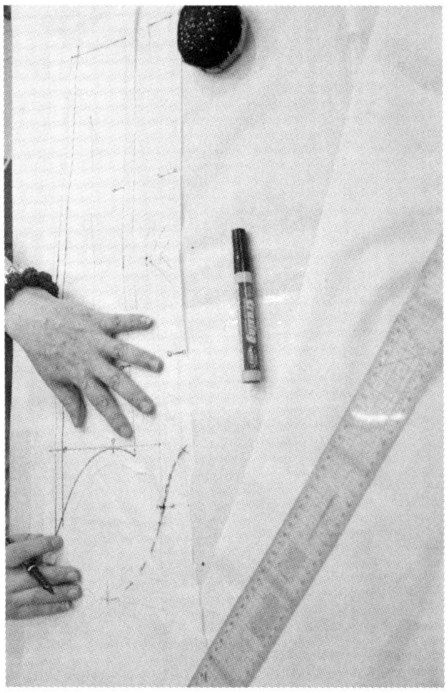

⑤现在要将袖子做一些结构上的变化，就是让袖子的后袖缝再向袖子里侧移动1 ~ 1.5cm，这样做的目的是为了让袖子的后袖缝和袖窿缝在一条直线上，并可以让后袖缝更隐蔽一点儿。

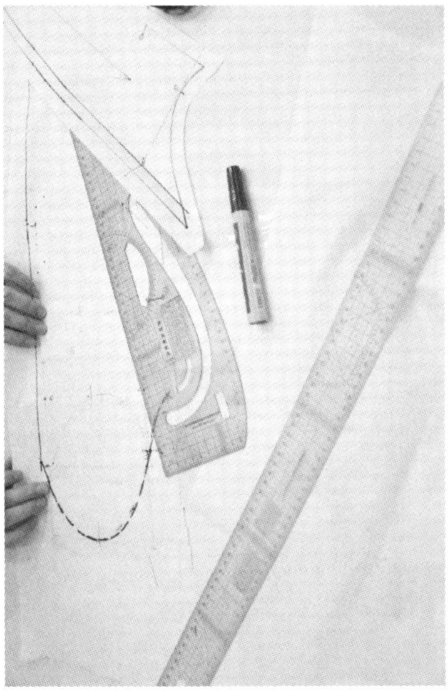

⑥大袖向外加了1cm，为了不让袖肥有变化，那么在小袖上就要减1cm。大袖上加了1cm，那么大小袖窿的交点就会向下降，下降的一段弧线也要从小袖弧线复制过来，这样两片袖子才不会变形。

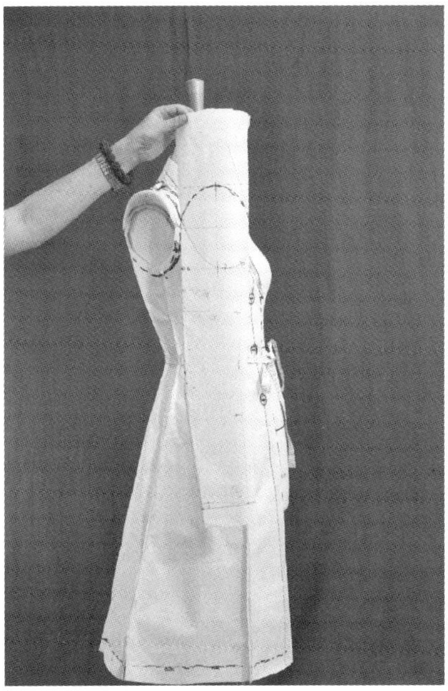

⑦将剪好大概轮廓的大小袖的前后袖缝线用大头针或胶带连接起来。注意袖山头上面要多预留一些余量。

⑧将袖子的袖窿底点与衣身的袖窿底点对齐。调整袖子的角度，用大头针在袖顶点固定。

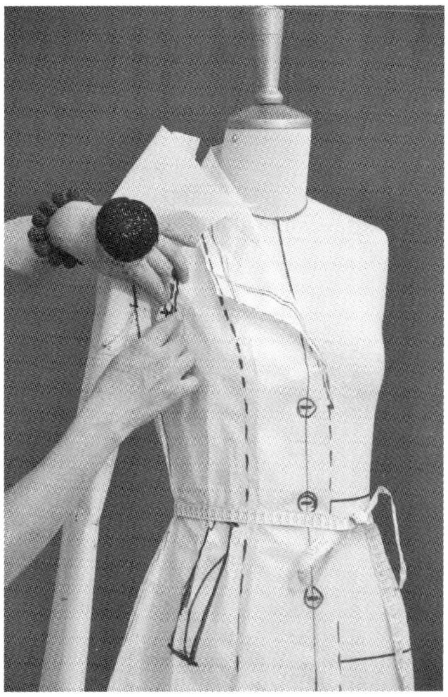

⑨在袖子的前后袖窿弧线转折点的位置打剪口，使下半部分袖窿的缝份向里，上半部分袖窿弧线缝份向外，这样更方便操作。

⑩将袖子前后片袖窿的上半部，平顺地、服帖地用大头针分别固定在纸样衣身的前肩和后肩部位上。

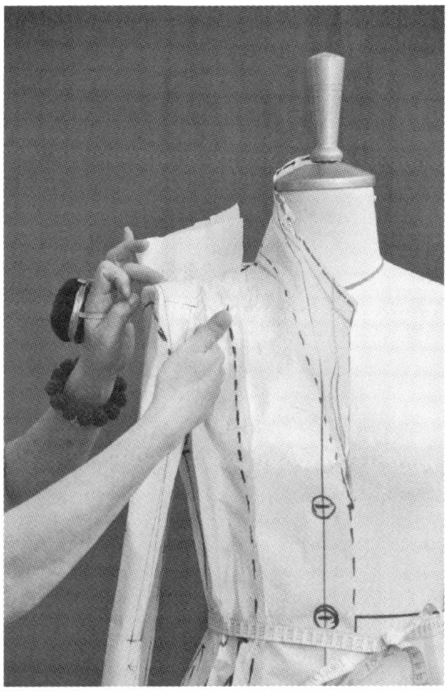

⑪将袖子袖窿上半部多余的量折成褶，叠折时要按垫肩的形状叠，使折出来的褶边与袖子的袖弧对齐，一定要将褶量收全收紧，用大头针按衣身上设计好的袖窿弧线将袖子的纸样固定在衣身上。

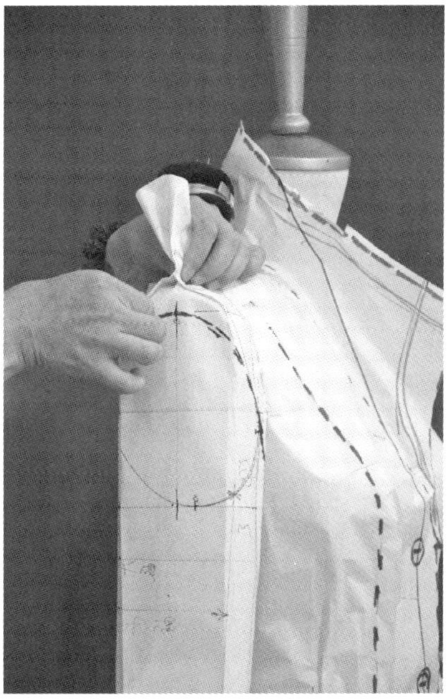

⑫后片的操作与前片是相同的，注意要打剪口，褶边要与袖子的袖山弧线对齐，褶量收紧，用大头针按衣身上设计好的袖窿弧线将袖子的纸样固定在衣身上。

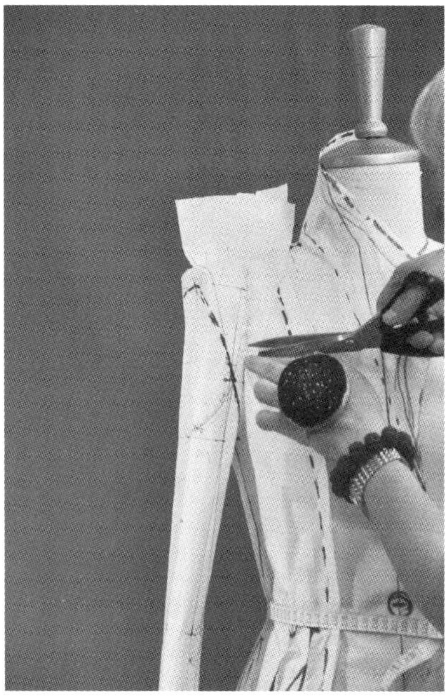

⑬ 翘肩袖的特点就是肩头上翘，肩的中间部位向下凹进去。所以在制作时要将袖子袖窿部分做紧，这样才能出来肩头翘起的效果。还可以将袖子缝份处的袖窿线打剪口，使袖窿更贴身、更服帖。

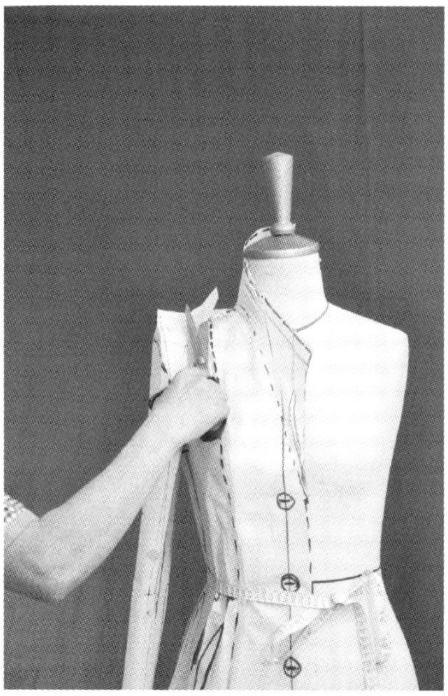

⑭ 将袖山合缝儿部位多余的部分剪掉，按袖子的袖窿弧线上的针印，预留缝份，剪掉多余的部分。

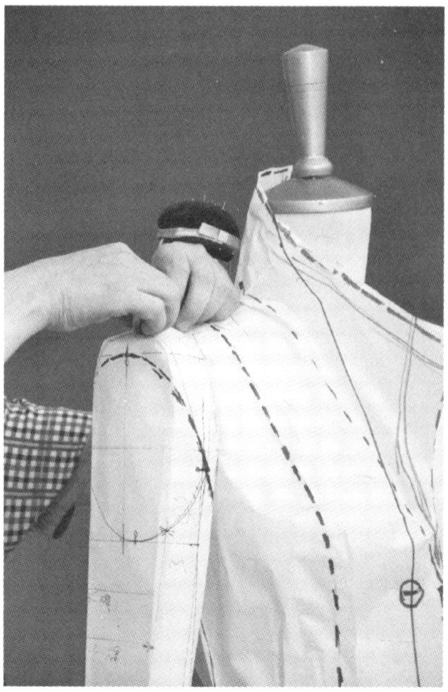

⑮ 将袖山前后片用大头针固定，注意要与衣身的肩斜线对齐前连接。一定要收紧袖子袖山的褶量，这样才能很好地做出翘肩袖的效果，让肩头部位高高翘起。

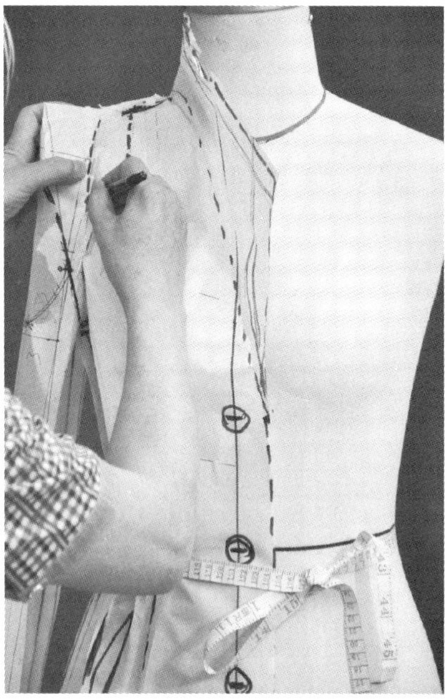

⑯ 通过观察达到翘肩的效果后，用笔按针印画出袖子的新袖窿弧线。

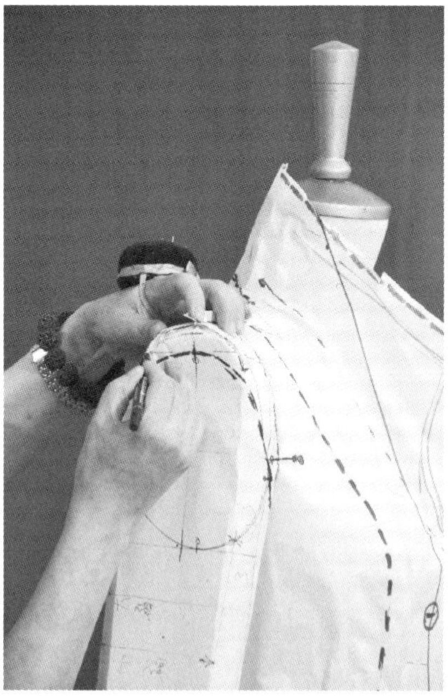

⑰ 袖山顶部的叠褶部位也要画出叠褶的轮廓线及褶点的位置。在制作时可以根据设计要求或风格需要，做成活褶或省道都可以。注意现在从侧面看袖子是一个横切面。

⑱ 图示为翘肩袖完成后的整体效果。

第四节　茧型大衣

一、茧型大衣前片制板步骤

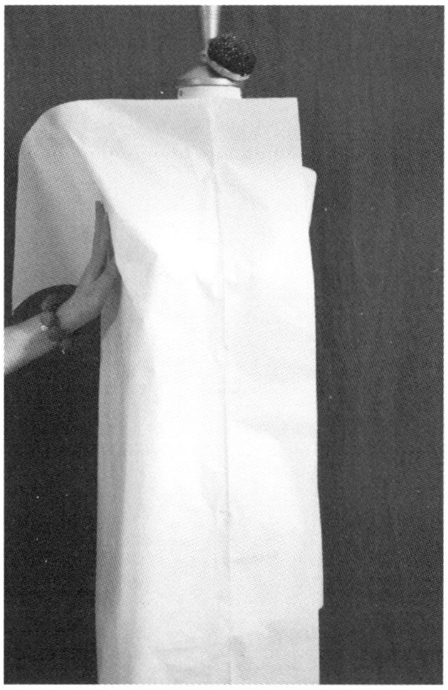

①按照操作原型女衬衫的方法，取适合衣长及宽度的立裁纸，折出前中线，并预留出足够的搭门量。注意两胸之间的纸不要按实在人台上。

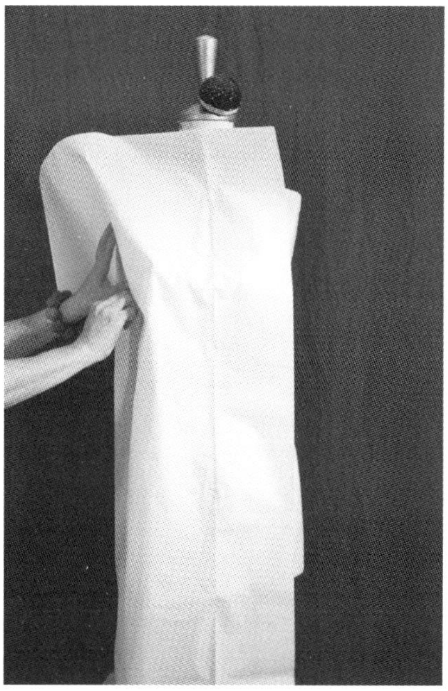

②将立裁纸沿胸围线向后推送，将纸圆顺地围在人台上，注意预留衣服的宽松量。在人台侧面的胸围线和腰围线上各固定一针，注意要加适量的放松量。

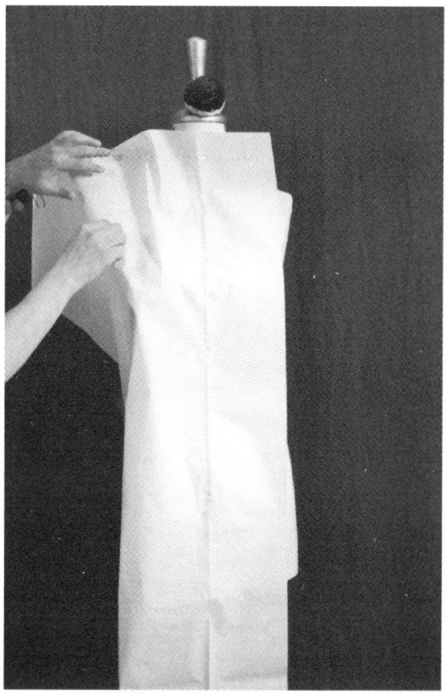

③将胸省量推到肩上，肩头部分留宽松量，平顺地将纸平铺在肩部，用大头针固定。

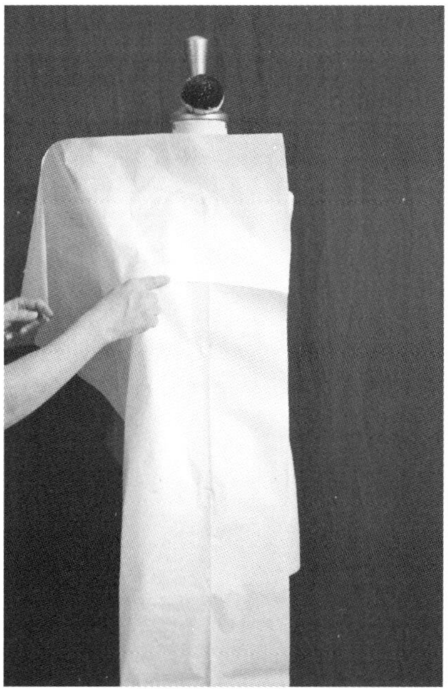

④将肩部多余量做成省量，并转移到前胸做成撇胸量。

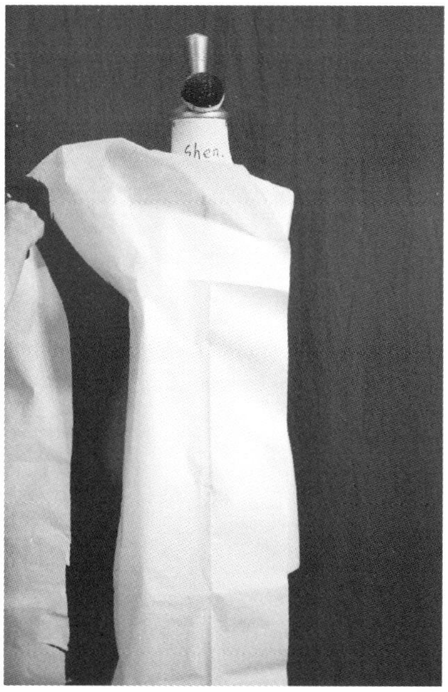

⑤根据款式结构要求设计纸样的大概轮廓线，剪掉多余部分。

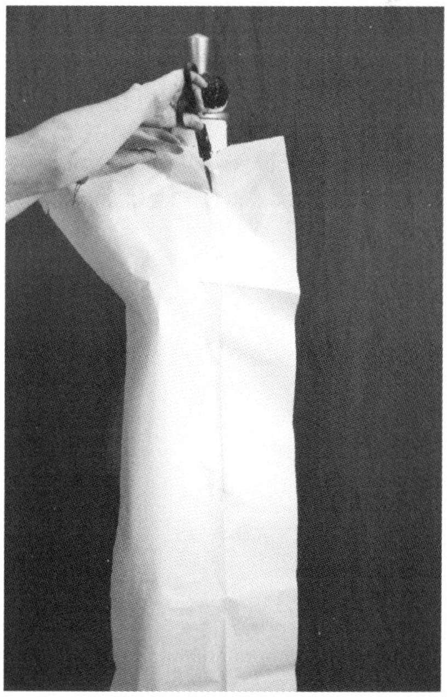

⑥垂直对着纸样的前中线向下剪，剪到颈窝点。这样做是因为留下翻驳头部分，后面做翻驳头的造型。

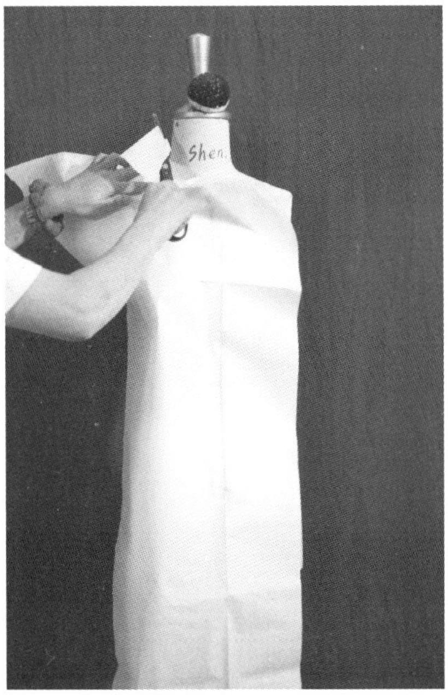

⑦ 按领窝净线留出缝份，剪出领窝，使领子及肩部纸样服帖在人台上。

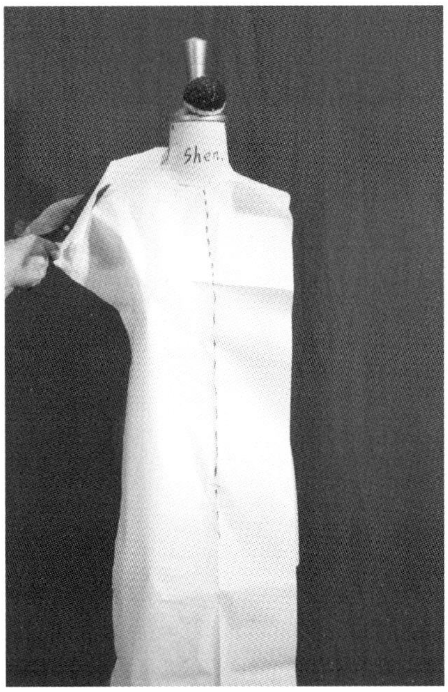

⑧ 用笔按设计过撇胸量后的结构画出新的前中线。剪刀垂直领窝净线打剪口，剪口不能剪过净线。折出肩斜线，预留缝份，剪掉多余部分。

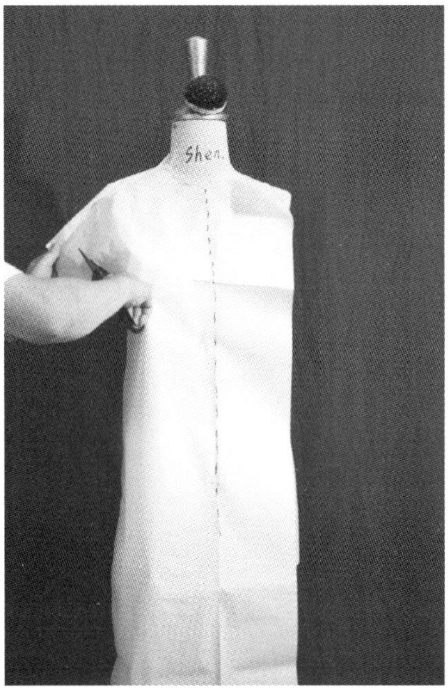

⑨ 根据效果图或设计要求设计出纸样袖子的落肩位置，用剪刀剪掉多余部分，注意预留缝份。

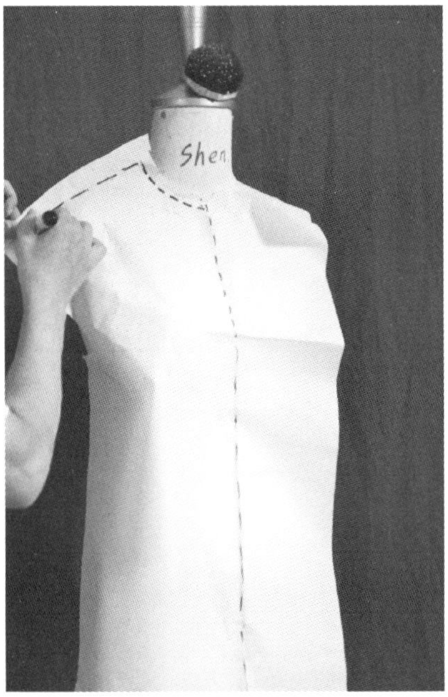

⑩ 用笔按最终确定的折印画出纸样的轮廓线。

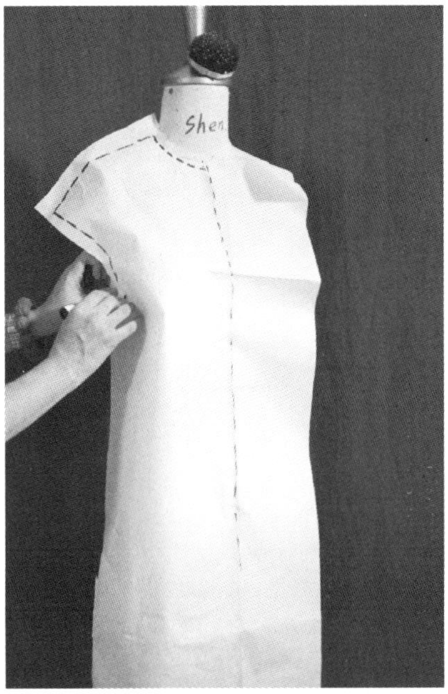

⑪ 画出纸样的袖窿弧线。

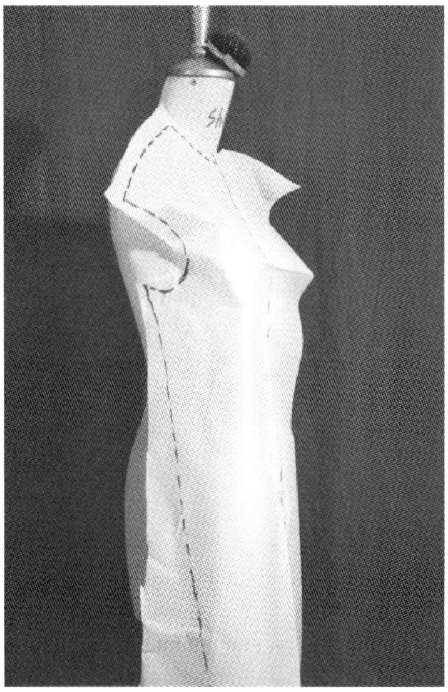

⑫ 这个款式的侧缝线并不是垂直于地面，而是下摆处有些向前偏，但侧缝线必须是直线。

二、茧型大衣后片制板步骤

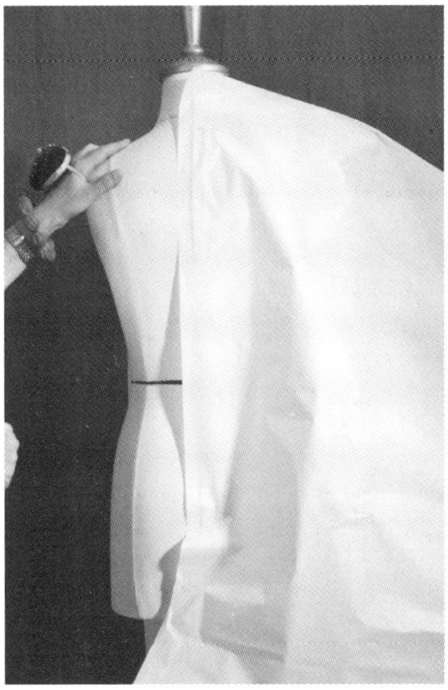

①纸样预留2cm缝份，对齐人台后中线，在后领窝下固定一针，垂直向下在臀围位置固定一针，因为此款是宽松大衣不用捏腰，后腰节不用贴实在人台腰节线上。

②将立裁纸圆顺地转在人台上，在肩胛骨偏侧缝方向位置固定一针。

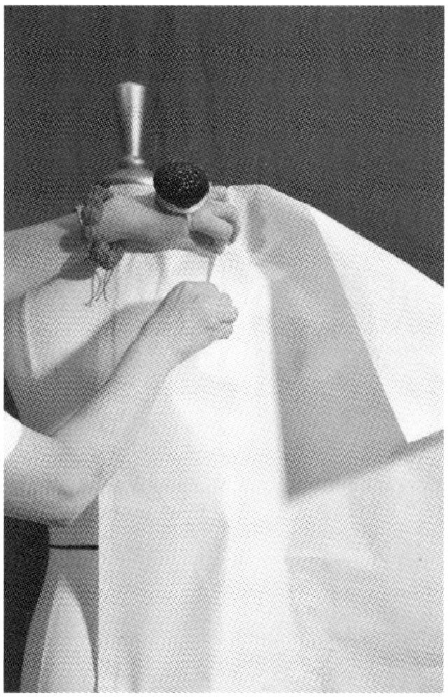

③把后肩部分多余的量捏为肩胛省。与前片制作连接时作为吃量。

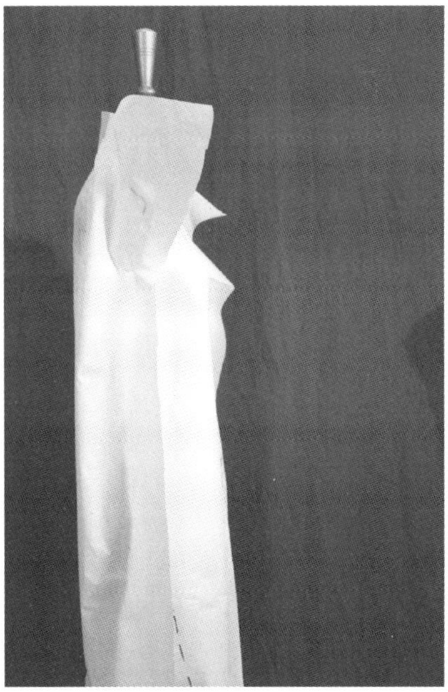

④根据款式和尺寸要求设计纸样后片的宽松量，用大头针在侧缝内固定。

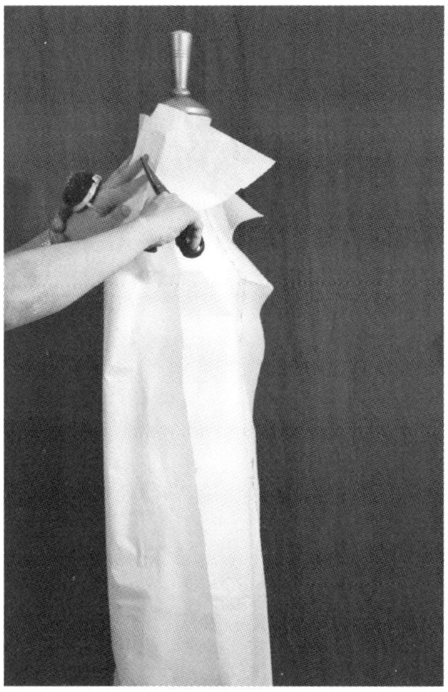

⑤根据前片肩斜轮廓线，大概修剪出后片纸样的肩斜线的轮廓线。并剪出后领窝线。剪后领窝时同样要留缝份，打剪口，打剪口的方法与前片相同，也可以参照立裁基础型操作方法。

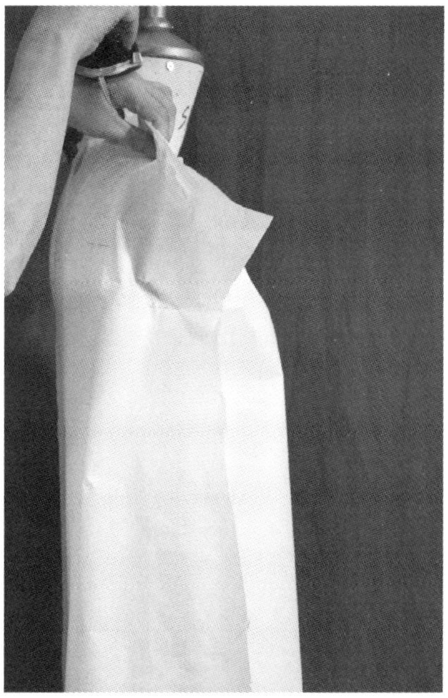

⑥根据前片肩斜线，将两片纸样的肩线用大头针连接起来，注意把后肩胛量折好。

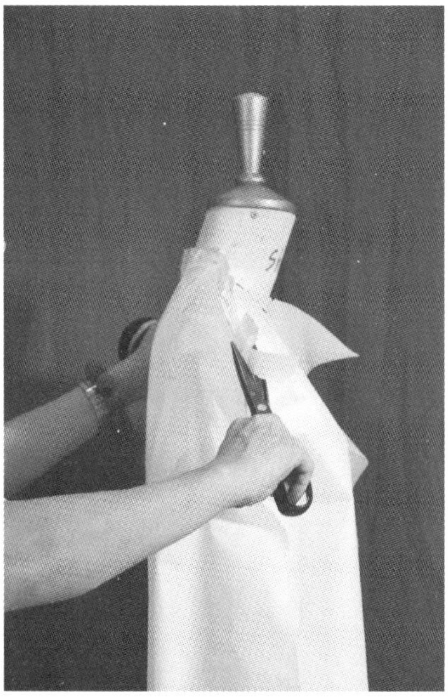

⑦ 再次修剪纸样的肩斜线，注意线条要圆顺。

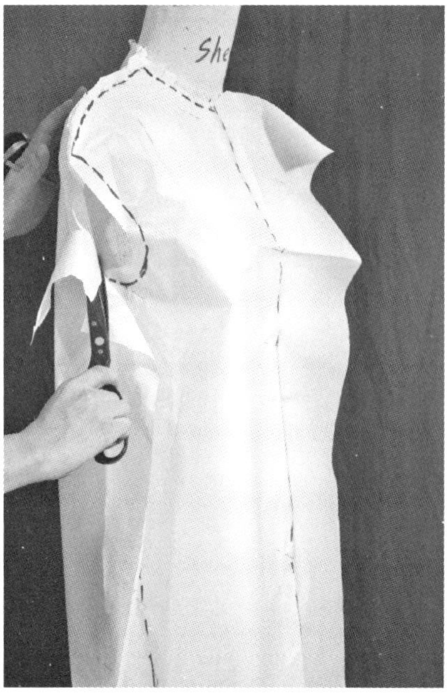

⑧ 在纸样宽松量设计好并用大头针固定住后，根据人台袖窿位置大概剪出纸样的后袖窿弧线。

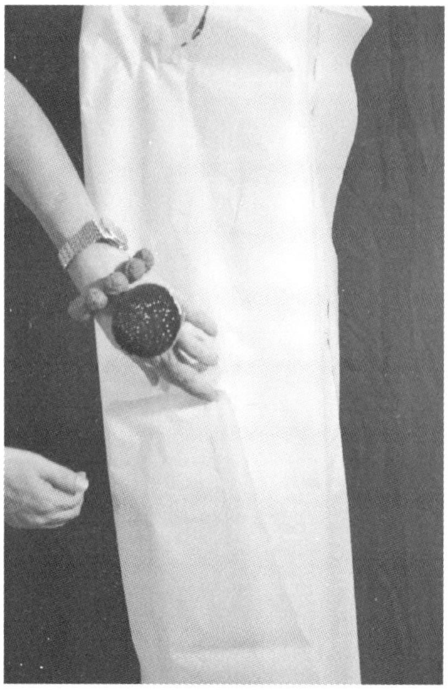

⑨ 根据纸样前片设计好的侧缝线，确定后片的侧缝线。因为前片侧缝偏前，后片为了补充量也要向前偏移，这样纸样整体才能保持平衡。

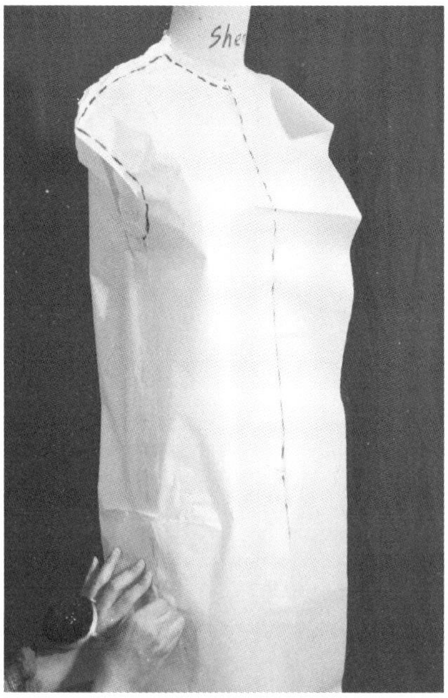

⑩ 确定了后片纸样的侧缝线，在保证纸样整体平衡的情况下，用大头针把纸样的前后片连接起来。

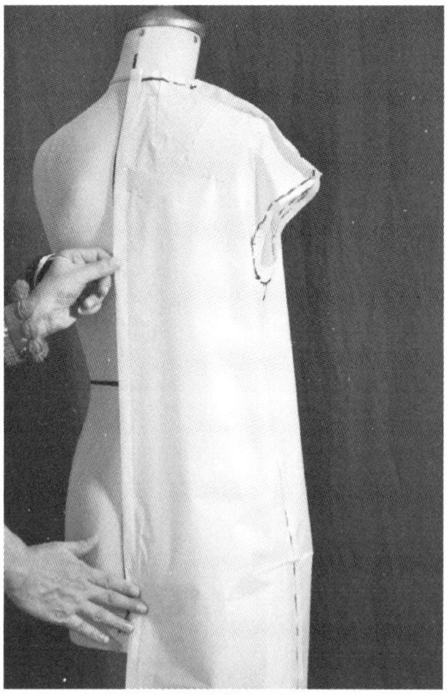

⑪ 按针迹画出后片侧缝线。将纸样按人台的后中线折出净线。

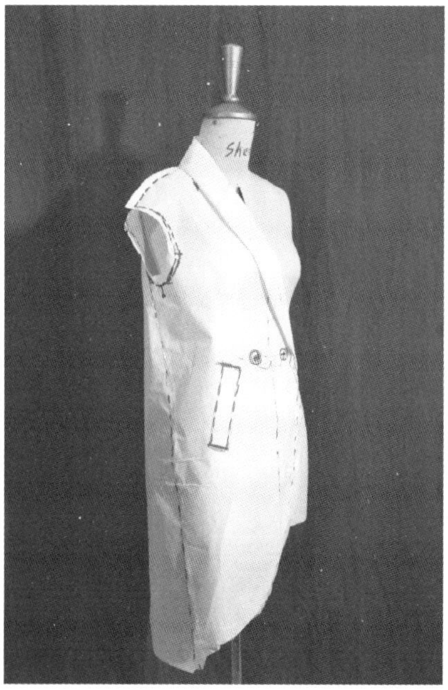

⑫ 画出纸样的腰节线。设计好外套口袋的造型和位置，一般来说斜插口袋位置从腰节线开始或向下1cm开始，这样比较符合人体结构。口袋的大小根据手掌的宽度再加5cm。这是茧型大衣衣身完成后的效果。

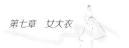

三、茧型大衣领子制板步骤

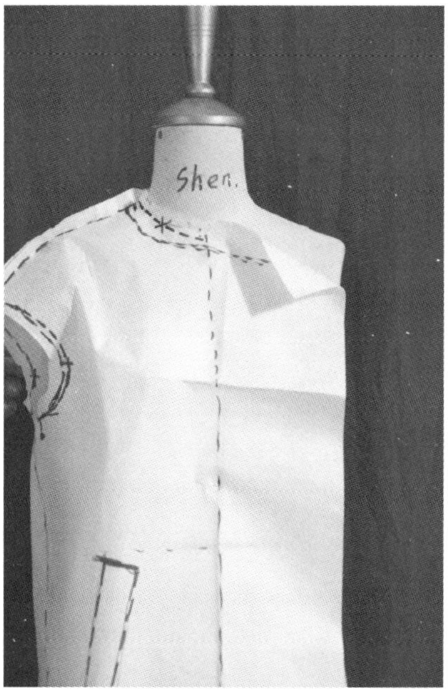

①现在设计纸的翻驳头。在领窝净线外2cm作为新的领宽点，原颈窝点向下1cm为新的颈窝点。根据两点设计翻驳头轮廓线。

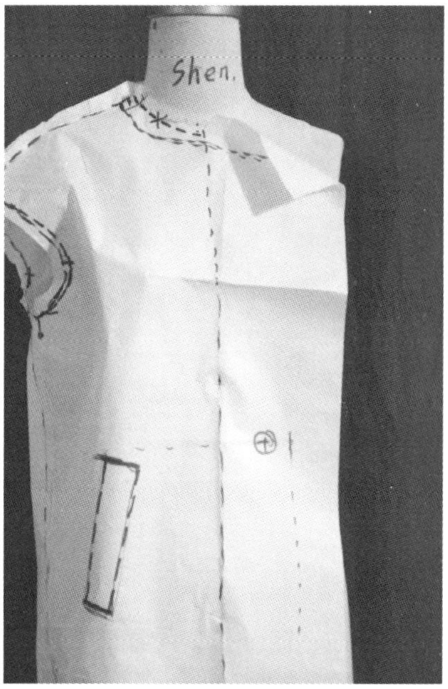

②下面确定扣子的位置。扣子的位置以腰节线为基础。第一粒扣在腰节线上。设计出搭门的净线。

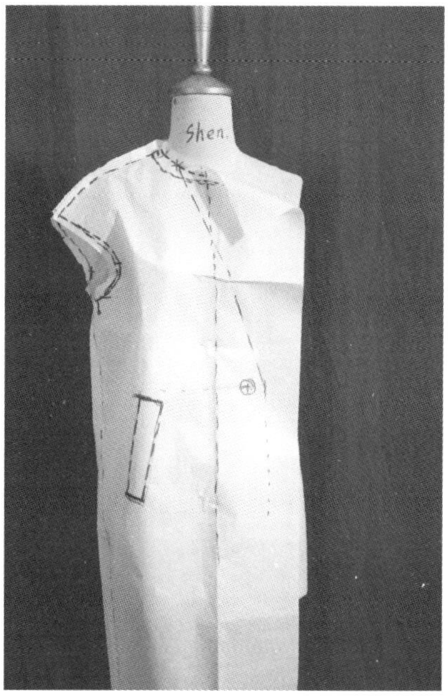

③以扣位搭门量点与原领窝点相连画一条直线，这就是领子的翻折线。

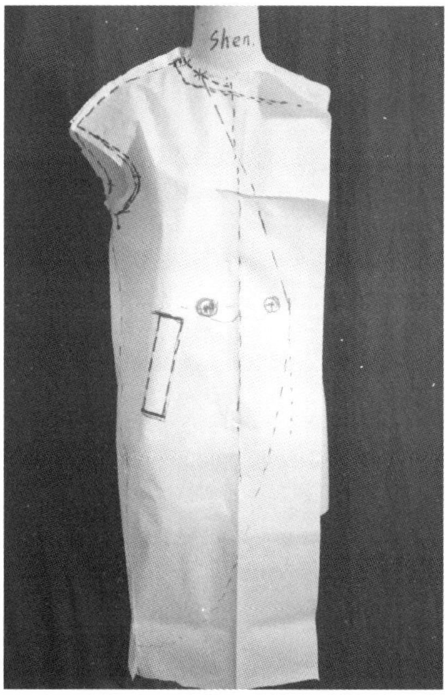

④也可以设计双排扣。再画出下摆造型的轮廓线。

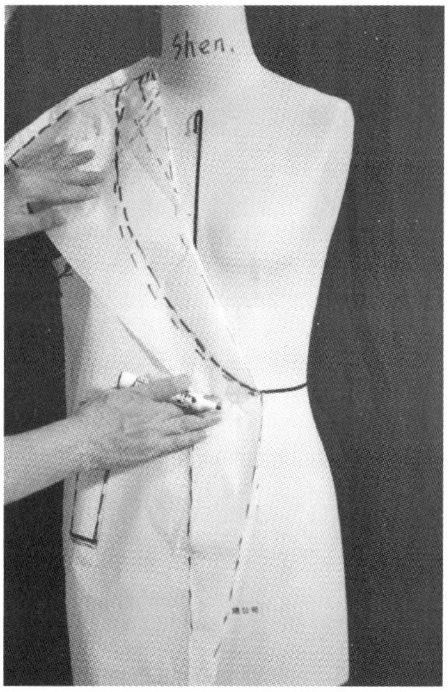

⑤按设计好的领子翻折线，将翻驳头翻过来，继续设计驳头的造型，这款外套设计的青果领的领型。这样设计的好处是方便、简单，更有利于整体效果的观察和修改。

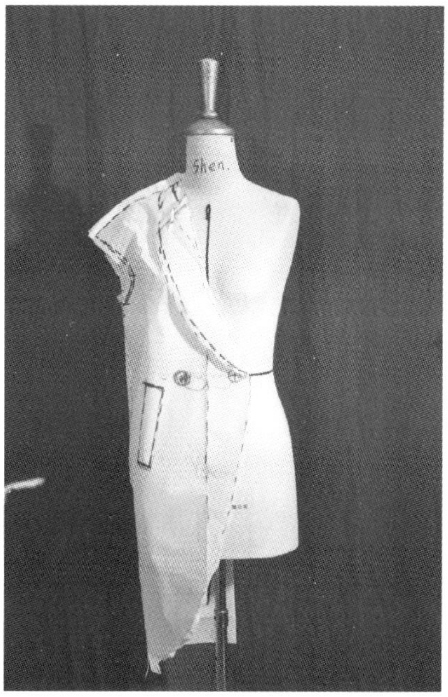

⑥按设计好的翻驳头净线，剪掉多余部分及下摆部分。图示为翻驳头做好后的整体效果。

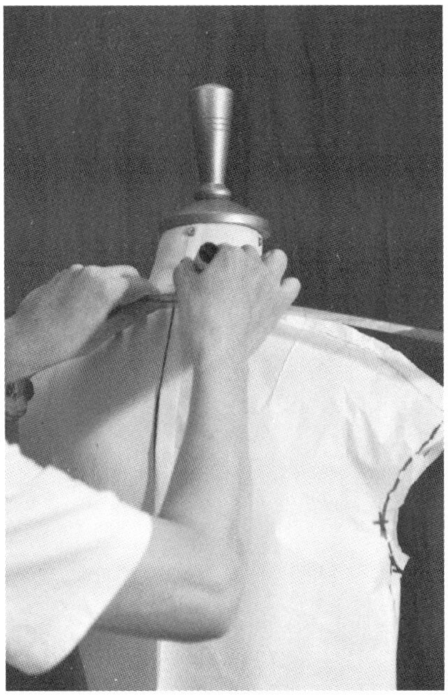

⑦ 画出纸样衣身的后领窝线，从平视角度看，后领窝线是一条水平线。

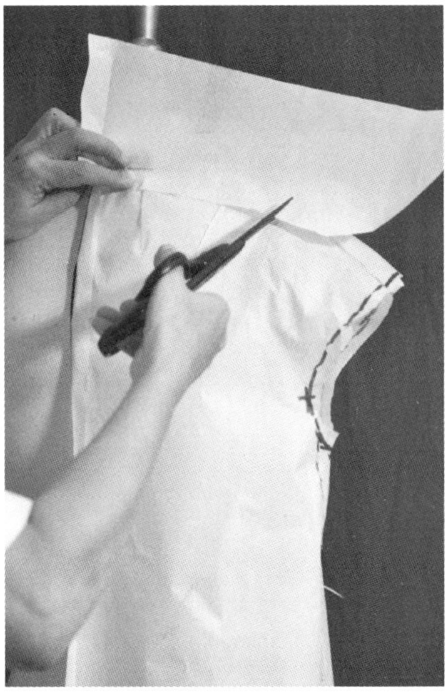

⑧ 取一张长方形的立裁纸，大概剪出领子的形状。在一个窄边折出一条领子的后中线。纸的底部用剪刀打剪口，便于领子的安装操作。

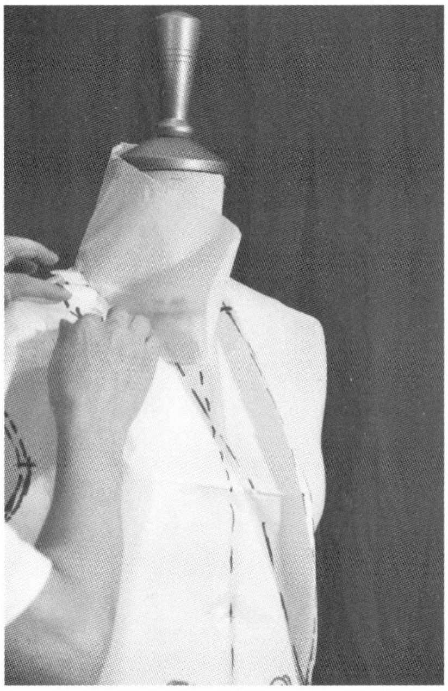

⑨ 将领子后中线与纸样衣身的后中线垂直对齐，根据衣身的领窝线和领子的角度，用大头针把领子固定在衣身上，针迹线条就是领子底弧线了。

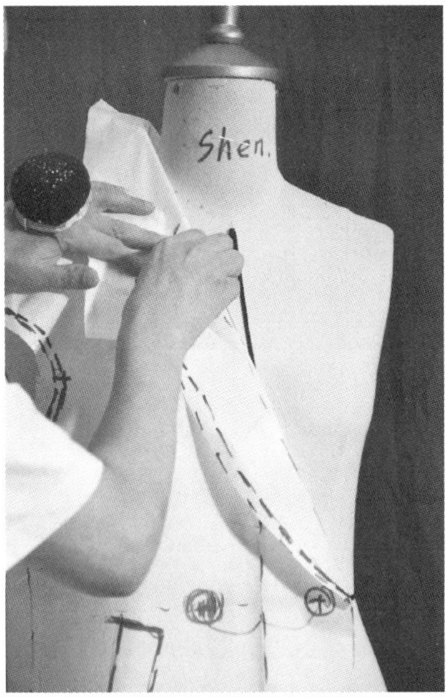

⑩ 设计好领子底弧线，把领子翻下来，后中线还是要保持垂直。将翻领与驳头相接，注意要保证连接的平整、平衡。

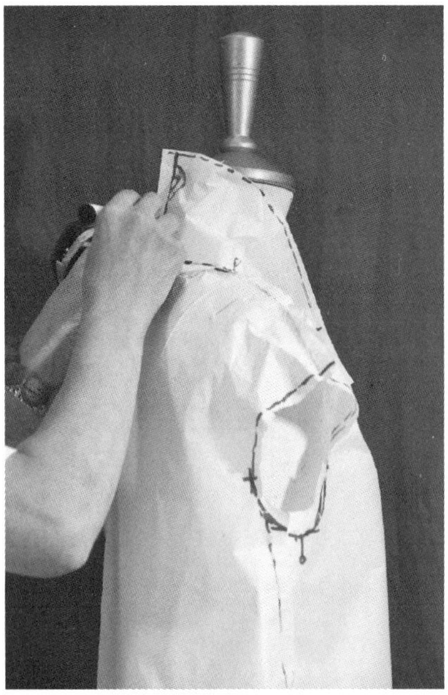

⑪ 根据驳头的线条画出青果领的轮廓线，用剪刀修剪圆顺，剪去多余部分。再用笔按针迹画出领子底弧线及其他标注记号。

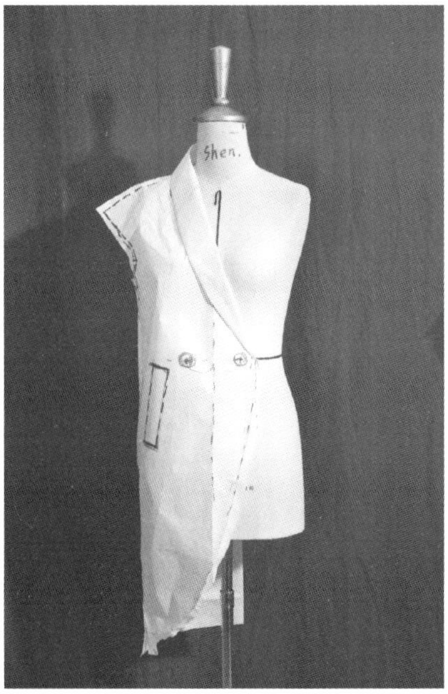

⑫ 青果领完成的整体效果。

四、茧型大衣袖子制板步骤

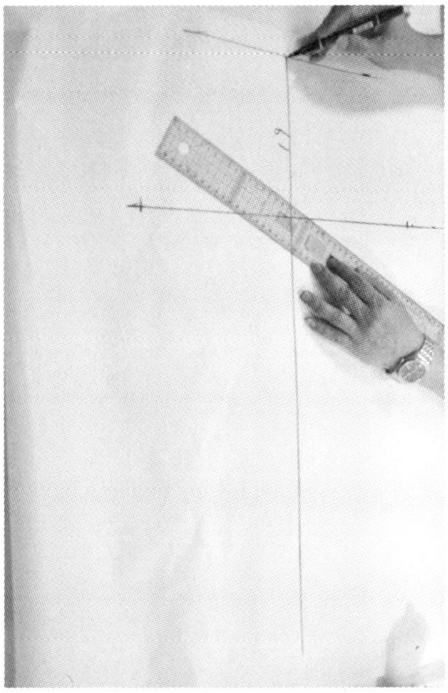

①取一张立裁纸，纸的宽度要大于袖子的肥度，纸的长度要大于袖子的长度。在纸的一边画一条上平线，垂直上平线画一条直线为袖长线。找到袖山高点，通过袖山高点画出袖肥线。

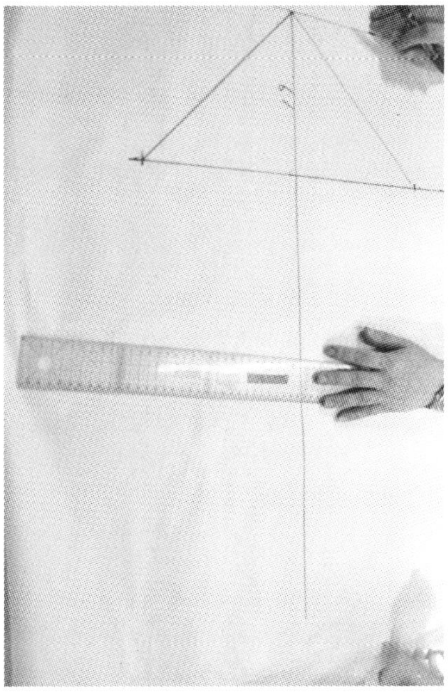

②袖肥线上确定袖肥的尺寸，两边的袖肥点分别与上平线和袖长线的交点相连。

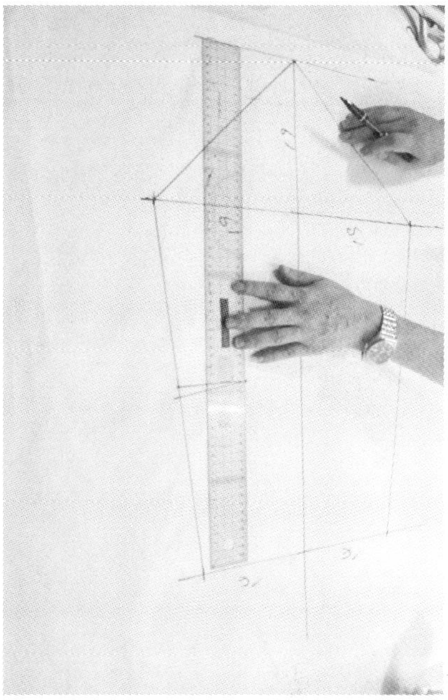

③确定袖子长度，画出袖口线。确定袖口的宽度（宽度可以参考国际尺寸表）。将袖肥点与袖口点用直线连接。在后片袖肋位置设计一个肋省，省量为1cm。

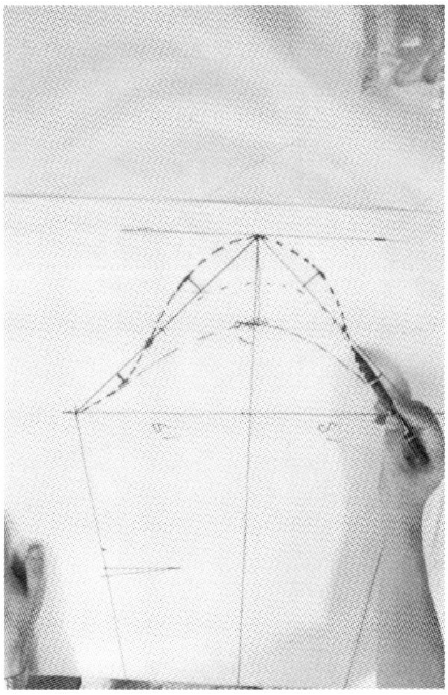

④接下来画出袖窿弧线。

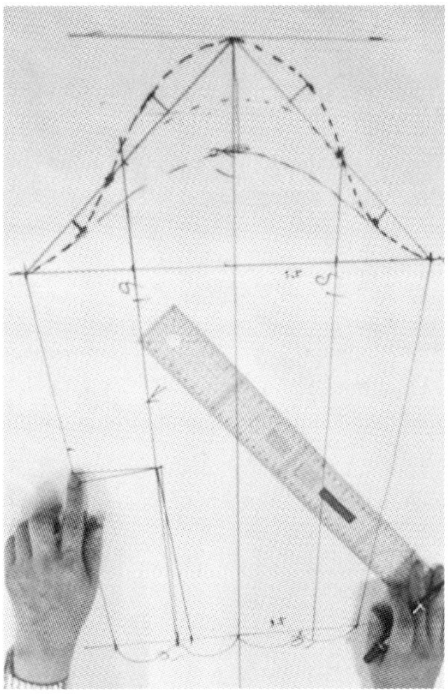

⑤在袖窿弧线两边的转折点分别通过袖肥的四分之一点画两条直线到袖口线，将袖肋省转移到袖口线上。

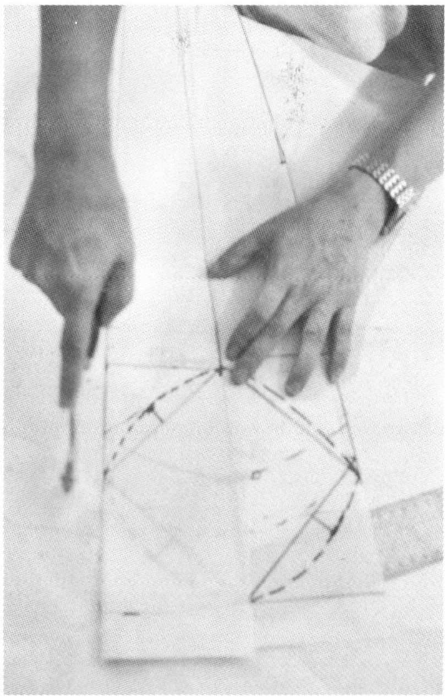

⑥现在用一个新方法来制作两片袖，这种方法和前面介绍的方法不同。按两条直线，把袖子折叠使两条袖子缝相接。用压轮来复制两边袖窿底弧的弧线。

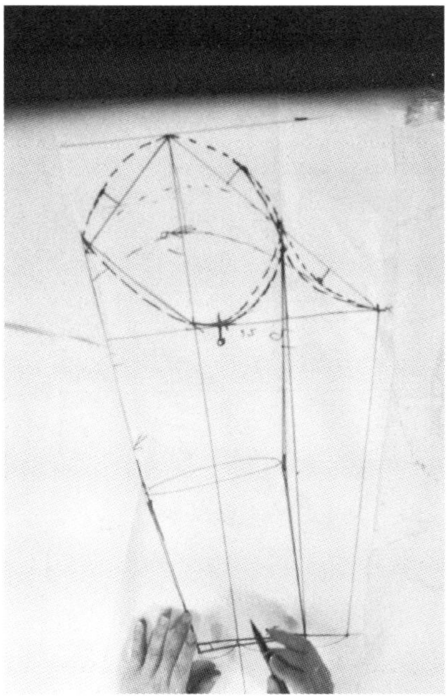

⑦ 前片袖肘位置向里1cm取一点，从这个点分别与袖肥点和袖口点用直线相连。袖口后侧下降1cm再与袖口点相连。

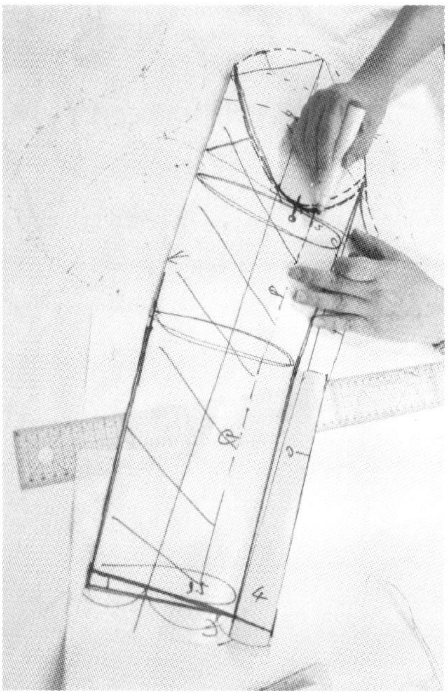

⑧ 根据上一步骤画的折线，向外向里各3cm画平行这条折线的两条线。这两条线就是大袖和小袖的两条边。前片对准袖肘点位置打剪口至折线，按线折使大袖与小袖的袖缝重合，并做好剪口标记。图中画斜线阴影部分的就是小袖部分。

⑨ 为了方便观察和使用，可以将大、小袖再重新复制一遍。

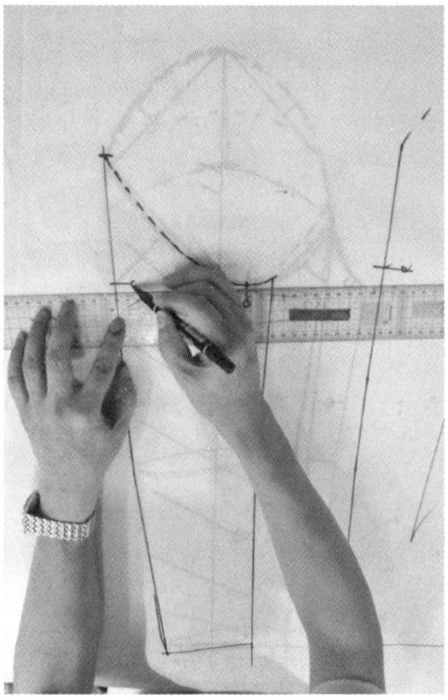

⑩ 复制时一定要记住将记号也要标准地复制下来。

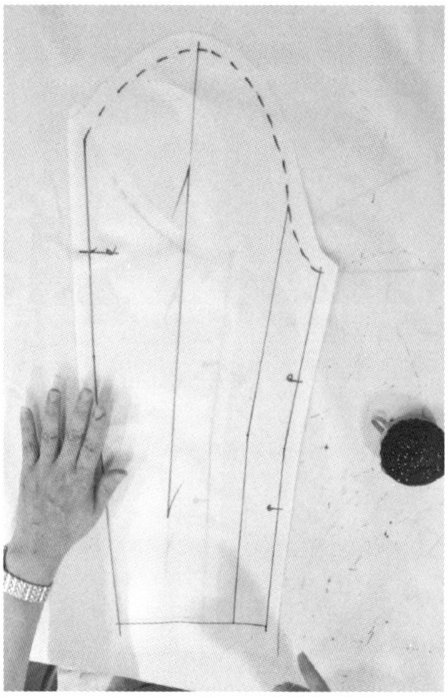

⑪ 将大、小袖预留缝份，用剪刀剪下来。

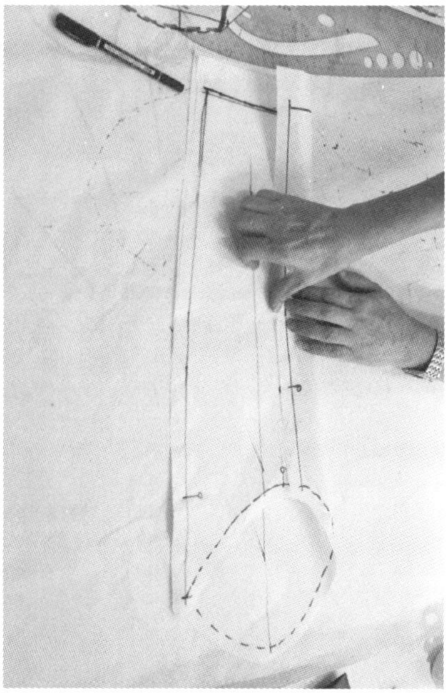

⑫ 用胶带或者大头针先将大、小袖的前后袖缝连接起来。

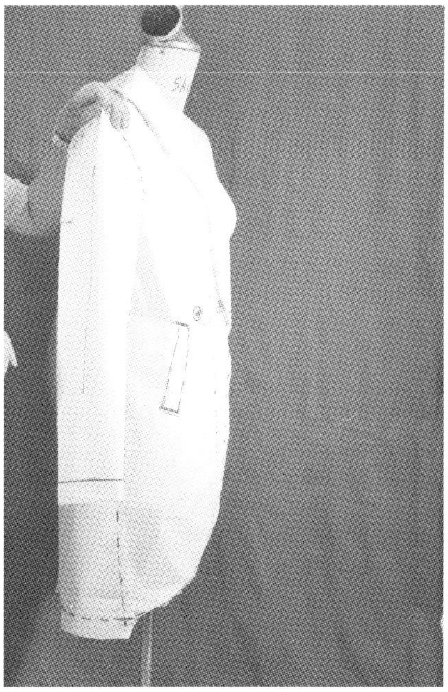

⑬ 先确定袖子的角度（袖子根据人体结构一般都会稍稍向前偏）和袖山顶点位置。

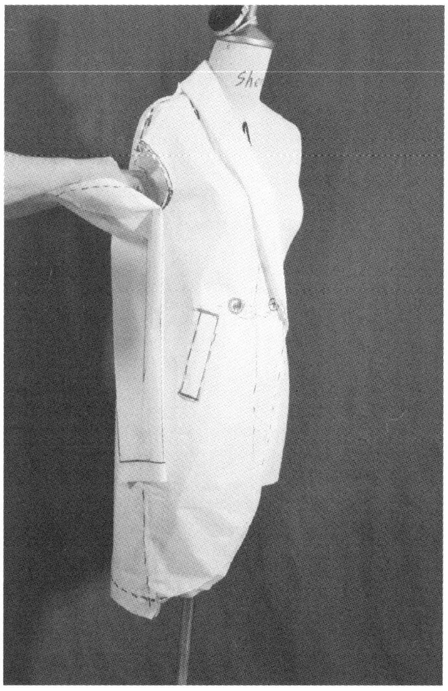

⑭ 袖子从袖窿底部开始连接，先把袖子底部和衣身袖窿底部相接。

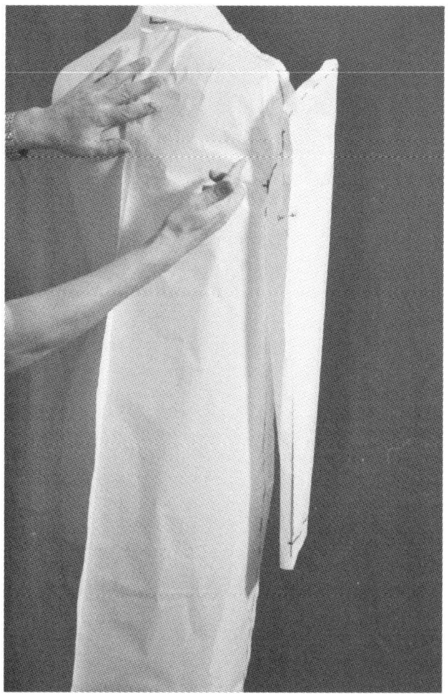

⑮ 再根据袖子抬起的角度，把袖子袖窿弧线与衣身的袖窿弧线相连，连到袖窿弧线的转折点处。

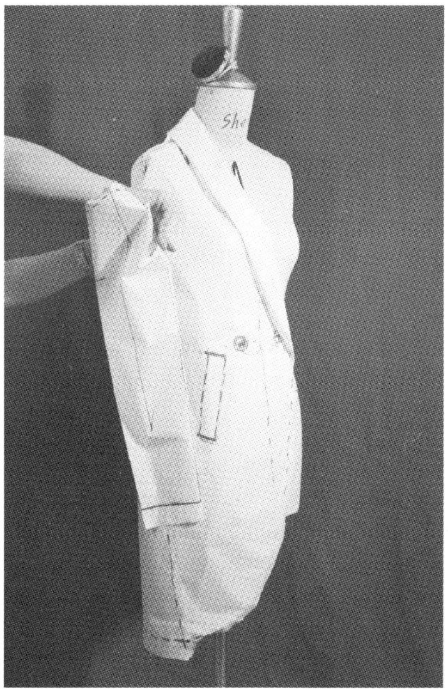

⑯ 接完后片，继续连接前片。注意要连接圆顺，并保证纸样整体的平衡，不得有不规则褶皱。

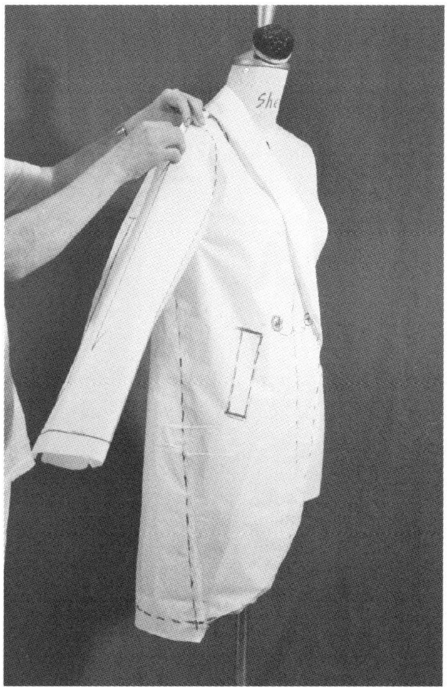

⑰ 再次确定袖子抬起的角度，用大头针将袖窿顶点与衣身袖山顶点固定，再将袖窿弧线用大头针连接起来。

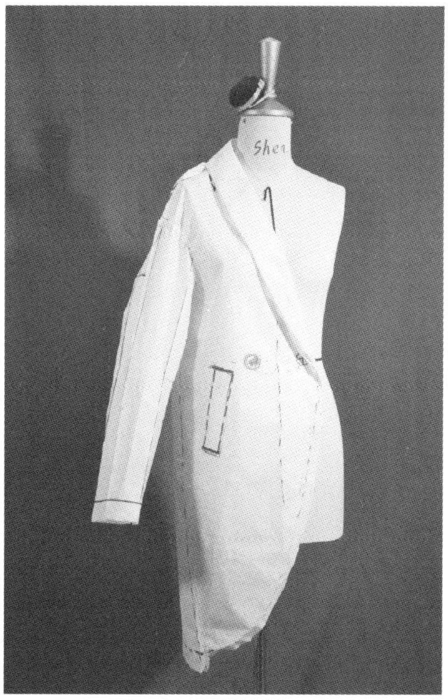

⑱ 图示为茧型女大衣纸样全部完成后的整体效果。

第五节　女大衣袖型设计

一、插肩袖款式一制板步骤

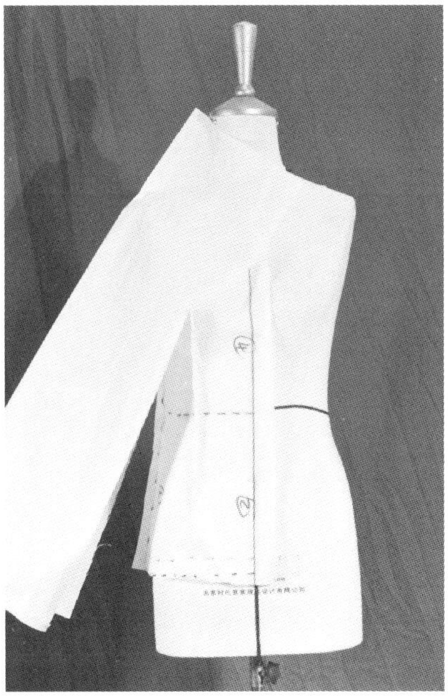

①衣身的纸样结构这里不做了，直接做插肩袖的步骤。取一张立裁纸，长够袖长，宽够袖肥，将纸对折，在对折印取一点，用大头针固定。上面可以与前后领窝相接。

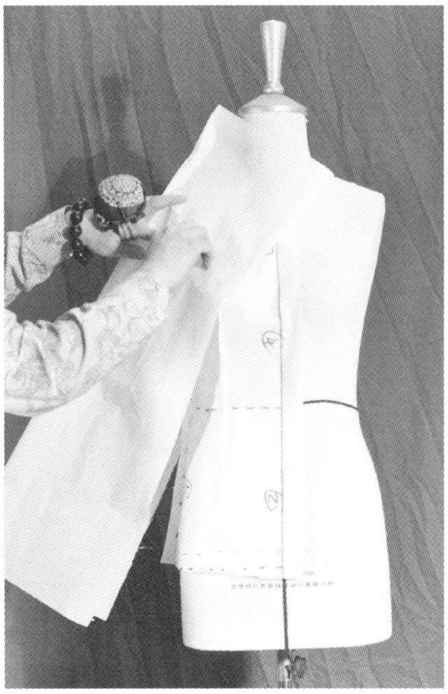

②确定袖山的转折点，将纸服帖地平铺在人台上，用大头针固定。

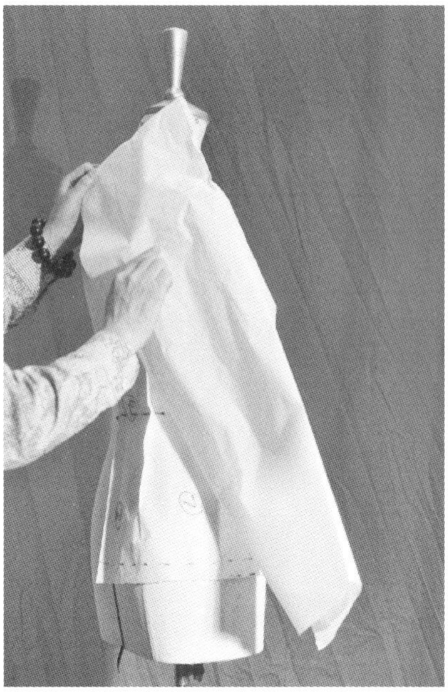

③后片和前片方法一样，确定袖弧线的转折点。

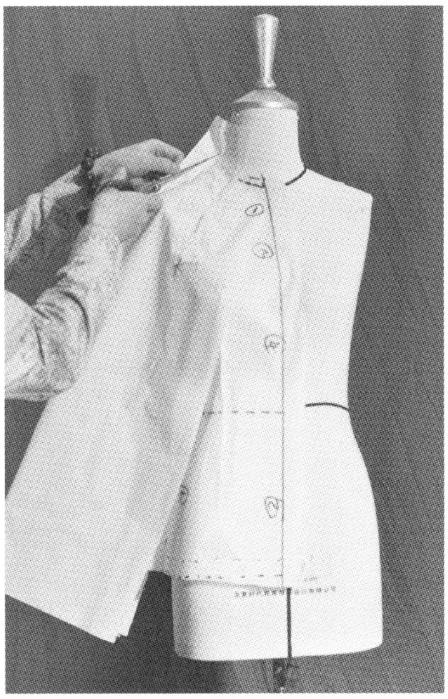

④用大头针别出插肩袖的形状轮廓线，按衣身的肩斜线别出插肩袖的肩斜线，留出缝份，剪掉肩斜线上面多余的部分。

⑤在袖窿弧线的转折点打剪口，将袖窿弧线下半部缝份转到里面。沿画好的插肩袖线条留缝份，将多余部分剪掉。

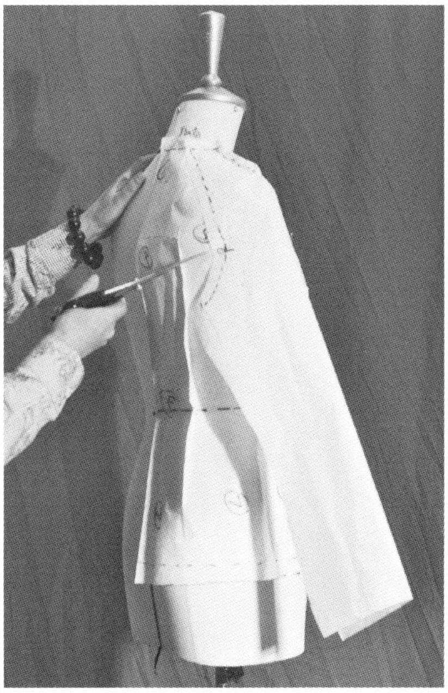

⑥后片同样在袖窿弧线的转折点打剪口，将袖窿弧线下半部缝份转到里面。沿画好的插肩袖线条留缝份，将多余部分剪掉。

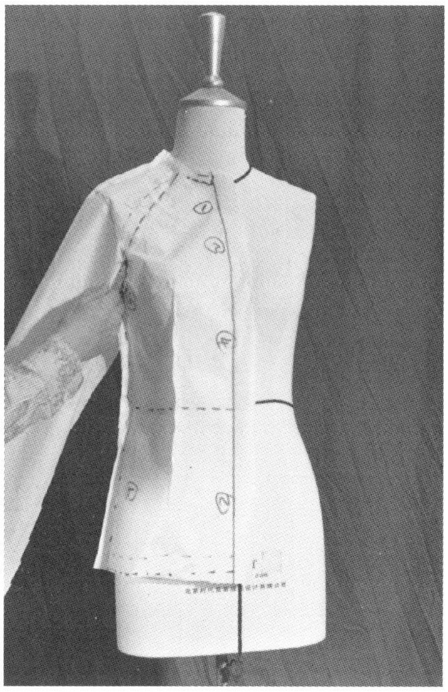

⑦将前后片袖窿底弧线转到里面，与衣身的袖窿底弧线相接。

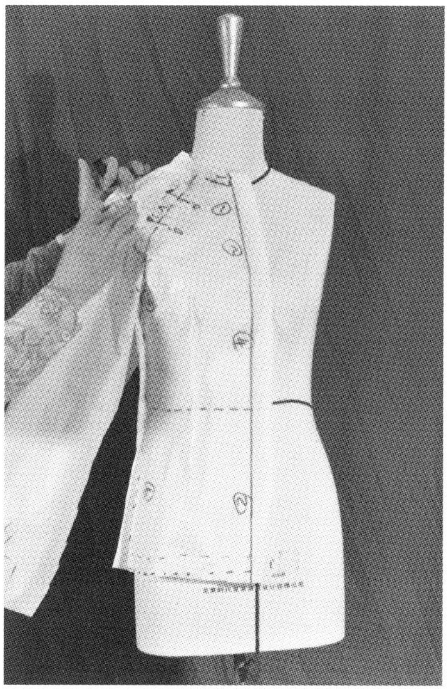

⑧将前片插肩袖与衣身做好剪口标记，插肩袖上画吃量记号，制作时要有少量吃量。

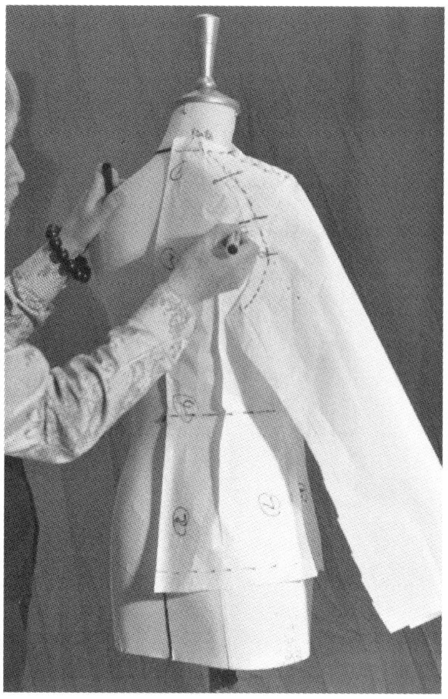

⑨将后片插肩袖与衣身做好剪口标记。

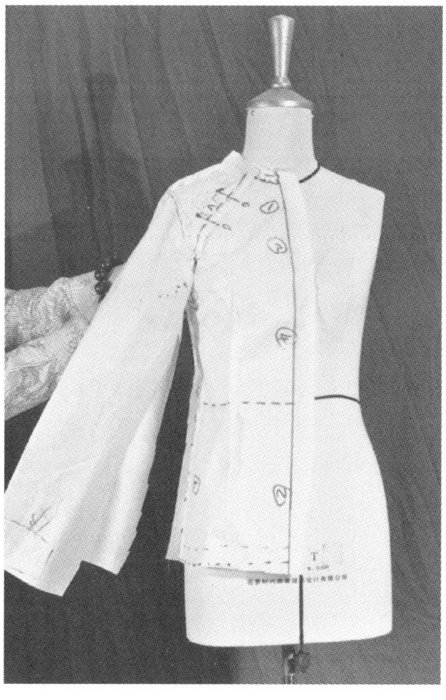

⑩可以在袖子上打开一个口，方便袖子里面的操作。现在将袖子的袖窿底弧线与衣身的袖窿底弧线根据袖子的角度连接在一起。

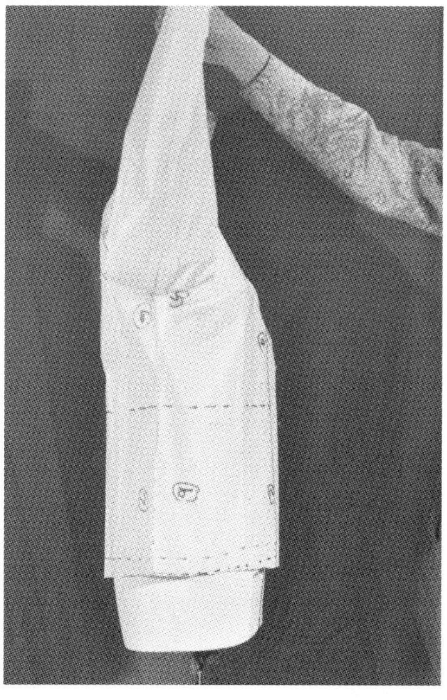

⑪将袖子的里缝用大头针连接在一起。图示为袖窿弧线和袖子里缝线连接完成后的效果。

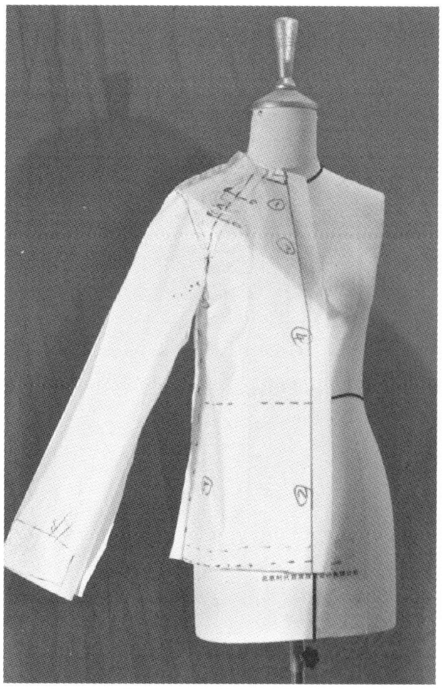

⑫把制作袖子里面时打开的口还原，用胶带固定。注意一定要保证袖子恢复原样。

二、插肩袖款式二制板步骤

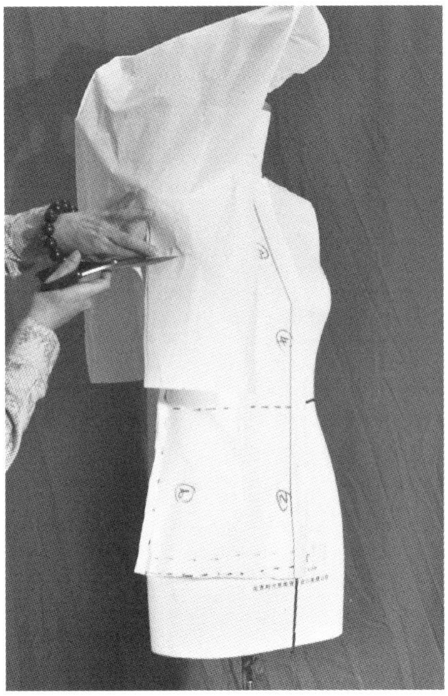

①取一张立裁纸，长够袖长，宽够袖肥。下半部分较短，比设计的袖山高长一点儿，要够袖子的长度。在人台肩点的位置用大头针固定。再从底部中点用剪刀剪到人台肩点的位置，在袖窿圈中心位置垂直向前、后各剪开一个口。

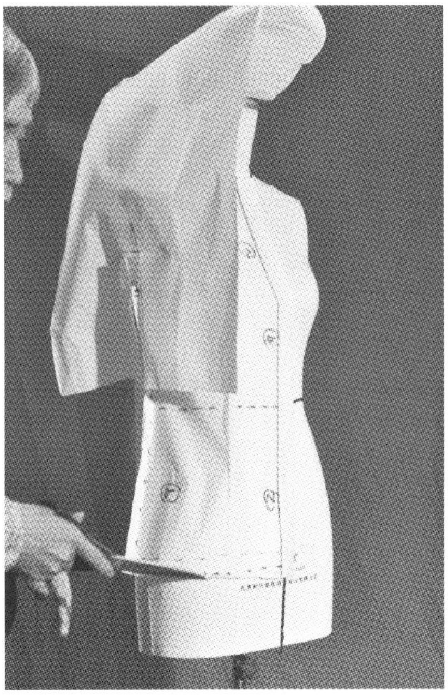

②剪开的距离大概是人台前后袖窿线的位置。

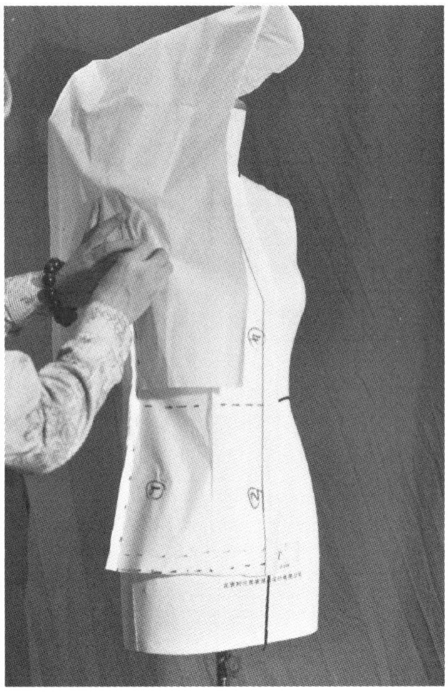

③在前、后片横向剪口终点各用大头针固定一针。

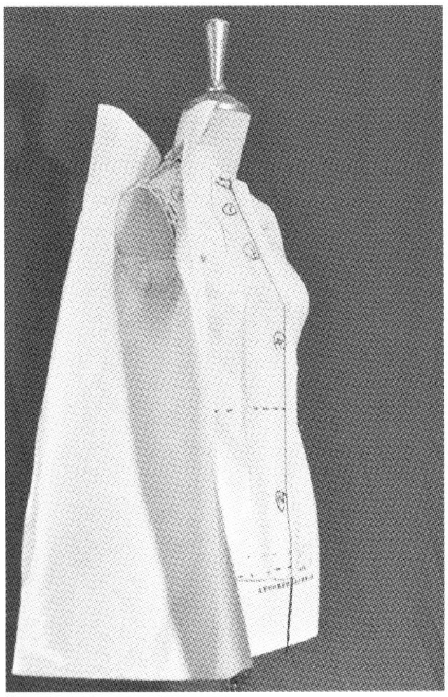

④将肩点上的大头针取下，把上面长的部分翻到下面，下面开口的部分翻到上面。

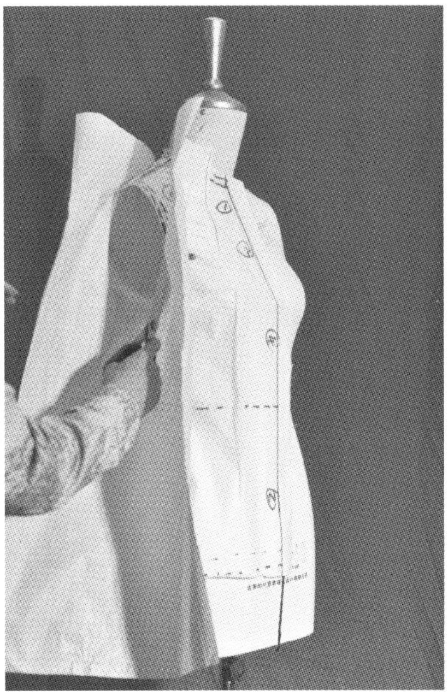

⑤调整袖子的抬起角度，参照衣身袖窿底弧线，确定袖子的袖窿底弧线，用大头针把袖子和衣身连接起来，再用剪刀修剪成型。

⑥根据设计要求设计出插肩袖、袖山的轮廓形状，可以用笔先画出来，看效果。确定了插肩袖的袖山形状，用大头针在肩部较平整的位置固定。再将袖子的肩斜线根据衣身的肩斜线用大头针别好。

⑦ 根据国标尺寸或测量好的肩宽的尺寸确定衣服的肩宽点，以这个肩宽点作为肩斜和袖子的转折点，圆顺地用大头针别出袖筒的轮廓。

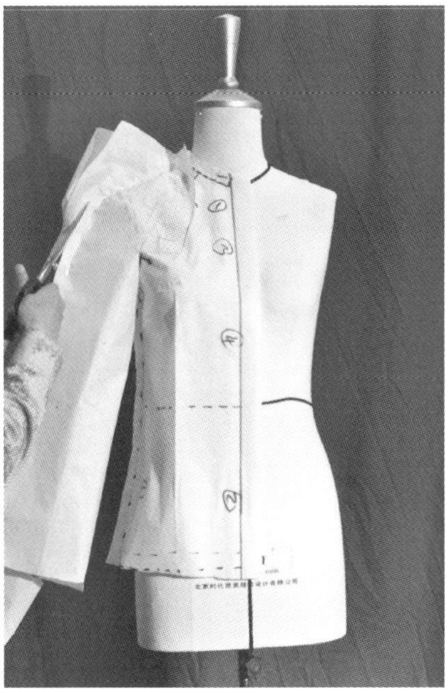

⑧ 别出袖子的轮廓线，预留缝份，把多余部分剪掉。

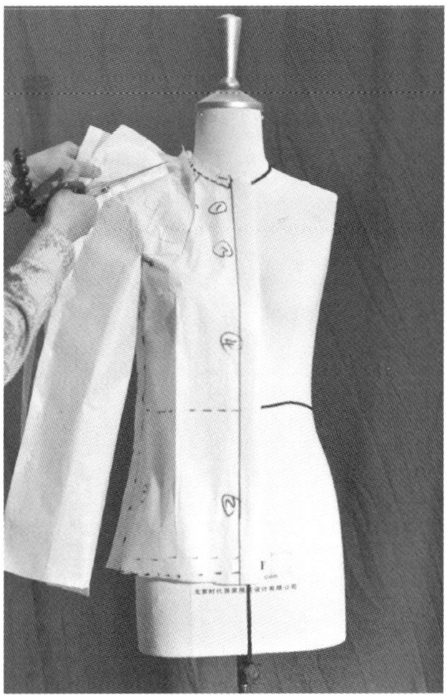

⑨ 肩斜部位也要预留缝份，剪掉多余部分。注意剪肩头部位时要剪圆顺，不能有棱角或挖心的情况出现。

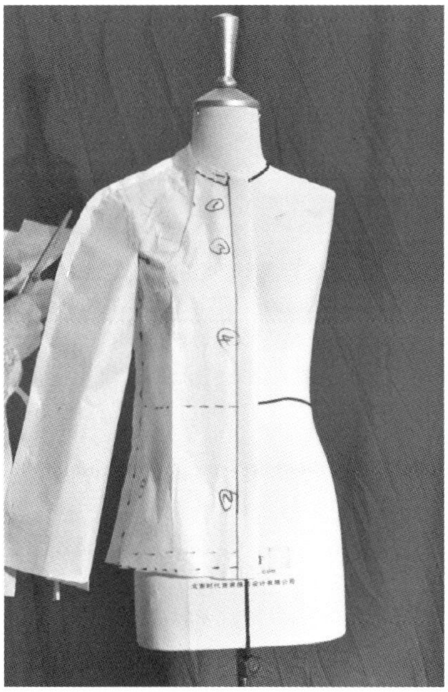

⑩ 根据整体效果调整袖子前后、上下的角度及袖子的肥瘦。

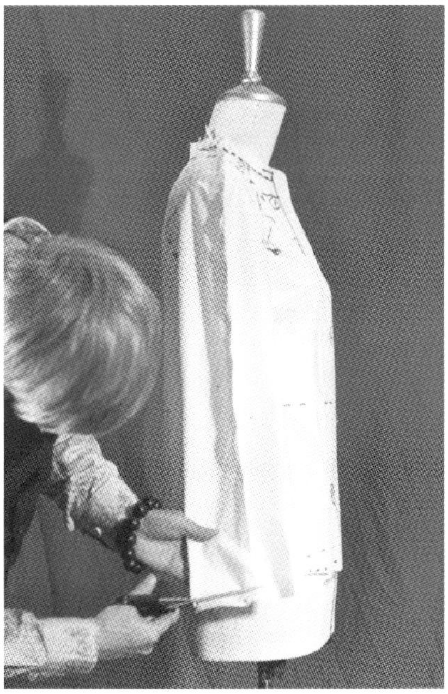

⑪ 根据设计要求、款式，需要确定袖子的长度。袖口的修剪也要注意，注意袖口的角度，前面比后面高1cm，里面要比外面短0.3cm。这样的袖子是标准的、美观的、合理的。

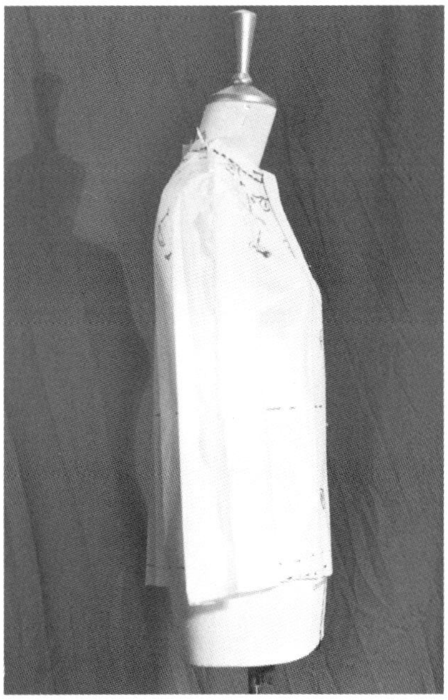

⑫ 图示为第二款插肩袖完成的效果。

三、连袖制板步骤

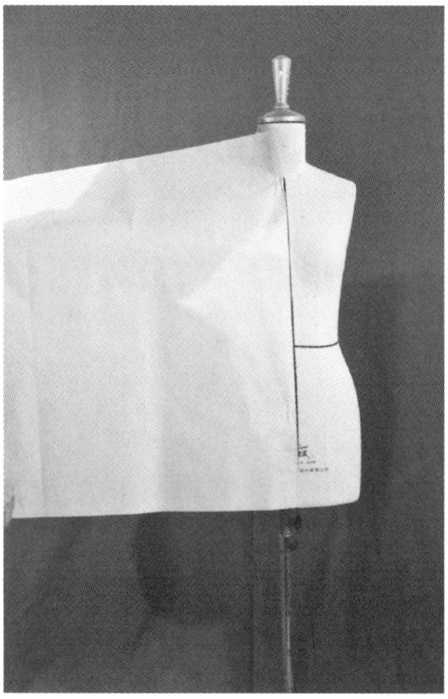

①取适合衣长和袖长的立裁纸，将纸边对齐人台的前中线，用大头针固定在人台上，用针方法和位置请参照基础原型的操作方法。

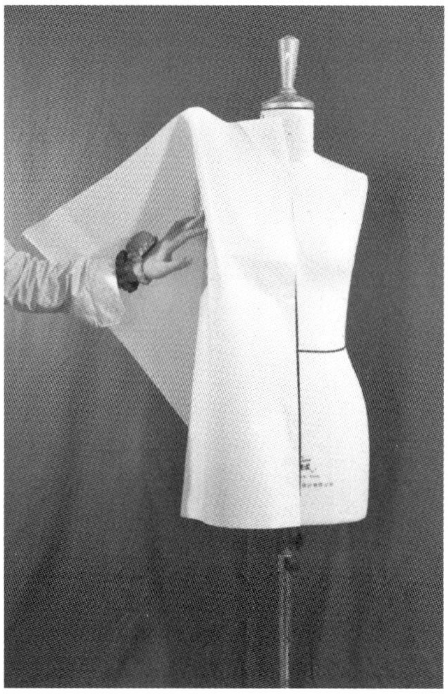

②将立裁纸沿胸围线向后推送，将纸圆顺地围在人台上，注意预留宽松量，保持纸张整体的平衡。在人台侧面的胸围线和腰围线上各固定一针，注意要加适量的放松量。

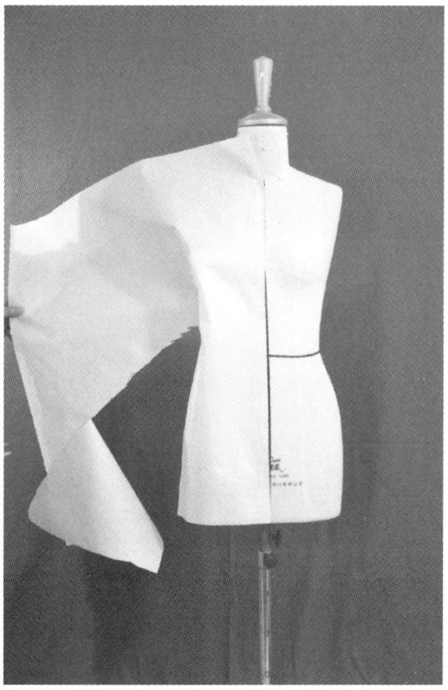

③按人台的侧缝线剪出下半身的形状，剪到大概腰围线与胸围线中间的位置停止，根据设计需要剪出袖子的角度及形状。

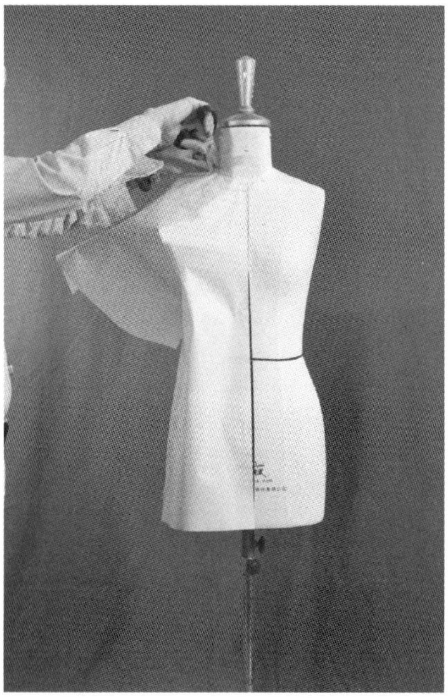

④按人台剪出领窝线，并打剪口。按人台的肩斜线折出纸样的肩斜线，并圆顺地折出袖子的大概轮廓形状。

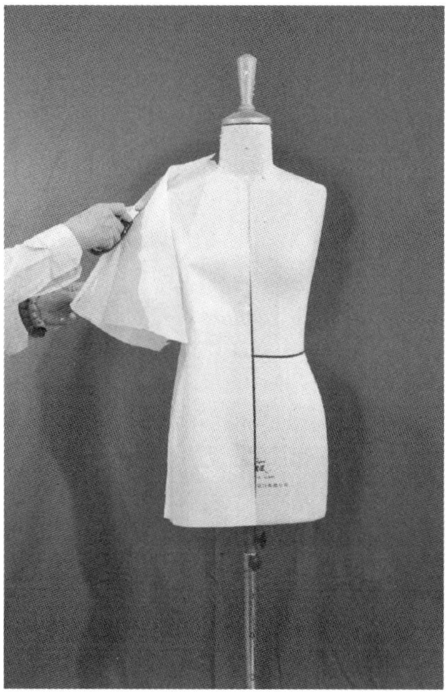

⑤按设计好的袖子的净线和肩斜线，预留缝份，剪掉多余的部分。

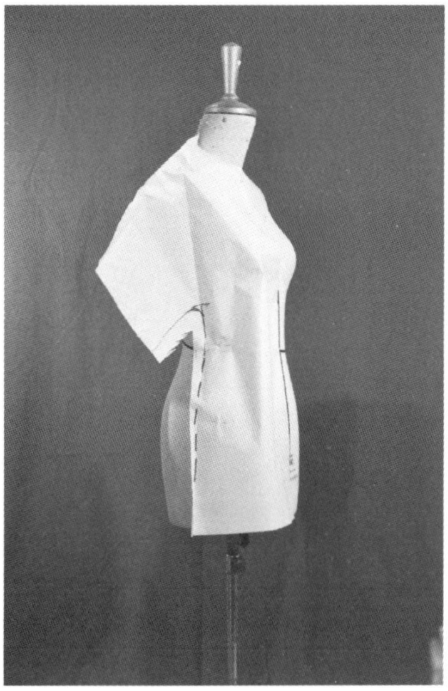

⑥用笔画出设计好的袖子和衣身的轮廓线，连袖的袖窿深比其他袖窿可以深些。

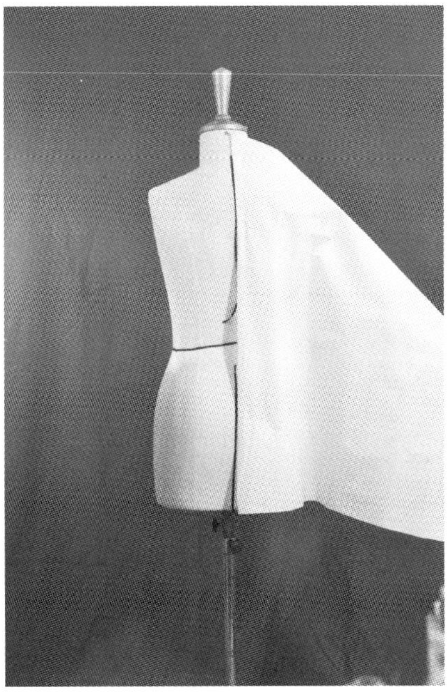

⑦后片先叠一个2cm的折印，将折印与人台后中线对齐，用大头针固定。

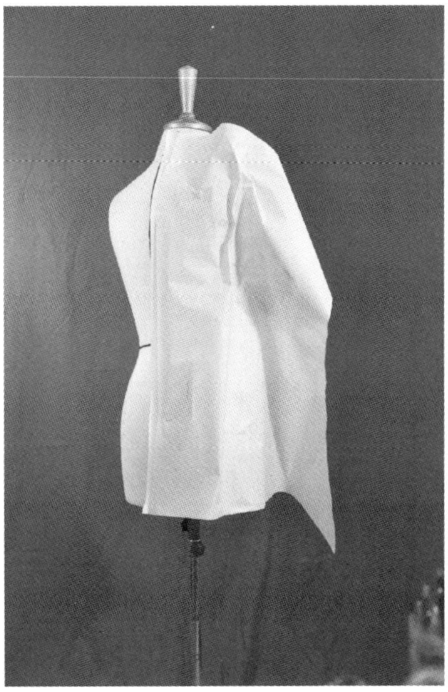

⑧在肩胛骨固定一针，加适量宽松量，在侧缝旁边和臀围线上固定。

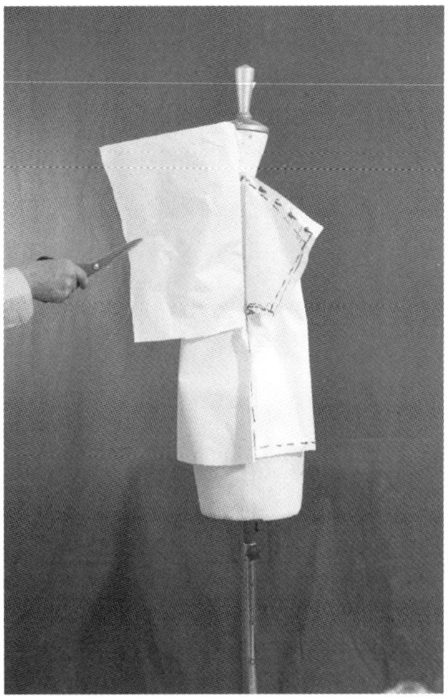

⑨按照人台侧缝线折出纸样的侧缝线，根据前片的轮廓，用剪刀剪出一个后片的大概形状。将前后片的侧缝线及两片袖子都用大头针连接在一起。

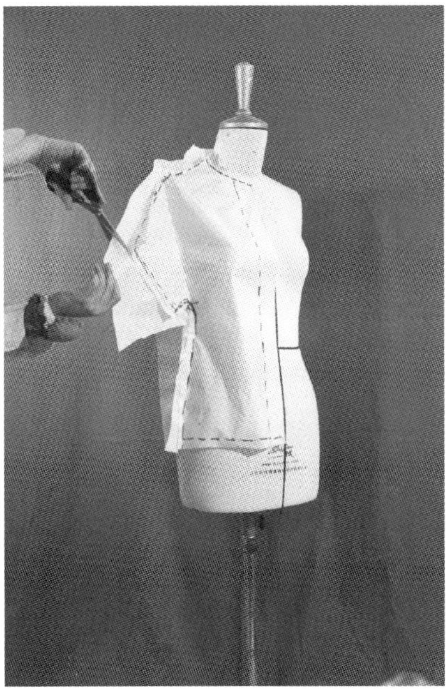

⑩将纸样前后片的肩斜线连接起来，再顺着线条把袖子的缝份也一起连接起来，注意袖子的角度，要向前稍偏一些，肩头部分要做得圆顺、饱满。用剪刀按照针的印迹再次修剪后片的轮廓线。

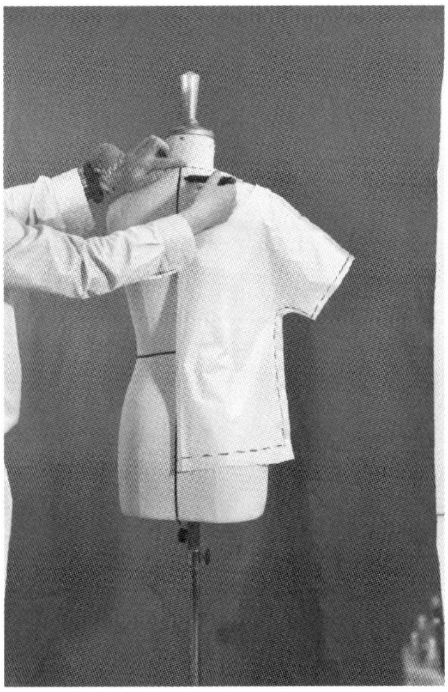

⑪将侧缝线上袖筒部分的大头针取下来，让袖筒充实起来。再把纸样的后中线用笔按折印描出纸样的后中线。

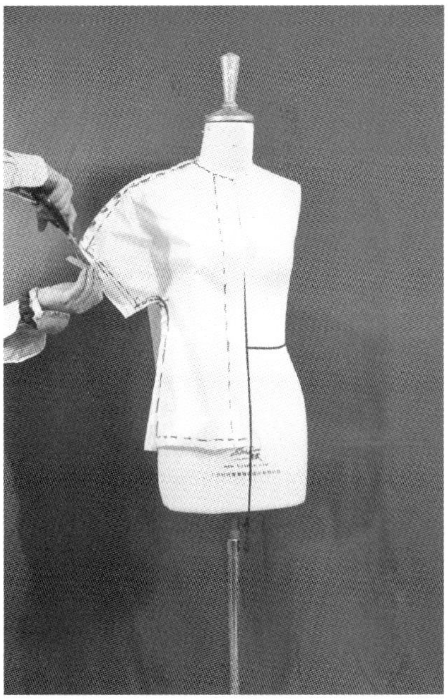

⑫画出纸样的所有轮廓线及标记线。这款中式服装是对门襟，就没有搭门量了。

四、翘肩袖制板步骤

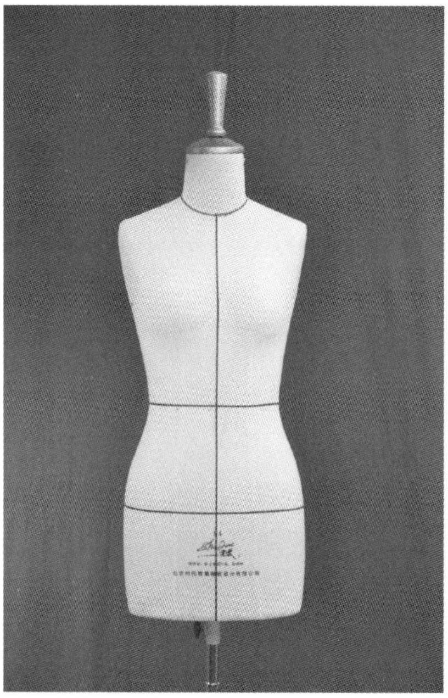

①确定人台的前中线、后中线、腰节线和臀围线。

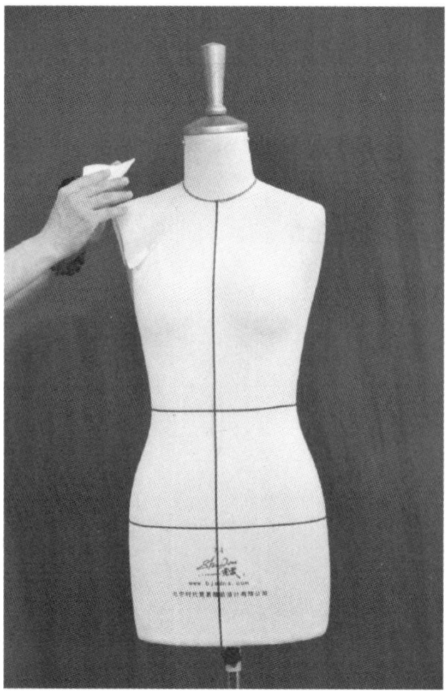

②因为制作款式的袖型是翘肩，所以要用垫肩。先取一个平头的西服垫肩用大头针平整地固定在人台上。

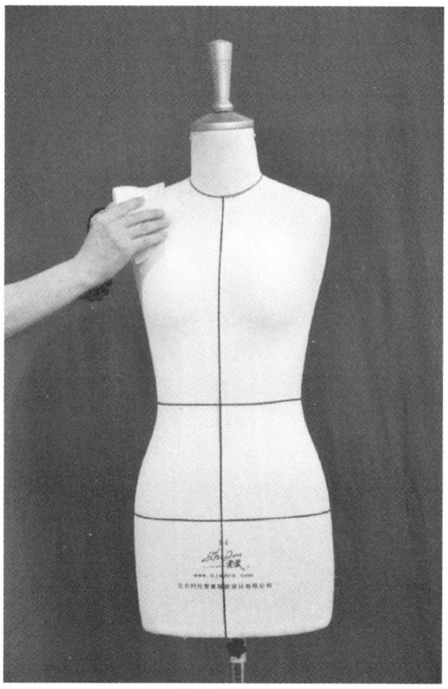

③再取一个翘肩袖专用的翘肩垫肩，固定在西服垫肩之上。

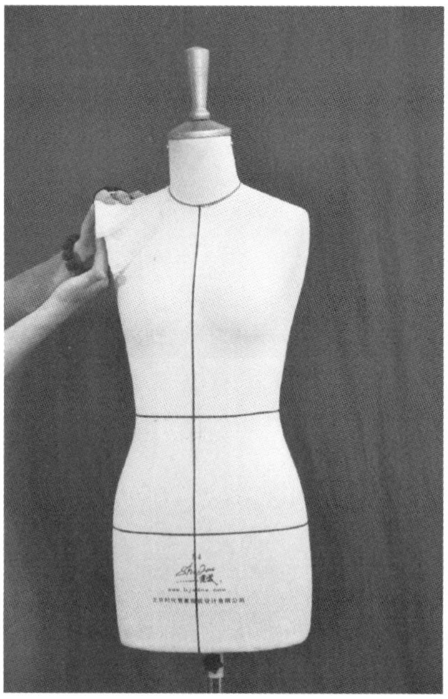

④小垫肩要比大垫肩靠外一些，预留出胳膊的空间量，用大头针固定好。

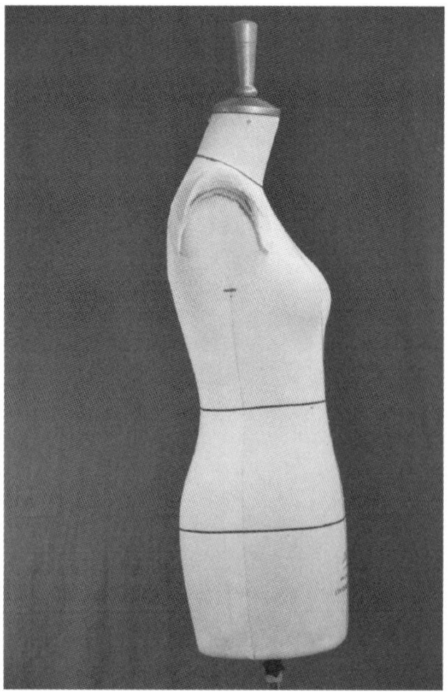

⑤图示为从侧面观察两层垫肩安装后的效果。

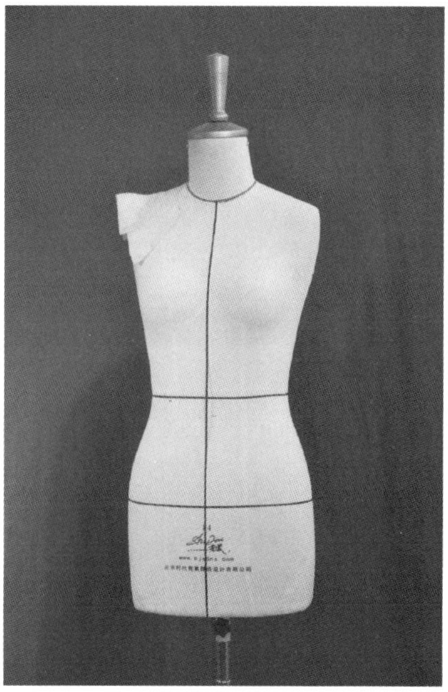

⑥图示为从正面观察两层垫肩安装后的效果。

五、女大衣袖子制板步骤

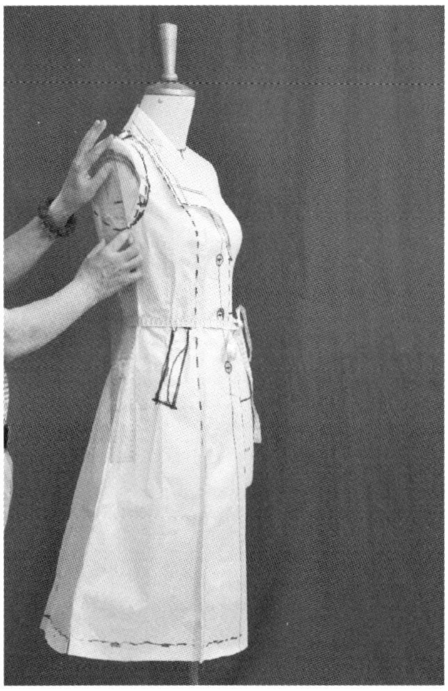

①在需要安装的纸样衣身上，量取袖山高尺寸，或者按国标尺寸确定袖山高尺寸。

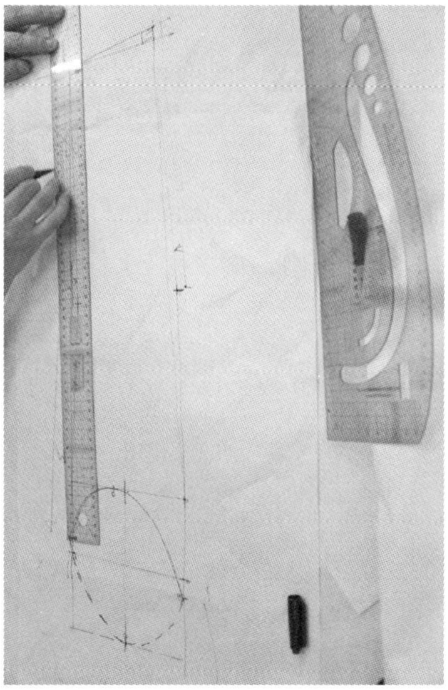

②参照前面章节的两片袖基础型，先画出框架。注意袖口后面要比前面长1cm。

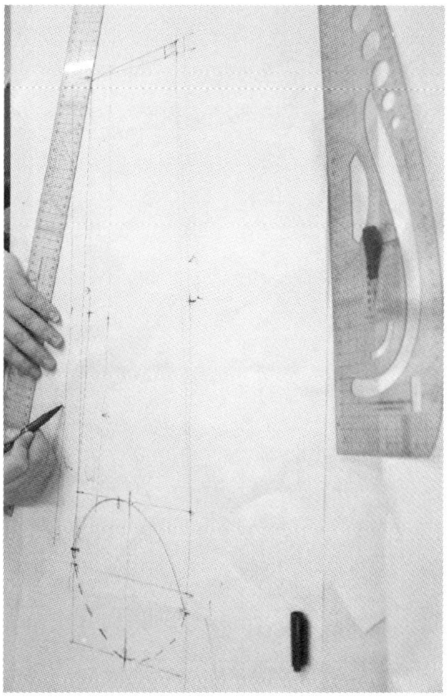

③根据袖子前袖缝线向外3 ~ 3.5cm，画出平行线，分出大小袖。

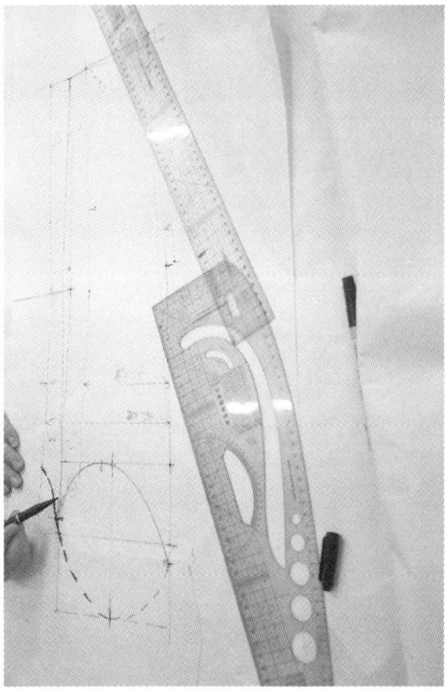

④在袖子前袖缝袖肋部位打剪口，与小袖前袖缝重合，并在剪口上下两边标注制作对齐记号。复制大袖的袖窿弧线。

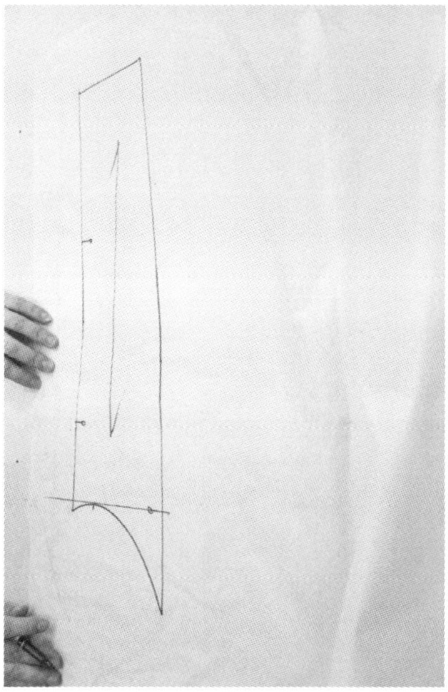

⑤再取一张立裁纸复制出小袖部分，并将标记及纱向线一起复制下来。

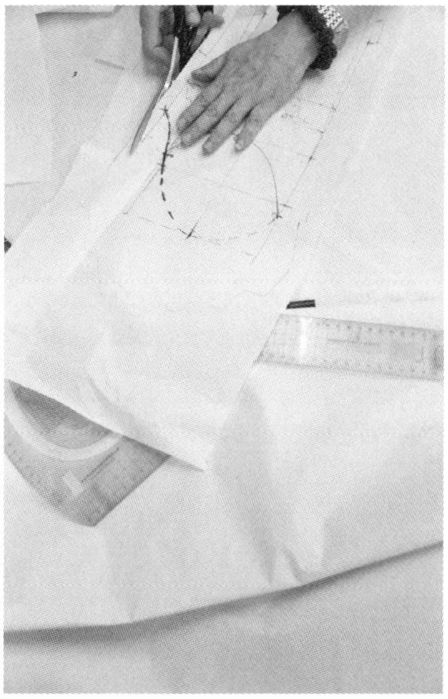

⑥将大袖及复制好的小袖预留缝份，剪掉多余部分。注意因为要做翘肩袖，要在袖头做造型，所以袖山头上面要多预留一些余量。

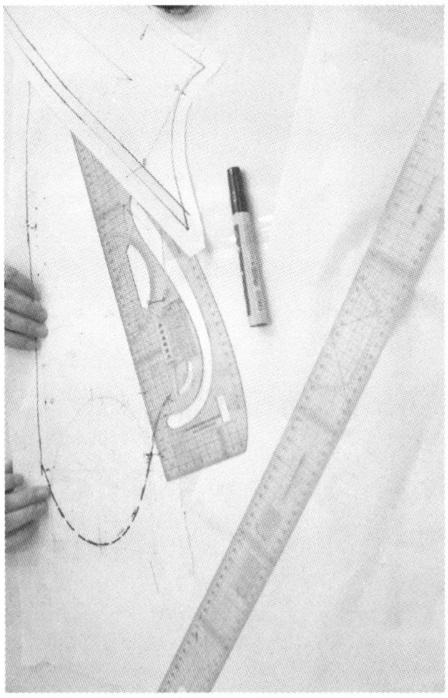

⑦ 将剪好大概轮廓的大小袖的前后袖缝线用大头针或胶带连接起来。

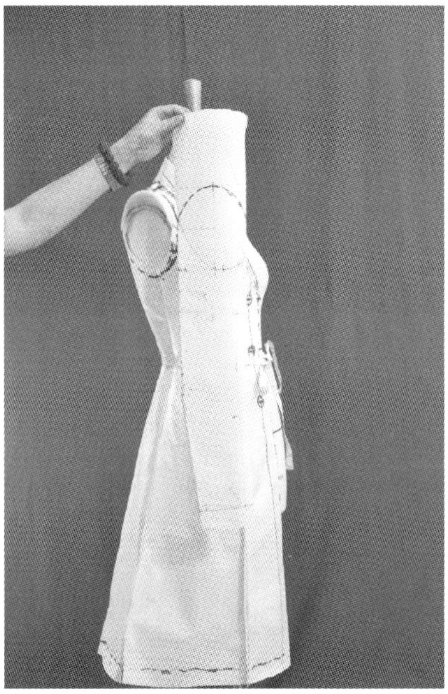

⑧ 图示为做了假缝效果的袖子纸样，注意袖山头上面要多预留一些余量。

⑨ 先将袖子的袖窿底点与衣身的袖窿底点对齐。再观察袖子的角度，要让袖口偏前一点儿，这样更符合人体结构。

⑩ 确定好袖窿底点及袖子整体角度后，用大头针在袖窿顶点将纸样衣身固定好。

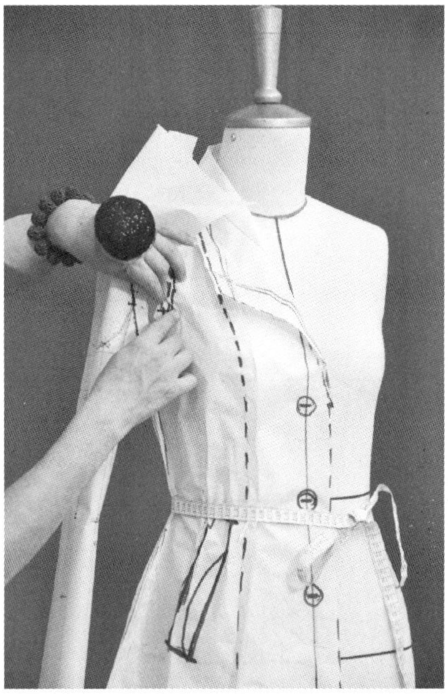

⑪ 在袖子的前后袖窿弧线转折点的位置打剪口，使下半部分袖窿的缝份向里，上半部分袖窿弧线缝份向外。这样更方便操作。

⑫ 先将袖子前片袖窿的上半部分，平顺、服帖地用大头针固定在纸样衣身的前肩部位上。

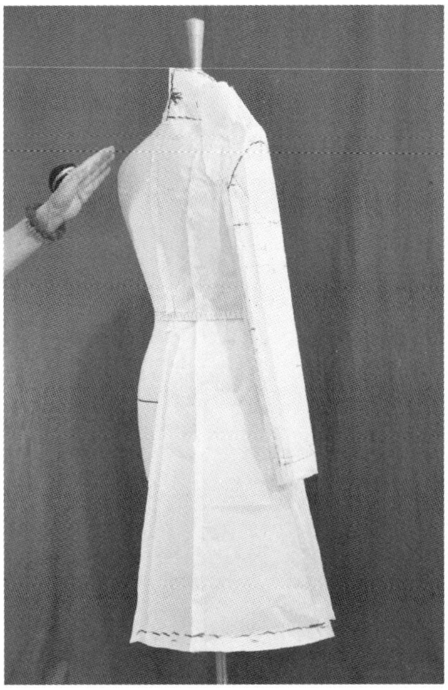

⑬ 再将袖子后片袖窿的上半部分，平顺、服帖地用大头针固定在纸样衣身的后肩部位上。

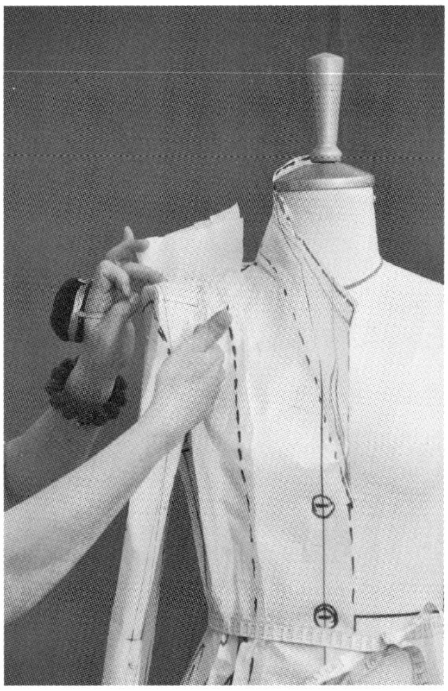

⑭ 将袖子袖窿上半部分多余的量折成褶，叠折时要按垫肩的形状叠，使折出来的褶边与袖子弧线对齐，一定要将褶量收全、收紧，用大头针按衣身上设计好的袖窿弧线将袖子的纸样固定在衣身上。

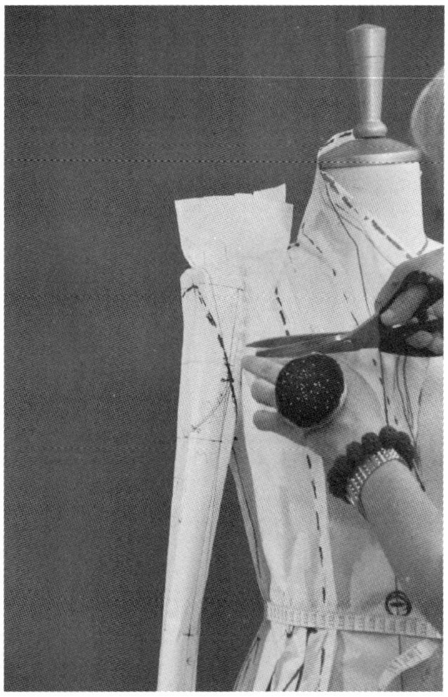

⑮ 翘肩袖的特点就是肩头上翘，肩的中间部位向下凹进去。所以在制作时要将袖子袖窿部分做紧，这样才能出来肩头翘起的效果。为效果更好，可以将袖子缝份处没袖窿线的位置打剪口，使袖窿更贴身。

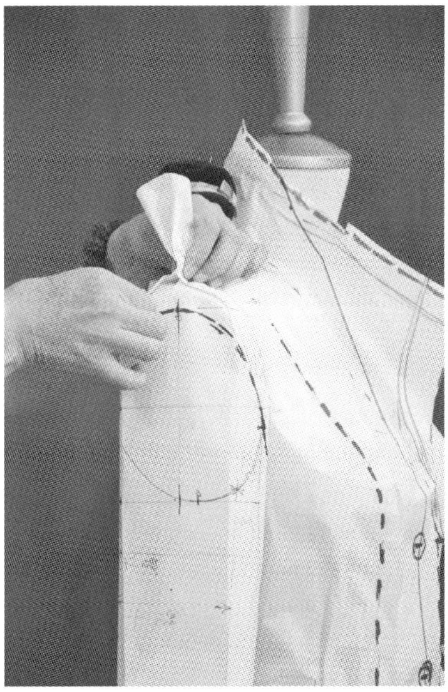

⑯ 后片的操作与前片是相同的，注意要打剪口，褶边要与袖子的袖山弧线对齐，褶量收紧，用大头针按衣身上设计好的袖窿弧线将袖子的纸样固定在衣身上。

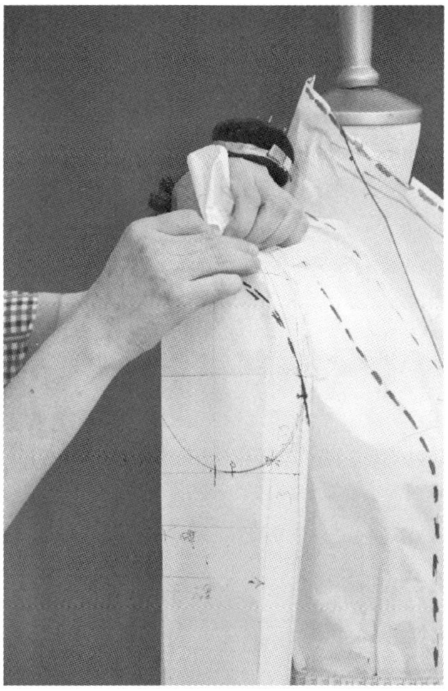

⑰ 袖山上半部分褶量折好后，将袖山前后片用大头针固定，注意要与衣身的肩斜线对齐前连接。袖子正确的形态应该是三个直切面，整体看就像箱子一样方正。

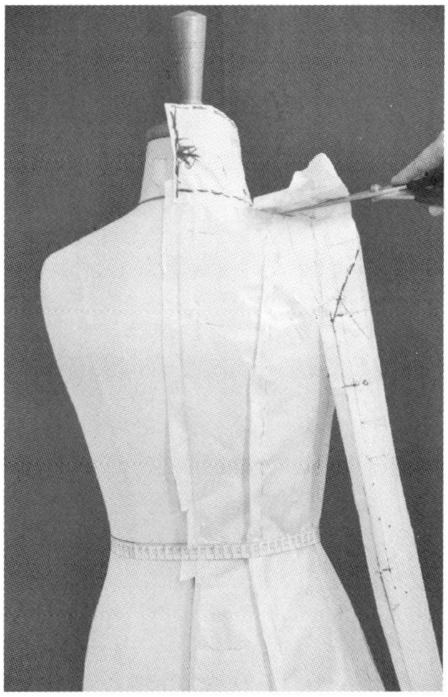

⑱ 将袖山合缝儿部位多余的纸样剪掉，方便观察整体效果。

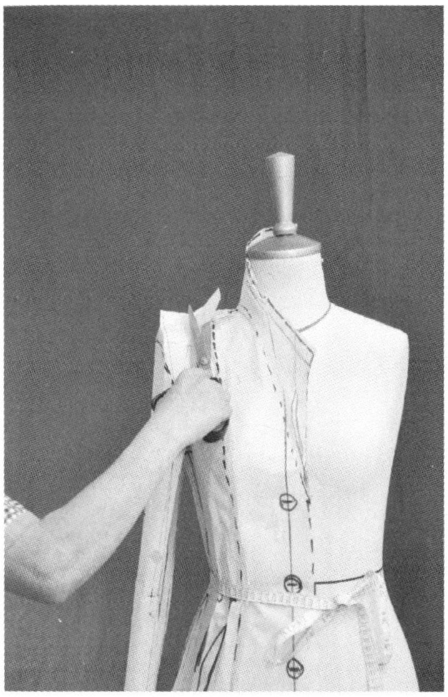

⑲ 按袖子的袖窿弧线上的针印，预留缝份，剪掉多余的部分。

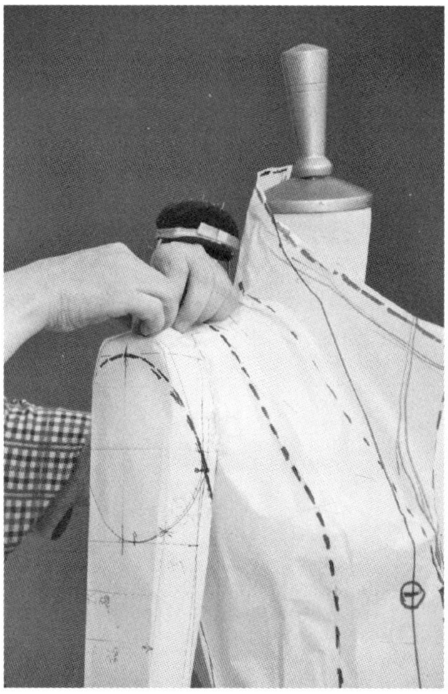

⑳ 剪掉多余的缝份后，因为纸样受力的变化，需要再次收紧袖子袖山的褶量，前后片都需要再次调整，并重新合拼肩缝。

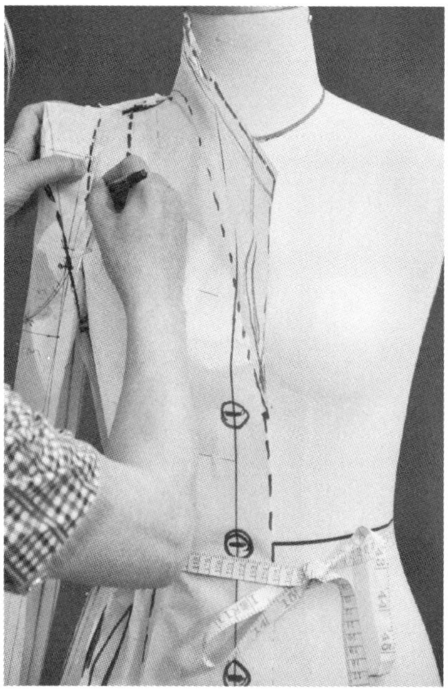

㉑ 现在通过图片照片就可以看肩头部位已经翘起来了。从下面看袖子和衣身是一个整体的面。再用笔按针印画出袖子的新袖窿弧线。

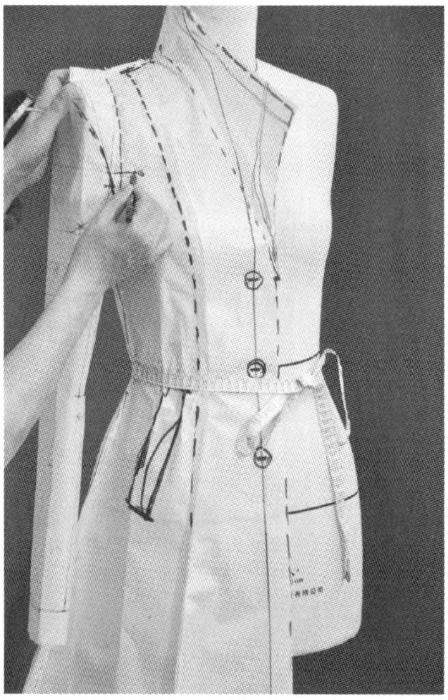

㉒ 在袖子和衣身的前后片上做好制作时的参照剪口记号。

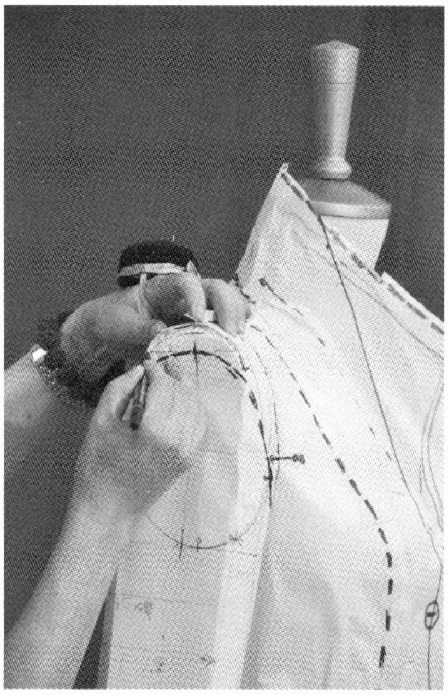

㉓ 袖山顶部也要画出叠褶的轮廓线及褶点的位置。在制作时可以根据设计要求或风格需要，做成活褶或省道都可以。注意现在从侧面看袖子是一个横切面。

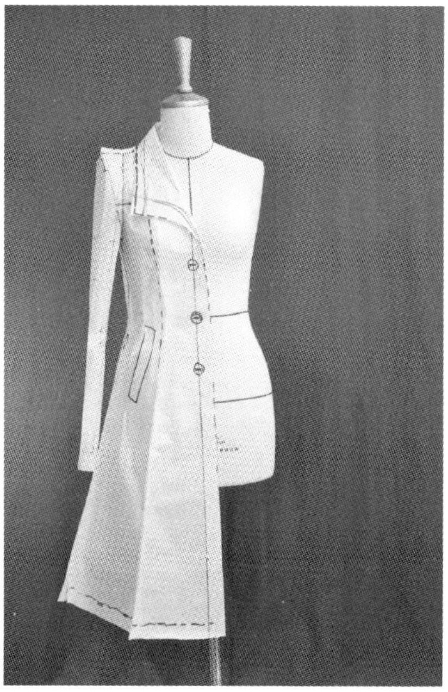

㉔ 图示为翘肩袖完成后的整体效果。一定要注意的是，这种袖型从正面看是和衣身正面是一个平面，从侧面看袖子也是一个平面，从后面看同样也是和后片的衣身呈一个整体平面。

第八章

婚纱

第一节 标准婚纱

一、上身前片制板步骤

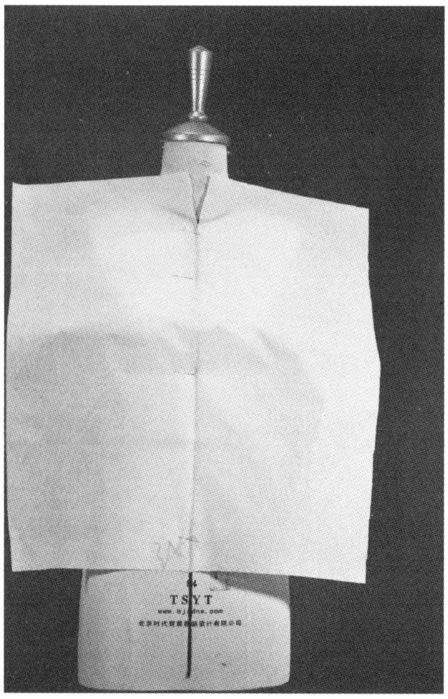

①取适量立裁纸，中间折出中线，中线上面挨着脖子的地方打剪口，使立裁纸与人台前胸部分贴实。

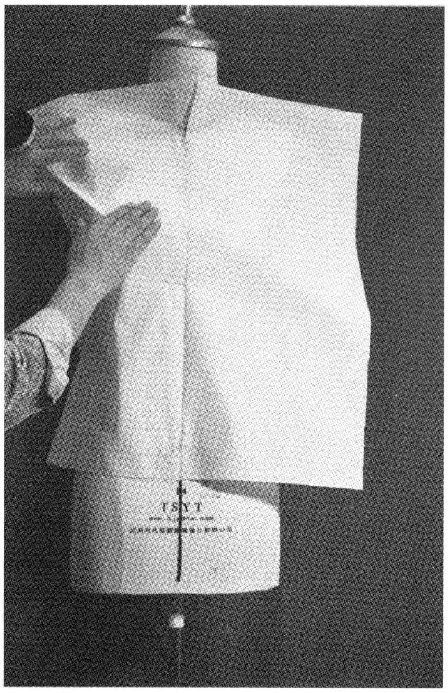

②捏出多余的胸省量在袖窿的位置。

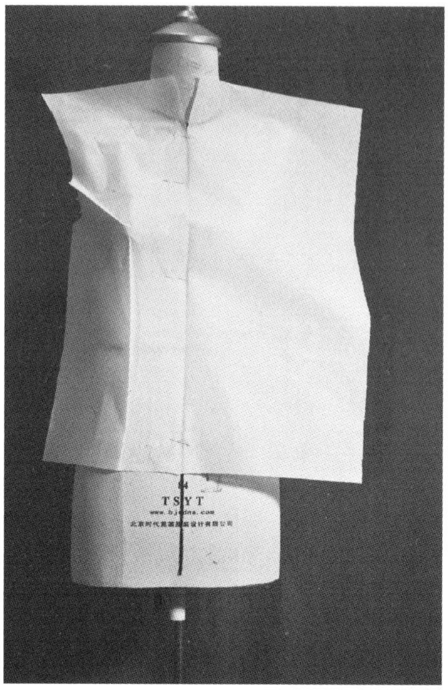

③在公主线的位置捏出腰省量。

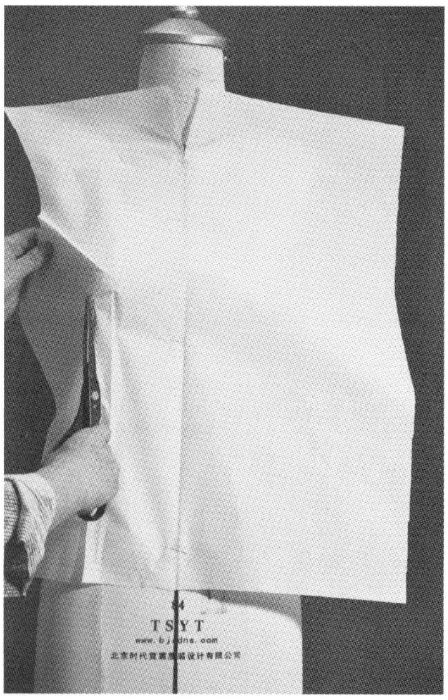

④剪掉侧面多余的部分，做出刀背的形状。

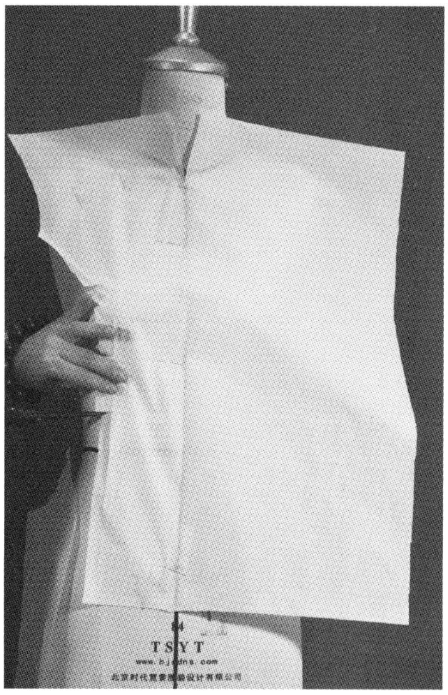

⑤按照人台公主线的位置，折出前片公主线的净线，弯度较大的部位要打剪口，便于后面的制作。

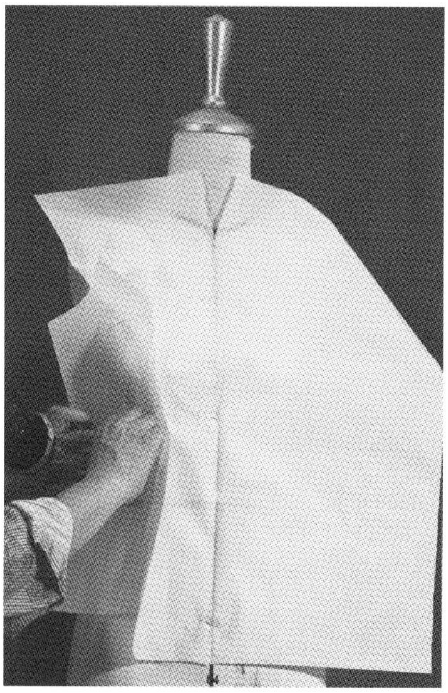

⑥再取适合做前侧面的适量立裁纸，剪出侧刀背的形状，正面面对人台的前侧，将纸按标准方法固定在人台上。

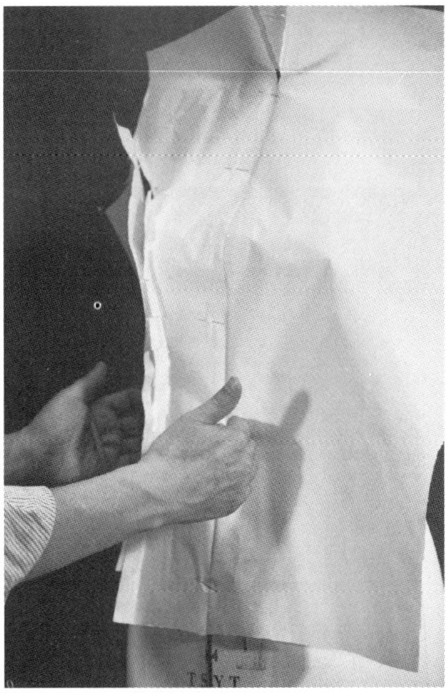

⑦正面面对公主线，确定两片纸的平衡性。

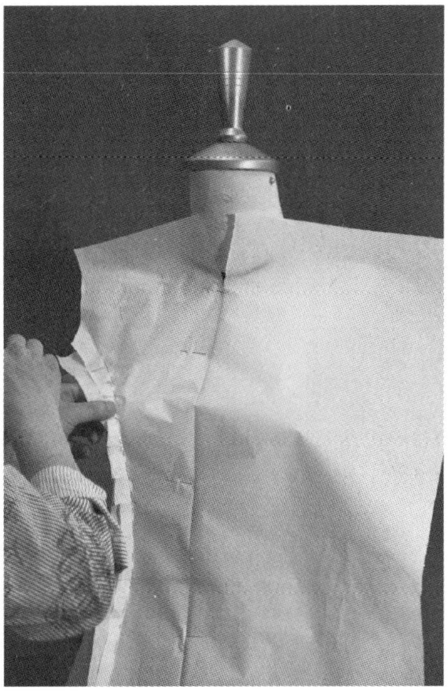

⑧将前片和侧片按人体形状合在一起，注意胸部的吃量和两片的平衡。

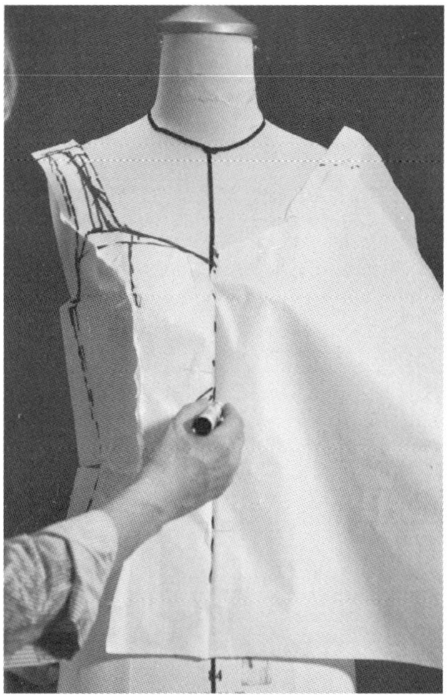

⑨画出前片设计效果的轮廓线及标记线。

二、上身后片制板步骤

①根据立裁原型后中线的操作方法，按正确顺序别四针固定，后中线需要加适量缝份来安装拉链。

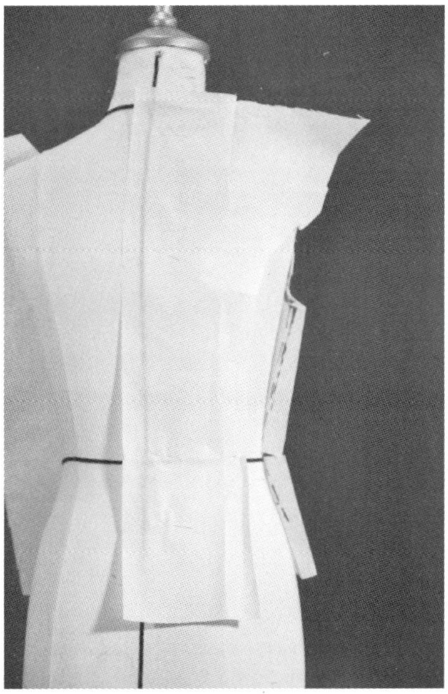

②捏出后腰省，按照人体公主线的位置，做出分割线，并剪掉多余的部分。

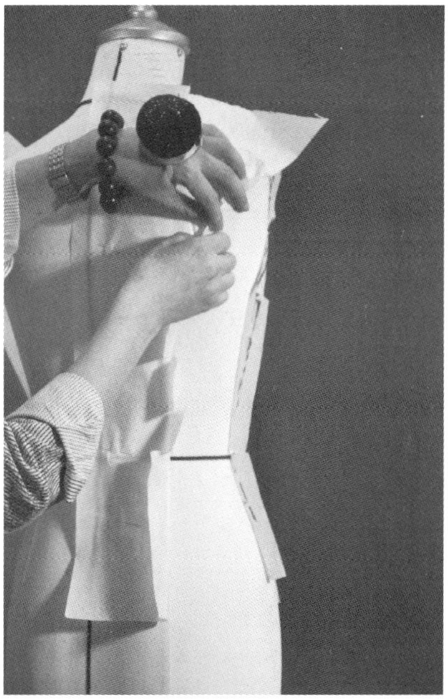

③将公主线弯度较大的地方和不贴体的部位做拔量工艺的处理，使线条圆顺、合体。

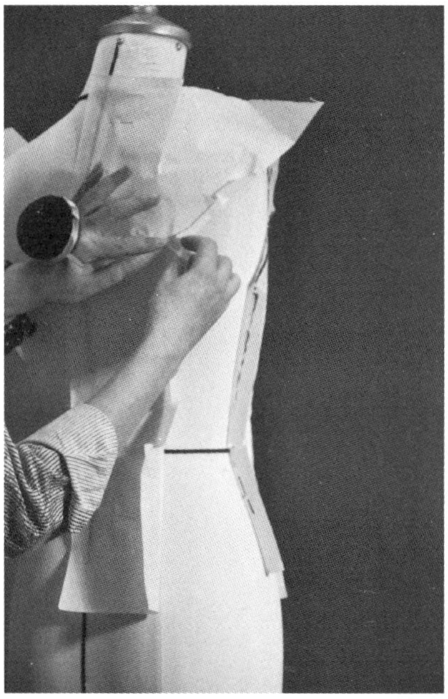

④做出肩胛省，因面料较薄，婚纱也较合体，所以如果省量过大，需要往公主线处分散省量。

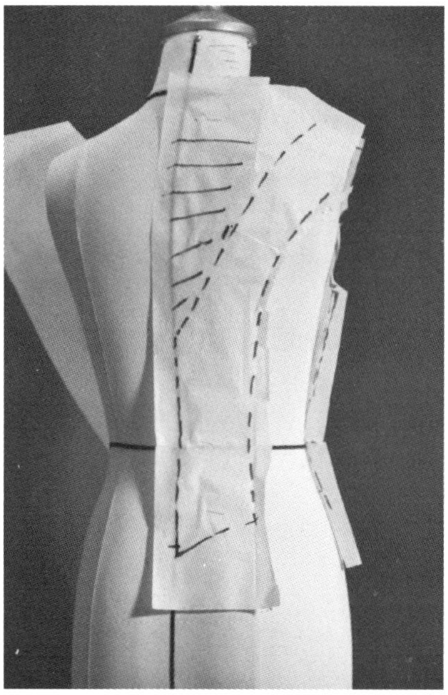

⑤画出设计好的婚纱造型的轮廓线。要注意服装的结构性和纸样的平衡性。

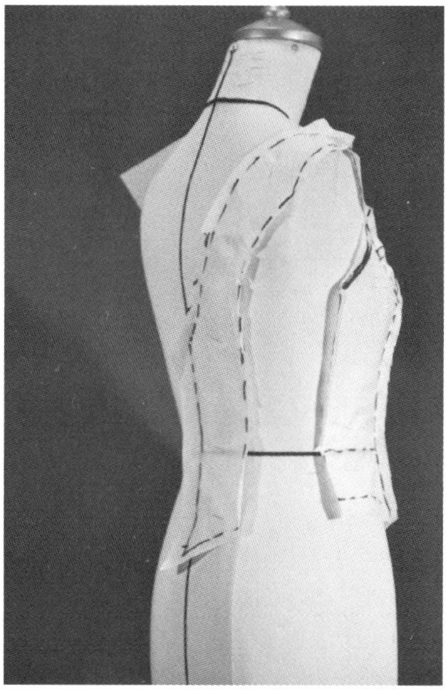

⑥沿画好的轮廓线留出适量缝份，剪掉多余部分。

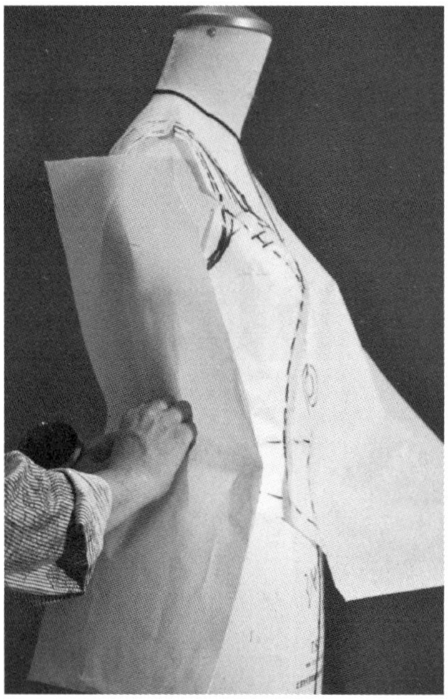

⑦取适量的立裁纸，正面面对人台的后侧面，将纸按制作八片西服的步骤平衡地分三针固定在人台上。

⑧剪掉多余的部分，将后公主线和侧缝线平衡地分别合起来。再将肩缝合理地合起来。

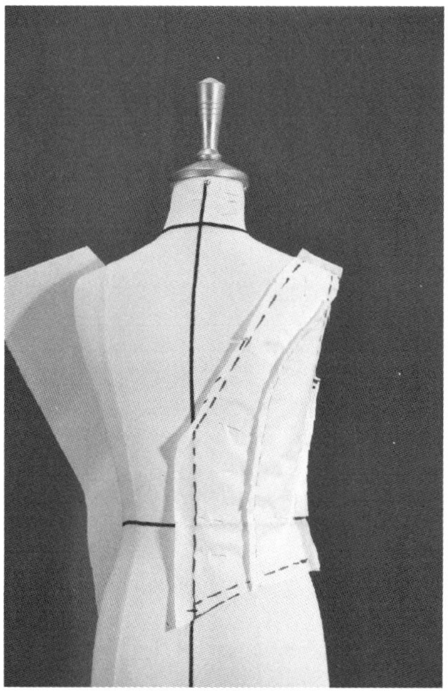

⑨画出设计好的轮廓线和分割线，修剪掉多余部分，剪齐并留出适量缝份。

三、下裙制板步骤

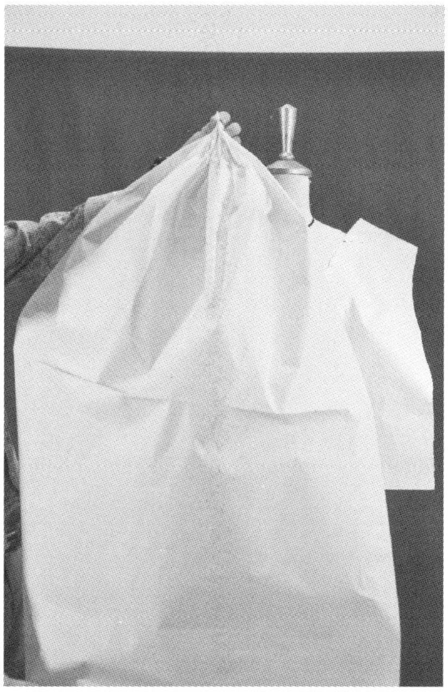

①取全开整张立裁纸，将宽作为下身裙子腰部的连接口，长作为裙子的裙长。将腰部捏成碎褶。

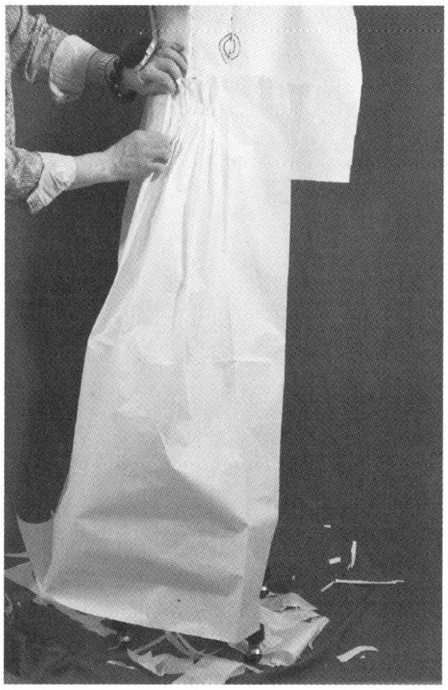

②将捏好碎褶的纸沿上衣画好的净线用大头针较均匀地固定在人台上。

③将固定好的裙子前片调整平衡，做出记号。婚纱的前片都是整片，中间没有接缝。

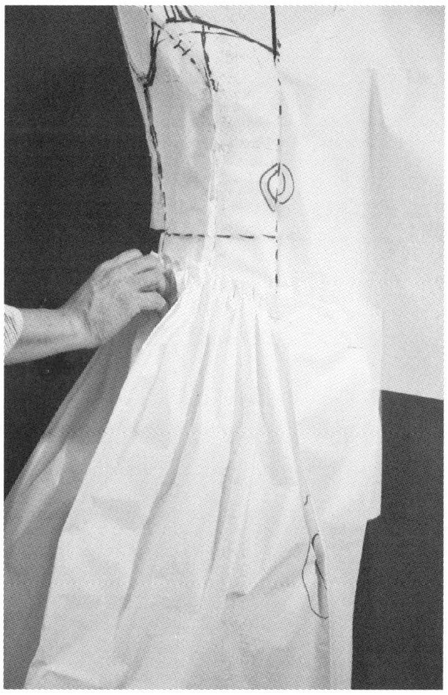

④用剪刀剪去裙子腰部多余的部分。再做进一步褶皱及角度的调整。

⑤为了让裙子有足够的摆度，将下半身裙子分为三片，整件婚纱的裙子部分共五片。

⑥第二片的操作方法与第一片一样。腰部固定好后，将两片裙子的侧缝连接起来。侧缝连接时注意裙摆的角度，正对侧缝看，侧缝应该是垂直地面的一条直线。

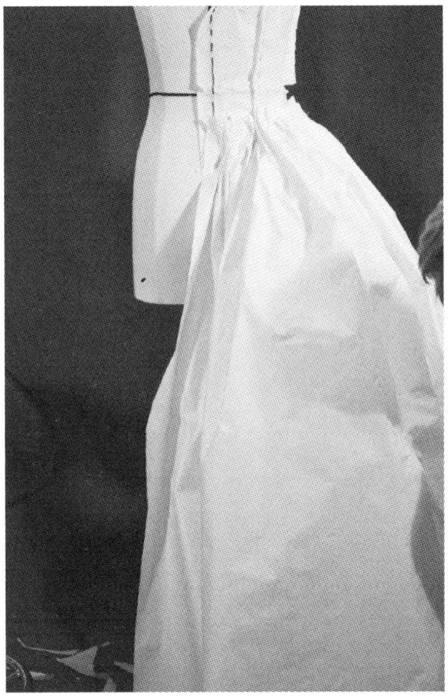

⑦ 第三片的操作方法与前两片一样。腰部固定好后，再将后片和侧片裙子的侧缝连接起来。

⑧ 将婚纱的所有片都连接起来，调整婚纱的摆度和角度，做出整件婚纱的连接线和标记线。整体留适量的缝份。

⑨ 整件婚纱完成后的纸样效果。

第二节 A摆婚纱

一、婚纱上身前片制板步骤

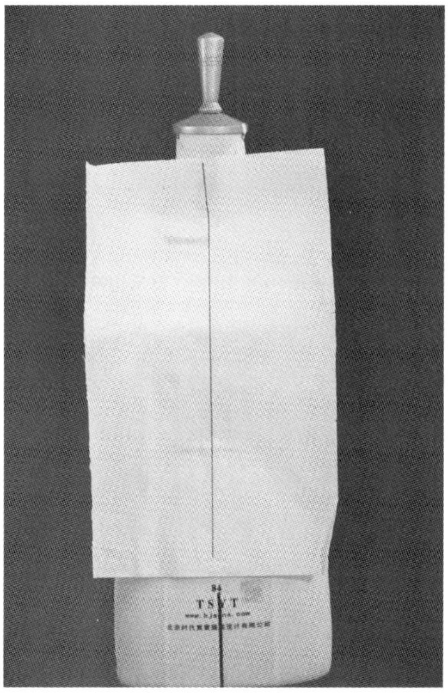

①取适量立裁纸，中间画出纸样的中线。在领窝及腰节线的位置各固定一针，胸部要保证是平的，不能凹下去。

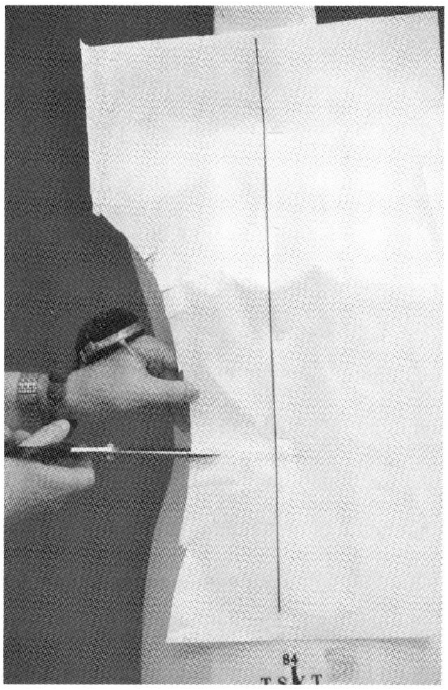

②根据设计要求的刀背缝，用剪刀按人台公主线剪出纸的刀背缝。因为胸部和腰部凹凸曲线比较大，所以在胸部和腰节处打剪口。

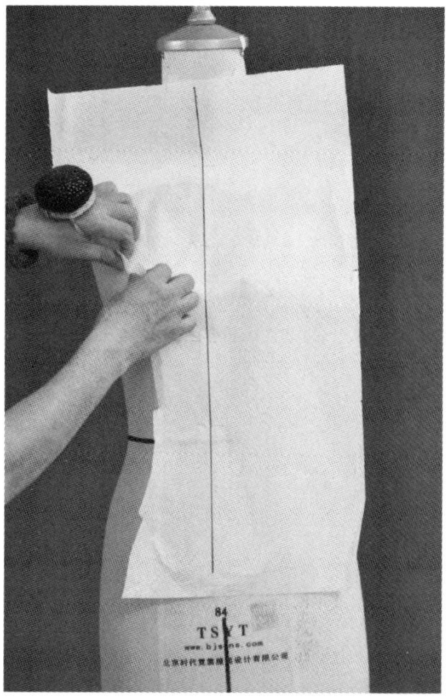

③按设计要求再参照人台的公主线，折出纸样前片的刀背缝的净线，从人台的正面看要形成线条流畅的弧线。

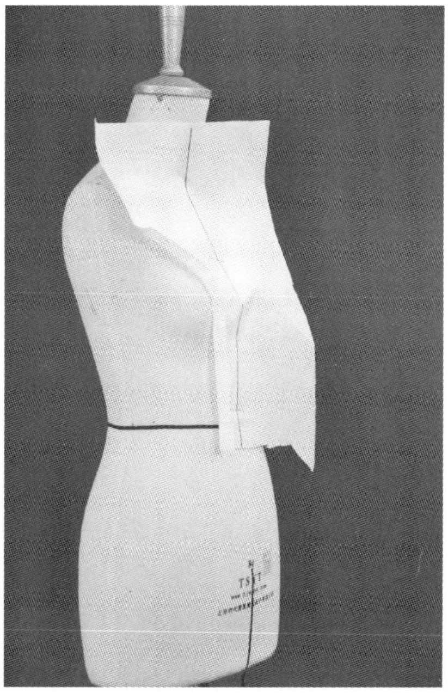

④从侧面看也是一条流畅的线条，而且贴合人体。再根据款式图或者设计要求修剪纸样上身的长短。

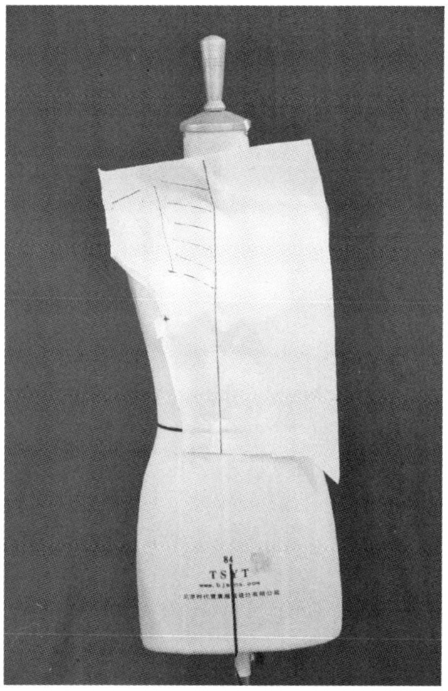

⑤根据设计图或者设计要求，画出领子的大概形状及肩斜线。注意领口领宽的位置不要剪掉太多，后期还要调整。

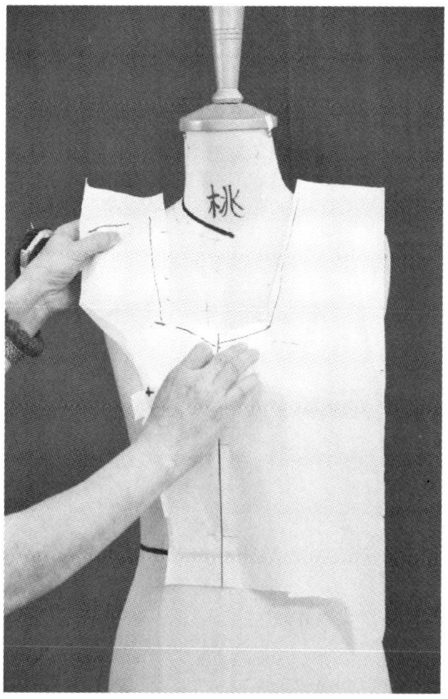

⑥预留缝份，剪出领型的大概轮廓线，并在纸样的前中线胸窝处打剪口，使纸样胸部更贴合在人体上。

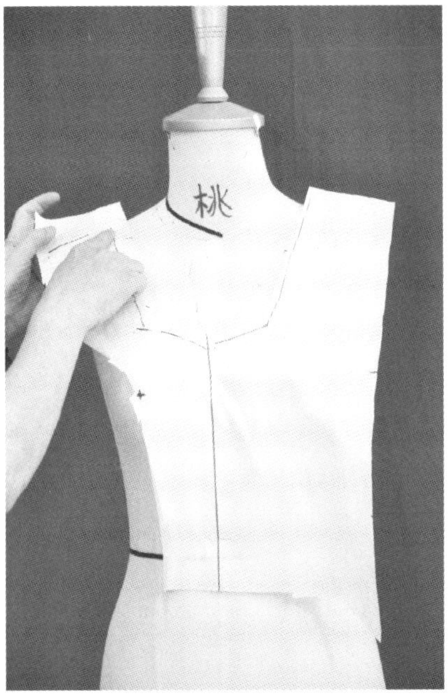

⑦ 因为前中部位打了剪口，就含有拔量了，所以为了让胸部和肩带更合体，就要将肩带往外移并固定，这就是前面为什么领宽不能剪得过多的原因，请大家一定要注意这一点。

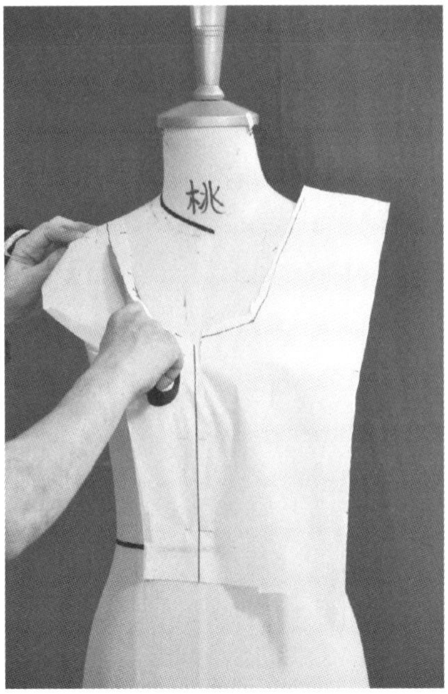

⑧ 观察纸样是否平衡，再次修剪领子的造型。

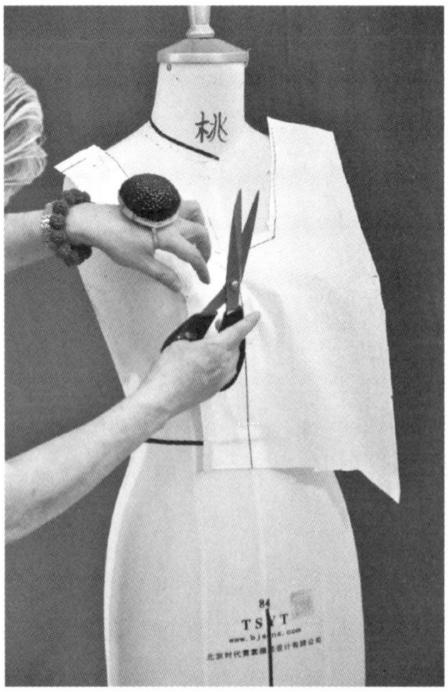

⑨ 因为肩部的移动，纸样的刀背缝也变换了角度，要将刀背缝修正到正确位置。

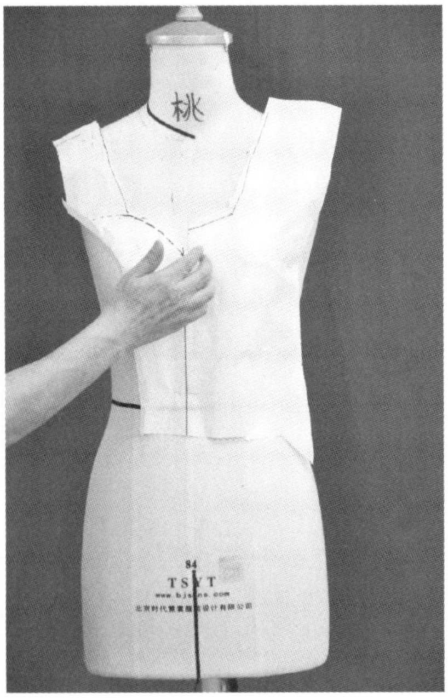

⑩ 根据款式要求画出设计好的前片各部位的轮廓线。

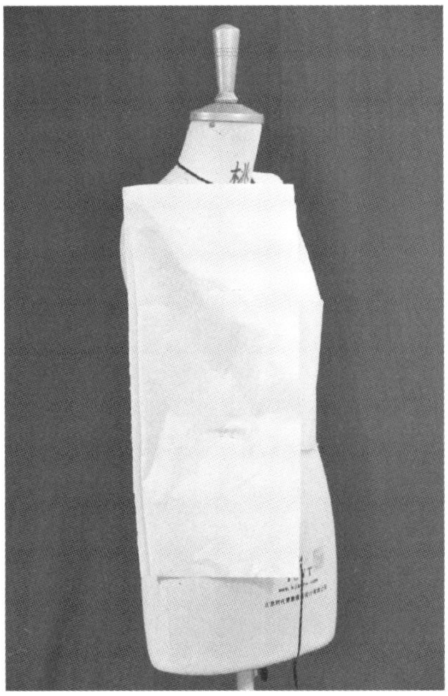

⑪ 再取适合做前侧面适量的立裁纸，将纸在胸围线、腰围线位置固定在人台上。

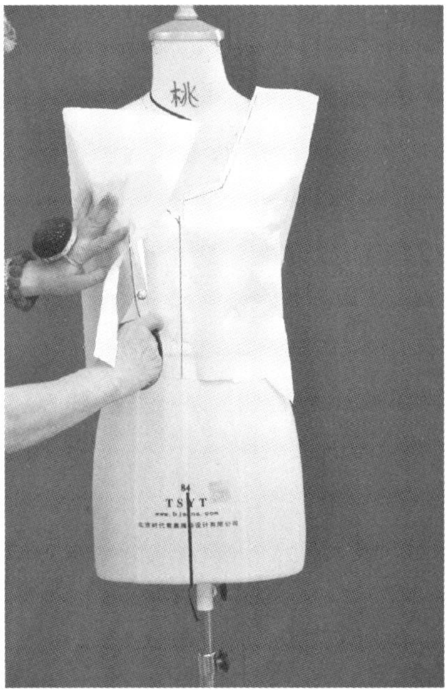

⑫ 根据前片纸样的轮廓线及衣长修剪出侧片的长短。

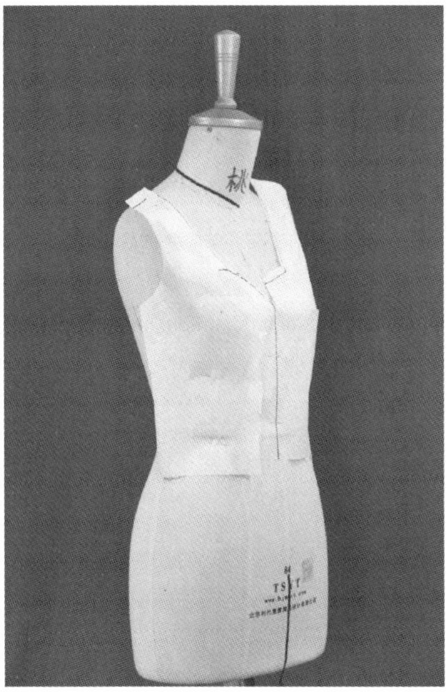

⑬ 根据人台的侧缝线修剪出纸样的侧缝线及袖窿线。

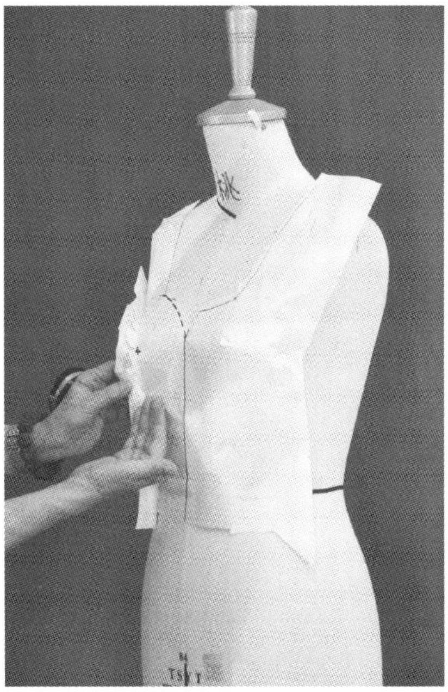

⑭ 正面面对公主线，确定两片纸的平衡度。将前片和侧片按人体形状平衡地合在一起。注意胸部的吃量和两片的平衡。因为婚纱都是很合体的，所以胸下合缝要尽量贴实人台，凸显胸部曲线。

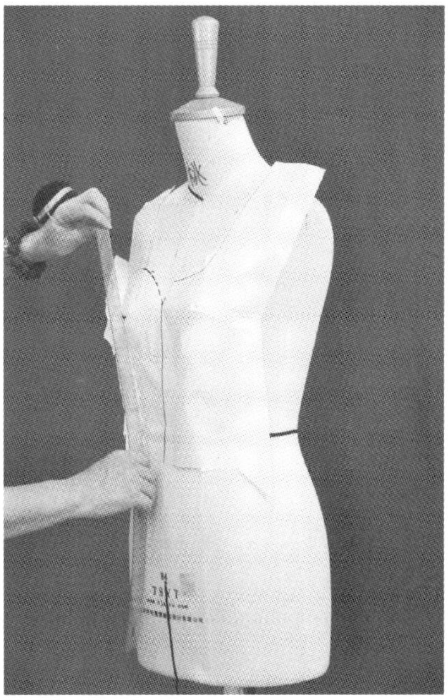

⑮ 侧缝的正确效果如图所示，正面看是一条直线，没有任何的弯曲。

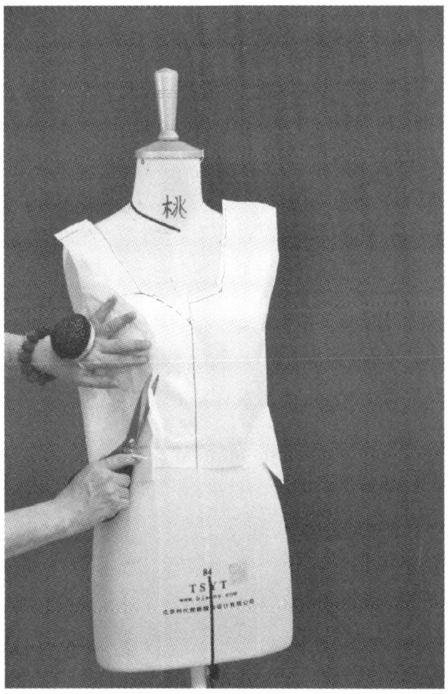

⑯ 用剪刀修剪前后刀背缝，要修剪圆顺。

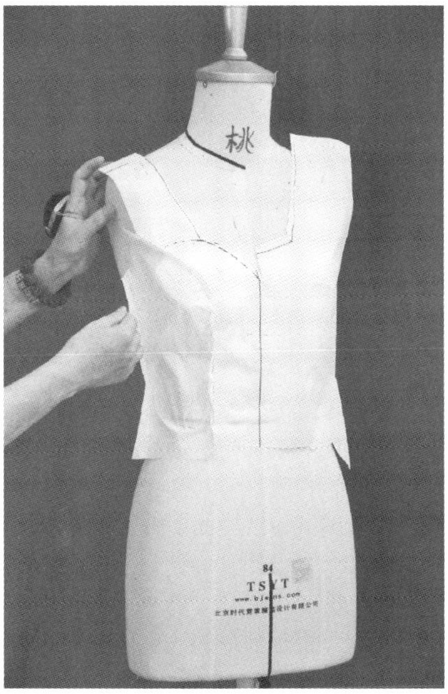

⑰ 根据人台的侧缝线折出纸样的侧缝线。

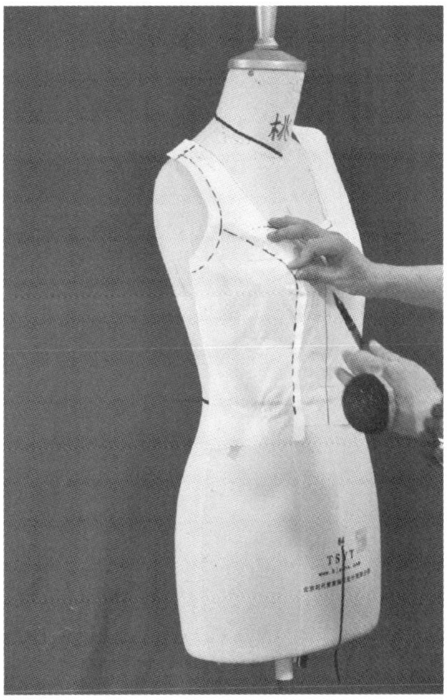

⑱ 根据针印画出刀背线的净线。

二、婚纱上身后片制板步骤

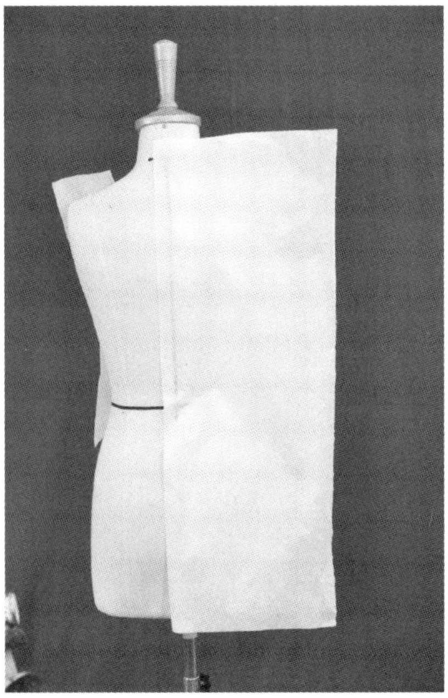

① 后中线加适量缝份来安装拉链。将立裁纸边与人台后中线对齐，在后领后腰节线用大头针固定。

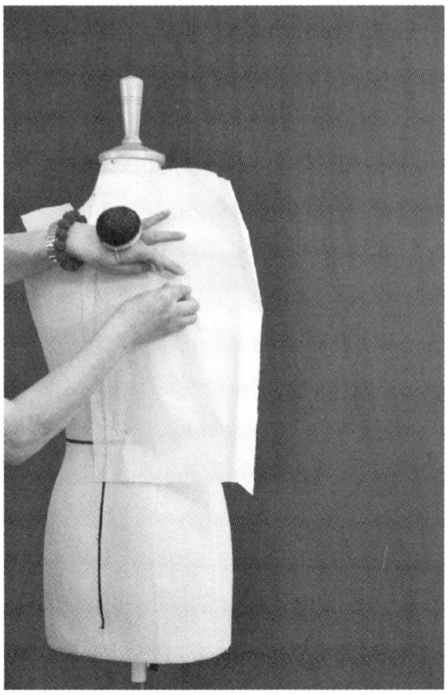

② 修剪后片上半身的衣长。在腰节向侧缝方向移2cm的位置再固定一针。在肩胛骨外侧用大头针固定。

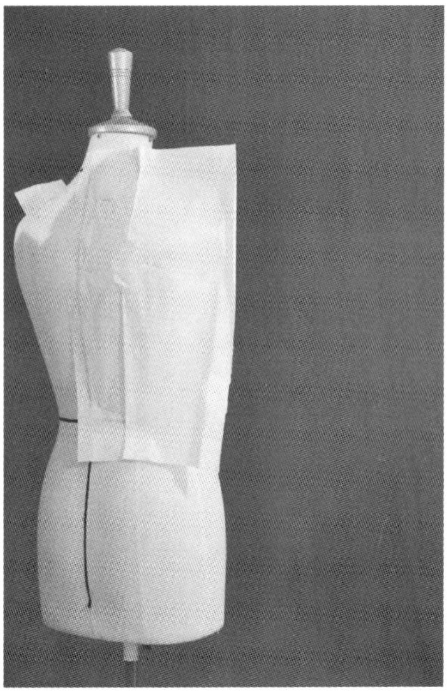

③ 根据人台的公主线捏出后面腰部的多余量，同时也捏出肩胛省。

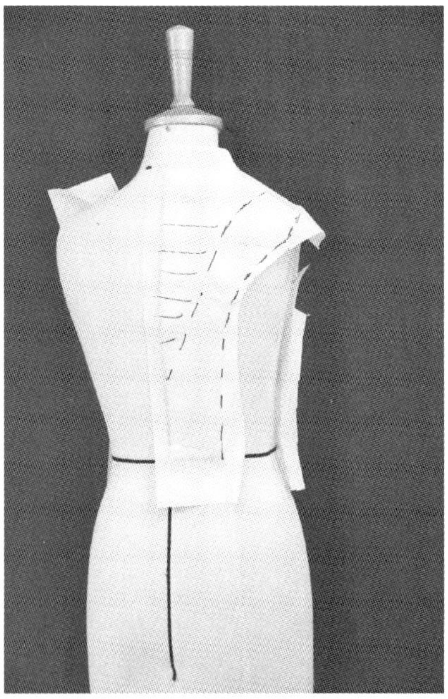

④ 将肩部纸样贴实在人台上，用笔根据设计要求画出后片刀背线及后领型的大概轮廓线。将纸样多余的省量分散到纸样的净线以外，也就是把省量都转移掉。然后剪出后刀背的线条。

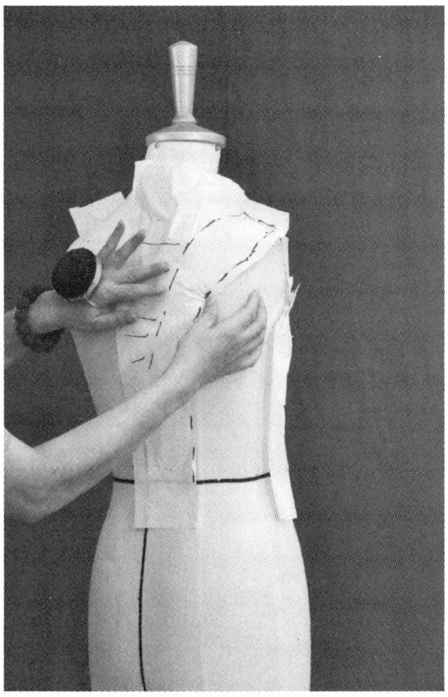

⑤ 后刀背有一点松，制作时可以作为吃量。

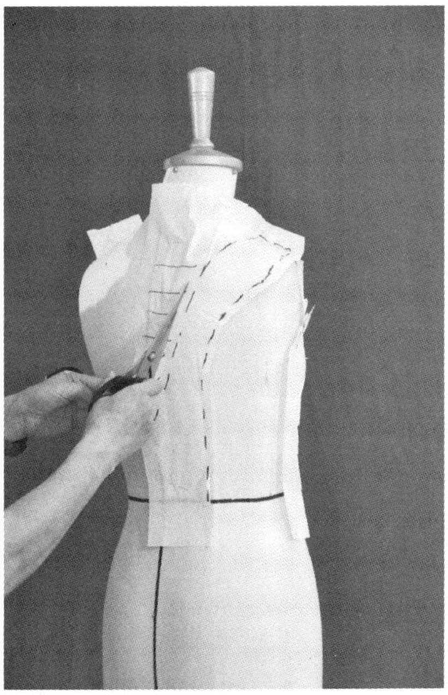

⑥ 肩胛省的部分省量可以转到领口，然后再修剪后背的“V”领。

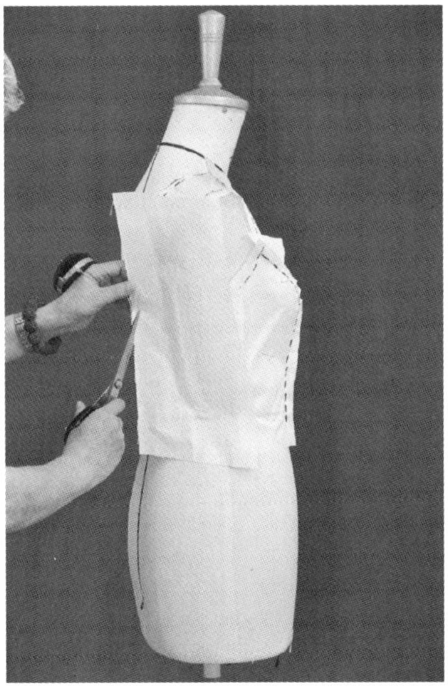

⑦ 取适量的立裁纸，正面面对人台的后侧面，将纸在胸上围、腰节线位置用大头针固定在人台上。

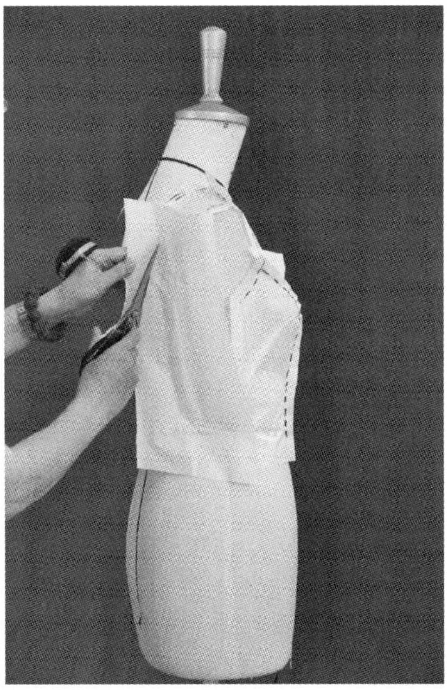

⑧ 根据后片纸样的轮廓线及衣长修剪出后侧片的长短。

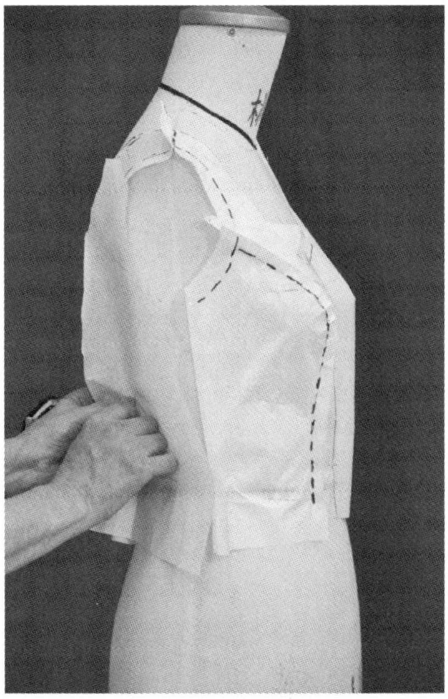

⑨ 正面面对公主线，确定两片纸的平衡度，将后片和侧片按人体形状平衡地合在一起。

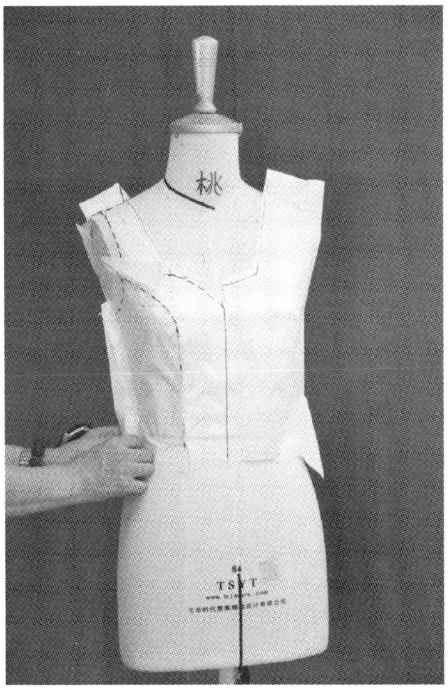

⑩ 根据人台侧缝线固定好纸样的侧缝线。保证正面面对人台侧面，侧缝线是一条垂直地面的直线；从人台正面看，侧缝线是符合人体的一条曲线。

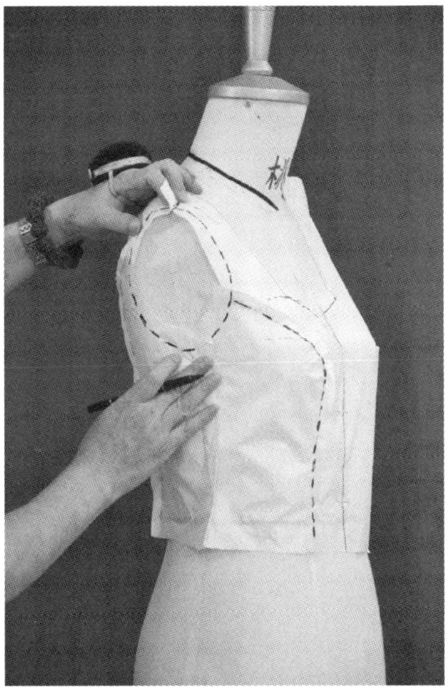

⑪ 根据人台的袖窿型及衣服的尺寸设计，画出纸样的袖窿弧线。

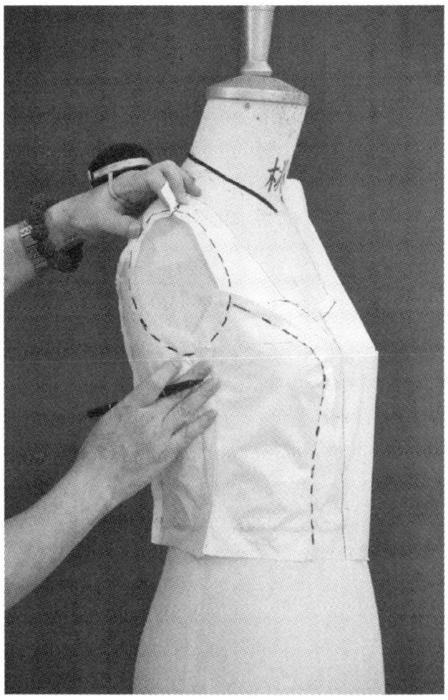

⑫ 参照人台的腰节线画出纸样的腰节线。

三、婚纱下裙制板步骤

①现在要先做一个婚纱的裙撑。取全开整张立裁纸，将宽作为下身裙子腰部的连接口，裙撑的长度不能大于裙子的裙长。将立裁纸宽的一边用手捏成碎褶。

②将捏好碎褶的纸沿上衣画好的净线的下面一点用大头针较均匀固定在人台上。在用面料制作婚纱时，裙撑是固定在婚纱的里布上的。具体固定的位置是根据婚纱设计的造型来确定的。

③后片的操作方法和前片是一样的。

④图示是裙撑完成后的效果，是不是这样看就已经是一件很漂亮的婚纱了？

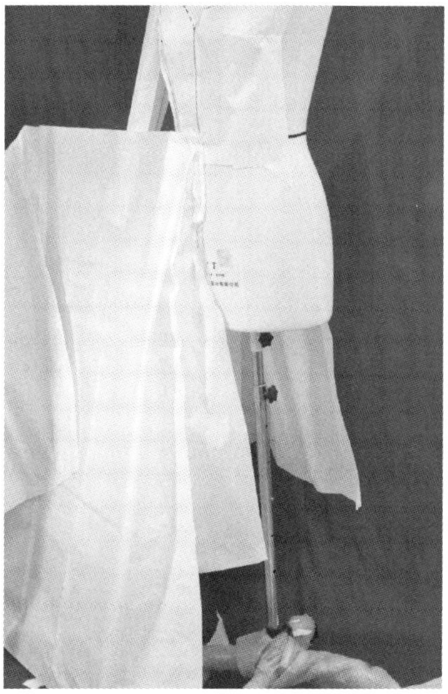

⑤现在来做婚纱的裙摆。将两张整张的立裁纸宽边对宽边地接在一起，因为婚纱的裙摆设计是没有侧缝的。先捏一个褶，将前中线藏在对褶里面。腰节部位捏死，下摆部位是活褶。

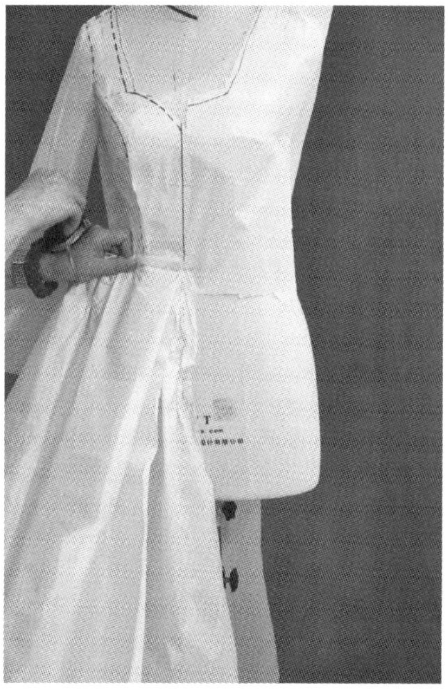

⑥腰部按上衣的腰节线，用大头针将裙子固定在人台上。注意裙子的前中线要与人台的前中线对齐，垂直于地面。

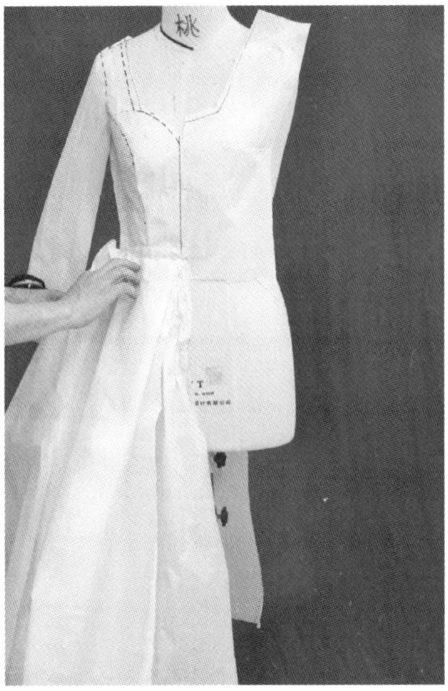

⑦ 再捏褶的另一边，对褶的宽度也是根据款式要求可大可小。捏好另一边后再把褶固定在腰节线上。

⑧ 裙子下摆的角度也要随做随时调整。间距、线条方向、褶量的大小都要均匀。

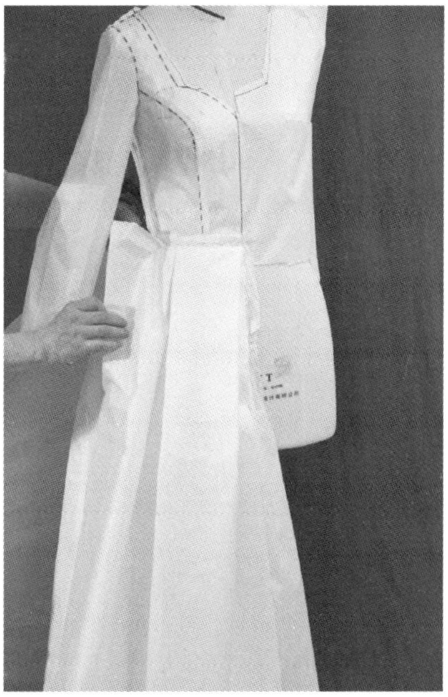

⑨ 做好第一个，再捏第二个对褶时，还是要有一些角度的，这样下摆才能摆起来，才能看出角度。

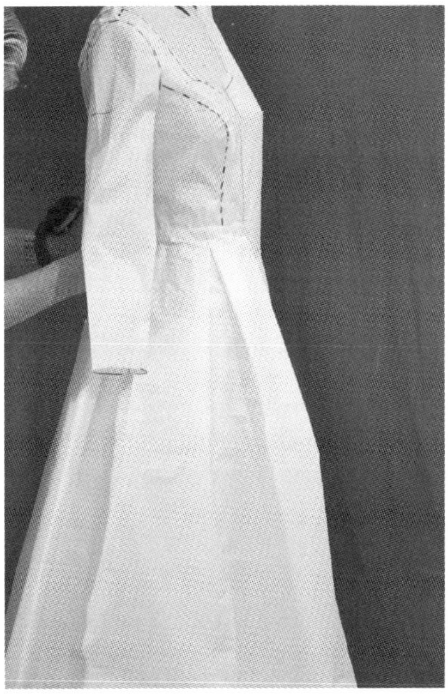

⑩ 纸样的后中线也要与人台的后中线对齐。

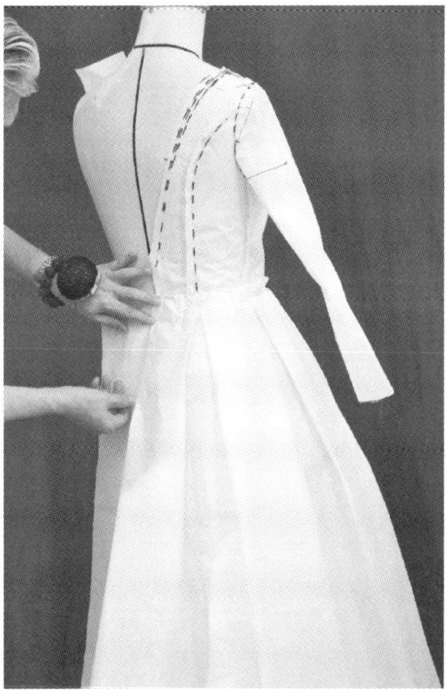

⑪ 注意在制作时前中线和后中线处都是阴褶，在左右两片面料连接时，又组成一对褶。

⑫ 图示是完成后的效果。

四、婚纱袖子制板步骤

①将立裁纸对叠后（纸张够袖子的长度和肥度）先画上平线，从上平线向下画袖山高（袖山高的尺寸可以在人身上测量出来）。

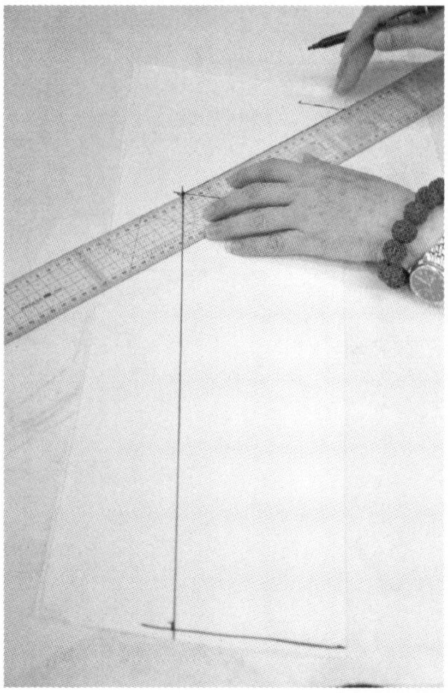

②袖口的尺寸是根据款式特点，袖肥减3cm得来的。将袖肥点和袖口点用直线连接。再将袖肥点和袖山高顶点用直线连接（这条线就是AH线）。

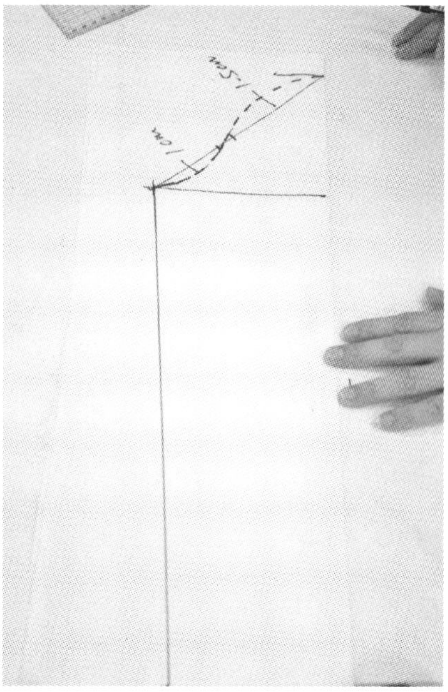

③在AH线上半部向外1.5cm位置取一点，在AH线下半部向外1cm位置取一点，经过袖山顶点、1.5cm的点、AH线中点向下移2cm的点、1cm的点、袖肥点，连接画圆顺的曲线。

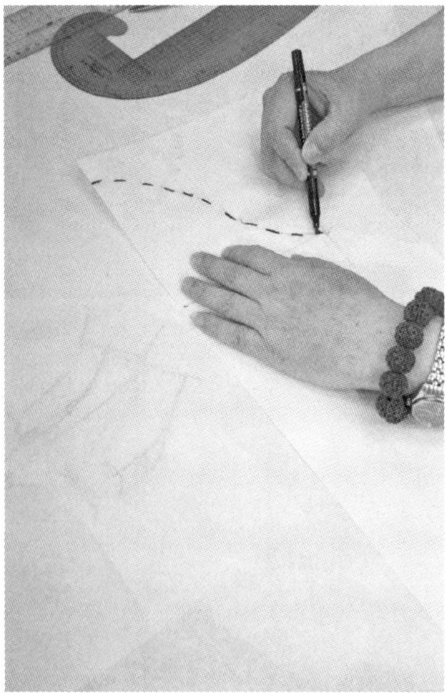

④将立裁纸反过来复制袖子的另一半。

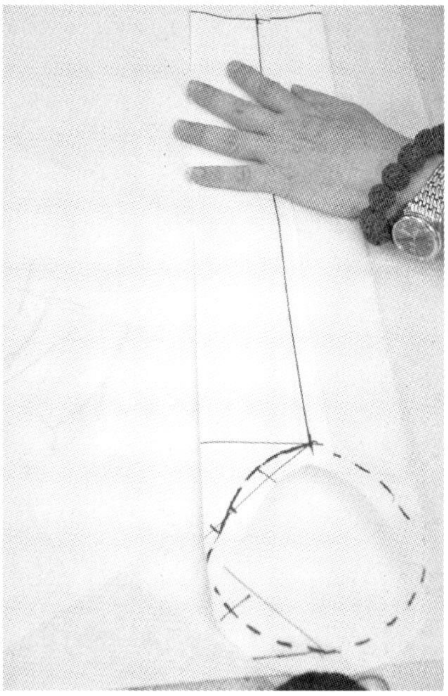

⑤将两条袖缝对齐，用大头针或者胶带将袖缝连接起来。

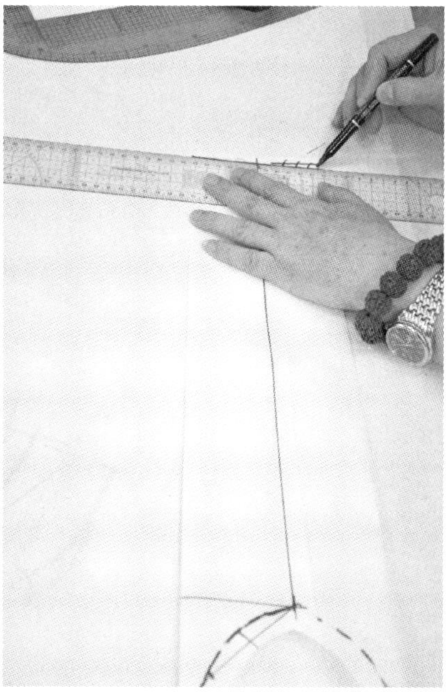

⑥注意袖口后边要比前边长出1cm，里侧要比外侧短0.3cm。这些都是根据人体结构特点得来的验证结果。

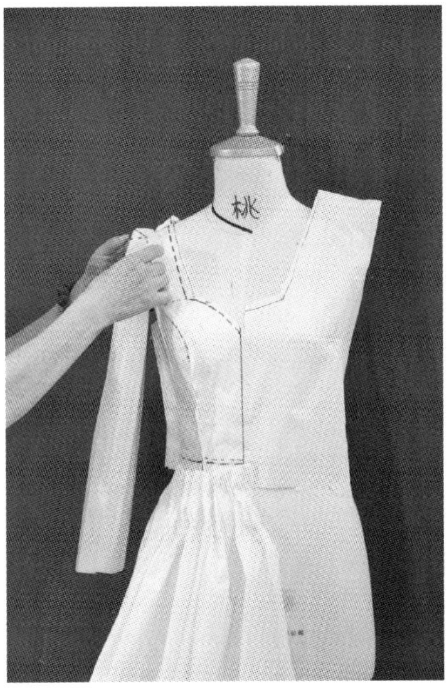

⑦用大头针做假缝，使袖子出现袖山包。将袖子的袖山顶点固定在衣身上，与上衣的肩斜线对齐，调整袖子的角度，要使袖口向前移一点儿。

⑧在袖子前片的袖窿弧转角点打剪口，将袖子的下半部弧线再与衣身相接。

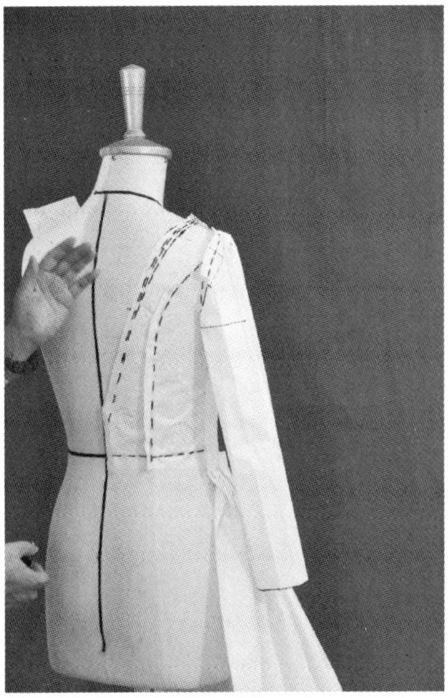

⑨同样也在袖子后片的袖窿弧转角点打剪口，将袖子的下半部弧线再与衣身相接。

⑩假缝的袖窿弧线与衣身上的袖窿弧线合在一起，将弧线调整圆顺并固定。

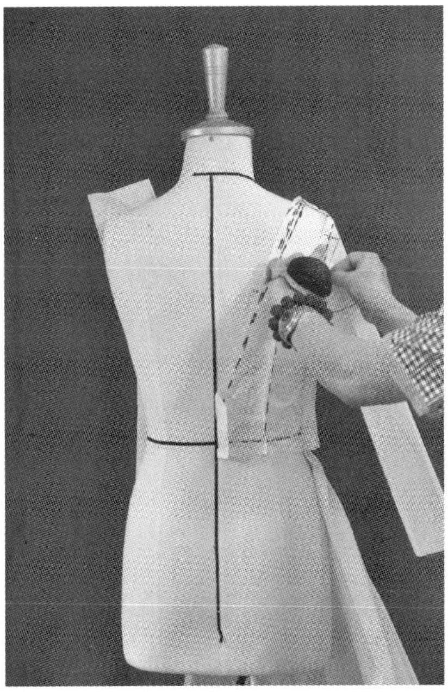

⑪按合理的袖窿弧线将袖子和衣身连接起来。

⑫图示为袖子完成后的效果。

第三节 托尾婚纱

一、婚纱前片制板步骤

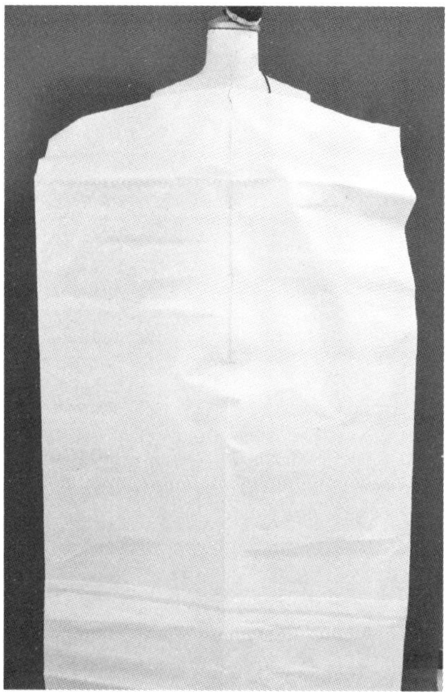

①取整张立裁纸，竖着对折，折出纸样的前中线，与人台的前中线对齐，用大头针固定，用针方法参照基础型制板操作方法。

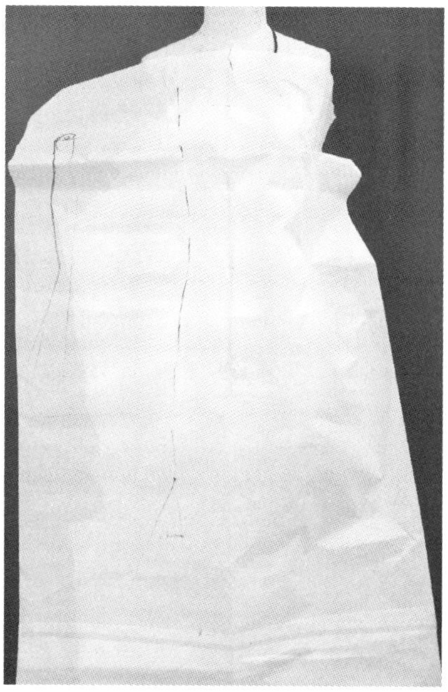

②这款婚纱是不用做肩和领子的，所以纸不用提过人台的肩线了。按人台的公主线画出纸样的公主线。因这是鱼尾造型，还要设计确定鱼尾的转折点位置。

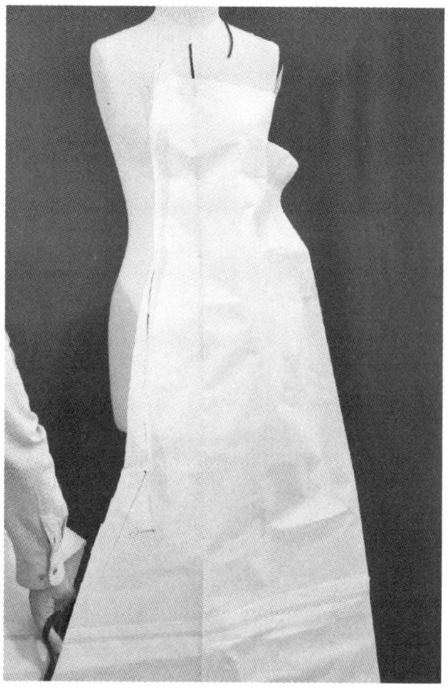

③按照设计好的公主线，留缝份，剪掉多余的部分。

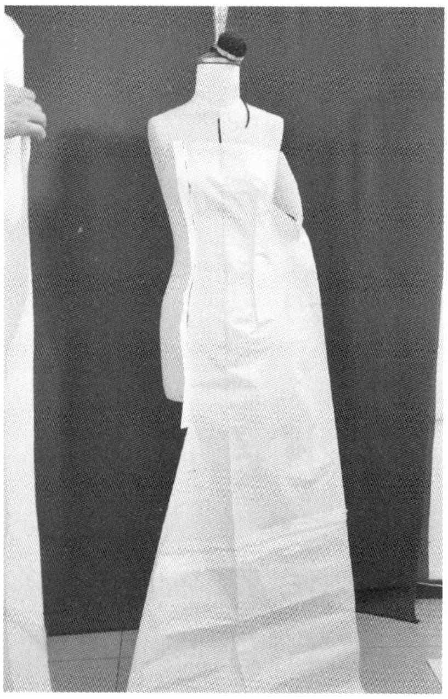

④为了方便观察，可以将纸样另一边的大概造型做出来，最后整个婚纱纸样做好后，将纸样前中线对折，把做好的一面复制到另一边就可以了。

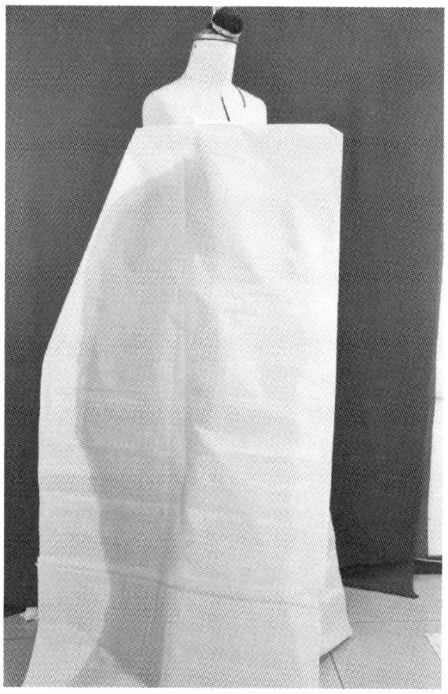

⑤接下来做婚纱的前侧片，再取张经过粘贴加长的立裁纸（因为这款婚纱是托尾，一张纸的长度远远不够）。将这张加长纸对着人台的前侧面固定。

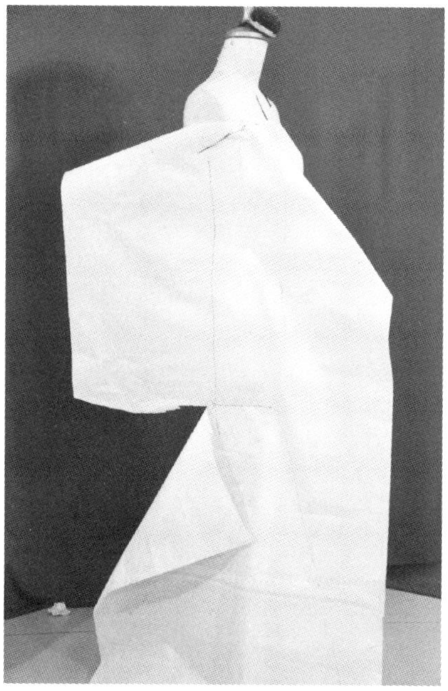

⑥固定好纸的方向，注意保持纸样的平衡，对着人台侧缝线画出纸样的侧缝线及鱼尾裙摆的轮廓线。

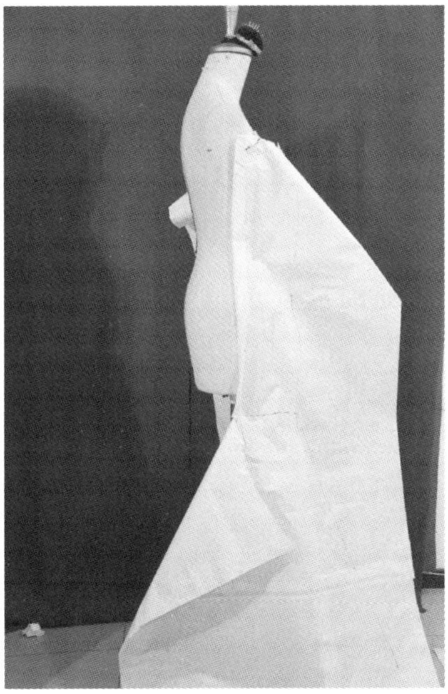

⑦ 在鱼尾裙转折点以上部分预留缝份，剪掉多余部分，并按人台的侧缝线折出纸样净线。

⑧ 根据纸样前面公主线的轮廓线，剪出前侧片公主线的轮廓，并用大头针将两片纸样连接，保证公主线线条圆顺。

⑨ 根据设计要求，款式需要设计前侧片鱼尾裙摆的长度和角度。

⑩ 将前片和前侧片纸样用大头针连起来，从纸样的正面看，整个线条是一条直线。

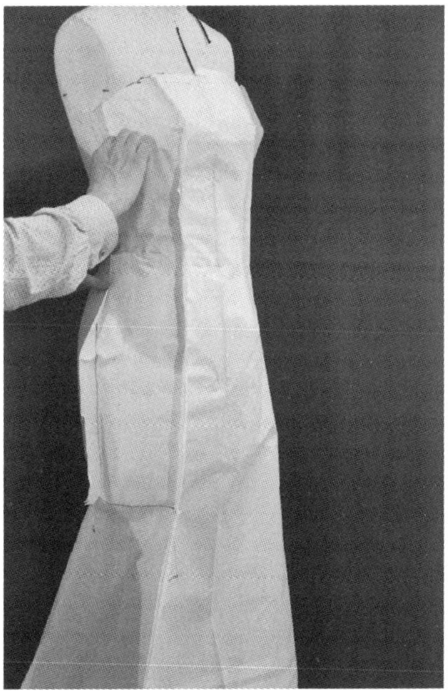

⑪ 确定婚纱纸样最终的侧缝线，叠出净线。

⑫ 根据设计图和整体效果修整抹胸的轮廓线，并用剪刀修正。

二、婚纱后片制板步骤

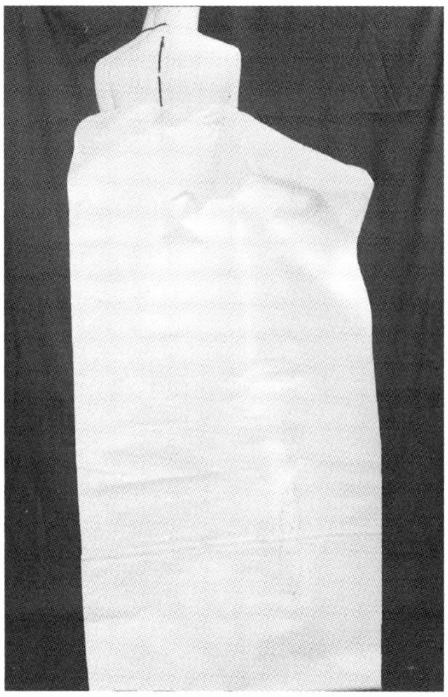

①取适量的立裁纸，正面面对人台的后侧面，将纸用大头针在胸下围的位置固定一针。

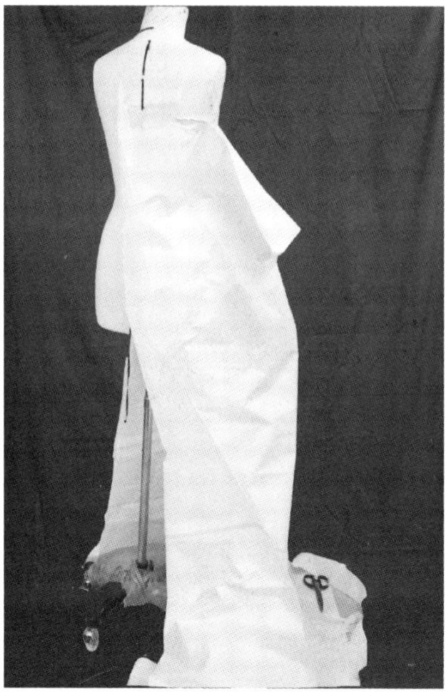

②调整立裁纸的角度，使立裁纸正面贴在人台后侧面，在腰节线、臀围线用大头针固定在人台上。

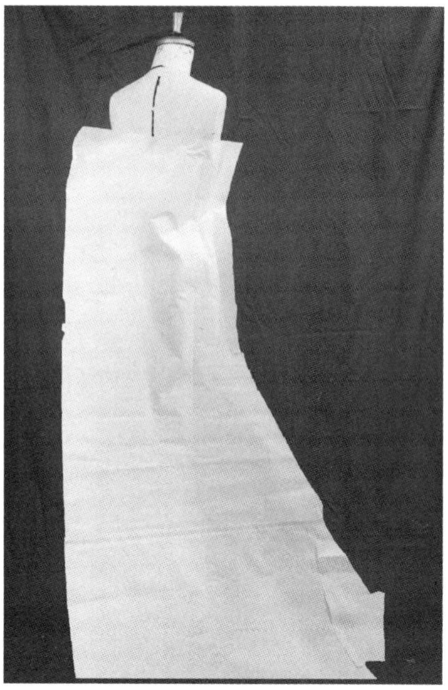

③根据前片纸样的轮廓线，剪出后侧片纸样的侧缝线。

④根据效果图或者款式要求修剪出后侧片另一边的大概轮廓，注意要多预留一些缝份，为后片调整做准备。

⑤因为这款婚纱的托尾又长又大，所以要将立裁纸再做拼接，注意在拼接立裁纸时要保证两张纸的平衡和平整，不能有不规则的褶皱，避免影响板型的整体效果。

⑥将纸样的前后片侧缝用大头针连接起来。根据前片胸部造型的线条，大概修剪出后侧片的轮廓线。

⑦ 取适量的立裁纸，预留2cm的缝份，正面面对人台的后中线，将纸样的折印与人台的后中线对齐，用大头针在胸下围的位置固定一针。

⑧ 调整立裁纸的角度，在腰节线和鱼尾裙转折点的位置上用大头针固定在人台上。注意后面的后腰节部分要贴实在人台上，这样才能出现收腰的曲线效果。

⑨ 将纸样的后片与后侧片连接起来。注意保持两片立裁的平衡，接缝线要垂直于地面。

⑩ 观察鱼尾裙裙摆的角度大小及整体效果，调整不平衡的部位及角度。特别要注意鱼尾托尾后中线部位的角度。

⑪ 修剪出裙摆的造型。不能直接剪到要求效果者，可以先用笔画出大概的轮廓线，开始剪时不要剪得太多，留出修改调整的余地。

⑫ 托尾婚纱完成后的整体效果展示。

第九章

礼服

第一节 褶的练习

第二节 小礼服裙

第三节 公主型礼服

第四节 旗袍

第五节 鱼尾型礼服

第一节 褶的练习

一、波浪褶练习

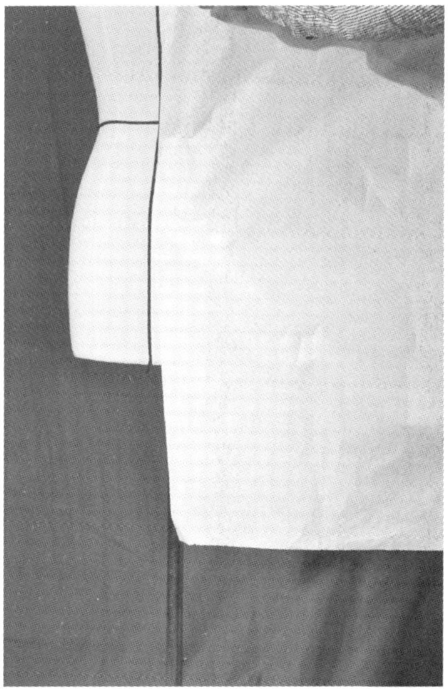

①取整张立裁纸，将纸的一边与人台中线对齐，在中腰线下用大头针固定。

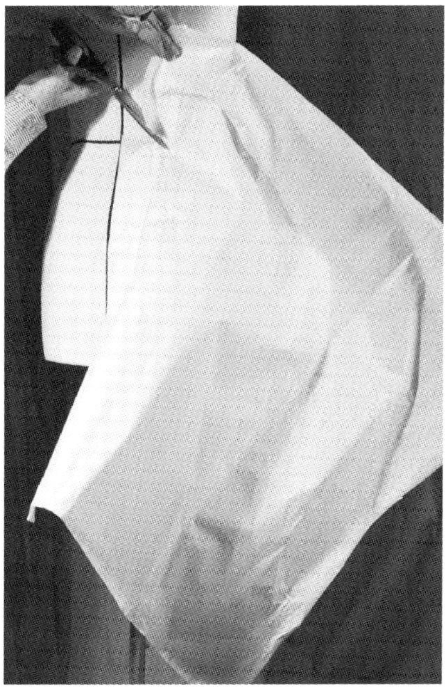

②用剪刀在固定的大头针上方2cm的位置平行腰节线剪开，剪开的长度为波浪出现的位置。

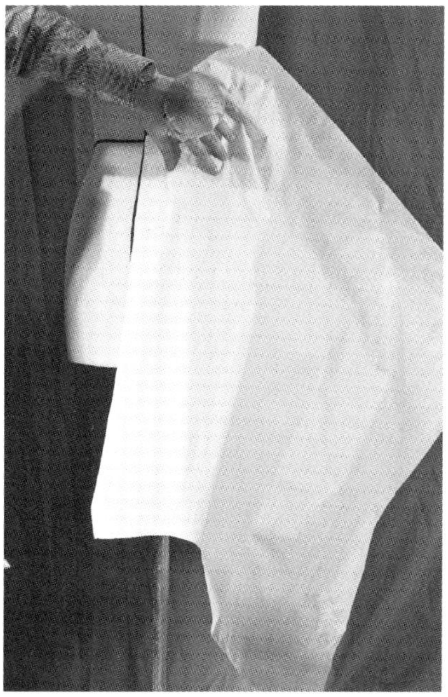

③在波浪的位置打剪口，转动立裁纸，用大头针固定。

④制作时要观察波浪的大小是否符合服装的整体效果。

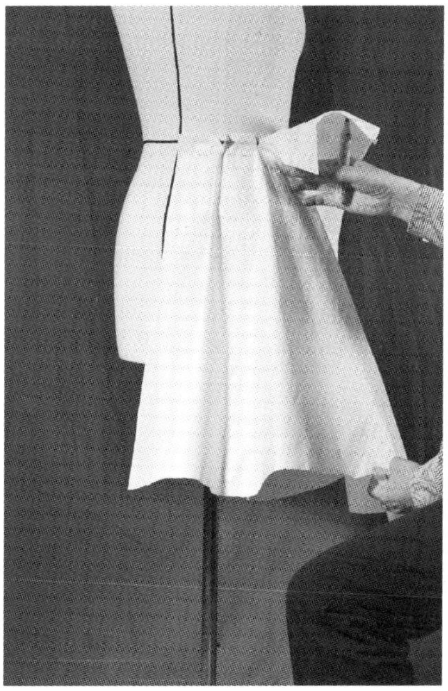

⑤以此类推，波浪的距离和数量要根据设计图或者设计要求来确定。

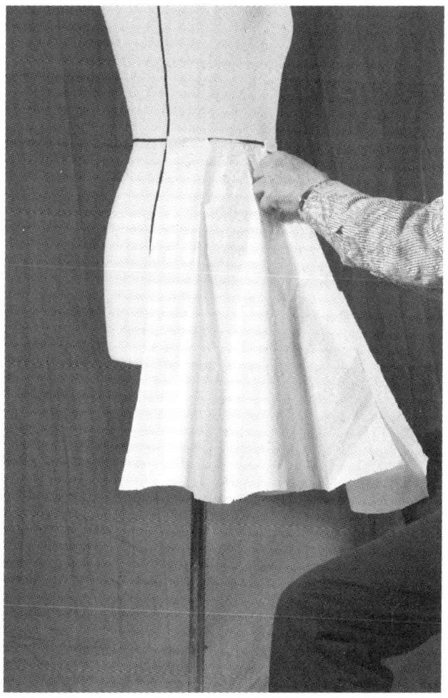

⑥制作时随时调整波浪的大小和距离。

二、斜褶练习

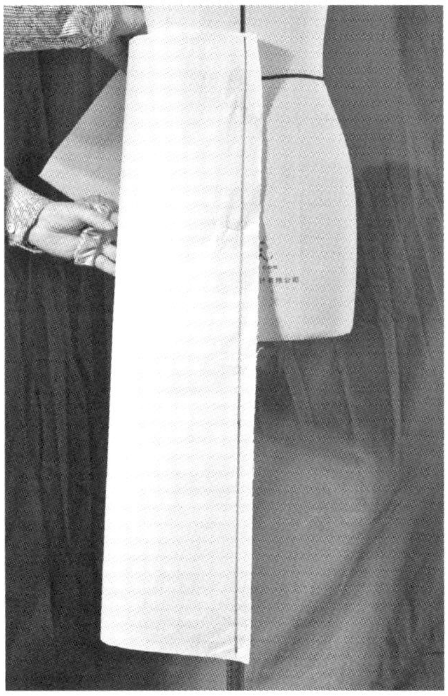

①将纸边对准人台前中线，在中腰线下和臀围线各固定一针。沿臀围线向后送纸，裹住人台，留适量放松量，在前侧腰节线下和臀围线各固定一针。

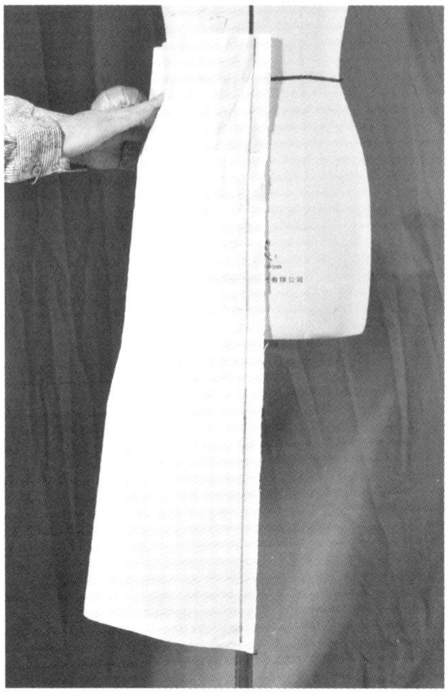

②沿人台的侧缝线向上抚平纸样，使纸样贴实在人台上，在腰节线下用大头针固定。

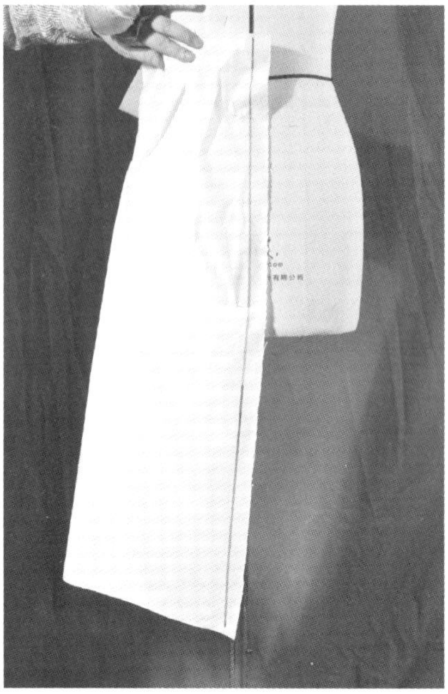

③其他多余的量可以做各种褶皱造型。

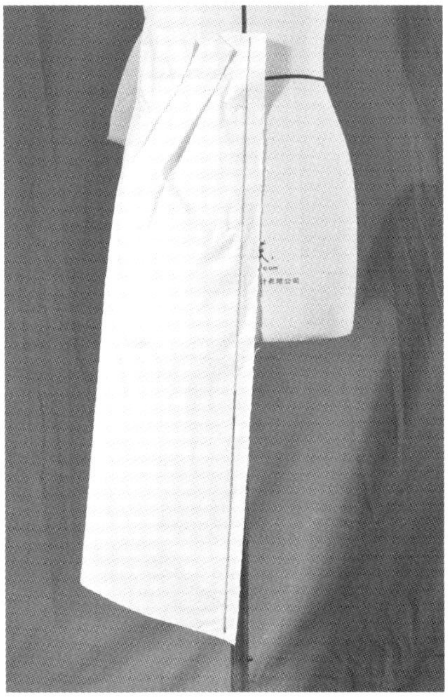

④图示为两个斜褶的造型效果。

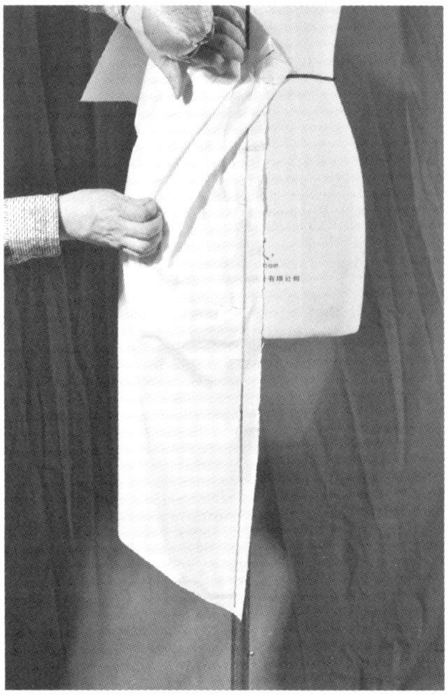

⑤图示为另外一个形式的两个斜褶的造型。

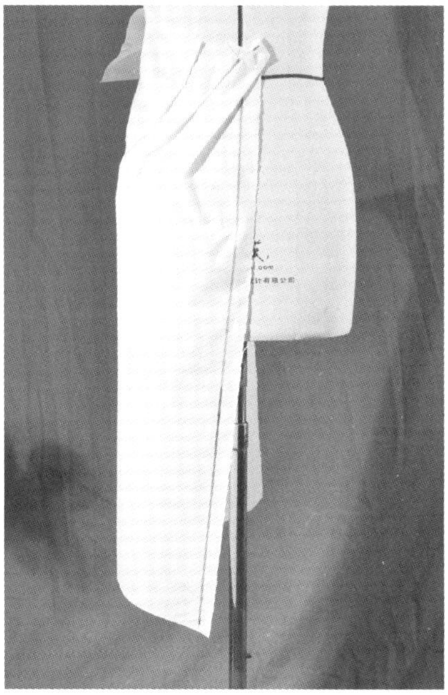

⑥图示为三个斜褶的造型效果。

三、碎褶练习

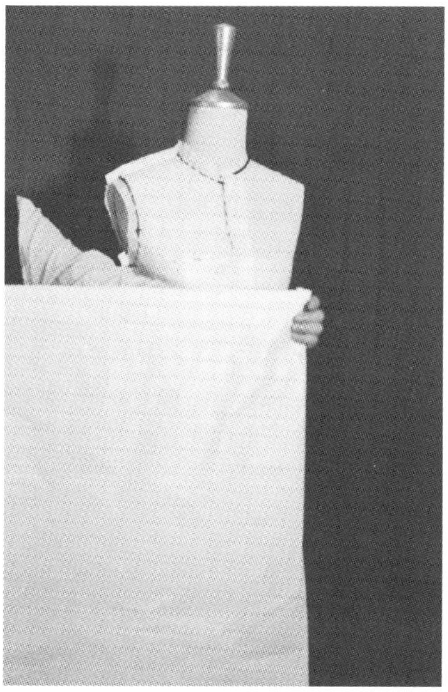

①取一张立裁纸，长度和宽度能做设计造型即可。

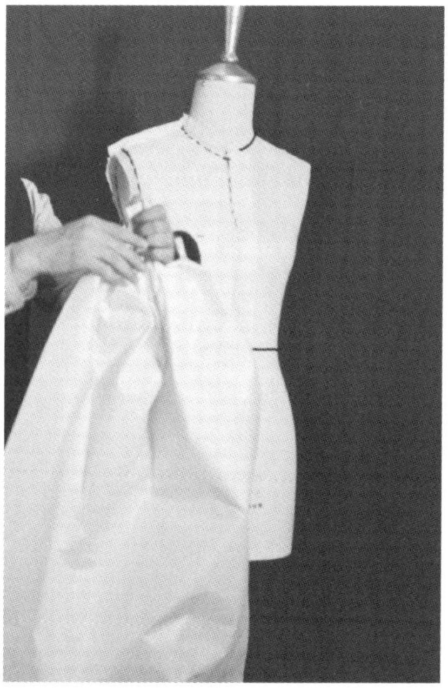

②两手从两边往中间均匀地攥褶。

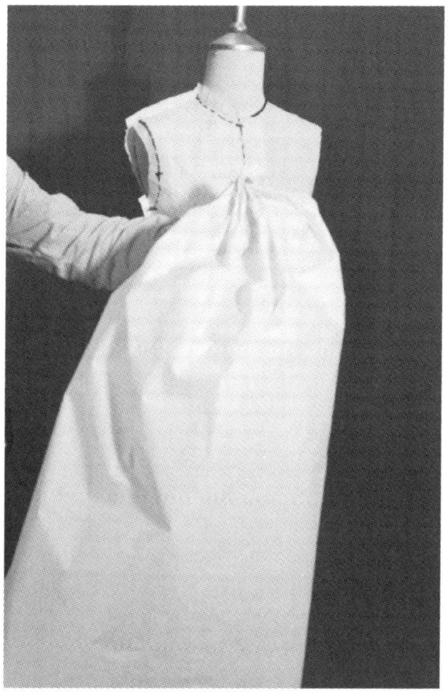

③把褶皱汇集到一起，攥成死褶。

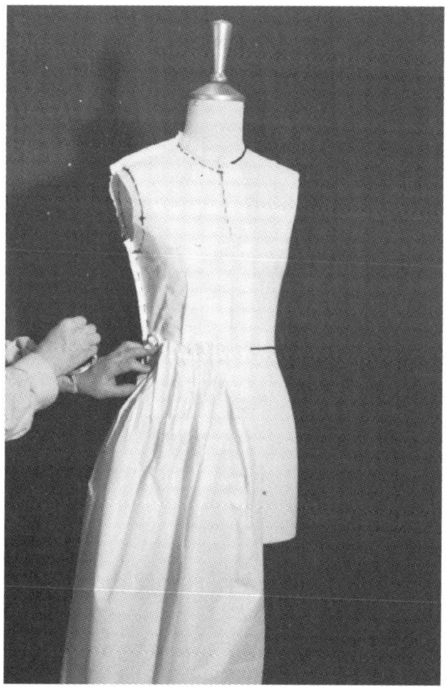

④根据需要的造型角度、长度，将碎褶均匀地水平地固定在服装需要的位置上。

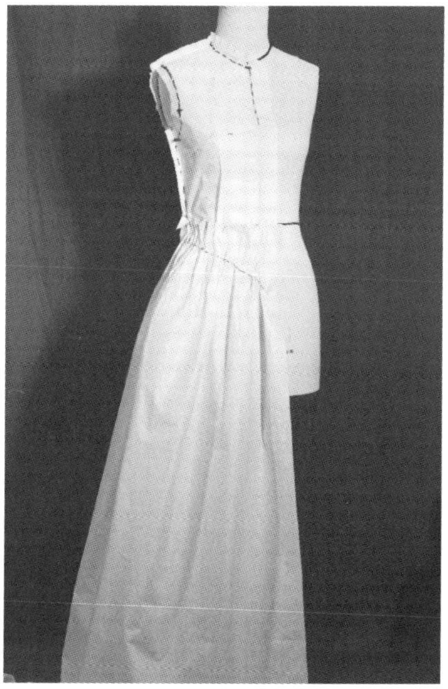

⑤再结合款式要求设计出轮廓线。

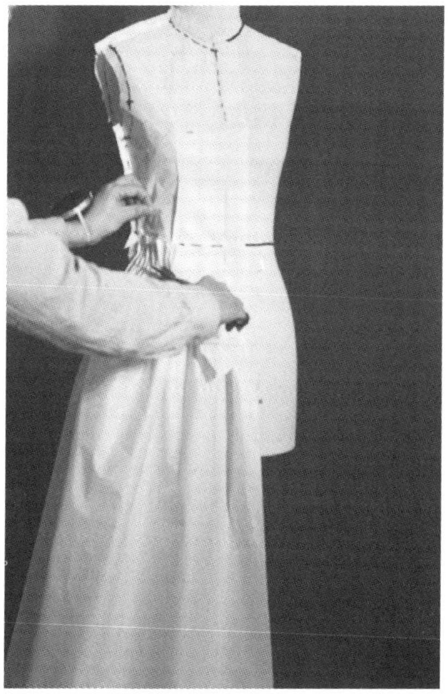

⑥最后用剪刀修剪成型。

四、放射型褶（太阳褶）练习

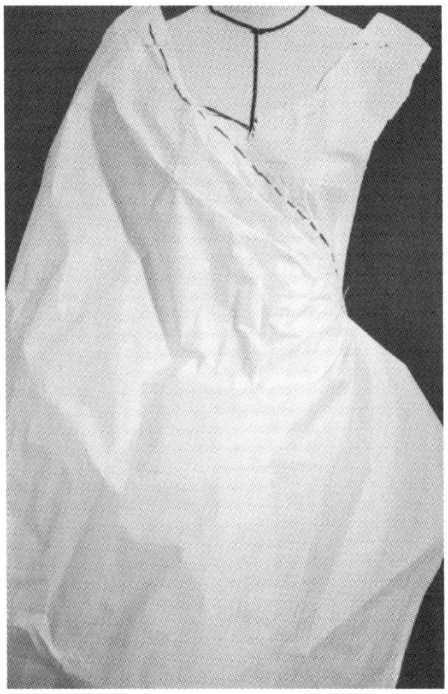

①取一整张立裁纸，将一长边当作衣服的领口，上边与肩部用大头针固定，下面在对侧的腰节位置用大头针固定。领口一定做过胸窝点。

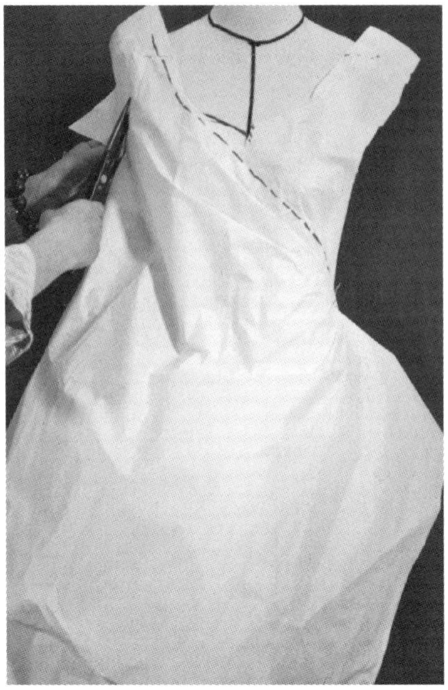

②根据人台的形状做太阳褶，腰节部位的褶比较大、比较密集，另外一边空间比较大。将褶不集中的一边根据人台侧缝线预留足够的缝份，剪出纸样的侧缝线及袖窿弧线。

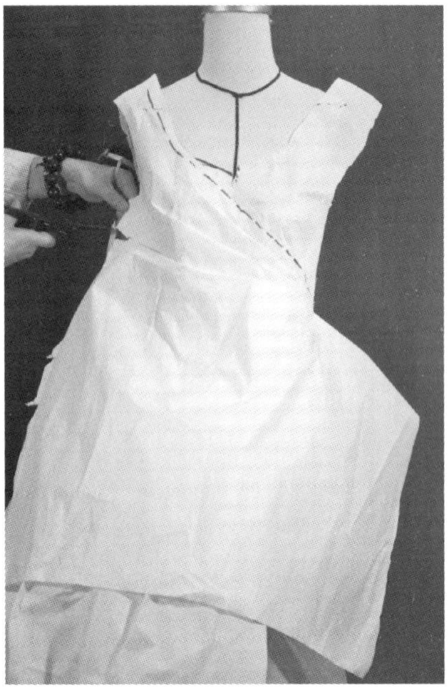

③对着褶用剪刀打剪口，可以使纸样更贴身、更合体。

④根据人台继续做前面的褶，要边做边调整褶的大小及褶的方向。

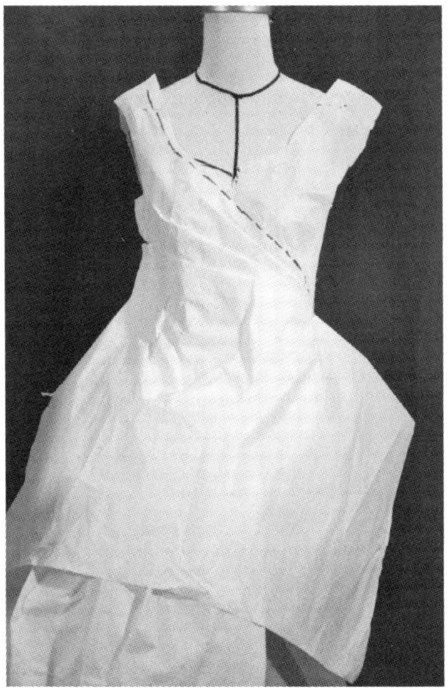

⑤随时观察褶量的大小和褶间的距离，每个褶的大小是根据人台的凹凸线条来决定的，所以每个褶的褶量是不一样的。

⑥褶的个数是根据设计要求来确定的。达到设计要求就可以将多余的部分剪掉。但剪时不要剪掉太多，要有修改调整的量。

⑦褶皱集中的部位也可以有多种设计方案。先将纸样修剪成型。

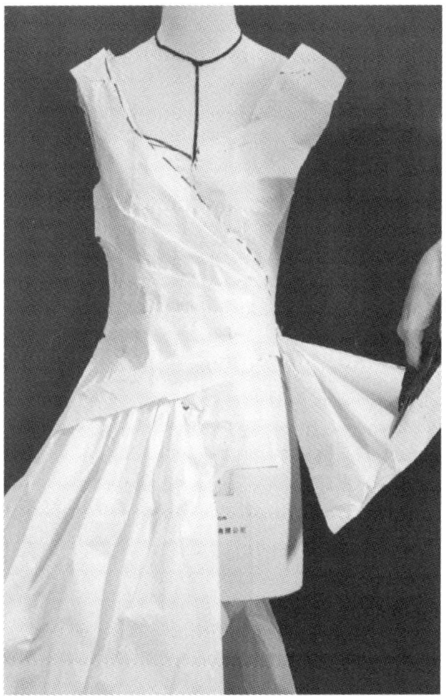

⑧将纸样集中的部分修剪一下，根据款式可以是前后一样长的，也可以是后面短点儿前面长点儿。

⑨修剪这个波浪时要一气呵成，设计好造型后一下剪掉，中间如果断开，整体线条就不流畅了。

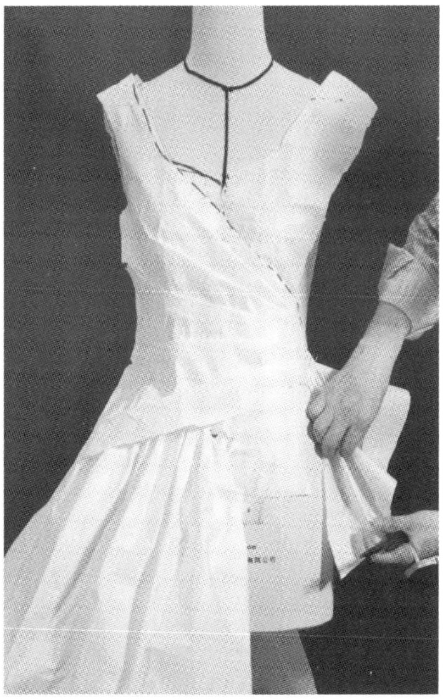

⑩再整理一下波浪的大小，观察波浪的长短与款式是否协调。

⑪图示为带有波浪装饰的太阳褶完成后的效果。

⑫图示为将波浪装饰剪掉后的效果。是否有装饰根据款式的需要来确定。

五、对褶的练习

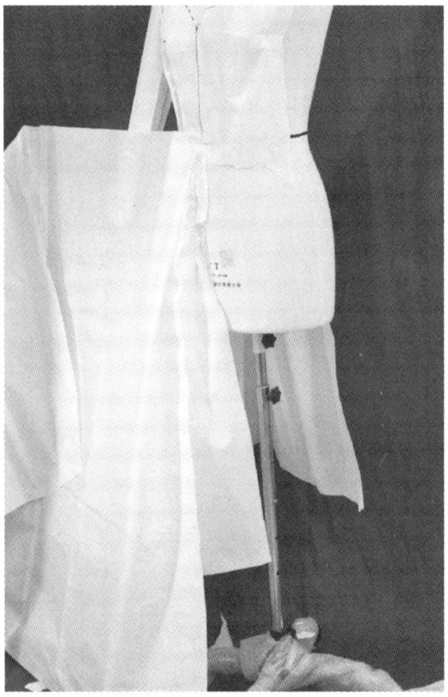

①将两张立裁纸宽边对宽边相接，加大立裁纸的长度。将立裁纸的纸边对齐人台前中线并固定。裙子的上边与衣身的腰节线对齐，注意要预留缝份。捏第一个褶，褶边再与人台的前中线对齐，用大头针按腰节线固定。褶量的大小根据款式设计要求确定。

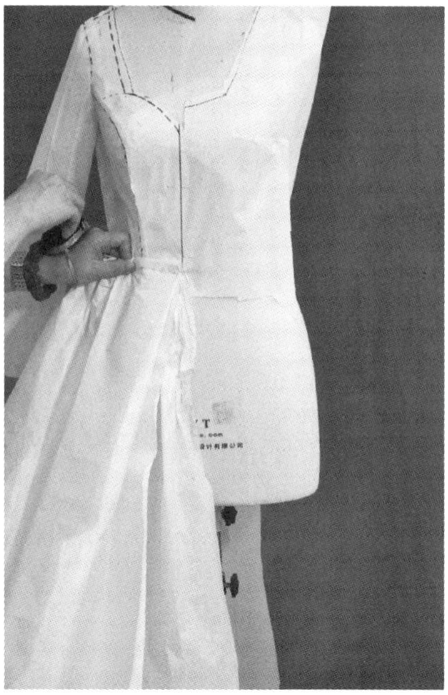

②再捏褶的另一边，对褶的宽度也是根据款式要求可大可小的。捏好另一边后再用针固定在腰节线上。

③除了注意上边褶捏的齐不齐，还要观察下摆的褶方向是否对称，大小是否一致。

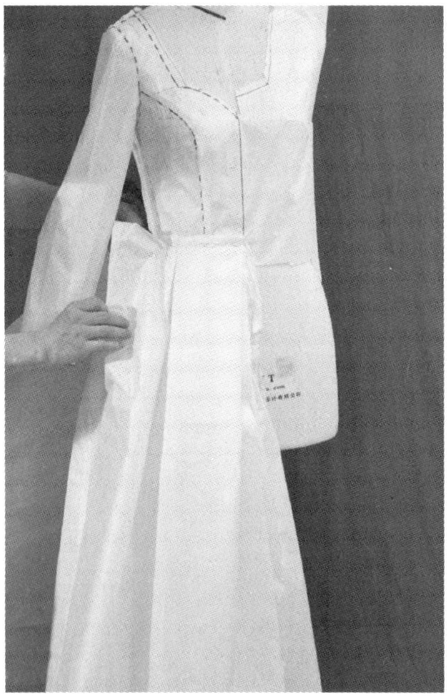

④接着再做下一个褶，前边与前一褶边对齐。对齐也不一定都是一个角度，要注意下摆活褶的角度和褶印的方向。要使裙摆的角度整体平衡。

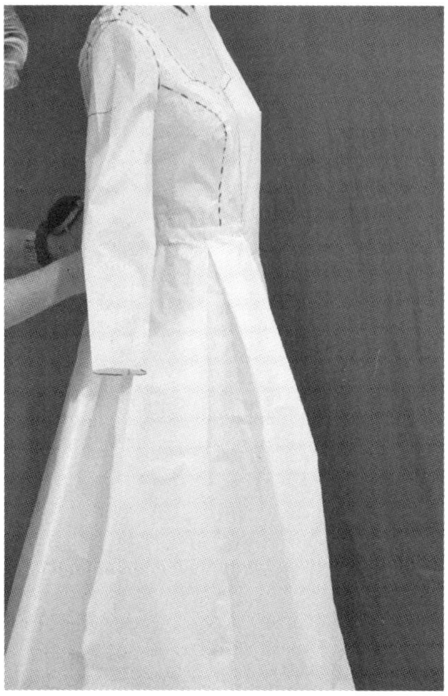

⑤纸样的后中线也要与人台的后中线对齐。

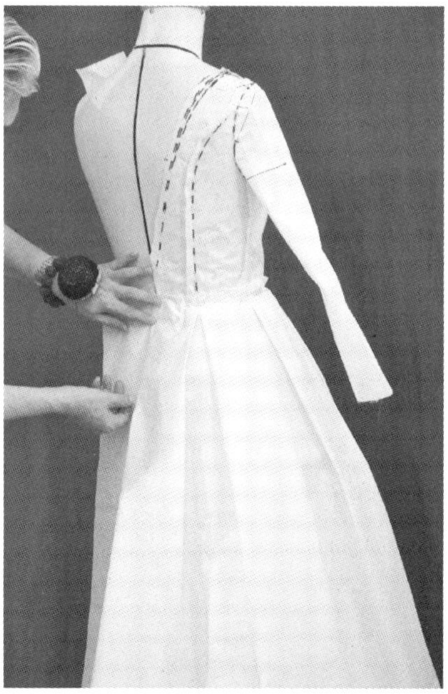

⑥注意前中线和后中线处都是阴褶，在左右两片面料制作连接时，又组成一对褶。

第二节 小礼服裙

一、小礼服裙上身制板步骤

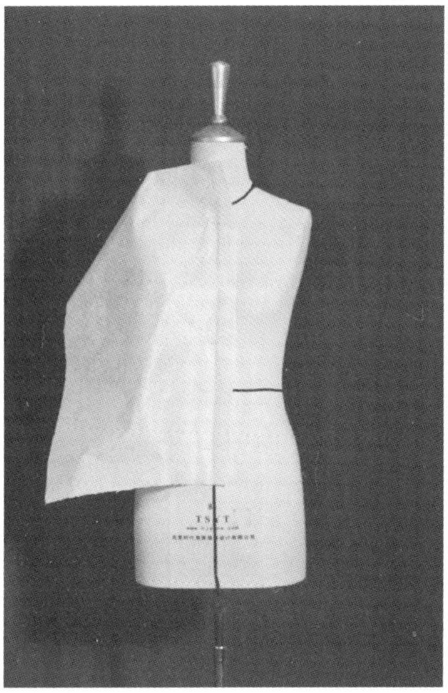

①按照操作原型女衬衫的方法，取适合衣长及衣宽的立裁纸，将立裁纸的前中线与人台的前中线对齐并固定。

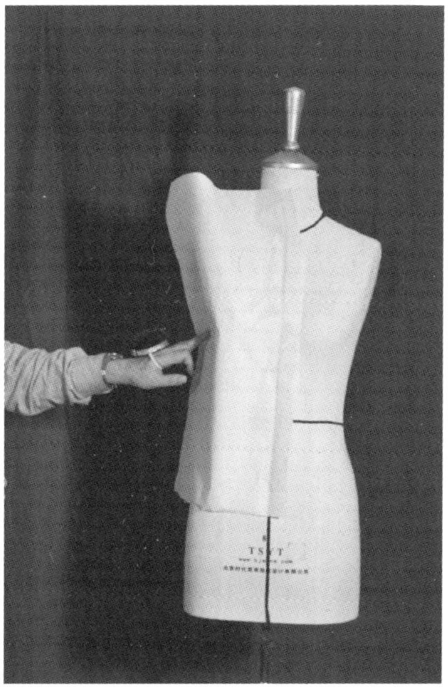

②将立裁纸平衡地裹在人台上，使立裁纸呈圆柱形。分别在胸围线、腰围线、臀围线位置用大头针固定。

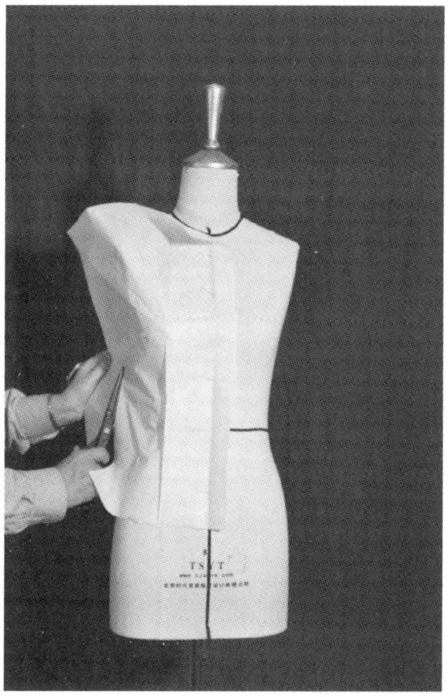

③将多余的量捏成腋下肩省量和腰省量，注意保持纸样整体的平衡和轮廓。预留出纸样的缝份和修改量，剪掉多余的立裁纸。

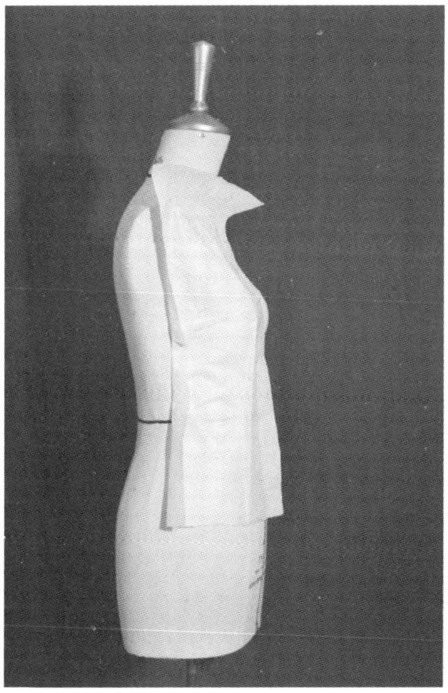

④按照人台的侧缝线，叠出前片的侧缝线，正面面对侧缝线时这条线应该是一条垂直地面的直线，从人台的正面看，侧缝线是贴合人体曲线的“S”线。

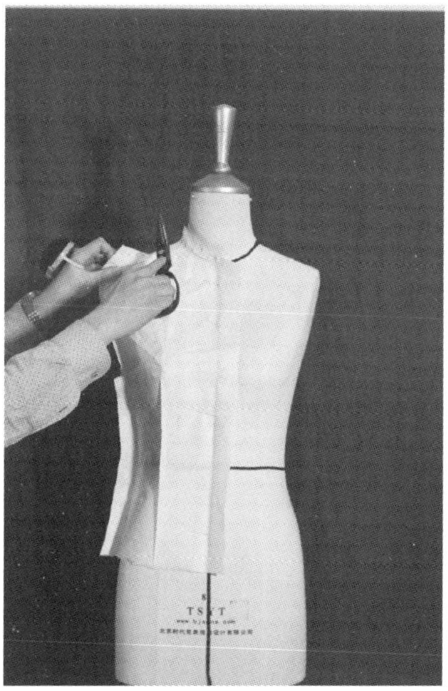

⑤根据尺寸确定袖窿并剪出袖窿的形状。剪出领窝，并打剪口。叠出前片的肩斜线，并剪掉多余的部分。

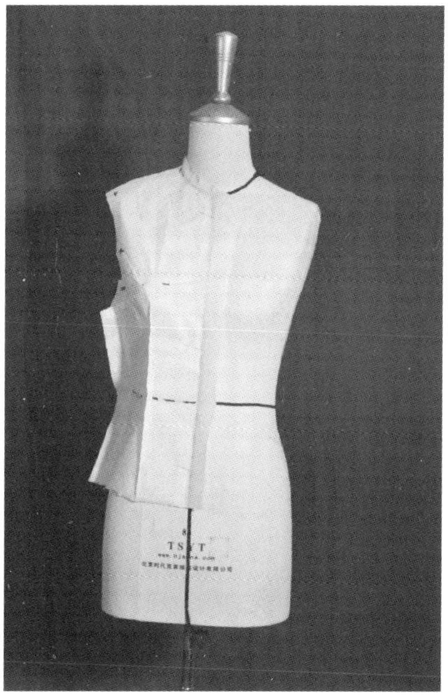

⑥标记出前片的腰节线和肩宽点、前宽点、袖窿深线。

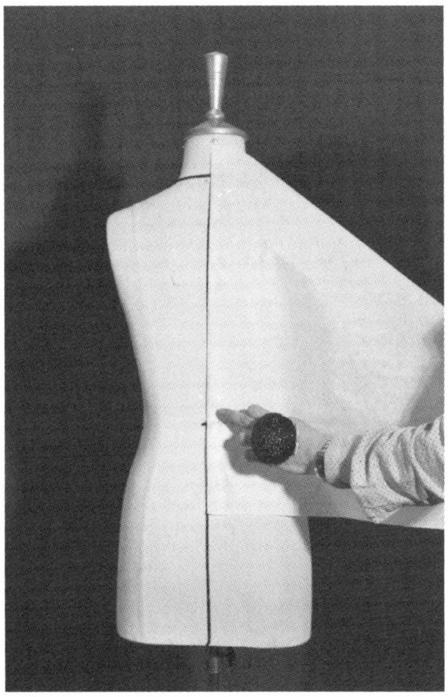

⑦ 取适合后面大小的纸张，将纸边对齐人台的后中线。因为礼服要非常合体，从各个角度都能体现出“S”形，因此纸样的后中线要与人台贴实，然后在后领窝下、中腰部分、肩胛骨、臀围线各固定一针。

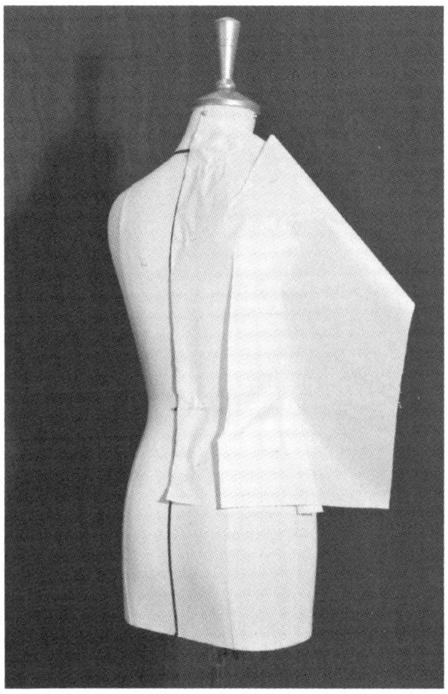

⑧ 捏出后腰省及肩胛省，调整纸样的平衡。

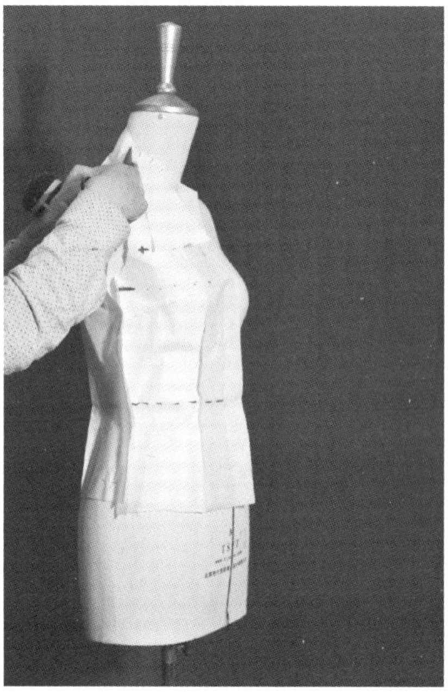

⑨ 根据人台侧缝线，剪掉纸样的多余部分，剪出后片肩斜线和领口线。

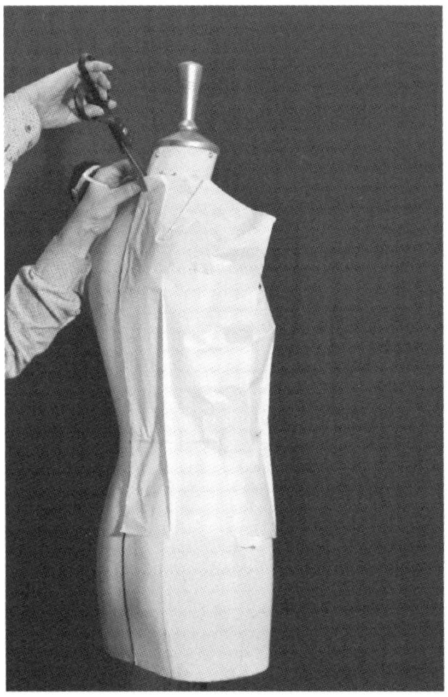

⑩ 修剪后领弧线并在领口打剪口，使纸样贴实在人台上。

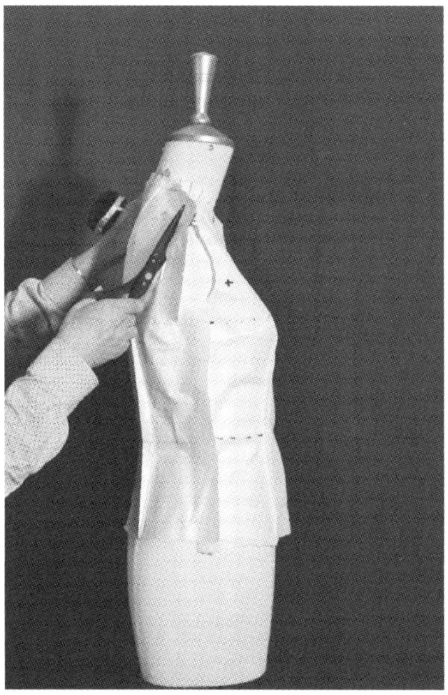

⑪ 剪出后袖窿弧线形状，将纸样的肩缝按人台的肩线连接在一起。根据前片侧缝线的折印儿，将纸样的前后片连接在一起。

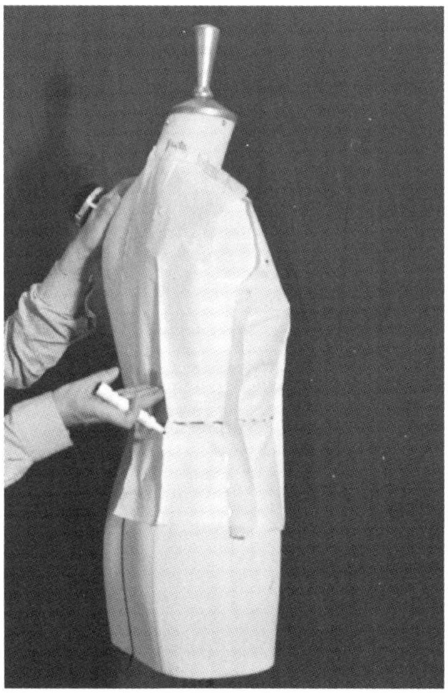

⑫ 在设计好的纸样上画好标记线，做好剪口记号。图示为礼服上身完成后的效果。

二、小礼服裙下裙制板步骤

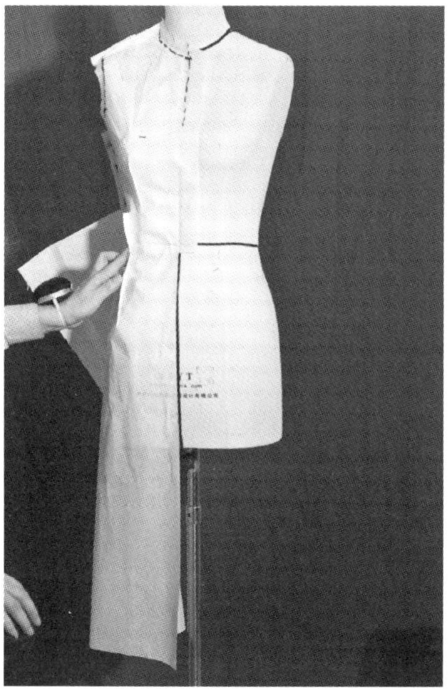

①取适量立裁纸，将纸边对准人台前中线，在中腰线下和臀围线各固定一针。沿臀围线向后送纸，裹住人台，留适量放松量，在前侧腰节线下和臀围线各固定一针。

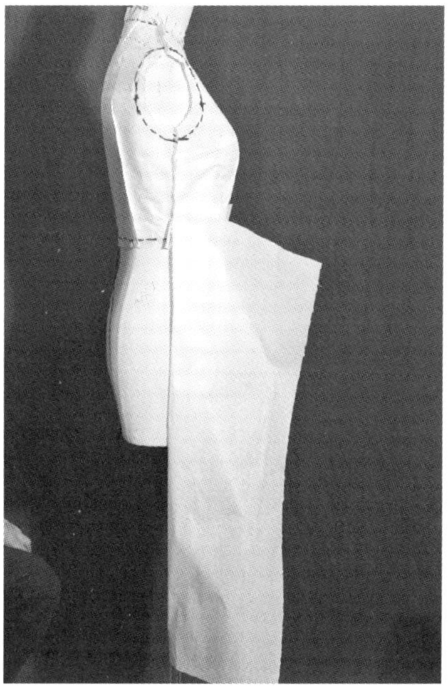

②将前面多余的量掐出前腰省并固定好。沿人台侧面折出裙子侧缝线。

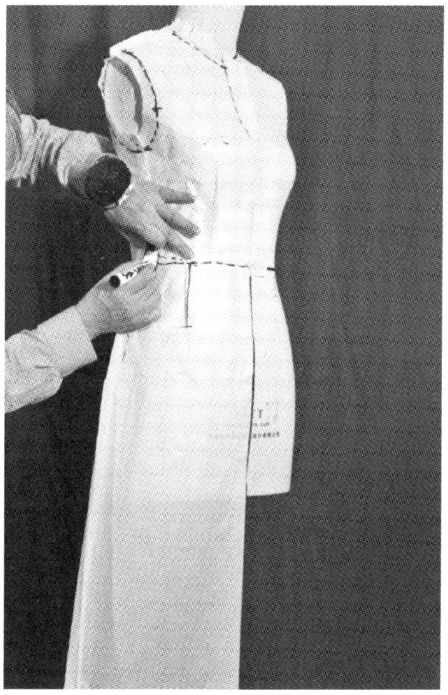

③画出腰围线、前腰省线和侧缝轮廓线，做标记。

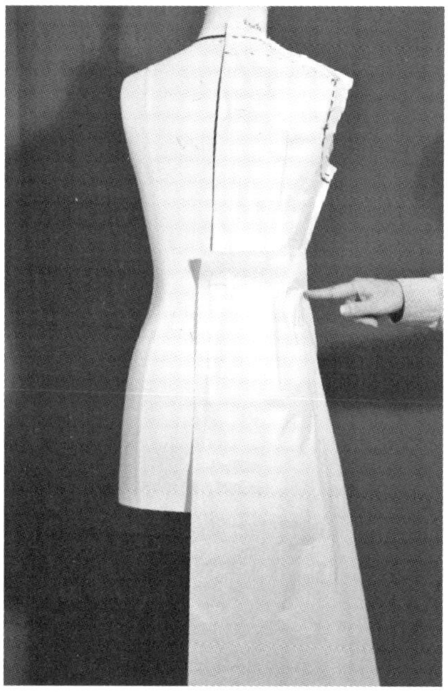

④取适量立裁纸，后中留适量缝份，在腰节下和臀围线上各固定一针。沿臀围线向前推送纸裹住人台，留适量放松量。

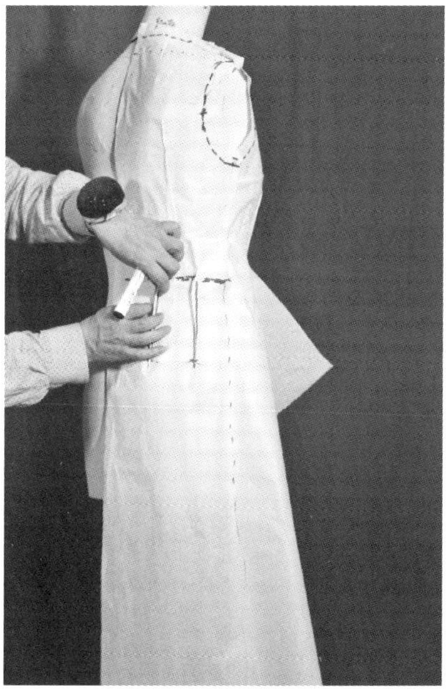

⑤在后侧腰节线下和臀围线各固定一针。根据款式设计，后腰省可做一个或者两个。

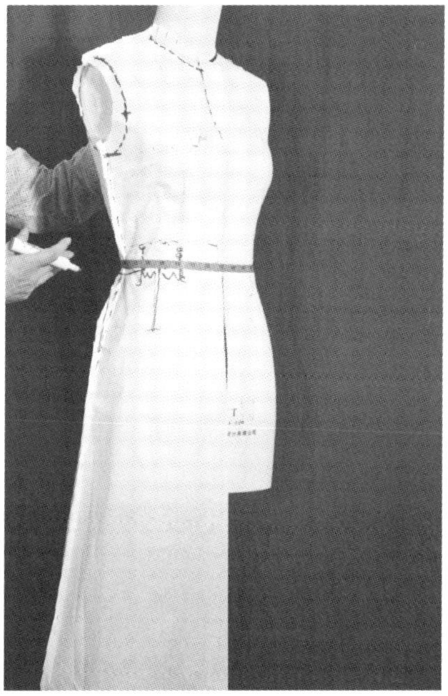

⑥沿人台侧面折出侧缝线，画出腰围线和侧缝轮廓线，做标记。将前后片的侧缝合起来，合侧缝时注意保持前后片的平衡。剪掉多余部分，留1cm的缝份。根据款式要求，剪出裙子的长短，裙子下边缘与地面水平即可。

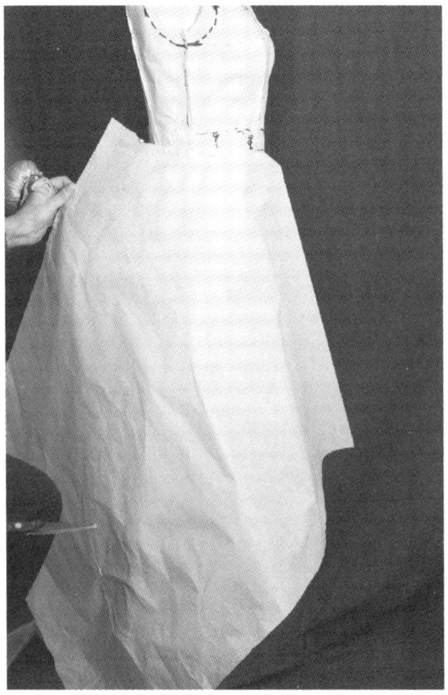

⑦取一张立裁纸在筒裙的外面做造型。将立裁纸裁成正方形，在一角剪出大概腰的弧度，将带弧度的一边与上衣画出的腰节线拼接固定。

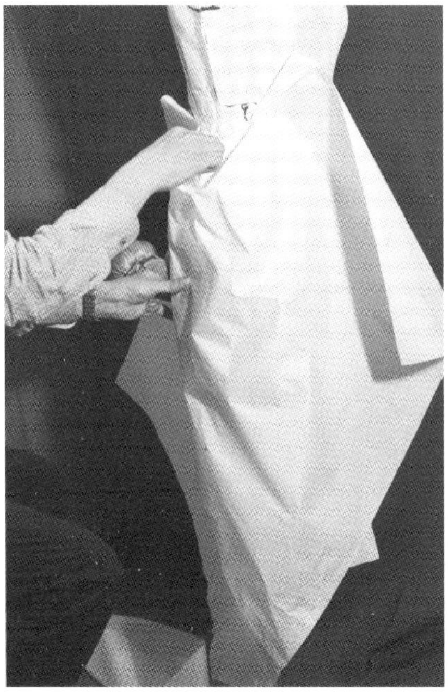

⑧在裙腰的位置做捏褶的操作，最上面的小兜褶从离侧缝最近的地方开始做，捏出褶后并固定。做好前片的一个褶后，再做后面的褶，边捏褶边调整角度，使前后片的褶连接，出现兜的效果。兜的大小也可以通过调节对应的褶量来调整。

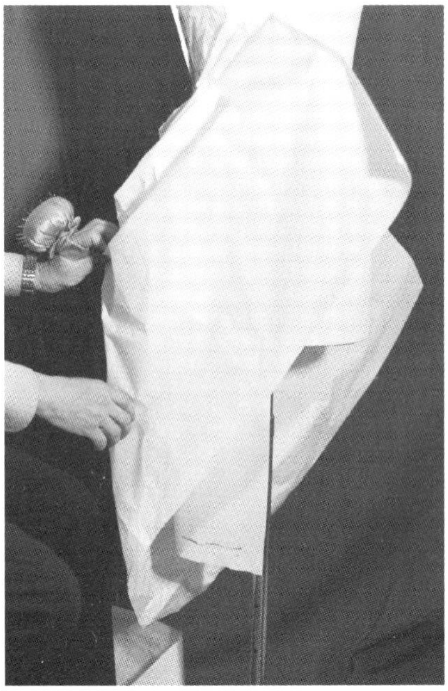

⑨后面的褶按第一个褶的方法操作，每个兜褶的大小、距离都可以根据自己的设计去操作整理。

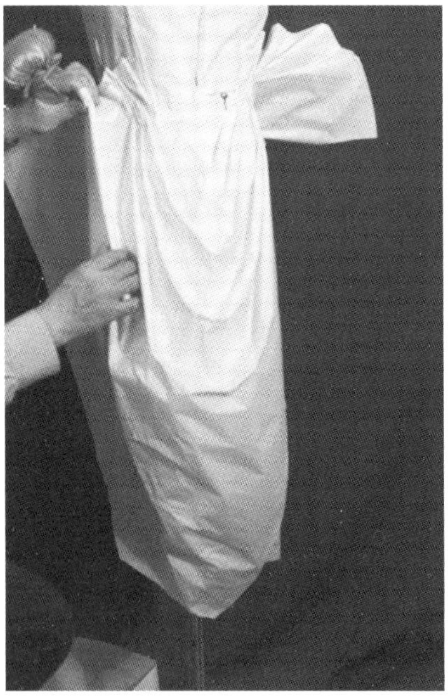

⑩从侧面观察各个兜褶的高度和远近距离。褶的多少、大小、距离都可以根据自己在操作时的观察设计来确定。

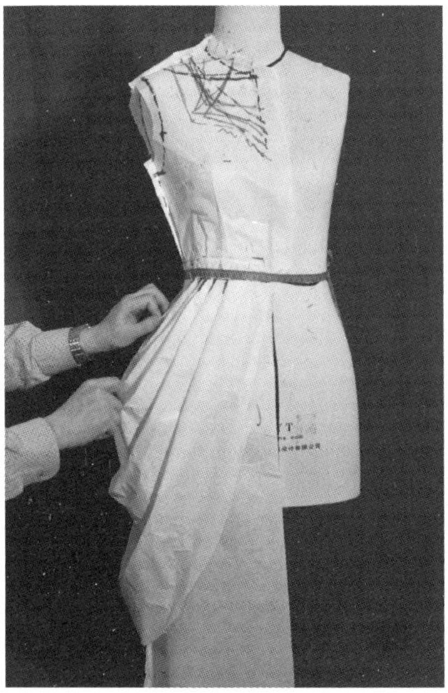

⑪全方位观察兜褶的多少、距离、层次感，以达到服装的最佳效果。

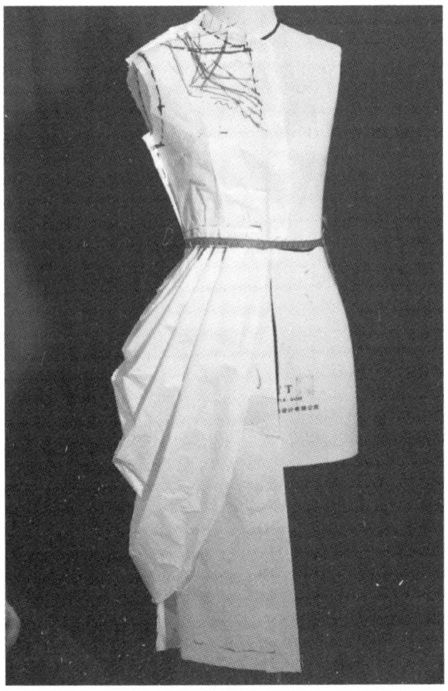

⑫领口的各种线条是小礼服领型的设计方案，可以根据设计需要来设计。图示为小礼服完成后的效果。

第三节 公主型礼服

一、公主型礼服上身制板步骤

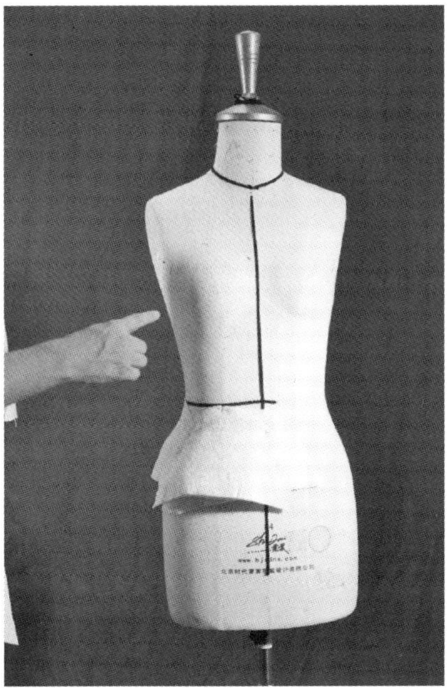

①因为这款公主裙的裙摆扎起来比较高，所以先在人台上做一些修正和铺垫。

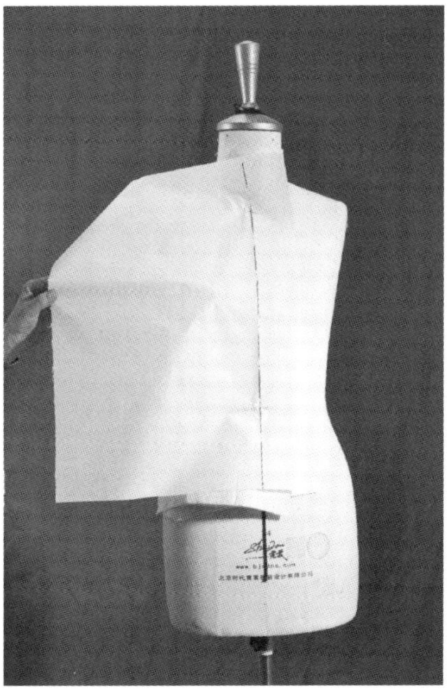

②按照操作原型女衬衫的方法，取适合衣长及衣宽的立裁纸，画出前中线，将纸样前中线与人台前中线对齐并固定。

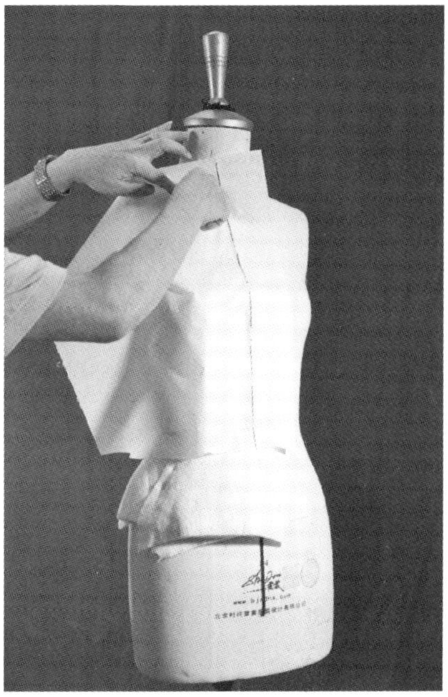

③将立裁纸平衡地裹在人台上，使立裁纸呈圆柱形。分别在胸围线、腰围线位置各固定一针，领窝及肩部铺平后同样用大头针固定。

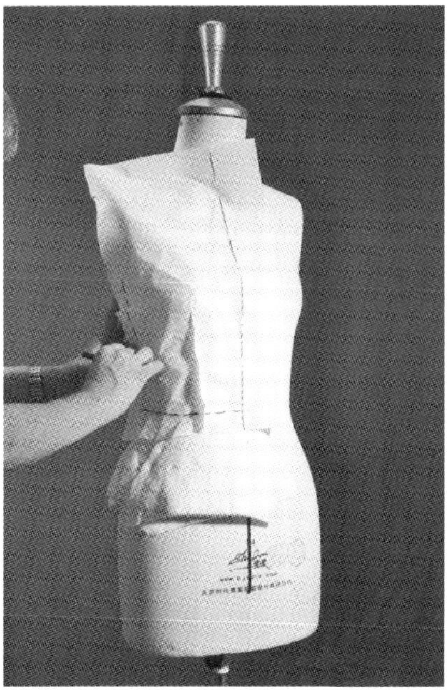

④将多余的量捏成腋下肩省量和腰省量，注意保持纸样整体的平衡。剪掉侧缝多余部分，用笔画出纸样的侧缝线和腰节线。

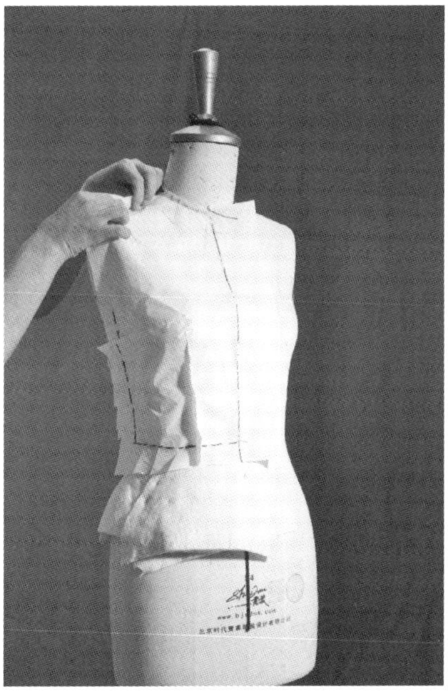

⑤剪出领窝并打剪口。折出前片的肩斜线，剪掉多余的部分。

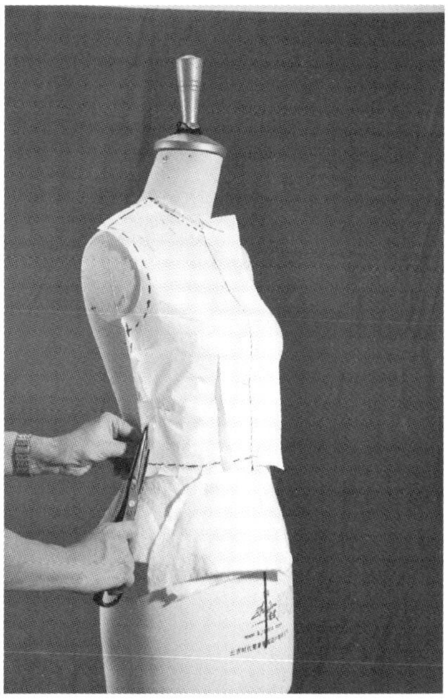

⑥预留缝份，再次修剪前片的侧缝线及腰节线。

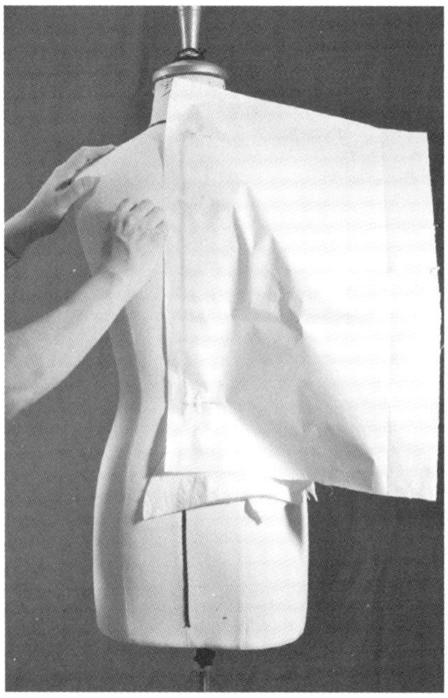

⑦取适合后面大小的立裁纸，预留2cm的缝份，对齐人台的后中线，用大头针在后领窝下、中腰部分、肩胛骨各固定一针。因为礼服属于合体修身的服装，所以纸样的后腰一定要贴实在人台后腰上。

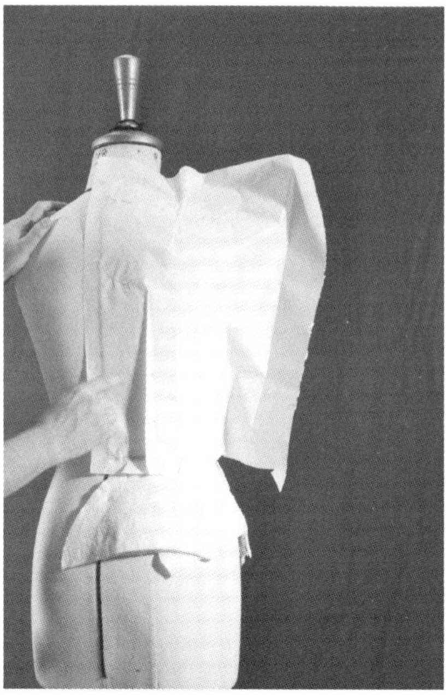

⑧在肩胛骨位置水平向侧缝方向推，外肩胛骨外侧用大头针固定一针。肩胛骨上面的宽松量为肩胛量，下面的松量为后腰省量。

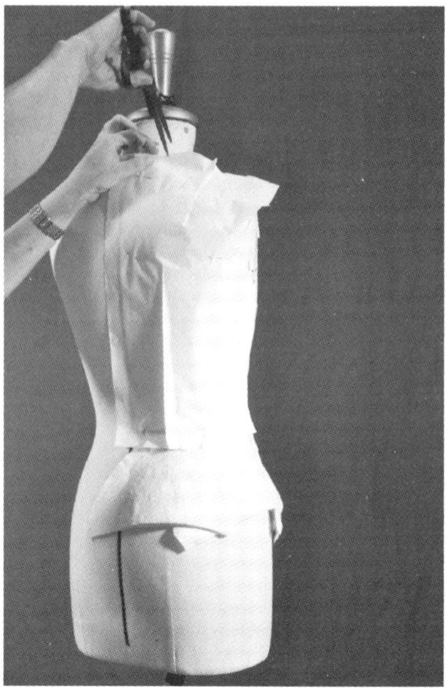

⑨剪出后片的肩斜线和后领弧线，并在领口打剪口，使纸样贴实在人台上。

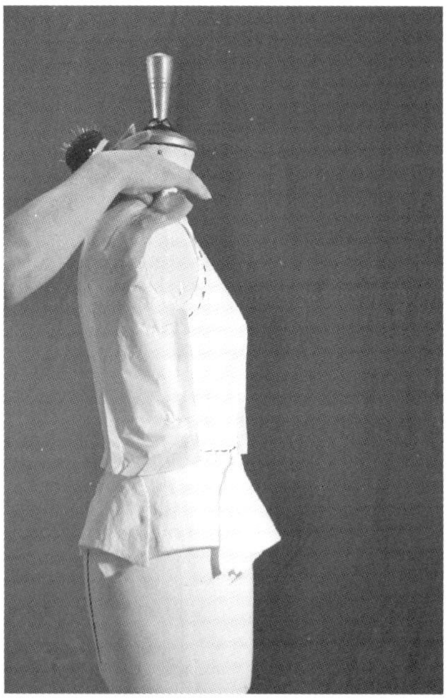

⑩将纸样的肩缝按人台的肩线用大头针连接在一起。

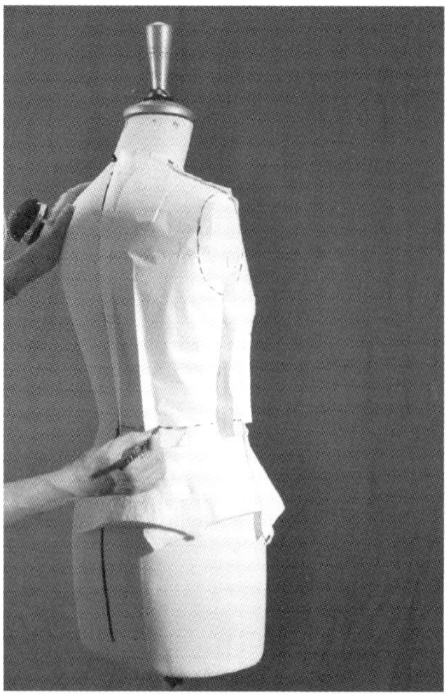

⑪根据人台侧缝线剪掉纸样的多余部分，并剪出后袖窿弧线形状。根据前片侧缝线的折印儿，将纸样的前后片连接在一起。在设计好的纸样上画好标记线，做好剪口记号。

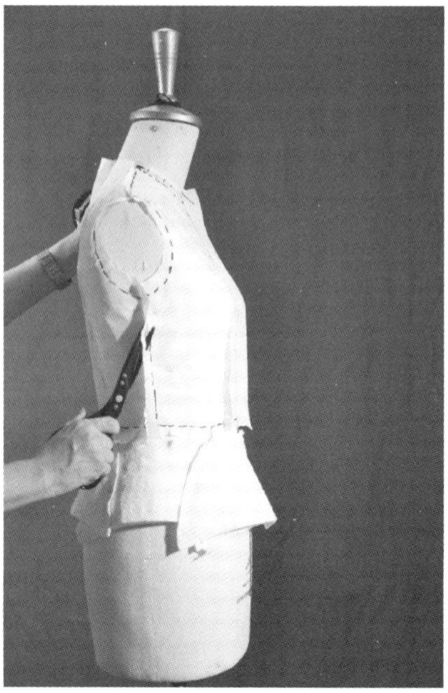

⑫再精确地修剪一下纸样的轮廓线。

二、公主型礼服领子制板步骤

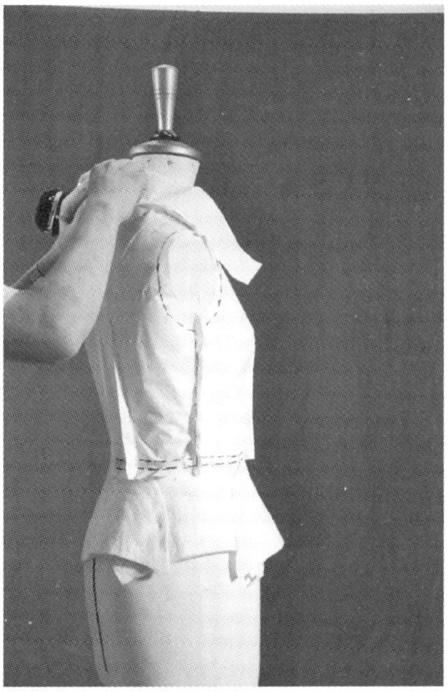

①本款式设计的立领，取一条长方形立裁纸，后中预留缝份，垂直与衣身对齐连接。

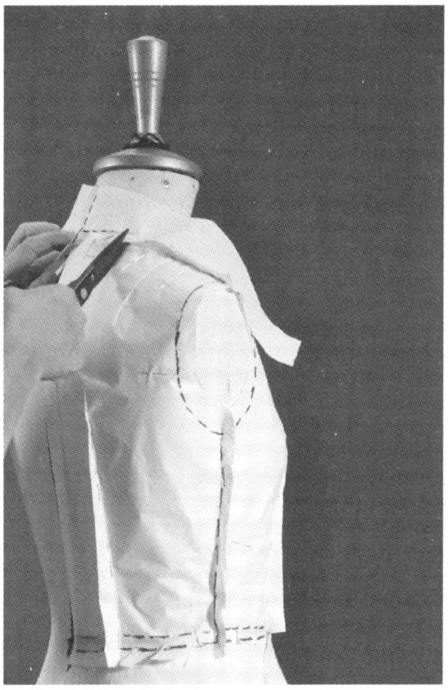

②领口用剪刀打剪口。

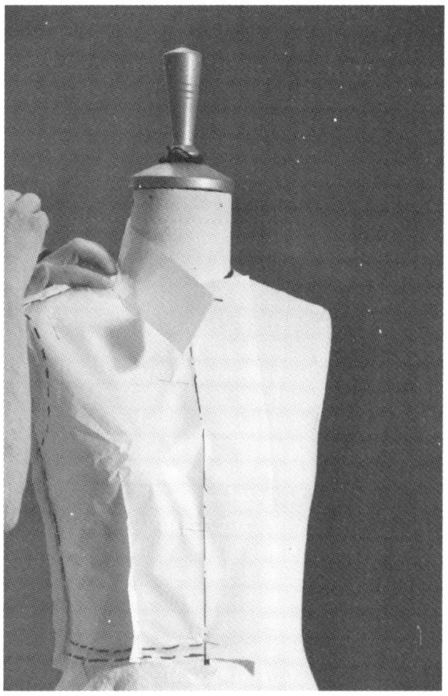

③根据领子的角度确定领底弧线的弧度及方向，用大头针固定在衣身的领口弧线上。

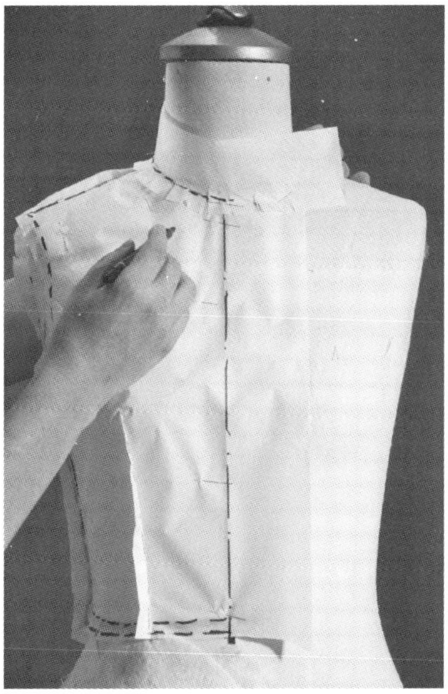

④将连接好的领子用笔按照针的痕迹描出领子底弧弧线。

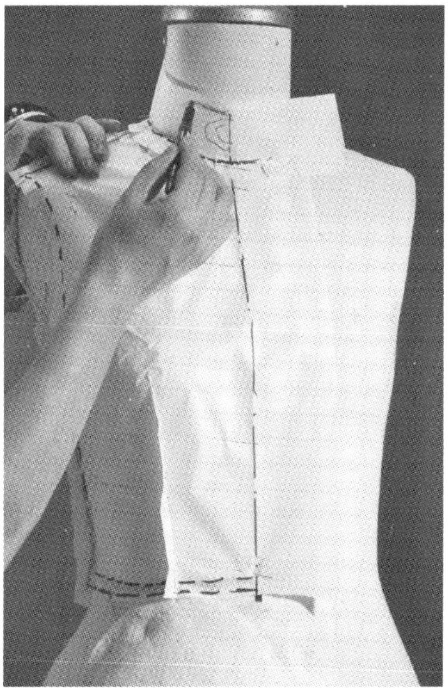

⑤这款礼服设计的是后拉链，所以领子前面可以做连折，裁剪时可以不用裁开，做成整条的领子。再设计领子的高度。

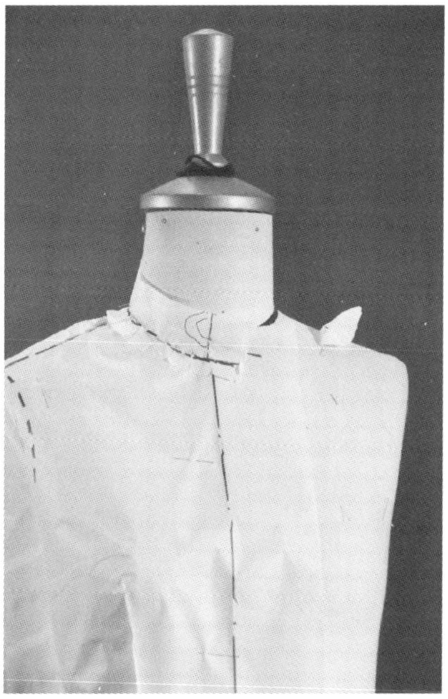

⑥领子完成后的效果。

三、公主型礼服袖子制板步骤

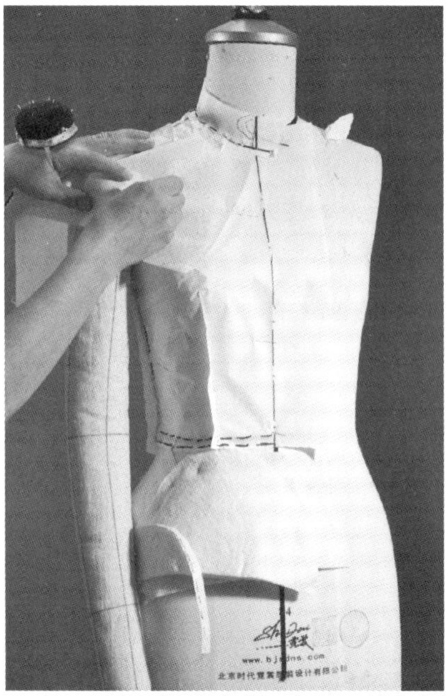

①取一张长方形的立裁纸，预留出袖子的长度，然后将肩部立裁纸平铺，用大头针固定在纸样的衣身上。

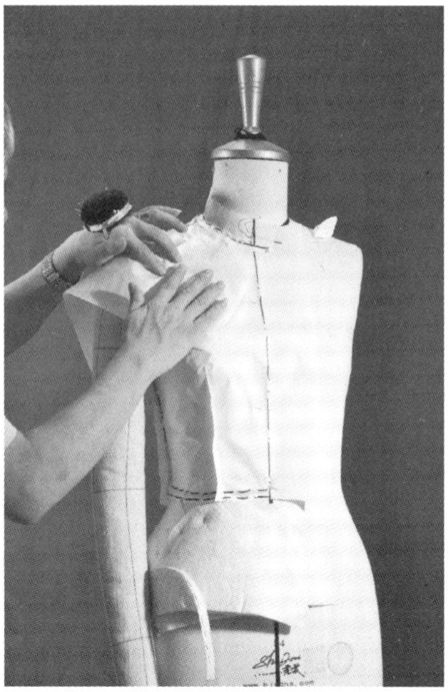

②固定时要保证纸样的平衡，袖子里侧也要预留足够的量。

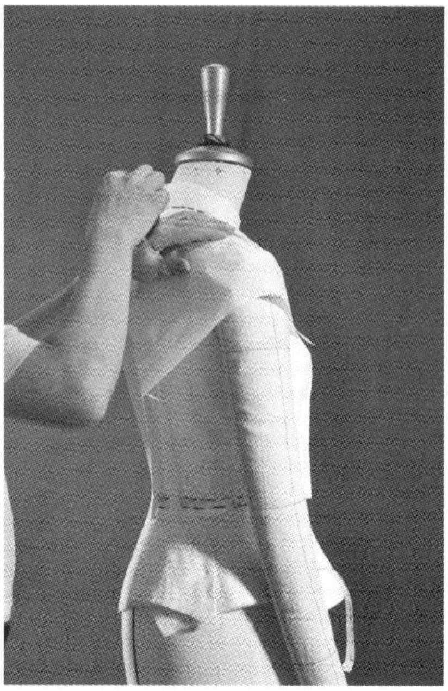

③后面和前面的操作方法相同，将纸样固定好。

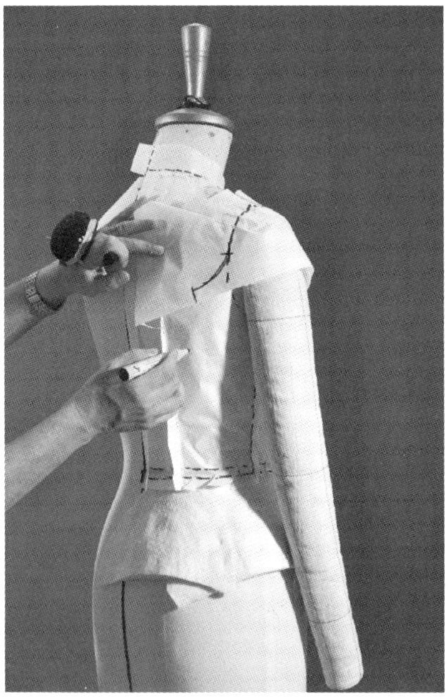

④用笔画出完整的袖窿弧线。袖窿弧线的具体位置是根据设计效果图或者设计要求来确定的。

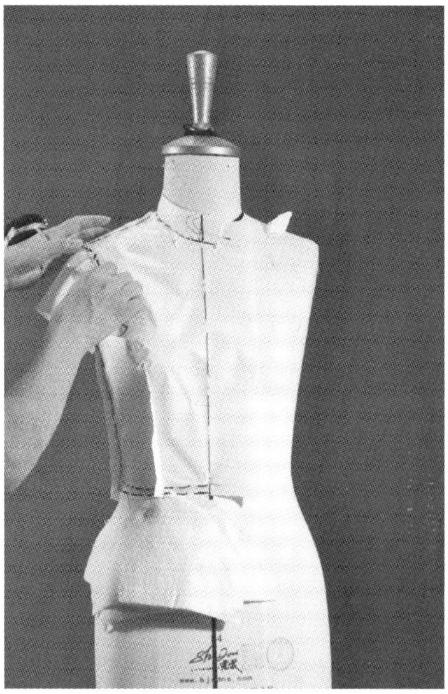

⑤设计好袖窿弧线后，将袖窿弧线大概固定，预留缝份，用剪刀剪掉多余的部分。

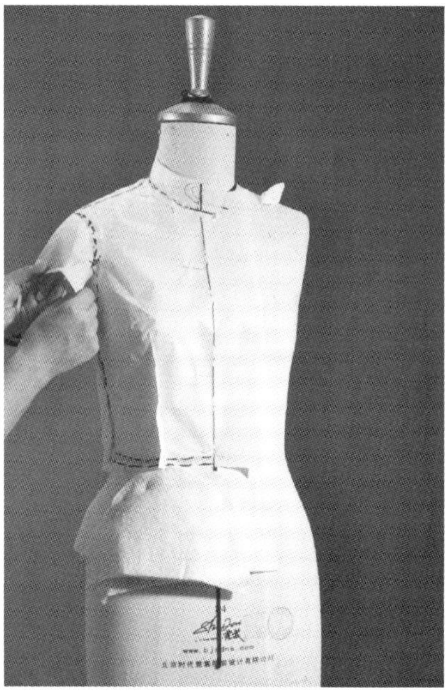

⑥确定袖窿底弧的长度，袖窿底弧要与衣身的袖窿底弧相接，如果有不符合的地方，可根据观察纸样的整体效果确定最终的袖窿弧线。然后将袖缝线连接起来。

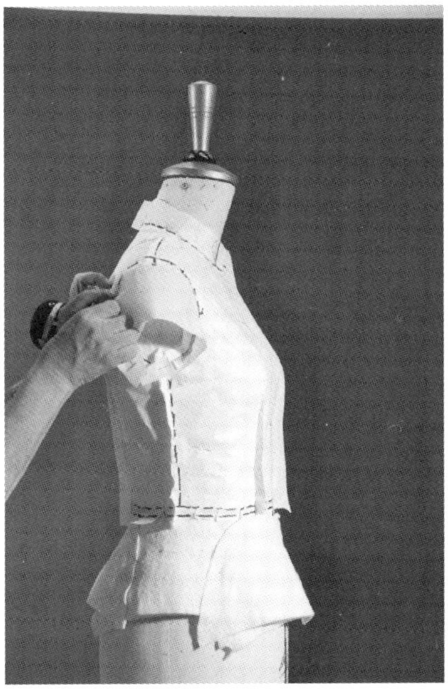

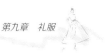

⑦ 现在来整理袖窿上半部分。先确定袖子的角度，让袖子向前转一点儿，这样更符合人体结构。

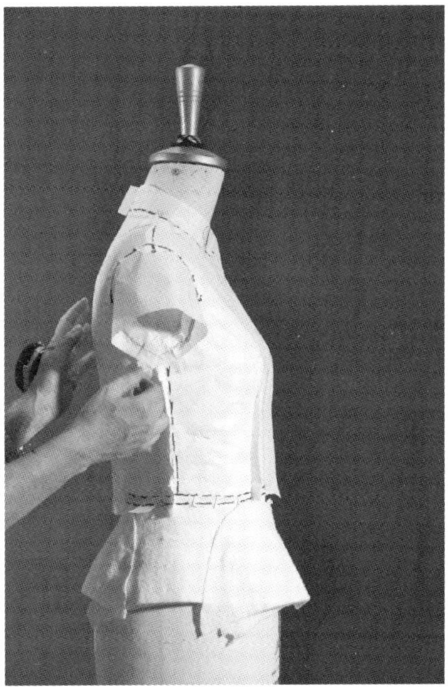

⑧ 确定了袖子的角度后，将后袖窿弧线重新调整，使纸样的衣身和袖子都平衡，袖窿弧线流畅。

⑨ 袖窿顶部要有些吃量，这样袖山包才能出来，才能给人体的肩和胳膊留出足够的空间。

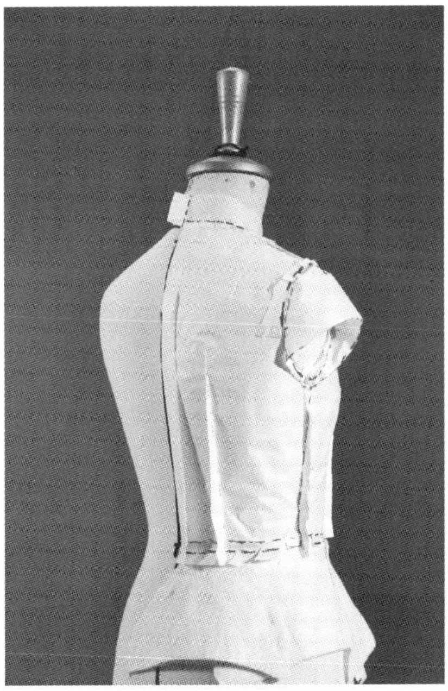

⑩ 袖子剪片的操作和后面是相同的。用大头针固定好后，再整体观察一下，把不好的地方再做调整。

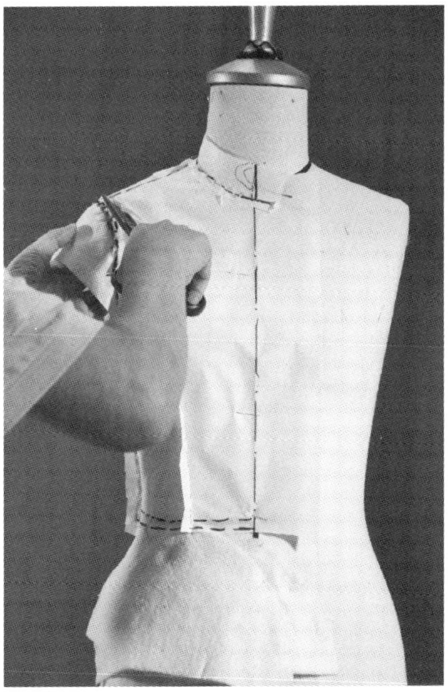

⑪ 袖子做好后，用剪刀剪掉袖子上多余的部分，注意要预留缝份。

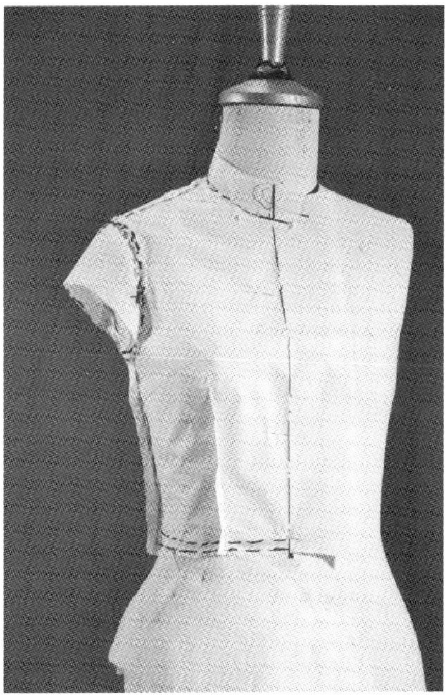

⑫ 图示为公主裙上半身纸样完成后的效果。

四、公主裙礼服大裙制板步骤

①现在先要做一个裙撑，袖撑长度大概在40cm左右，具体长度可以根据设计要求的效果确定。宽度要大些，因为要捏很多碎褶。捏好碎褶后，一边对齐人台前中线，一边固定在人台的侧缝线上，将捏好的褶均匀地分布在人台前面。

②再取一张与前面相同的立裁纸，捏好碎褶，将一边对齐人台后中线，一边固定在人台的侧缝线上，将捏好的褶均匀地分布在人台后面，注意前后中线和侧缝都要预留缝份。

③裙撑做好后，现在要做真正的公主裙了。这款公主裙的造型是前短后长。所以做后片裙子时要将两张立裁纸黏接在一起，也将上端用手捏成碎褶。

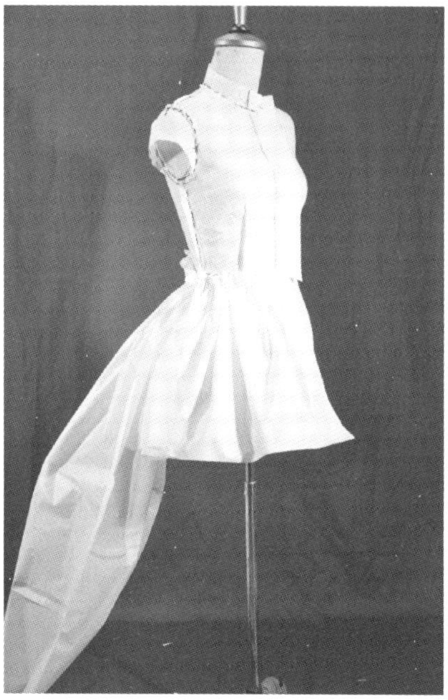

④同样，将捏好的褶一边对齐人台后中线，一边固定在人台的侧缝线上。

⑤然后将这些捏好的褶，均匀地分布在人台后面。注意前后中线和侧缝都要预留缝份。

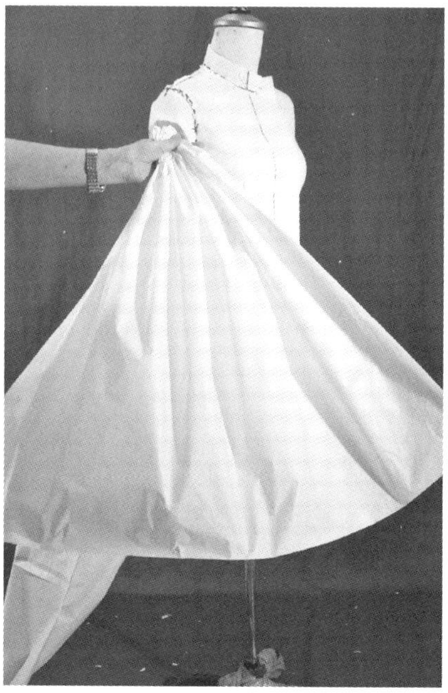

⑥公主裙的前片稍短，一整张立裁纸就可以。同前面操作，用手把立裁纸一端捏成碎褶。

⑦捏好碎褶后，一边对齐人台前中线，一边固定在人台的侧缝线上，将捏好的褶均匀地分布在人台前面。

⑧将前后片腰节的褶均匀地处理好后，将裙子前后片的侧缝线连接起来。连接时一定注意保持裙子前后片的平衡。要保证面对侧缝线时，侧缝线是一条直线。

⑨确定上衣身与裙子的连接线，并用笔画出来，注意连接线与地面水平。如果担心画不好，可以找来参照物作辅助，如图所示。

⑩现在要设计裙摆的造型了，可以先用笔画出来一个大概造型轮廓，包括裙子的长度、前后片从短到长的坡度，都可以设计出来。

⑪设计好裙摆的轮廓线，就可以用剪刀按轮廓线剪出裙摆的廓型。不要一次就剪得太多，留出一点儿量，可以再观察、再修正。

⑫将腰节部位预留缝份后修剪，再观察整体效果。图示为公主裙完成后的整体效果。

第四节 旗袍

一、旗袍前片制板步骤

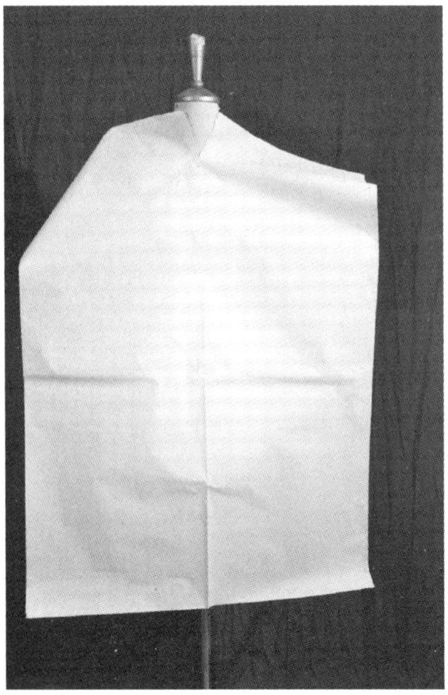

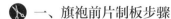

①按照操作原型女衬衫的方法，取适合衣长及衣宽的立裁纸，在前中线的位置折出前中线，因为旗袍属于不对称服装，所以要用整面的立裁纸，在前领口处打口，使纸平贴在人台上，但两胸之间的纸不要按实在人台上。

②将立裁纸平衡地裹在人台上使立裁纸呈圆柱形。分别在胸围线、腰围线、臀围线位置各固定一针。

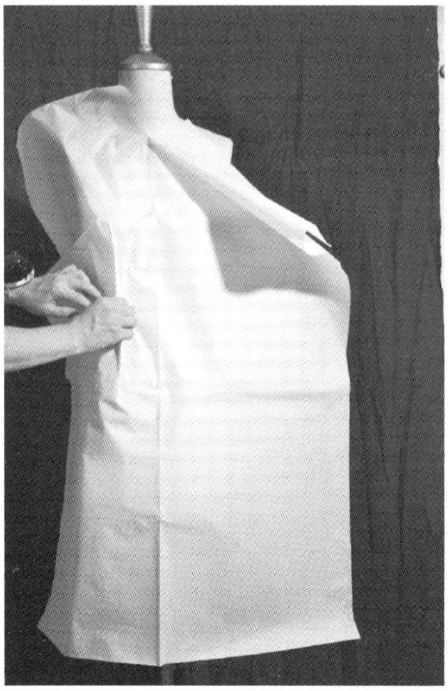

③将多余的量捏成腋下肩省量和腰省量，注意保持纸样整体的平衡。

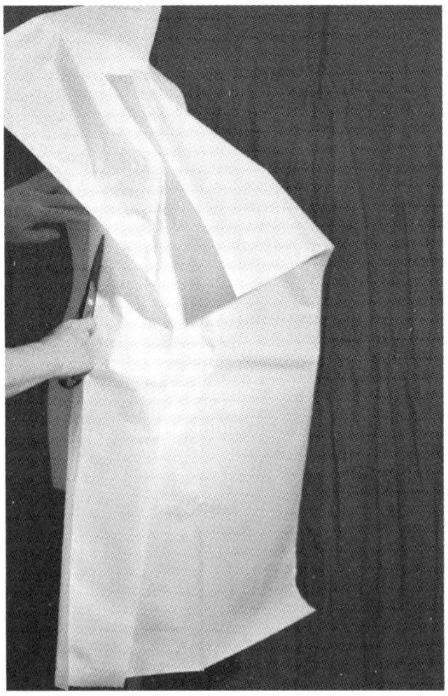

④预留出纸样的缝份和修改量，剪掉多余的立裁纸。

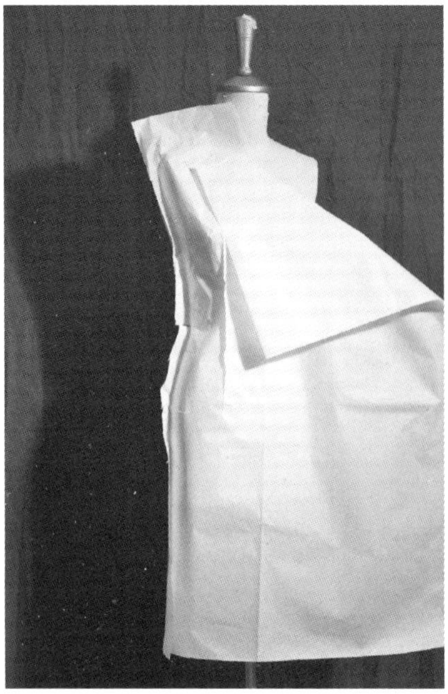

⑤按照人台的侧缝线，折出旗袍前片的侧缝线，正面面对侧缝线时这条线应该是一条垂直地面的直线，从人台的正面看，侧缝线是贴合人体曲线的“S”线。

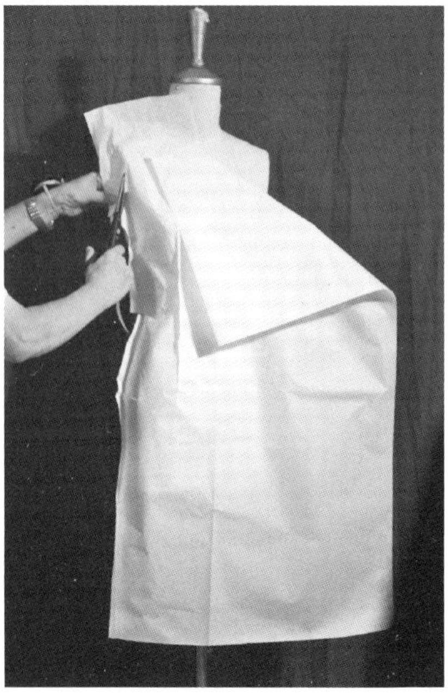

⑥确定袖窿并剪出袖窿的形状。

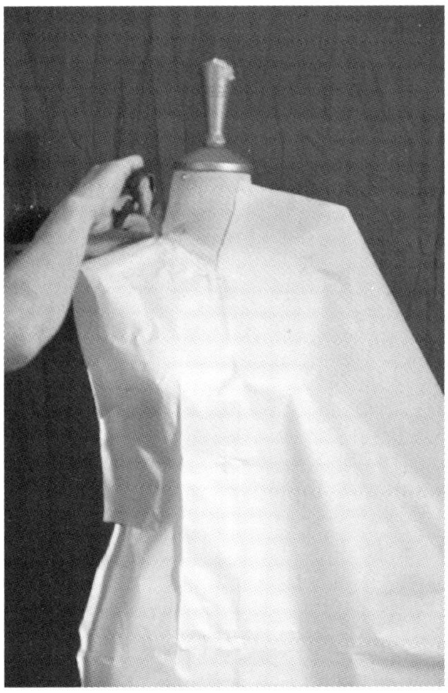

⑦ 剪出旗袍的领窝，并打剪口。

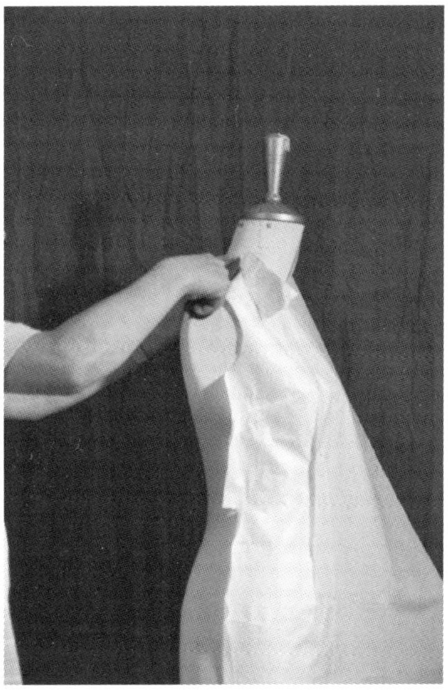

⑧ 折出前片的肩斜线，并剪掉多余的部分。

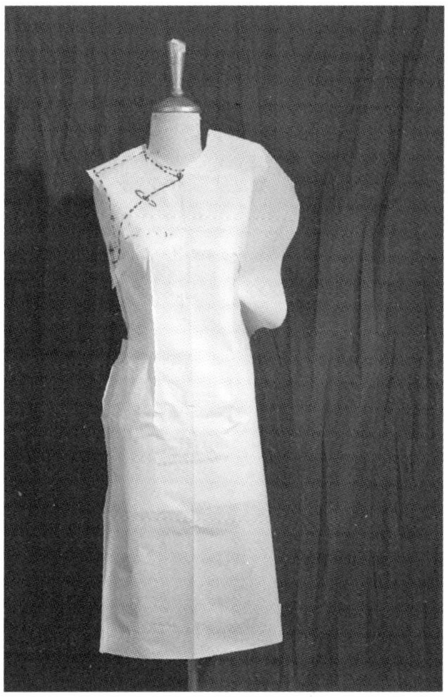

⑨ 根据设计要求画出轮廓线和旗袍大襟的位置及扣位。

二、旗袍后片制板步骤

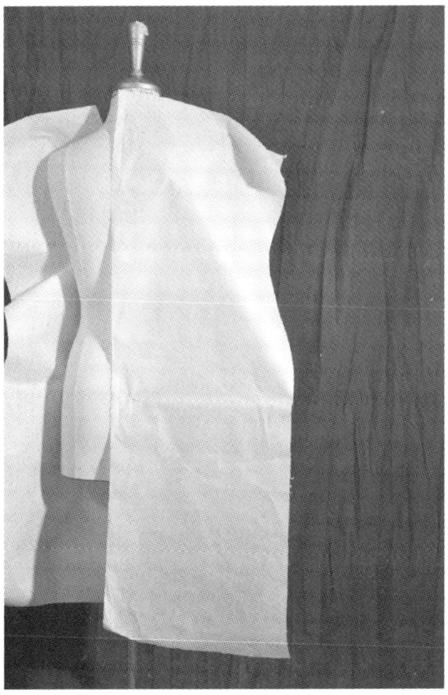

① 取适合后面大小的纸张，这款旗袍设计的是后中拉锁，所以在后中线留2cm的缝份。在后领窝下、中腰部分、肩胛骨、臀围线分别固定一针。

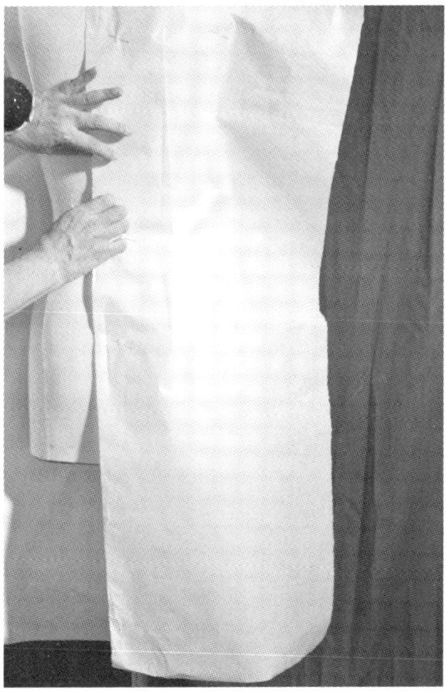

② 将后中线中腰部位压实在人台上，按人台后中标记线折出纸样的后中线。

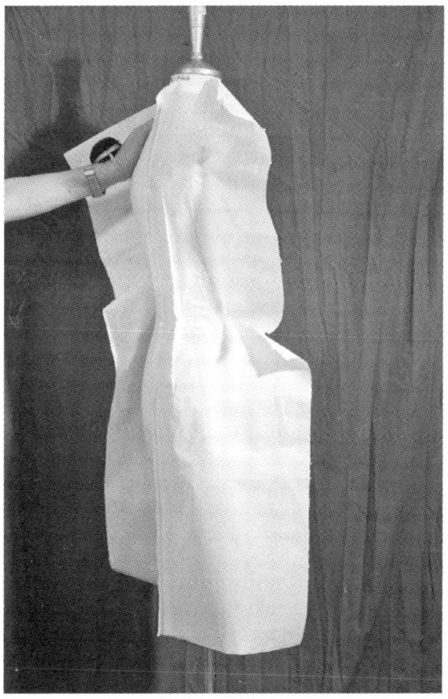

③ 捏出后腰省及肩胛省，调整纸样的平衡。

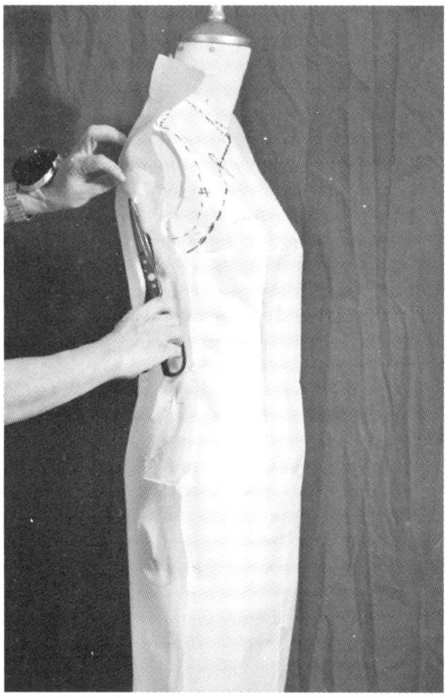

④根据人台侧缝线剪掉纸样的多余部分，并剪出后袖窿弧线形状。

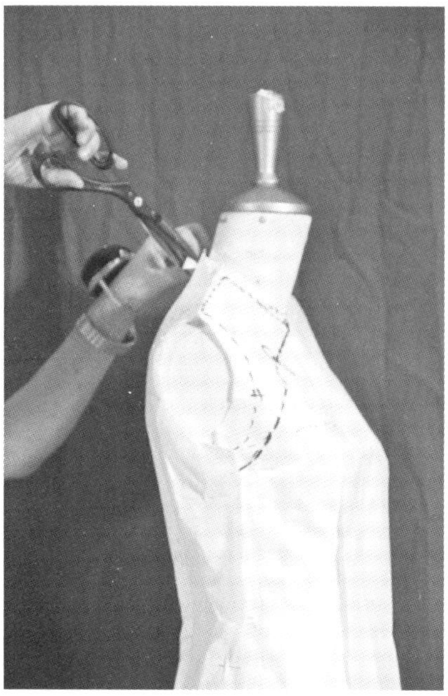

⑤剪出后片的肩斜线和后领弧线，并在领口打剪口，使纸样平贴在人台上。

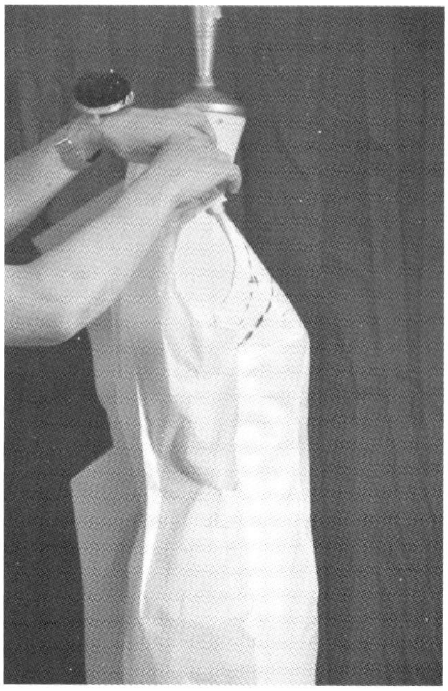

⑥将旗袍纸样的肩缝按人台的肩线位置用大头针连接在一起。

⑦根据前片侧缝线的折印儿，将纸样的前后片连接在一起。

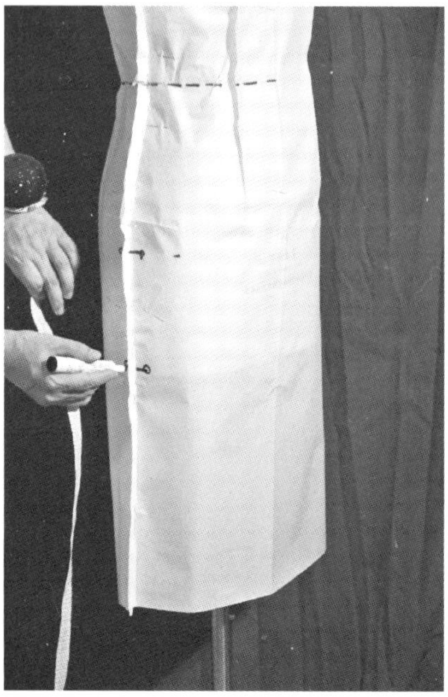

⑧在设计好的旗袍纸样上画好标记线，做好剪口记号。

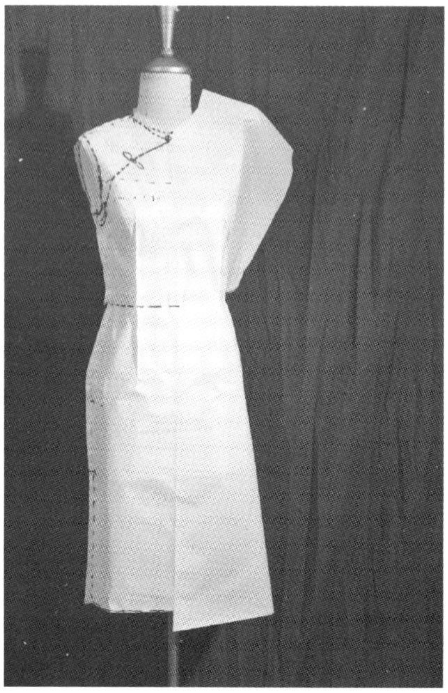

⑨这是旗袍衣身完成后的效果。

三、旗袍领子制板步骤

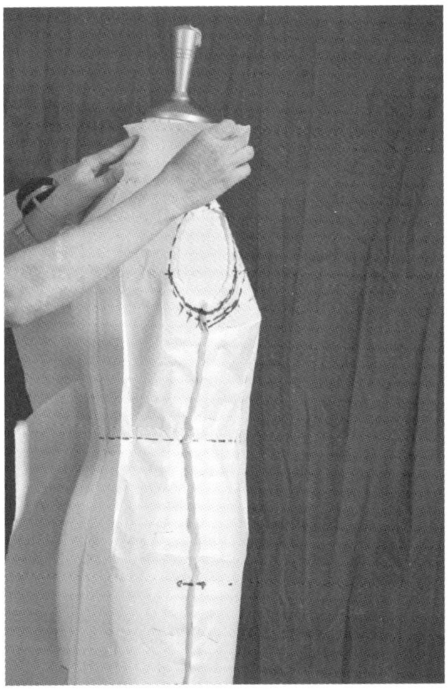

①根据设计要求来配领子。取一个长方形立裁纸。一个窄边留缝份，对齐人台后中线，与后纸样的后中线对齐并固定。

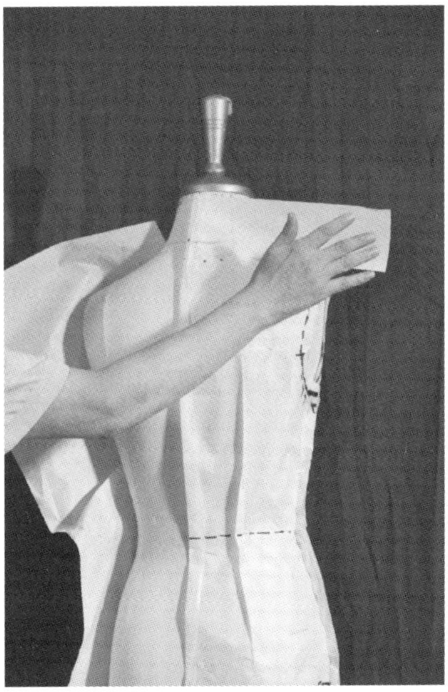

②保证领子的后中线与衣身的后中线在一条直线上，将领子按衣身的领窝线围在人台的脖子上。

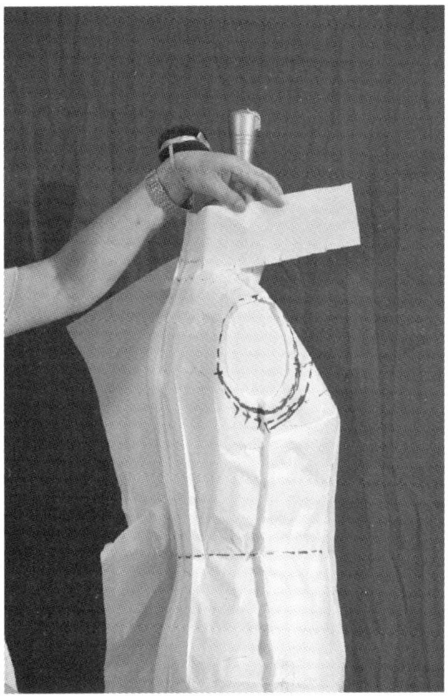

③用剪刀在领子底部打一排剪口，便于领子平衡服帖地立在脖子上。

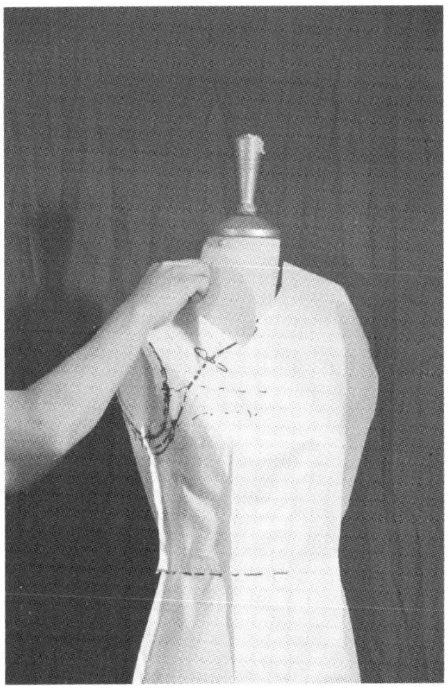

④按照衣身上设计好的领窝线，将领子按领窝线平衡地固定在衣身上。注意领子不是紧挨着脖子的，中间有均匀的缝隙。

⑤注意领子前中固定的位置是在前领窝处下降2cm，固定好领子后要画出设计好的领子的轮廓线，前中线一定要垂直于地面。

⑥根据设计要求画出领子的高度和形状。

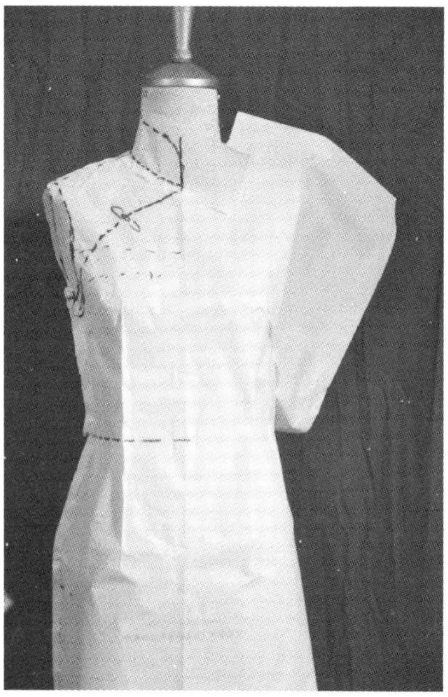

⑦ 一般旗袍领的领头都是圆头的。

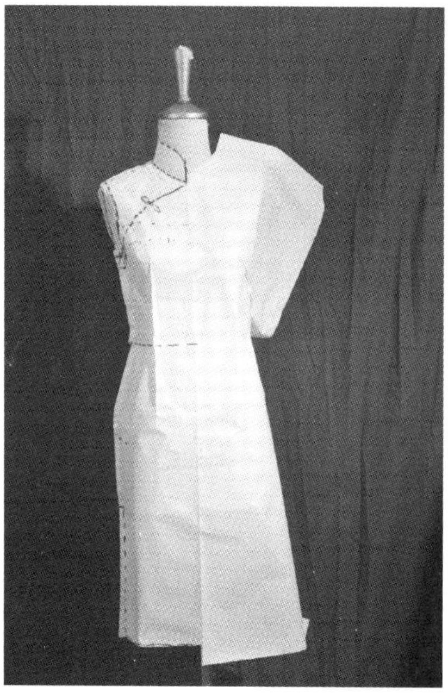

⑧ 将领子修剪成净板，这样更容易看出领子的整体效果，调整修整衣长及多余部分。

⑨ 画出所有标记线及扣子位置。图示为立裁旗袍完成后的纸样效果。

四、旗袍纸样整理步骤

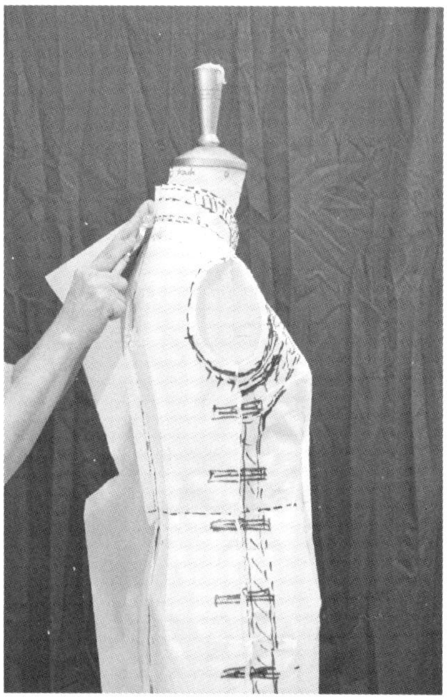

① 用尖压轮在确定的接线上压，使袖片和衣片上留出共同的压轮印迹，这印迹也就是衣身、袖窿和袖片弧线的净线。

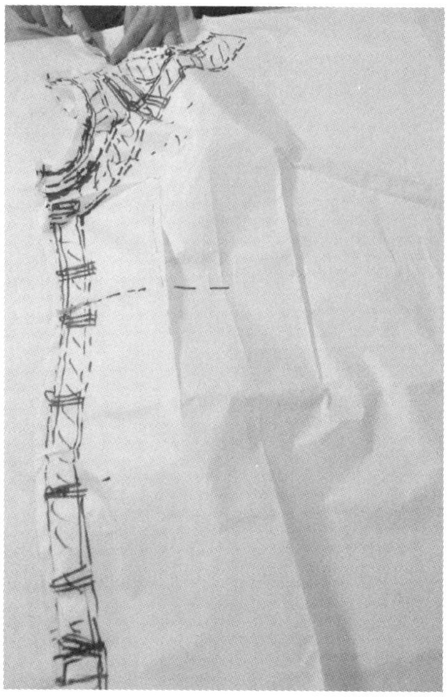

② 将前后片的所有记号和别有大头针的净线、省道线、贴边线、镶边线等，全部用压轮压出印迹。

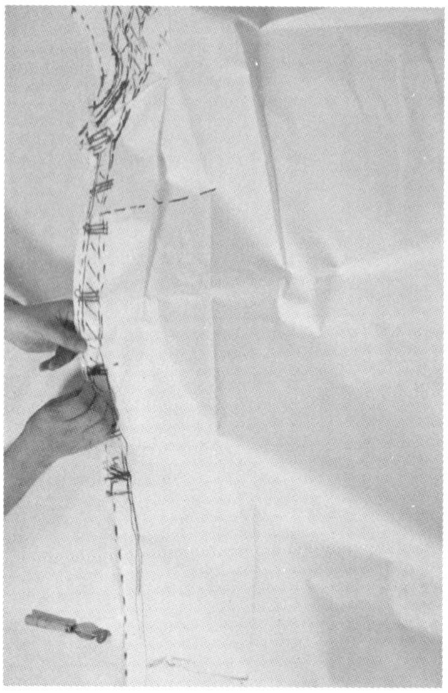

③ 压好净线轮廓线的印迹后，把大头针取下来。

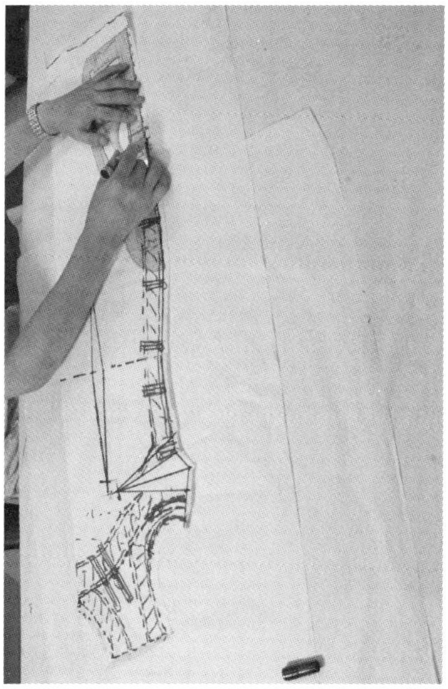

④ 用标准的铅笔按照压轮印画出前片纸样的净线、省道线、贴边线、镶边线及缝份，标注剪口记号。

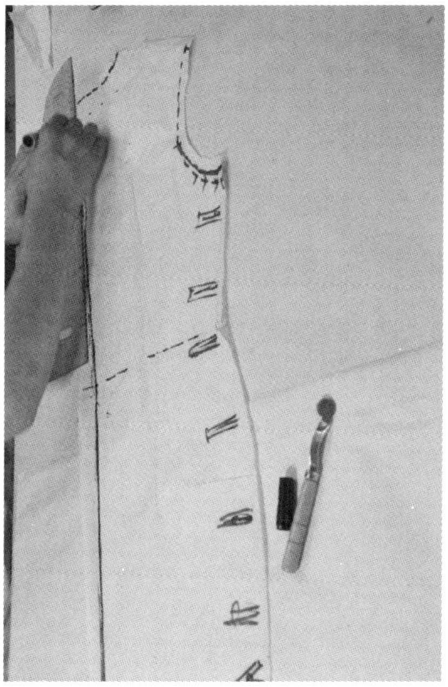

⑤ 用标准的铅笔按照压轮印画出后片纸样的净线、省道线、贴边线、镶边线及缝份，还要将记号、剪口标注清楚。

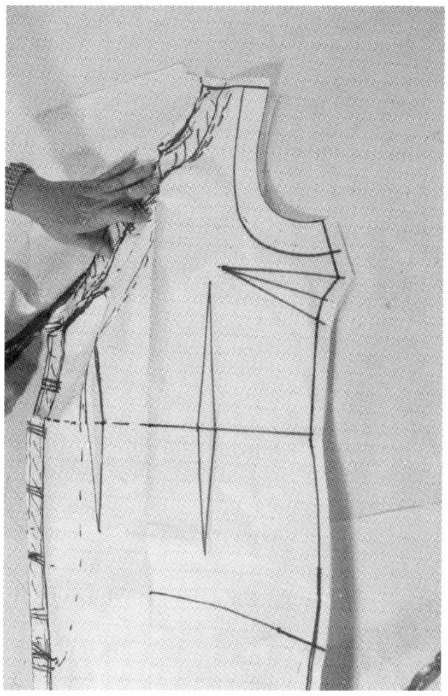

⑥ 将旗袍的大襟和底襟分开，复制旗袍大襟并画出缝份。

⑦ 将旗袍领子和大襟上的贴边和镶边条也另外复制下来。

⑧ 设计排料包边条。

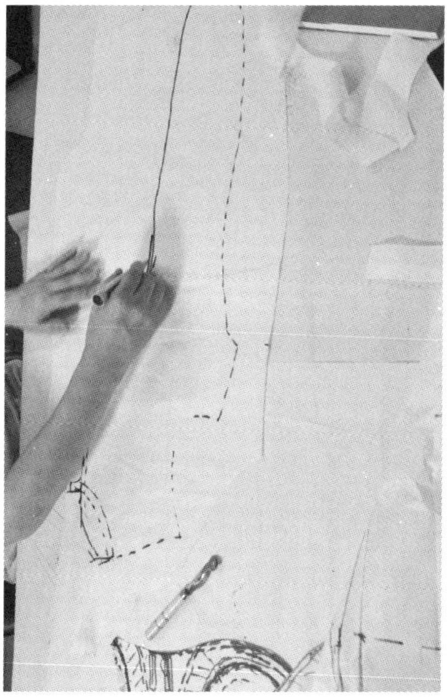

⑨ 复制旗袍底襟并画出缝份，注意旗袍的底襟不要设计太窄，不然穿着时会露出缝隙或内衣。领子后期整理的方法请参照前面章节中领子的操作方法。

第五节　鱼尾型礼服

一、鱼尾型礼服前片制板步骤

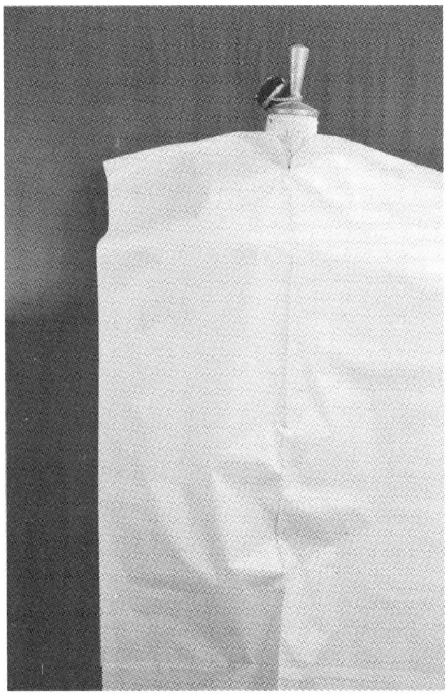

①取整张立裁纸，竖着对折，折出纸样的前中线，与人台的前中线对齐并固定。纸要向上提，在脖子的前中线位置打剪口，使立裁纸服帖在人台上。

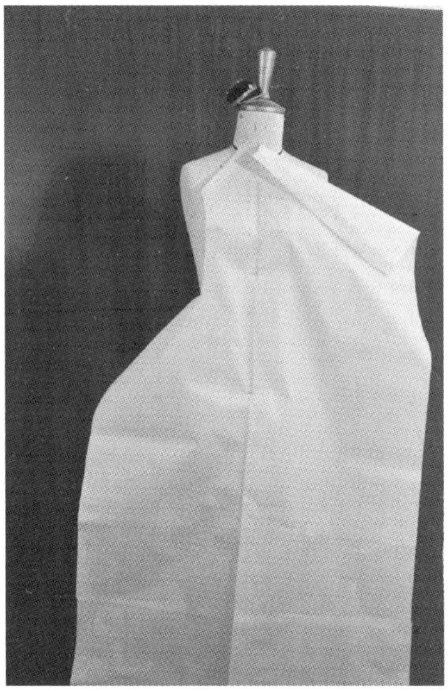

②根据人台的公主线先大概剪出纸样上半身的公主线及领窝的轮廓线，要预留出缝份。

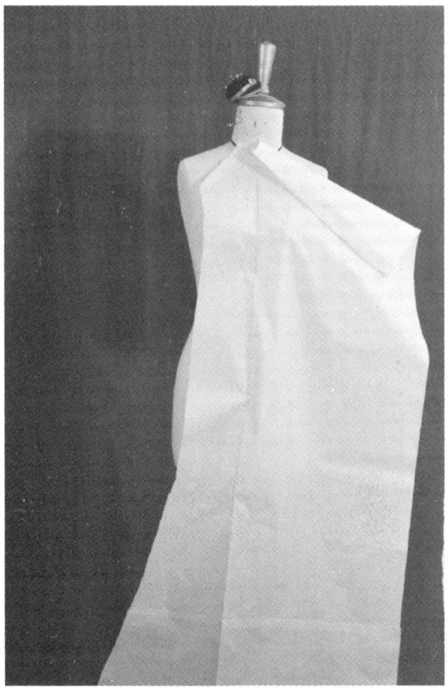

③这款礼服是鱼尾造型，要设计确定鱼尾的转折点位置。根据款式设计要求，注意下摆鱼尾的角度，剪出下摆的大概轮廓线，预留缝份，剪掉多余的部分。

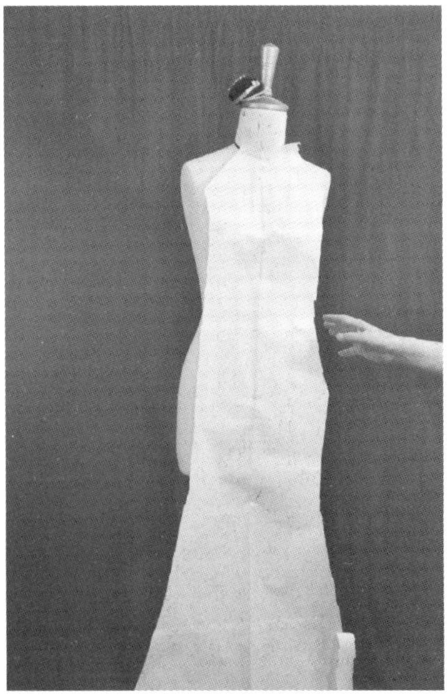

④为了方便观察整体结构比例，可将另外一边根据左边轮廓也剪出一个大概的轮廓。

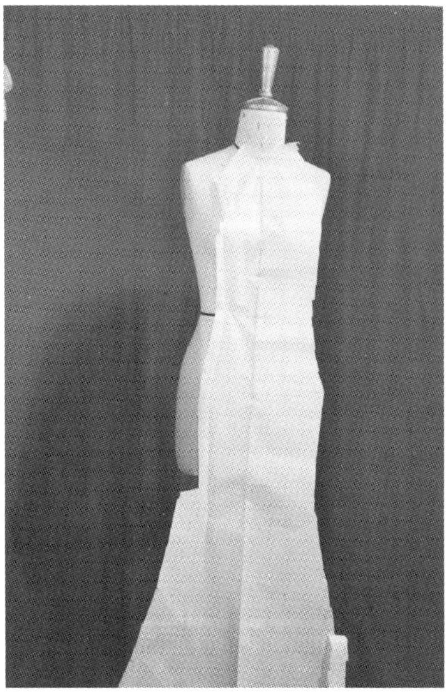

⑤再按人台前身的公主线折出纸样的公主净线，胸部打剪口，做归拔工艺处理，也方便后面的操作。

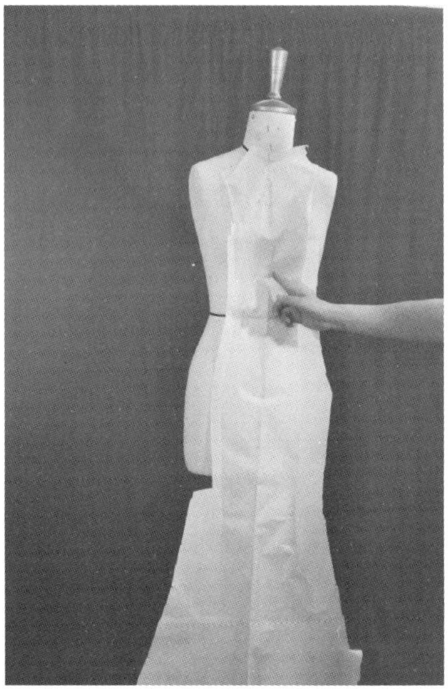

⑥再次修剪鱼尾转折点以上的线条，下摆后面根据整体效果再做处理。前胸部位要保持平衡，不要向里凹。

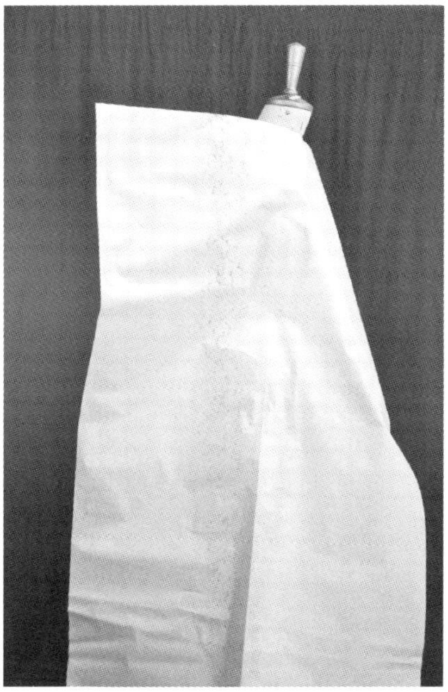

⑦ 取整张立裁纸，将立裁纸对着人台的前侧面用大头针固定。

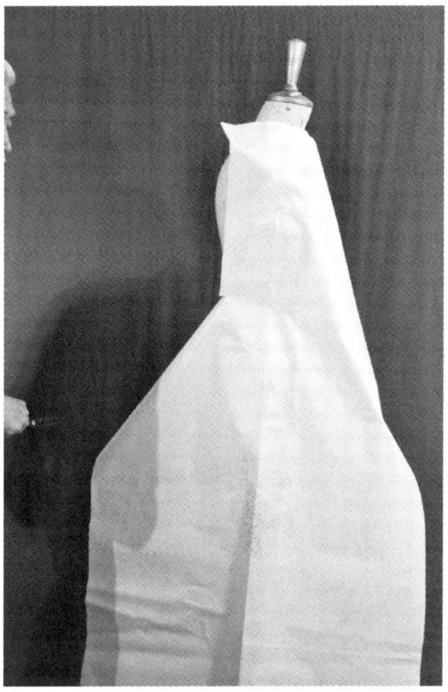

⑧ 固定好纸的方向，注意保持纸样的平衡，对着人台的侧缝线，大概剪出纸样上半身的侧缝线和轮廓线。

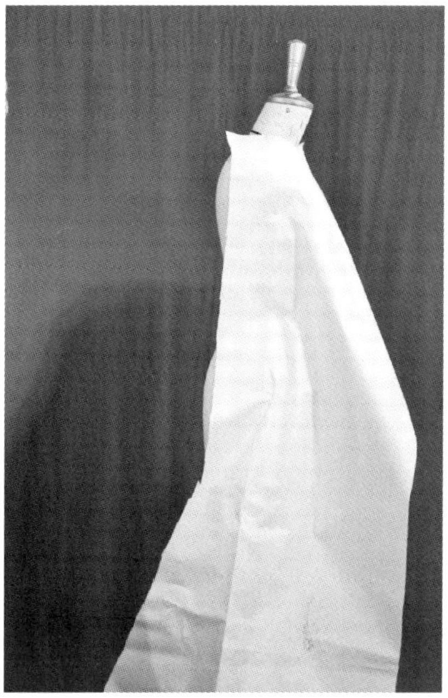

⑨ 再根据款式下摆角度设计，大概剪出鱼尾裙下摆的轮廓线。

⑩ 根据前片纸样公主线的轮廓线，剪出前侧片公主线的轮廓。

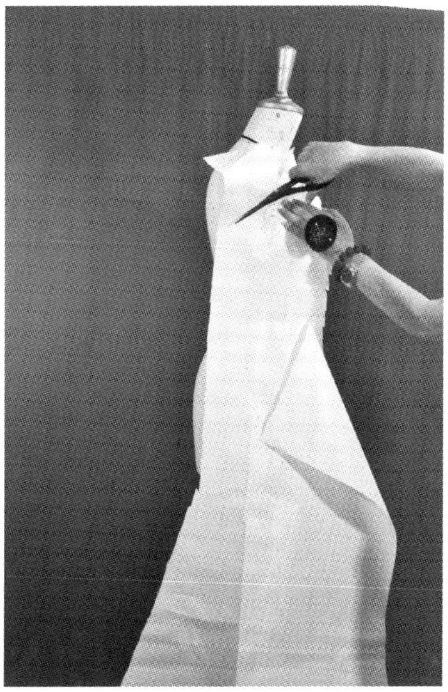

⑪ 根据款式效果图，修剪胸部及肩部的线条。注意要将两片前片的线条圆顺、流畅地修剪出来。

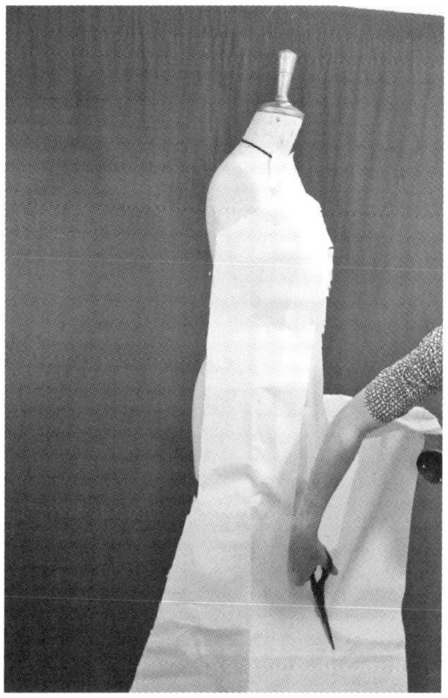

⑫ 根据设计要求和款式需要，设计前侧片鱼尾裙摆的长度和角度。

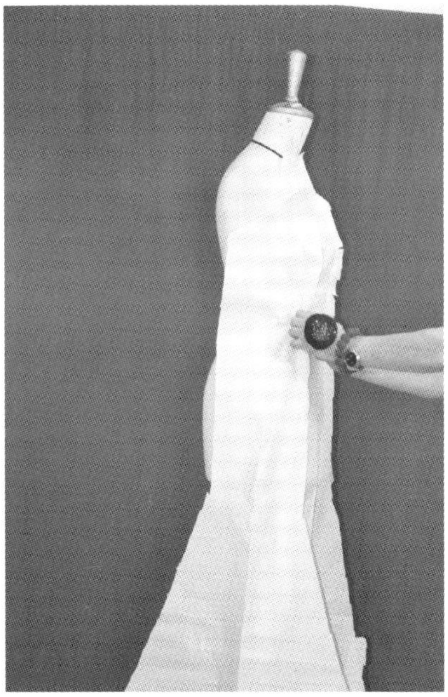

⑬ 用大头针将两片纸样连接，保证公主线线条圆顺。

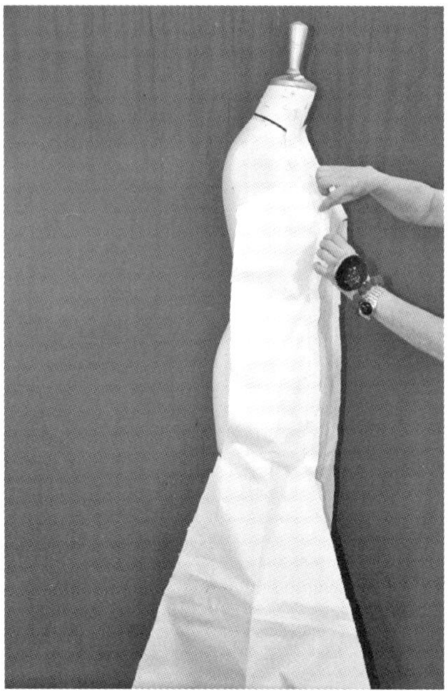

⑭ 胸部要做得细致些，弧度比较大的地方可以多固定几针，同时打剪口，这样才能更好地做出胸的曲线。

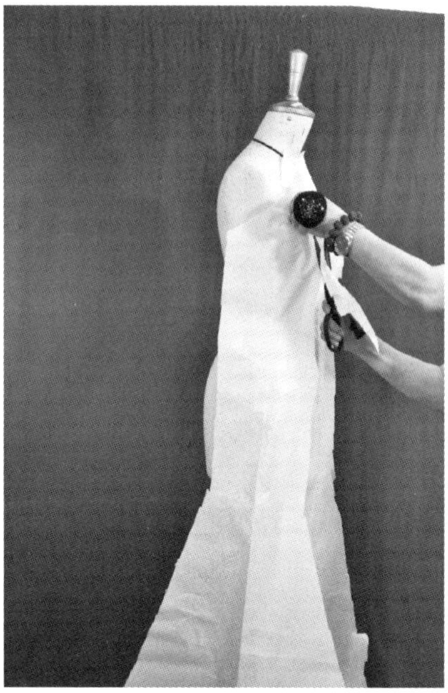

⑮ 为了更好地观察纸样的线条情况，再修剪公主线上半身纸样多余的立裁纸。

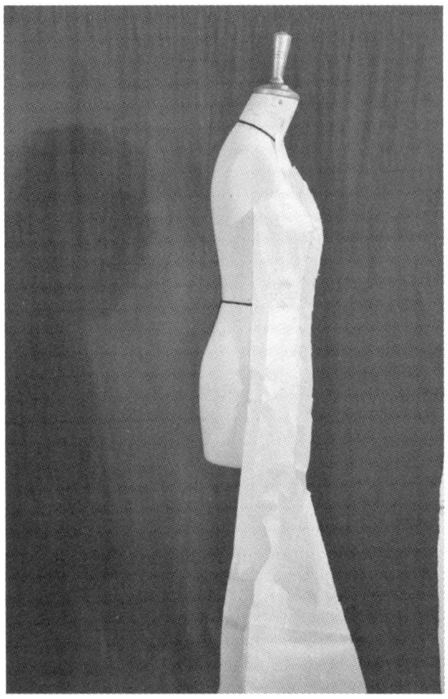

⑯ 根据人台的侧缝线，确定婚纱纸样的侧缝线并叠出净线。

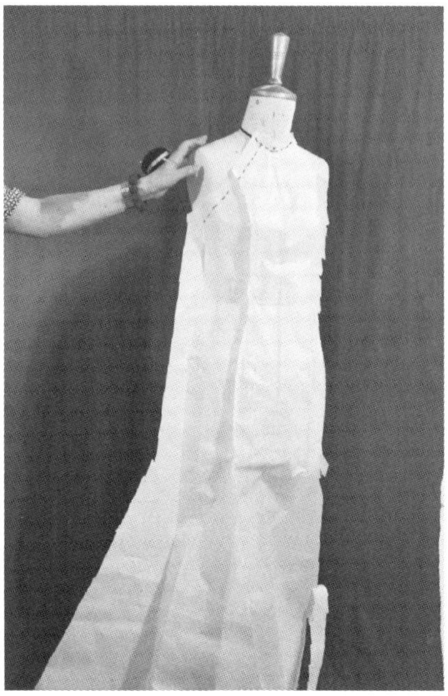

⑰ 根据款式设计要求，画出领口的净线及礼服肩部的结构线条。

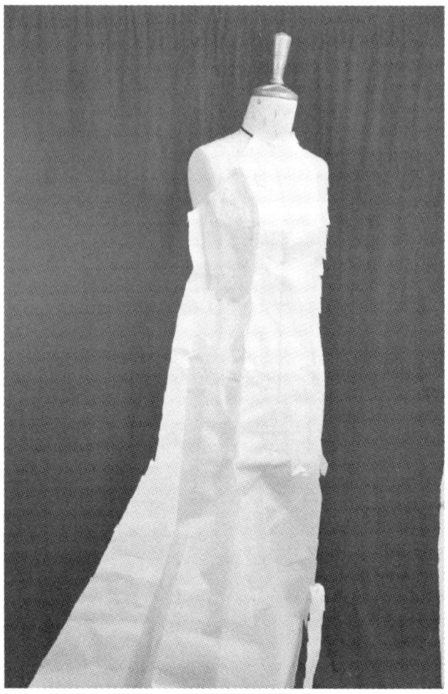

⑱ 按照纸样侧缝线的净线，修剪掉侧缝处多余的部分。

二、鱼尾型礼服后片制板步骤

①取适量的立裁纸，预留6 ~ 8cm的缝份，正面面对人台的后中线，将纸样的折印与人台的后中线对齐，在后领窝线下及腰节的位置各固定一针。

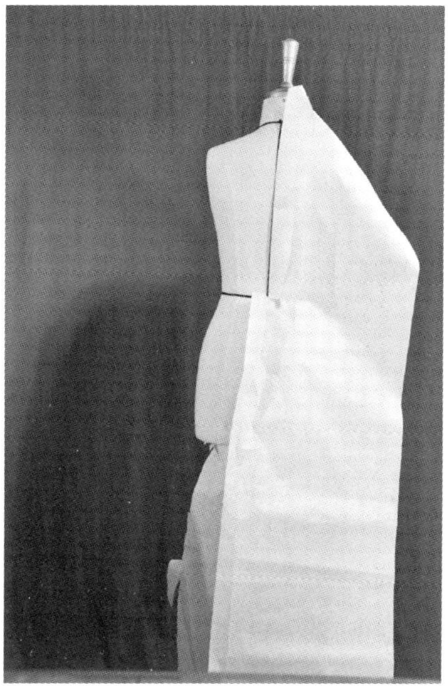

②在腰节缝份处打剪口。在腰节大头针处向侧面2 ~ 3cm的位置用大头针固定一针，将纸样后中线上半部分按人台后中线折出来。

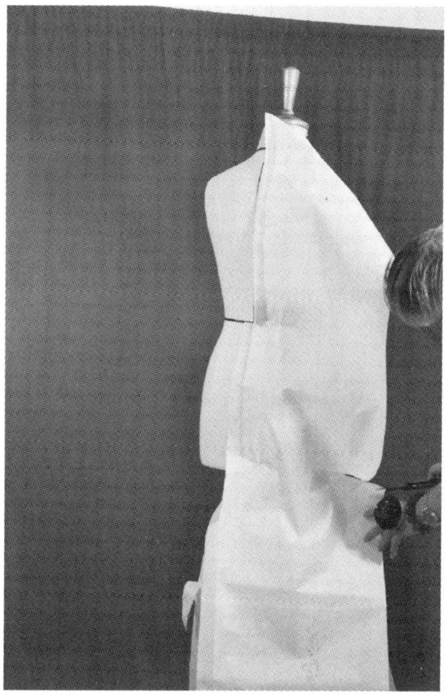

③在肩胛骨向外的位置固定一针，再用剪刀按人台的后公主线大概修剪出后面上半身的轮廓线。

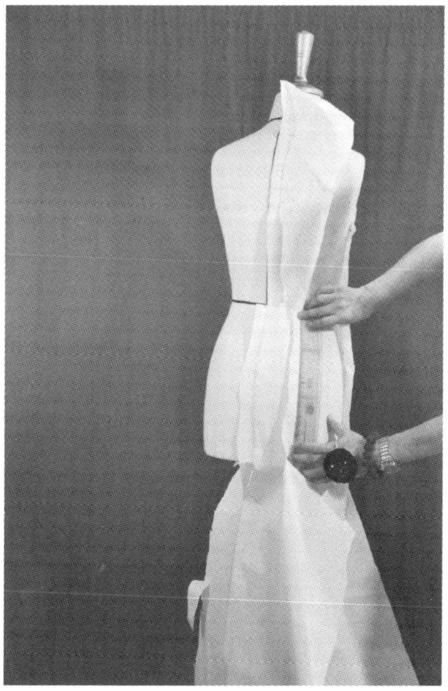

④按人台的公主线折出纸样后面的净线，同时观察线条是否圆顺。

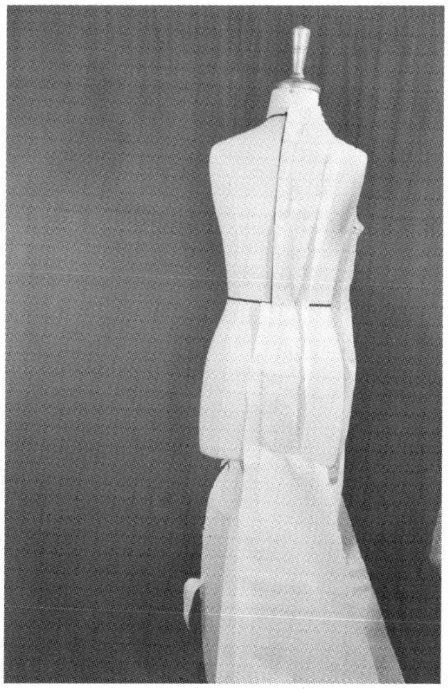

⑤修剪出后领窝及后肩部的结构线条的大概轮廓。

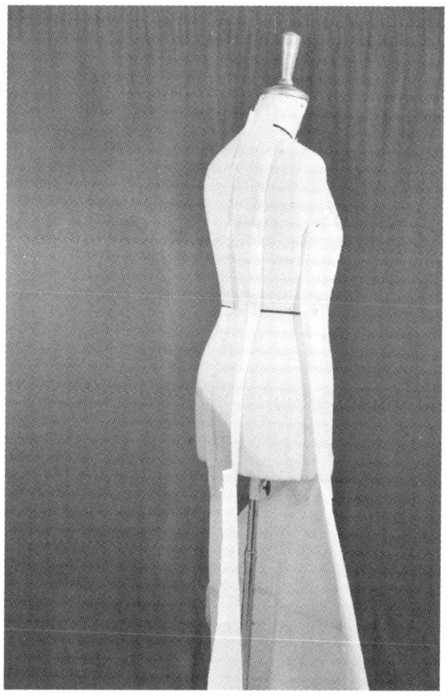

⑥整体观察每片纸样宽度的分配是否合理、美观。

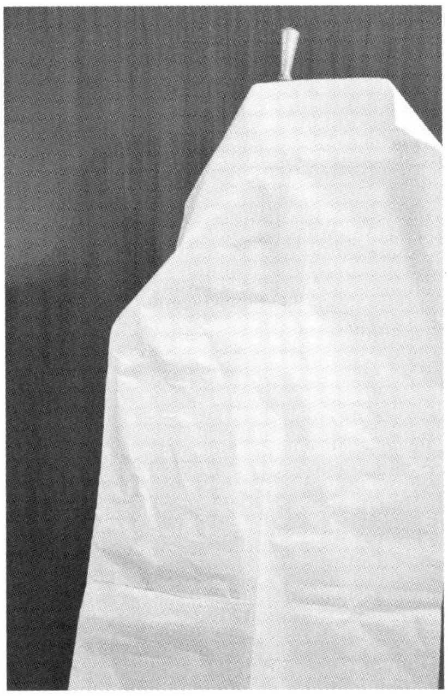

⑦ 取适量的立裁纸，正面面对人台的后侧面，将纸在胸下围及腰节线的位置各固定一针。

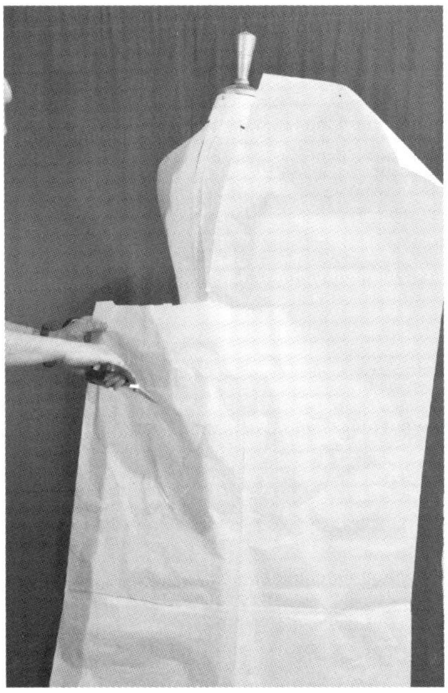

⑧ 固定好纸的方向，根据纸样后片公主线的轮廓线，剪出后侧片公主线的轮廓。

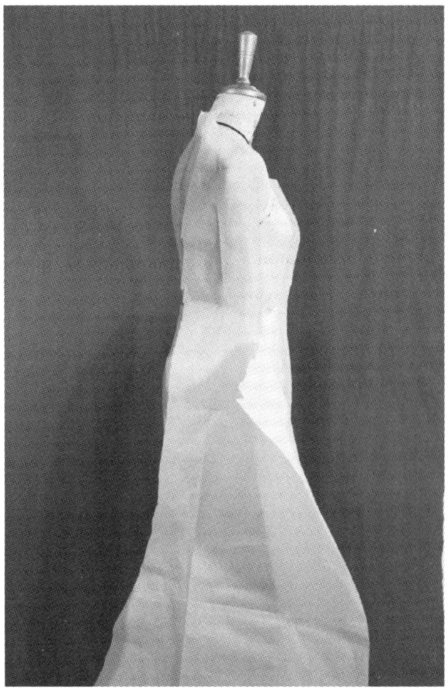

⑨ 再根据款式下摆角度设计，大概剪出鱼尾裙下摆的轮廓线。

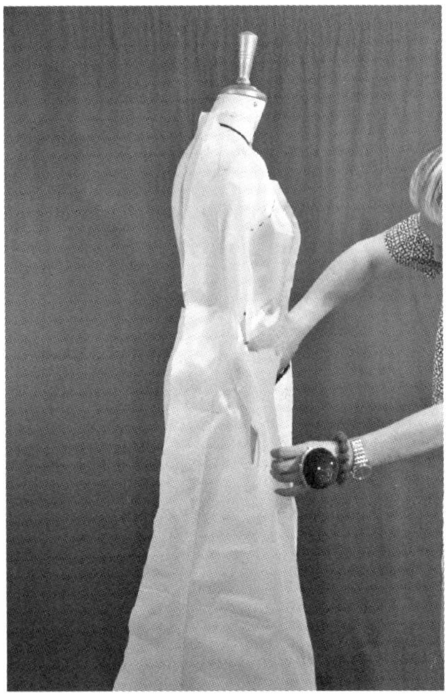

⑩ 注意保持纸样的平衡，对着人台的侧缝线，大概剪出纸样上半身的侧缝线。

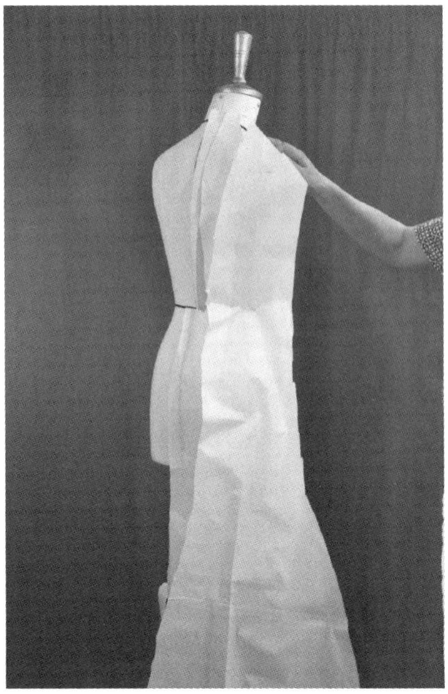

⑪ 根据效果图或者款式要求修剪出侧缝的大概轮廓，注意要多预留一些缝份，为后片调整做准备。

⑫ 修剪后侧片肩部造型的线条。

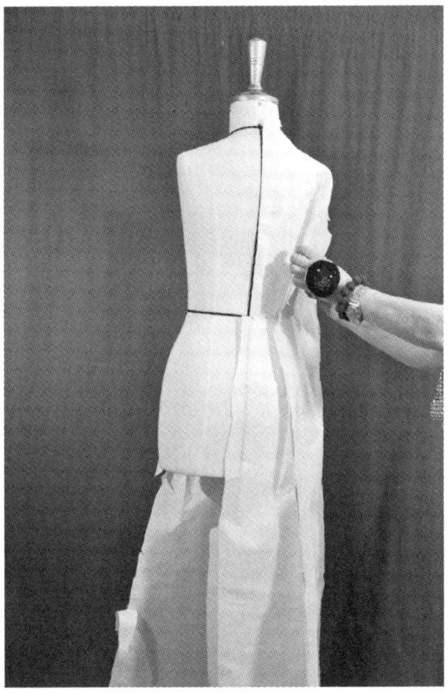

⑬ 纸样的后片与后侧片连接起来，注意保持两片的平衡。

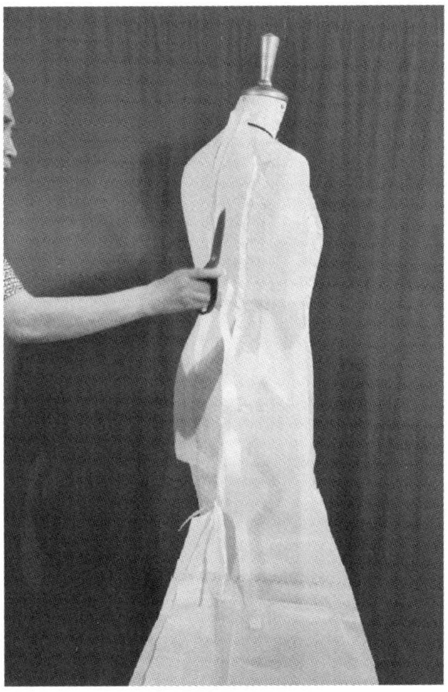

⑭ 将大头针连接好的部分再进行精确修剪。

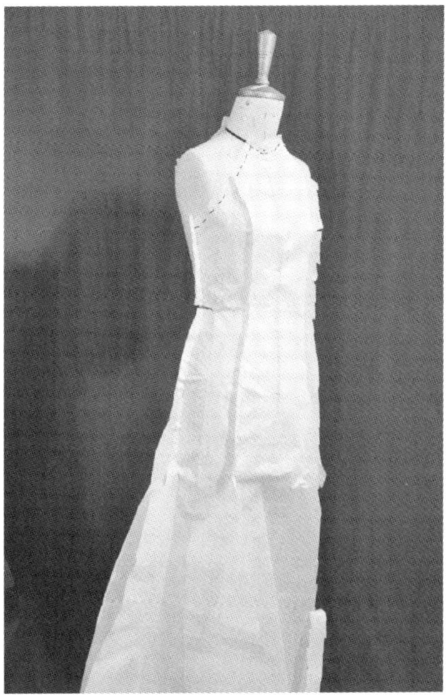

⑮ 将纸样的前后片侧缝连接起来，并将侧缝线预留足够的缝份修剪圆顺。

⑯ 按针印用笔画出纸样的净线。

⑰ 观察前侧片下摆的角度，前片可以稍平一点儿。注意合缝儿的时候，要保证缝儿从正面看是一条直线。

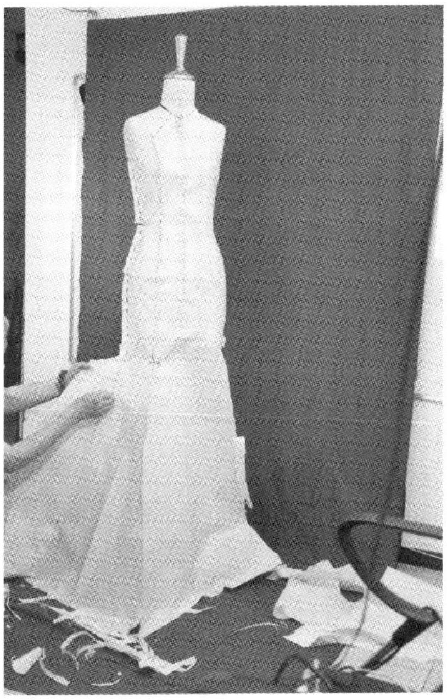

⑱ 根据礼服整体效果确定调整下摆侧缝的角度，并用大头针连接。

⑲ 用笔按后面针印画出纸样的净线。

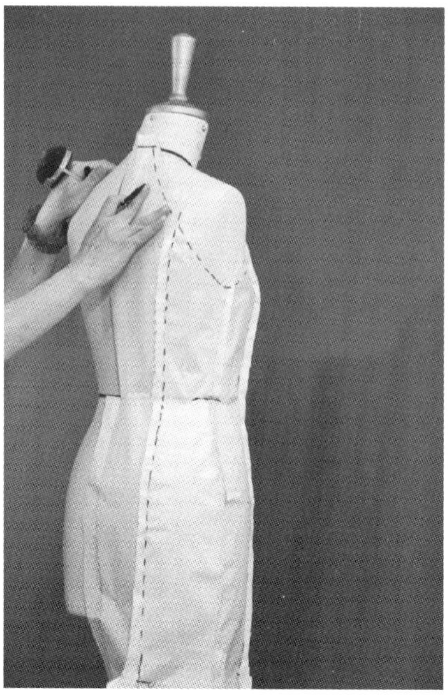

⑳ 注意在肩胛骨上方的位置做一点儿吃量的处理，在制作时要加一条欠条来固定。

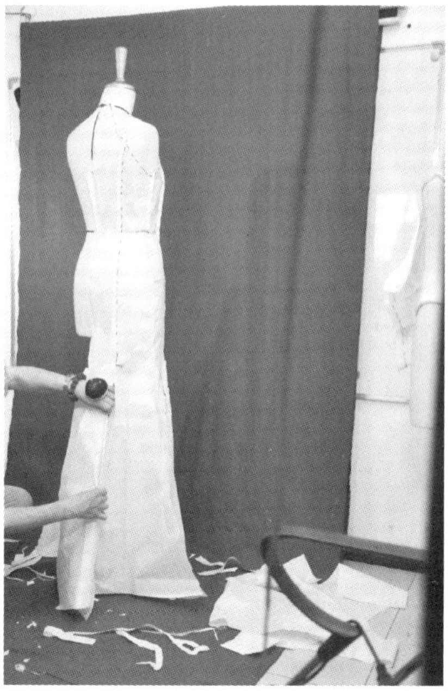

㉑ 根据款式需要，调整后侧片下摆的角度，用大头针将两片纸样连接起来。

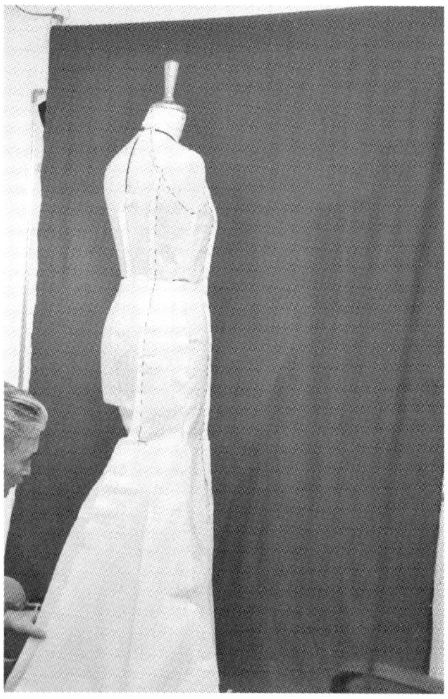

㉒ 现在再确定后片后中线部分的角度及纸样的后中线。先将鱼尾的转折点固定好，保证每片纸样的转折点都在一个水平线上。再将后下摆往上抬，抬到适合的角度后，把纸样裙摆处的后中线折出来。一定要折成一条直线。

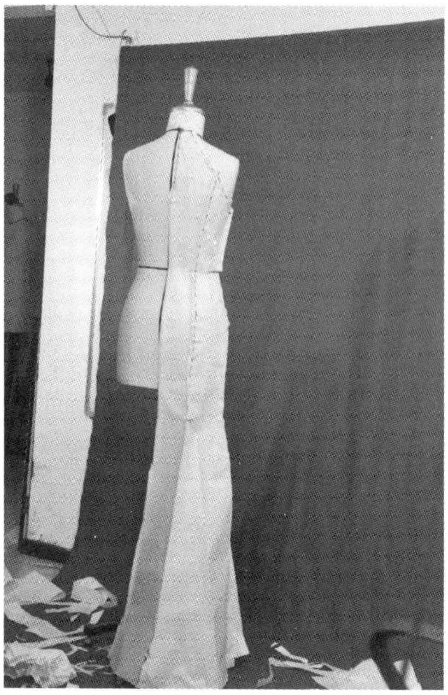

㉓ 根据服装设计图或者设计要求确定裙长，并用剪刀将下摆剪出来，最好能一气呵成，使底摆圆顺。

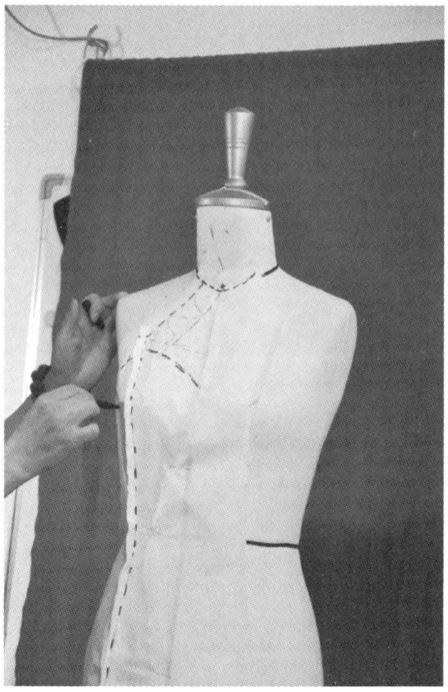

㉔ 衣身制作好后，还可以改变各种造型的设计变化。

三、鱼尾型礼服领子制板步骤

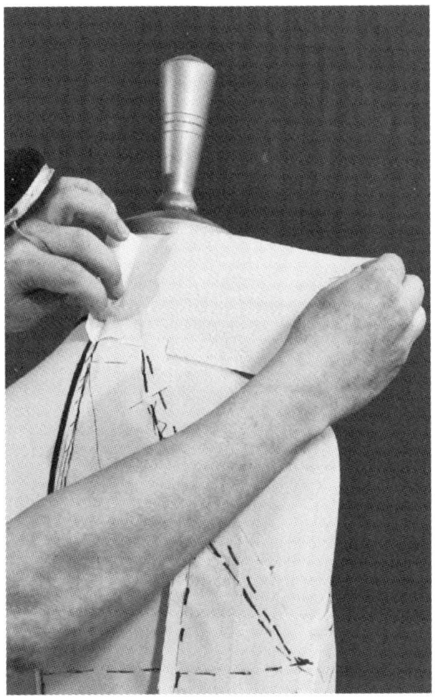

①取一张适合的立裁纸，折出领子的后中线，与衣身的后中线对齐，用大头针固定。

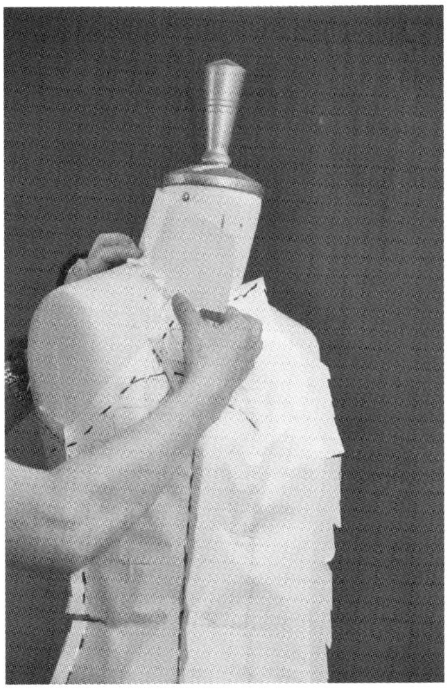

②领子的底边用剪刀打剪口。

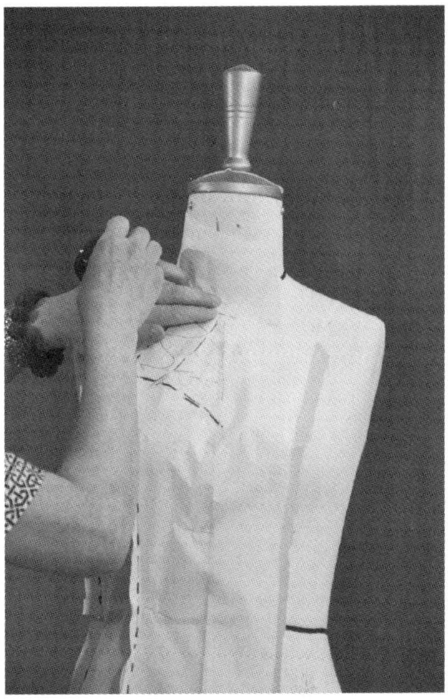

③根据设计的领子角度和形状，按衣身上设计好的领围线固定领子的角度和位置，在前领窝处收尾。

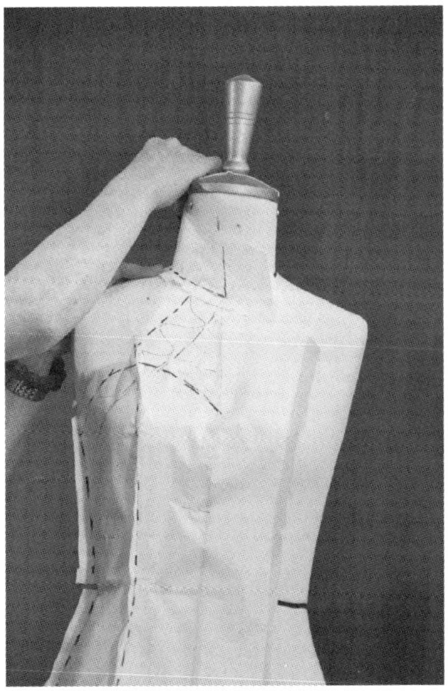

④用笔按针印描出领子底部的净线，画出扣位，画出领子的前中线。注意领子的前中线要与衣身的前中线对齐，并垂直于地面。

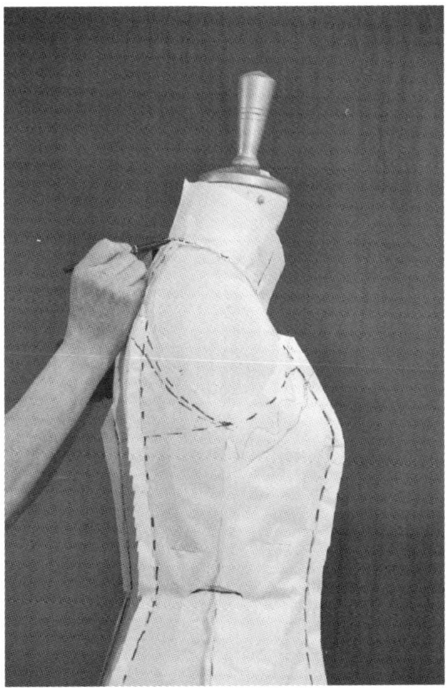

⑤同样领子的后中线与衣身的后中线对齐，并垂直于地面。

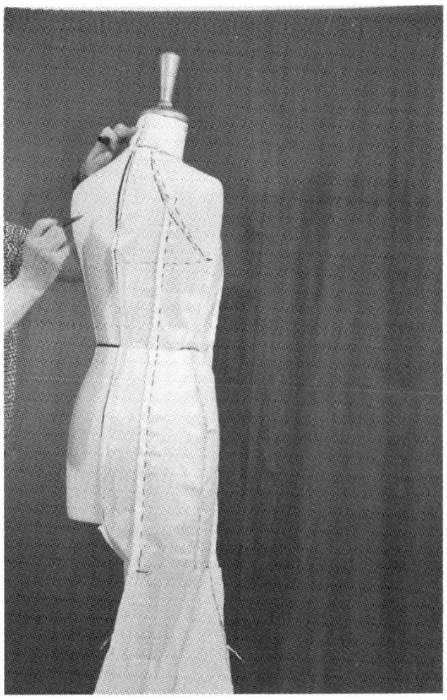

⑥衣身制作好后，也可以改变各种造型的设计变化。

第十章

针织衫

第一节　针织背心

第二节　针织开衫

第一节 针织背心

一、针织背心制板步骤

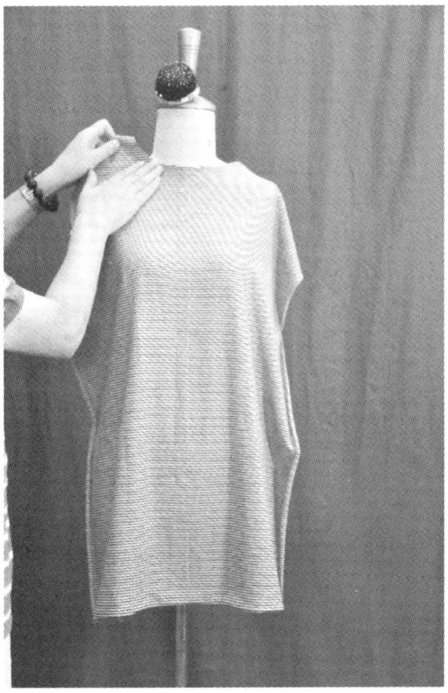

① 针织服装的制板最好用针织面料直接操作，因为针织面料有丰富的弹性，所以面料可以比较准确地制作。这款针织背心前后片全部是连折的，所以面料要够衣长和肥度。面料先确定前中线，大概剪出领口的形状。将面料前中线和人台的前中线对齐并固定。

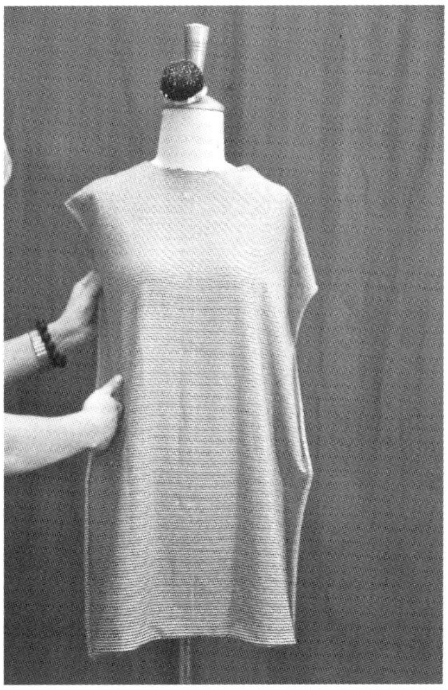

② 将肩部平铺在人台上并用大头针固定，针织服装大部分是没有省道的，省量都通过轻轻的拉拽融入面料的弹性中去了。图为轻拉袖窿，再向下平推面料，在侧片臀围线用大头针固定。

③ 按人台的侧缝线将面料的多余部分剪掉。

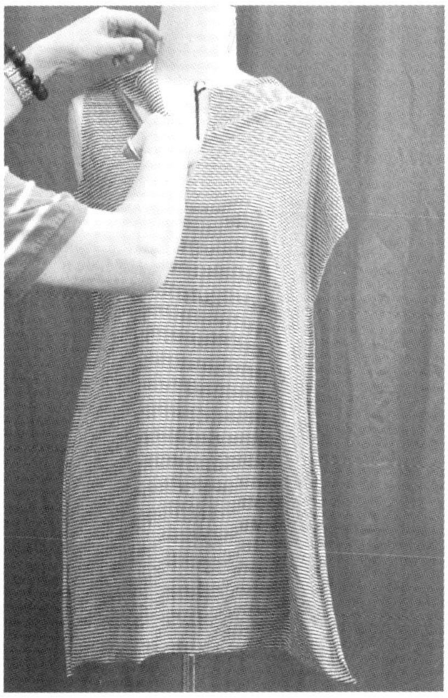

④ 根据款式设计要求修剪出背心的领口款式。

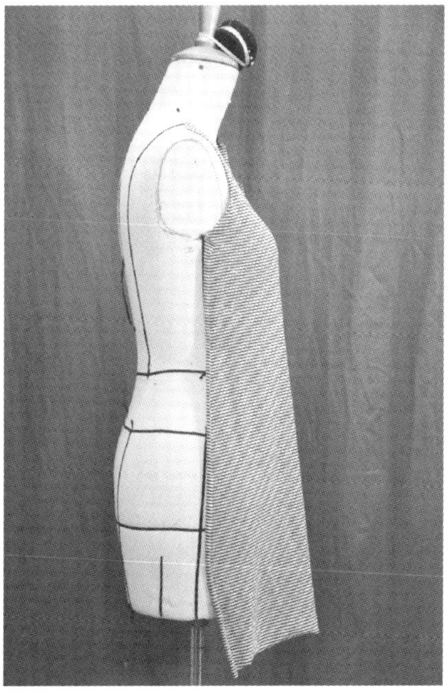

⑤ 针织衫缝份不用预留太多，再观察背心下摆的角度及平衡度，并随时进行调整。

⑥ 图示为前片完成后的效果。对称的服装制板时只做一半，另外一半制板复制裁剪就可以了。

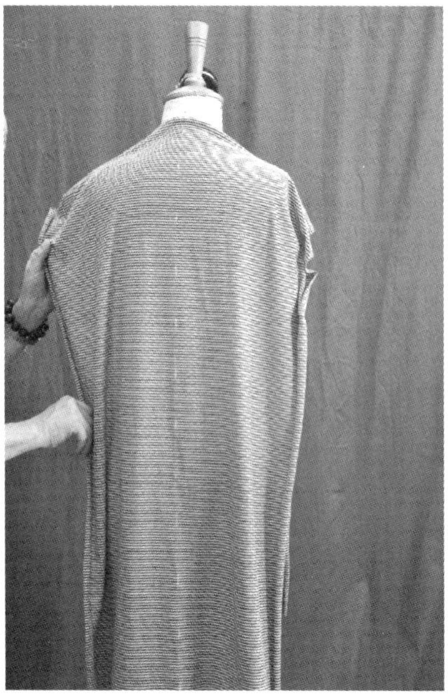

⑦ 后片的操作和前片相似，先画出后片的后中线，与人台的后中线对齐并固定。

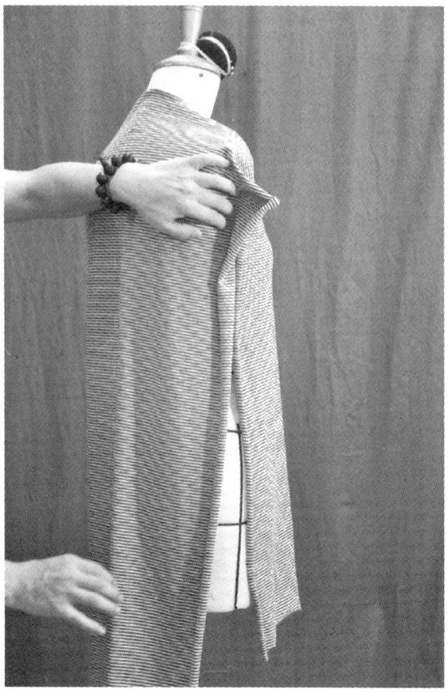

⑧ 将面料水平裹在人台上，可上下调整面料角度来确定背心下摆的大小。

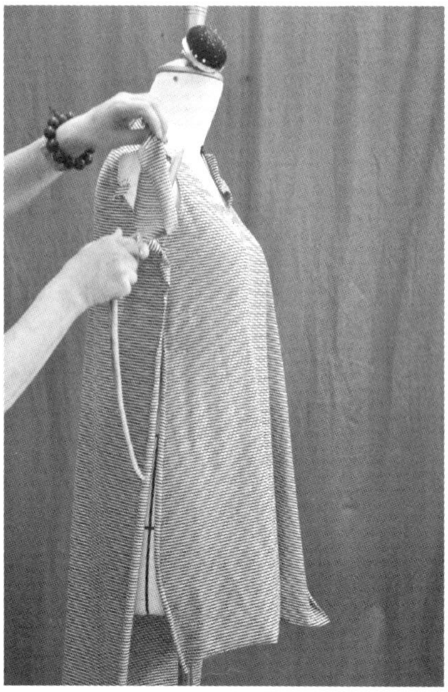

⑨ 根据人台的侧缝线，确定面料侧缝线并固定。再参照人台袖窿，大概剪出背心的袖窿。

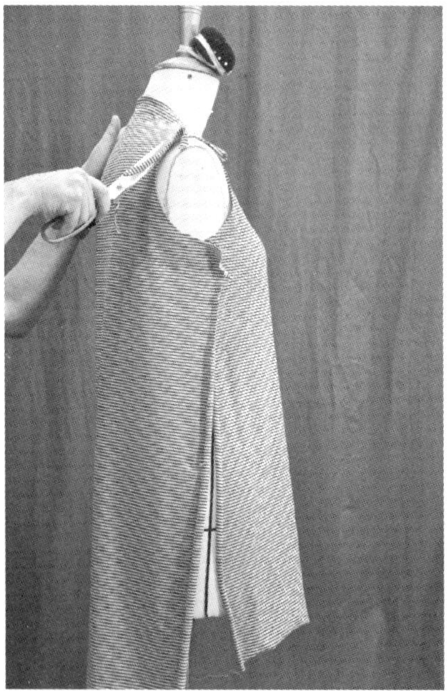

⑩ 根据款式要求再次修剪袖窿，保证与前面袖窿弧线对齐。针织服装也是有肩胛省量的，但可以在制作中消化在弹性中。这款背心可以把省量转至领口，修剪领口时，再把省量减掉。

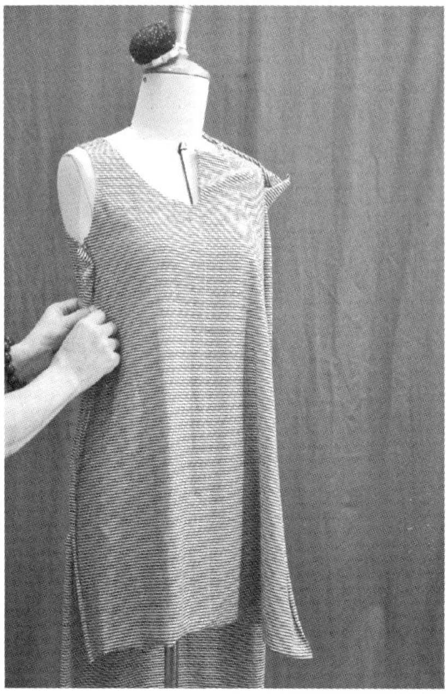

⑪ 把背心前后片的侧缝用大头针连接起来。

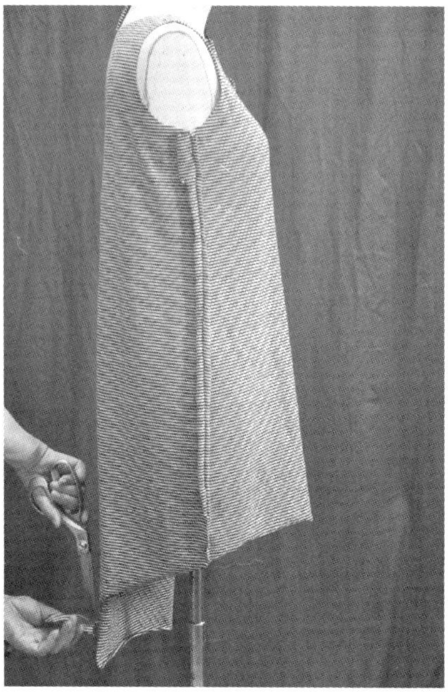

⑫ 根据设计要求确定衣长，并圆顺地修剪成型。

二、整理工业纸样步骤

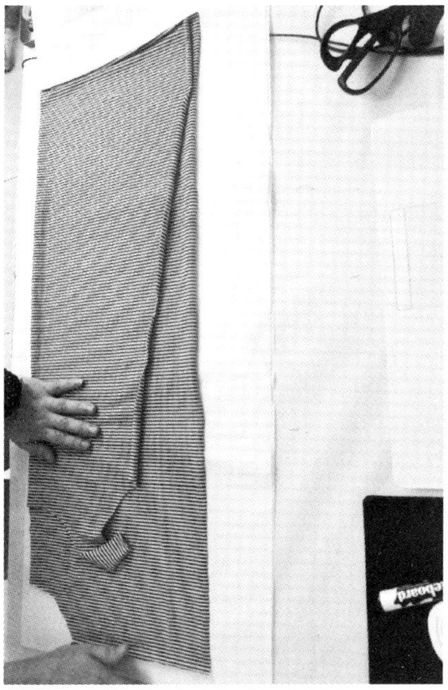

①取一张够长、够宽的立裁纸，将立裁纸对折，将做好的针织板平铺在立裁纸上。

②将针织面料还原到没有拉拽变形的状态下。用大头针将两层面料和立裁纸固定在一起。

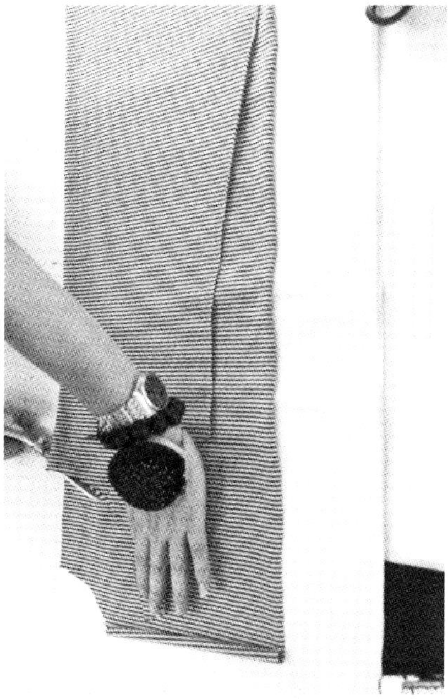

③按照制板完成的一半针织面料的线条，修剪另外一半针织面料及立裁纸。

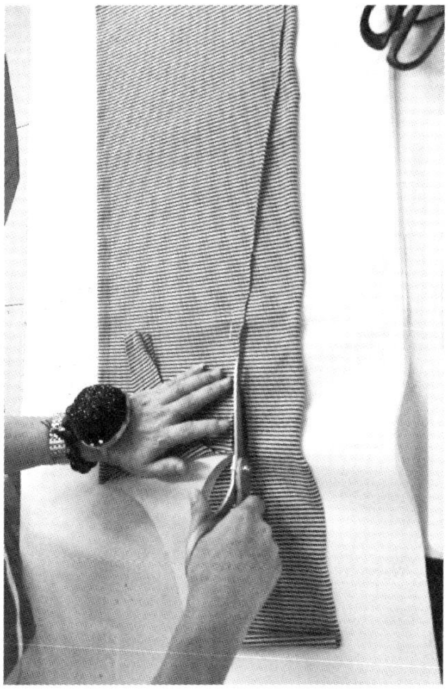

④按顺序剪掉多余部分，修剪时注意线条圆顺。

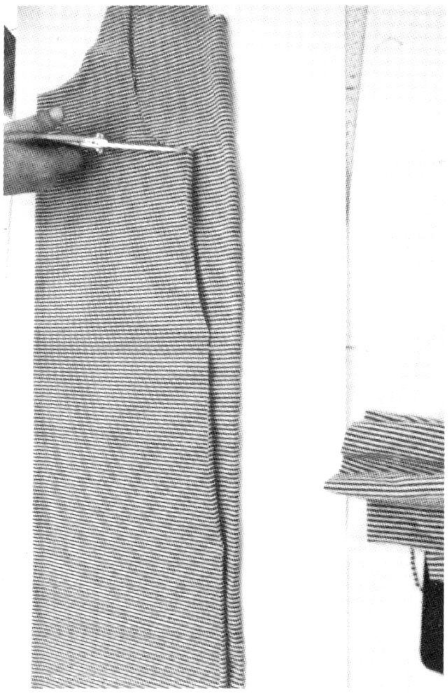

⑤后片与前片的操作方法一样，用大头针把两层面料固定在立裁纸上。

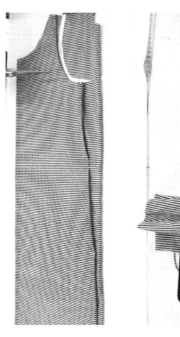

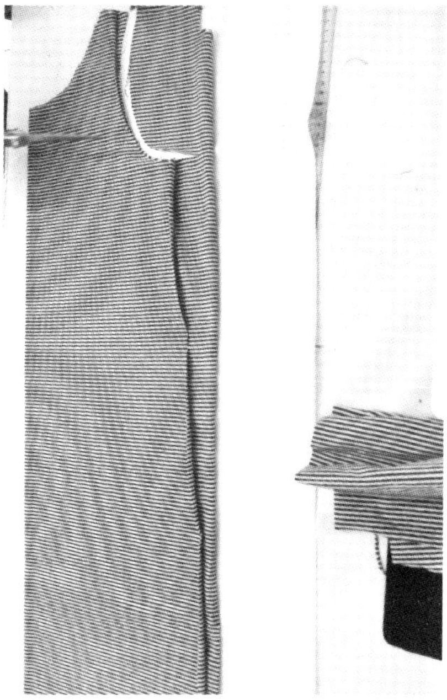

⑥按照制板完成的一半针织面料的线条，修剪另一半针织面料及立裁纸。

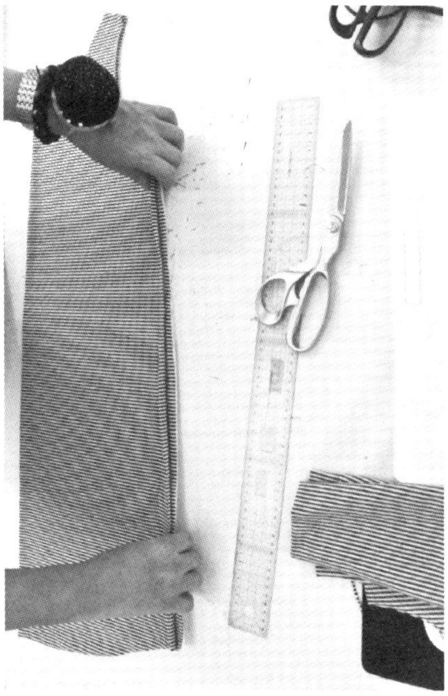

⑦将修剪后的两层面料再进行比对。

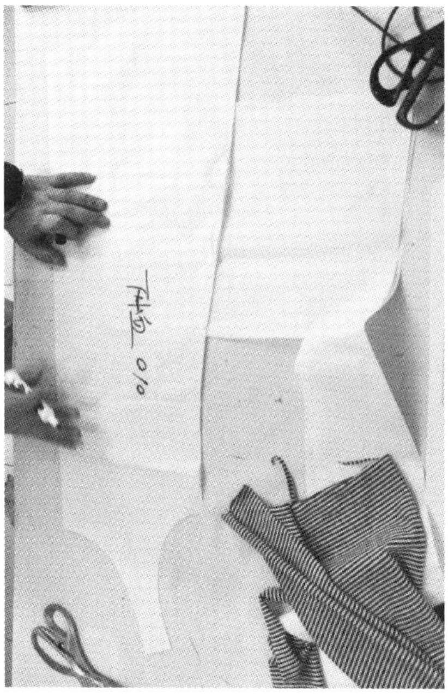

⑧给纸样编号或者写上纸样的名称。

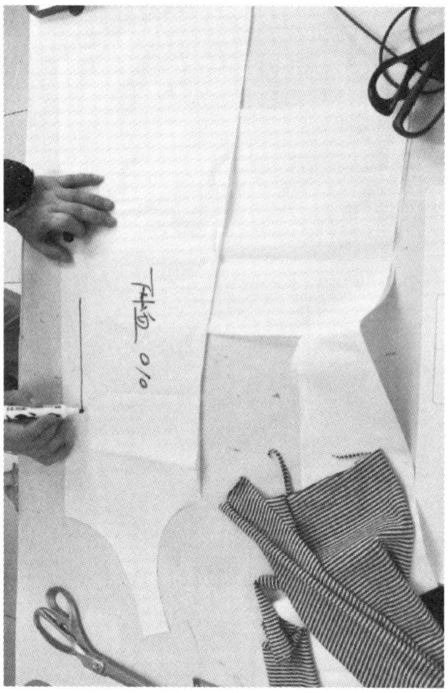

⑨画出纱向线。

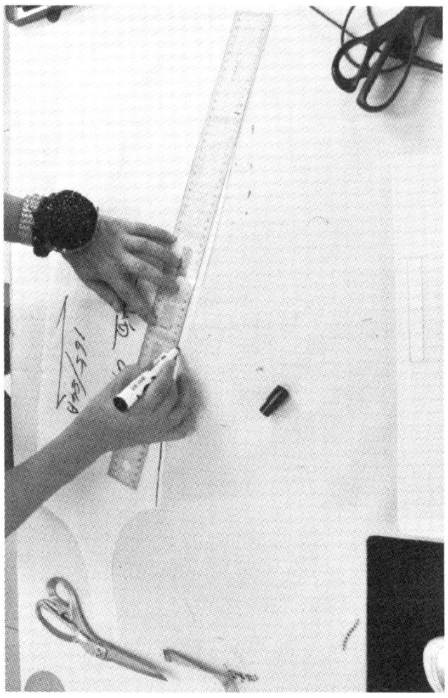

⑩画出纸样的净线。修正不圆顺的线条。

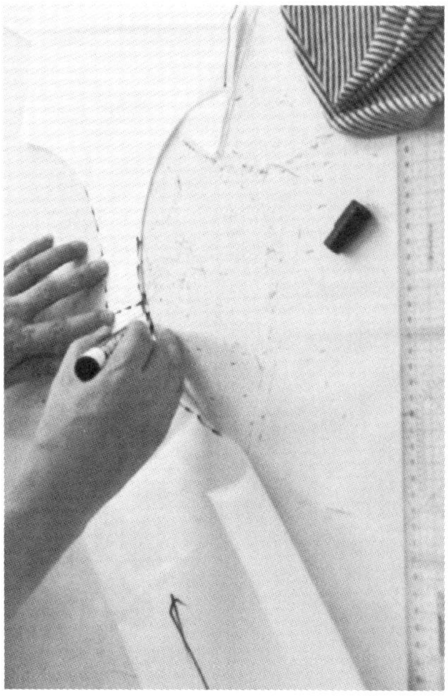

⑪比对、核实纸样的前后片，注意前后片的袖窿和领口连接要圆顺。

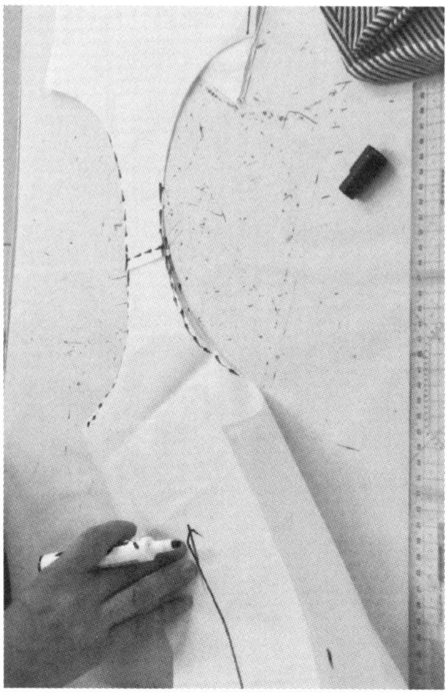

⑫这是完成后的纸样效果。

第二节 针织开衫

一、针织开衫衣身制板步骤

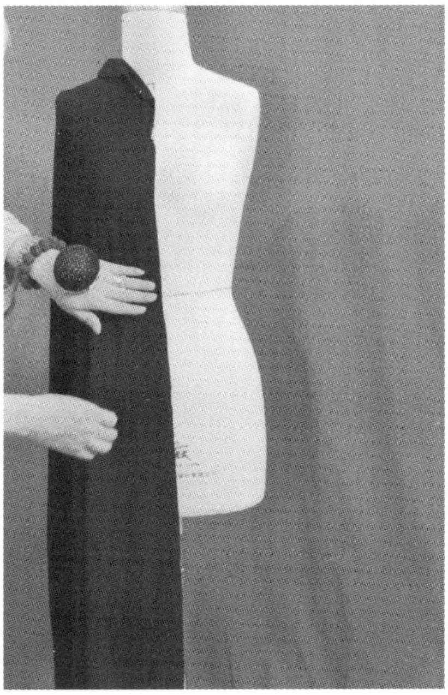

①这款针织开衫前片分成左右两片，在制板中只做一边就可以。现在取一块针织面料，面料要够衣长和肥度。把布边对齐人台的前中线，面料上边要超过人台的肩斜线，用大头针把面料固定在人台上。

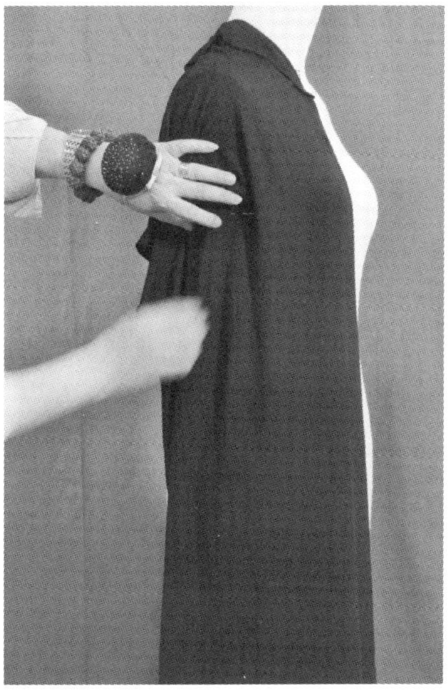

②把面料平行地裹在人台上，留出款式需要的放松量，用大头针在人台的侧缝线、胸围线、臀围线上各固定一针。

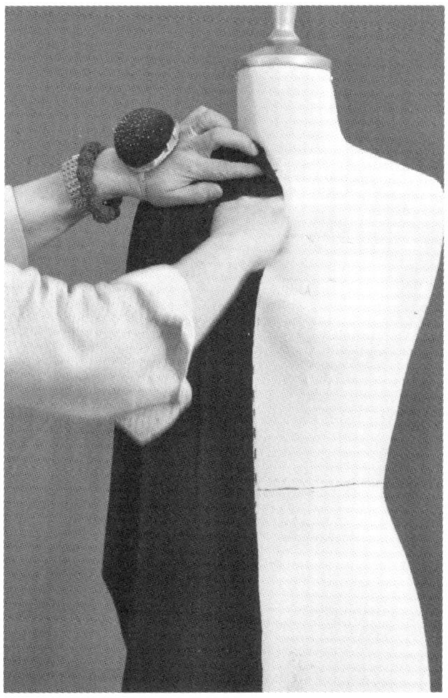

③把面料在人台前肩位置铺平，注意要让面料放松，不能过份拉拽，把多余的量转到前中线位置做撇胸量。

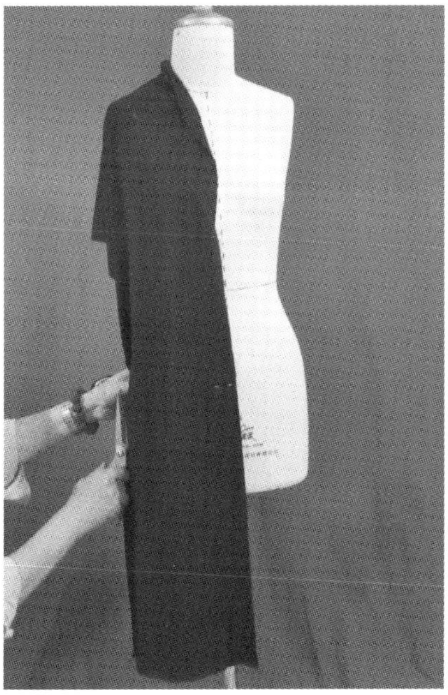

④按照人台的侧缝线，留出缝份，剪掉多余部分的面料。下摆要剪出A字形，这样成衣的效果会更好。

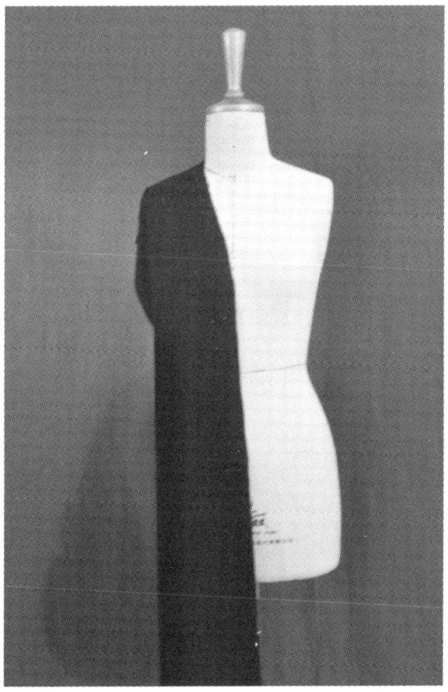

⑤根据服装效果图或者款式要求，设计并修剪领型，撇胸量也可以在这里去掉了。

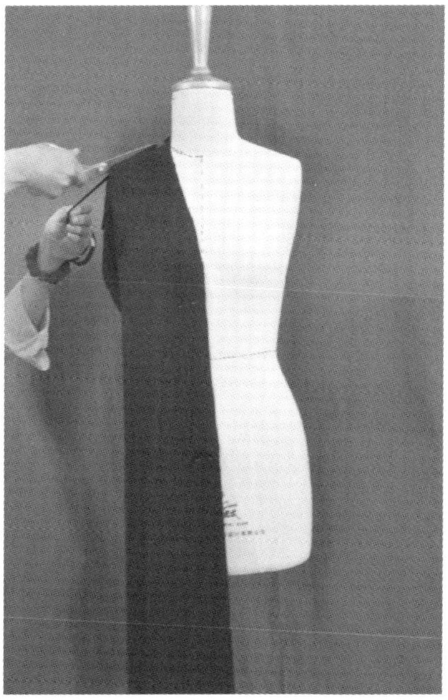

⑥按人台的肩斜线，预留缝份，修剪掉多余的面料部分。再观察面料是否垂直，是否有不协调的地方，再加以调整。

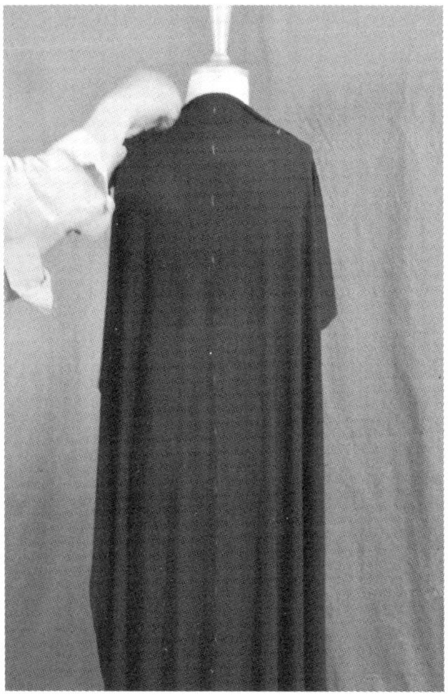

⑦后片的操作和针织背心操作相似，先画出后片的后中线，与人台的后中线对齐并固定。

⑧肩胛省量还是要有的，用大头针固定，制作时作为吃量容进缝份里。

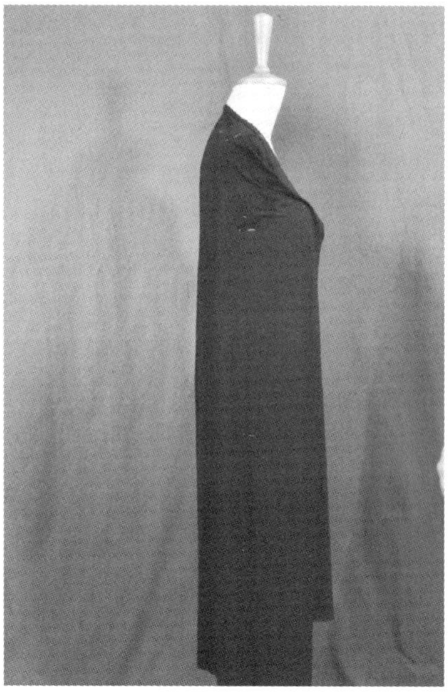

⑨再将面料水平裹在人台上，可上下调整面料角度来确定开衫下摆的大小。确定好下摆，在胸围线上用大头针固定。

⑩按照人台的侧缝线，留出缝份，剪掉多余部分的面料。

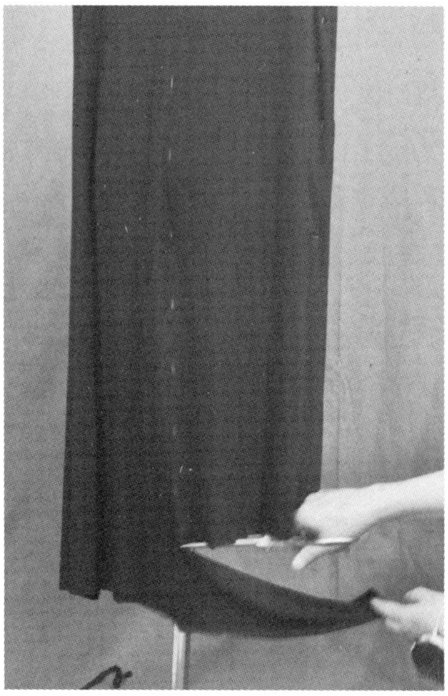

⑪根据效果图或者款式要求，修剪出大概衣长。

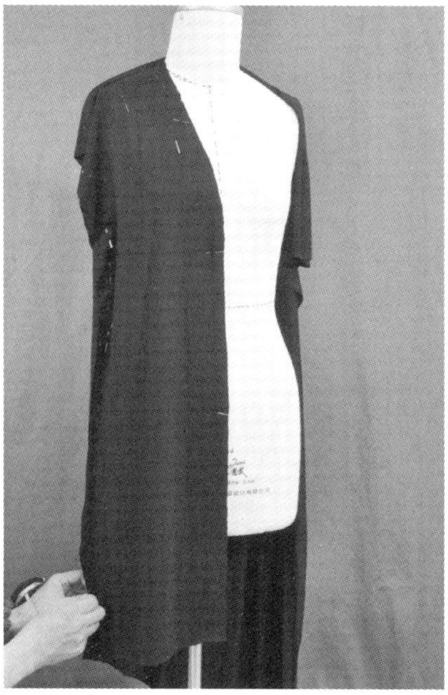

⑫将侧缝用大头针连接起来。注意线条圆顺，面对侧缝线时是一直垂直于地面的直线。

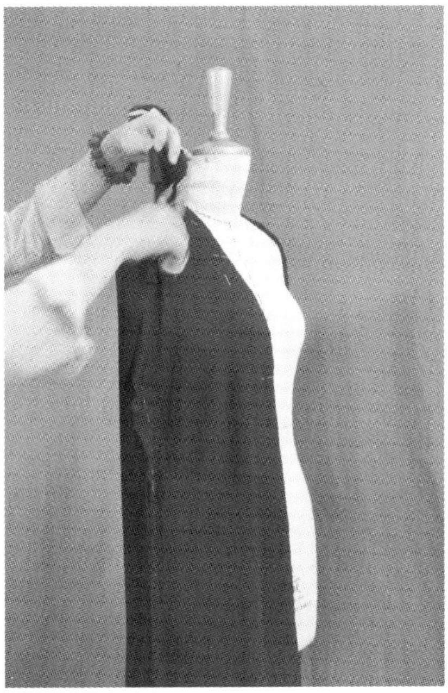

⑬根据人台的肩斜线，预留缝份，修剪掉多余的面料部分。再观察面料是否垂直，是否有不协调的地方，再加以调整。

⑭将前后片的肩斜缝连接在一起。因为这款开衫是落肩袖，所以在合肩缝线时要将部分袖子的结构一起做出来。

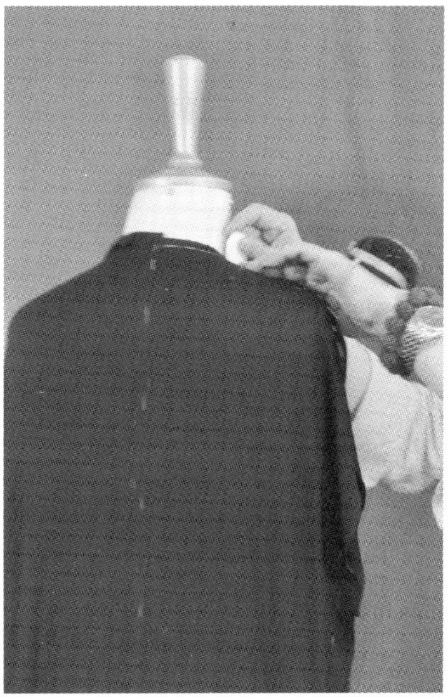

⑮画出领窝和领口的净线。

⑯画出前后片的袖窿弧线。袖窿的大小、袖窿底点的确定都是结合设计图纸或者设计要求来确定的。

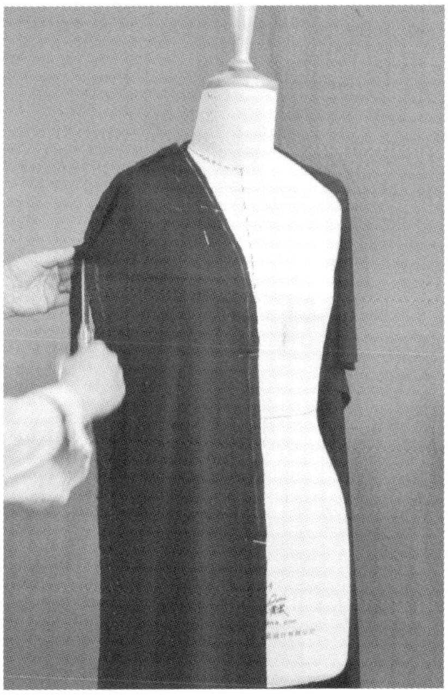

⑰按照设计好的袖窿弧线，预留缝份，修剪袖窿处多余的部分，修剪时注意线条的流畅和圆顺。

⑱图示为衣身完成后的效果。

二、针织开衫袖子制板步骤

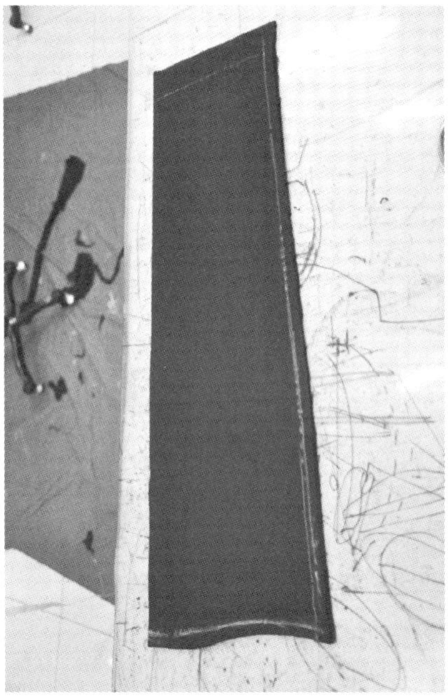

①根据款式和衣身上袖子弧线的形状，剪出一个袖子的大概框架。因为这款针织开衫是落肩袖，所以袖子曲线弧度很小。

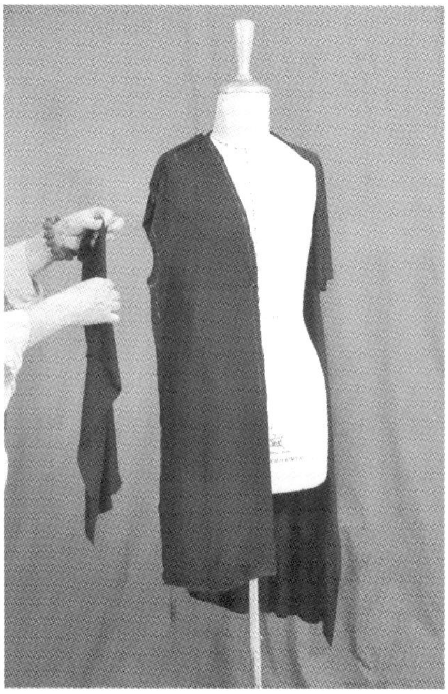

②将袖子的袖窿弧线中心点与肩斜线连接固定。

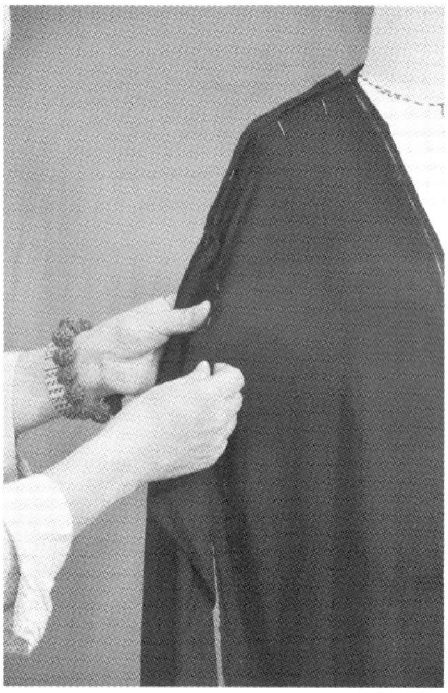

③将袖子和衣身按衣身上的袖窿线平整地连接，连接时注意拼接线从人台的侧面看是圆顺、流畅的一条弧线。

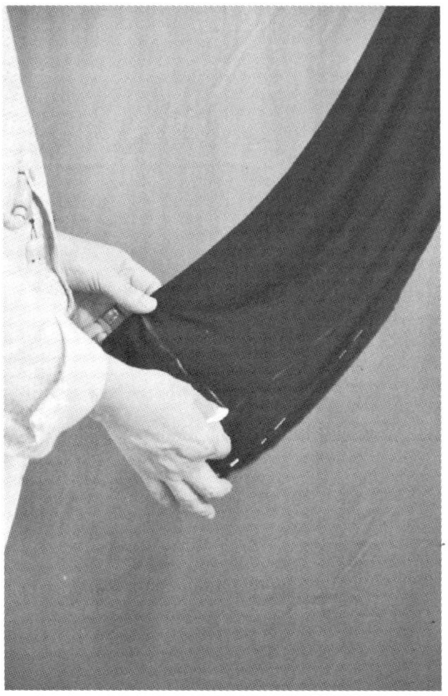

④根据设计图纸或者设计要求确定袖口的肥度。可以先用笔画出来看整体效果。

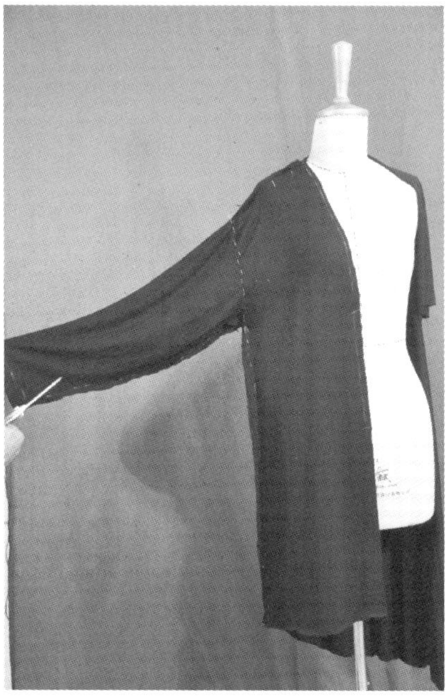

⑤再按照新的袖口肥度，调整整个袖子缝的大头针，要保证针缝的线条流畅。袖窿部分从人台的正面看是圆顺的。

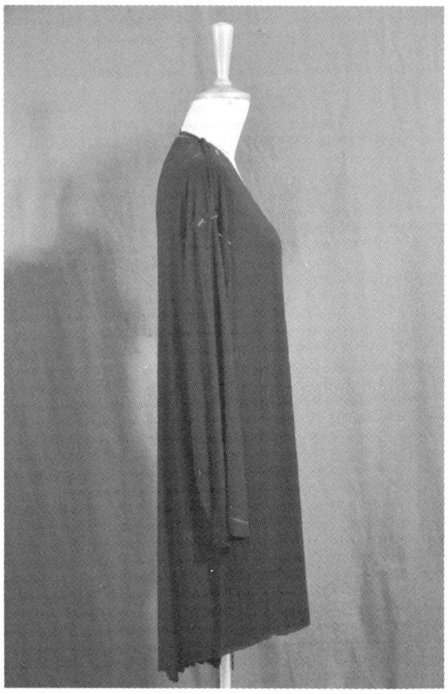

⑥图示为整件针织开衫制板完成后的整体效果。